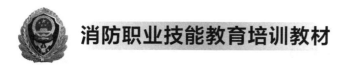消防职业技能教育培训教材

建筑消防概论

主　编　张永根　朱　磊

参　编　平　杰　田　湉　刘江红

　　　　吴文松　张媛媛　钟　阅

　　　　姚龚轶群　钱明成　景　臣

南京大学出版社

图书在版编目(CIP)数据

建筑消防概论 / 张永根，朱磊主编. —— 南京：南
京大学出版社，2018.12(2025.1重印)
ISBN 978-7-305-20614-6

Ⅰ. ①建… Ⅱ. ①张… ②朱… Ⅲ. ①建筑物－消防
－概论 Ⅳ. ①TU998.1

中国版本图书馆 CIP 数据核字(2018)第 171588 号

出版发行　南京大学出版社
社　　址　南京市汉口路 22 号　　　邮　编　210093
书　　名　**建筑消防概论**
　　　　　JIANZHU XIAOFANG GAILUN
主　　编　张永根　朱　磊
责任编辑　朱彦霖　　　　　　　　编辑热线　025-83597482
照　　排　南京南琳图文制作有限公司
印　　刷　南京人文印务有限公司
开　　本　787 mm×1092 mm　1/16 开　印张 28　字数 647 千
版　　次　2018 年 12 月第 1 版　2025 年 1 月第 6 次印刷
ISBN 978-7-305-20614-6
定　　价　78.00 元

网址：http://www.njupco.com
官方微博：http://weibo.com/njupco
微信服务号：NJUyuexue
销售咨询热线：(025) 83594756

消防职业技能教育培训教材
编委会

前　言

随着我国经济社会快速发展,各种传统与非传统安全威胁相互交织,公共安全形势日益严峻,而消防救援队伍作为国家综合性常备应急骨干力量,应急救援任务日趋繁重。面对火灾、爆炸、地震和群众遇险等需要应急救援的突发状况,如何提高消防员火灾扑救和应急救援能力,提升消防救援队伍战斗力,促进人才队伍建设,是当前迫切需要解决的问题,也是我们编写本套教材的初衷和目的。

本套教材紧盯新时期消防救援队伍训练实战化需求,遵循职业教育规律和特点,总结了灭火救援、执勤训练和教育培训经验,同时吸收了消防技术新理论、新成果和先进理念。教材编写注重实用、讲求实效,不追求内容的理论深度,而讲求知识的实用性和技能的可操作性,紧密结合灭火救援实战,将相关的知识和技能加以归纳、提炼,使读者既可以系统学习,也可以随用随查,以便于广大消防从业人员查阅、使用,不断提高消防职业技能水平。

本教材由张永根、朱磊任主编。参加编写的人员有:张媛媛(第一章、第十七章),张永根(第二章),吴文松(第二章、第八章),钱明成(第三章、第四章),朱磊(第五章、第十三章),田浩(第六章、第七章),景臣(第八章、第十四章),平杰(第九章、第十章),姚龚轶群(第十一章、第十四章),钟阅(第十二章、第十五章),刘江红(第十六章、第十七章、第十八章)。

本教材在编写过程中,得到了应急管理部消防救援局和兄弟单位关心和支持,在此一并表示感谢。

由于编写人员水平有限,难免出现错误和不足之处,敬请读者批评指正。

消防职业技能教育培训教材编委会

二〇一八年十二月十六日

目 录

MU LU

上 篇 建筑防火基础

下　篇　建筑消防设施

上 篇

建筑防火基础

第一章
建筑基本知识

建筑是建筑物和构筑物的通称。建筑物是为了满足人类的社会需要,利用物质技术条件,在科学规律和美学法则的支配下,通过对空间的限定、组织和改善而形成的人为的社会生活环境。而人们不能直接在内部进行生产和生活的建筑则称为构筑物。

第一节　建筑物的分类

建筑从穴居、巢居发展到现代的摩天大楼,经历了漫长的发展过程,人类社会的需求也从低层次逐步过渡到高层次,建筑的内涵也从简单演变成复杂。作为人类文明的组成部分,建筑物经历了数千年的发展,各式各样,各种用途的建筑层出不穷,我们无法将其进行细分,只能给出其大概的分类。

一、按建筑物用途分类

(一)民用建筑

民用建筑是指供人们生活或进行公共活动的建筑物,包括居住建筑(住宅、宿舍等)和公共建筑(办公楼、教学楼、医院、图书馆、商店、影剧院、体育馆、火车站、饭店等)。

(二)工业建筑

工业建筑指用于工业生产和为生产服务的各类建筑物,包括各行业各种主要生产车间、辅助车间、仓库和安放动力设施的厂房等。

二、按建筑物建筑高度分类

建筑高度为建筑物室外地面到坡屋面建筑檐口与屋脊的平均高度或平屋面建筑屋面面层的高度。屋顶上的水箱间、电梯机房排烟机房和楼梯出口小间等不计入建筑高度。

建筑的高度直接影响人员疏散、灭火救援和火灾后果,建筑物按照建筑高度通常可分为高层建筑及单、多层建筑两大类。

高层建筑是指建筑高度大于 27 m 的住宅建筑和建筑高度大于 24 m 的非单层厂房、

仓库和其他民用建筑。对于有些单层建筑,如体育馆、高大的单层厂房等,因为具有相对便利的疏散和扑救条件,虽然建筑高度大于 24 m,但不划分为高层建筑。

三、按建筑结构类型分类

(一)木结构

木结构是以木材作为房屋的承重骨架。由于这种结构具有自重轻、抗震性能好、构造简单、施工方便等优点,是我国古代建筑的主要结构类型。但是,由于木结构存在易燃、易腐的缺点,实际运用中应控制木结构建筑的应用范围、高度和层数等,故现代木结构建筑常见于休闲地产、园林建筑等。

(二)砖木结构

砖木结构的主要承重构件由砖、木做成,其中竖向承重构件的墙体、柱子采用砖砌,水平承重构件的楼板、屋架采用木材。这种结构常见于农舍、庙宇。

(三)砖混结构

砖混结构的竖向承重构件采用砖墙或砖柱,水平承重构件采用钢筋混凝土楼板、屋顶板。常见于低、多层建筑。

(四)钢筋混凝土结构

钢筋混凝土结构的主要承重构件(梁、板、柱)采用钢筋混凝土材料建造。其优点是造价较低,材料来源丰富,节省钢材,并可浇筑成各种复杂断面形状,且具有较好的耐火性能;缺点是构件断面大,占据室内空间并减少使用面积,自重大,抗震性能不如钢结构。钢筋混凝土结构按施工方式的不同分为现浇钢筋混凝土和预制装配式钢筋混凝土结构。

(五)钢结构

钢结构的主要承重构件均用钢材构成,它适用于工业厂房的柱、梁和屋架,耗材量大。钢结构具有构件断面小、自重轻、强度高、抗震性能好、安装方便、施工周期短等优点,但钢结构用钢量大,造价高,防火性能差,需要使用昂贵的防火涂料。20 世纪 80 年代以来,我国也陆续建造了北京国际贸易中心、上海锦江饭店等一批全部采用钢结构的高层建筑。目前,我国钢产量已居世界第一,钢结构设计、钢构件加工及安装技术都已成熟,钢结构正在逐步得到推广应用。

四、按建筑结构承重方式分类

(一)承重墙结构

用墙体支承楼板及屋顶传来的荷载的结构称为承重墙结构,以砖混结构为代表。其优点是耐火性、化学稳定性和大气稳定性好;易于取材、节约钢材、水泥和木材;隔热、隔声性能好。缺点是抗拉、弯、剪及抗震性能差;材料用量多,结构自重大,砌筑工作繁重,施工进度慢。

(二) 框架结构

由梁、柱组成的结构单元称为框架;全部竖向荷载和侧向荷载由框架承受的结构体系,称为框架结构。其特点是布置灵活,具有较大的室内空间,使用比较方便,但抗震性能较差,刚度较低。框架结构适用于办公楼、教学楼、商场、住宅等建筑,一般在三十层以下。常见框架结构形式如图 1-1-1 所示。

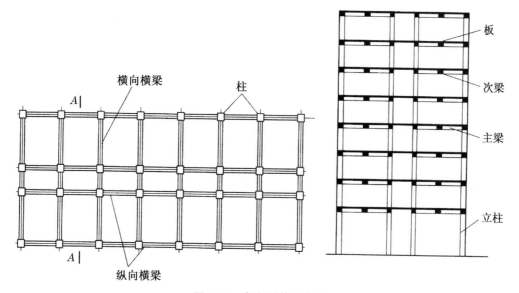

图 1-1-1 框架结构示意图

(三) 剪力墙结构

用钢筋混凝土剪力墙承受竖向荷载和抵抗侧向力的结构称为剪力墙结构。如图 1-1-2 所示。其特点是刚度大,空间整体性好,但自重较大,基础处理要求高,不易布置大的房间。剪力墙结构适用于住宅、旅馆等建筑,一般在三十至四十层。

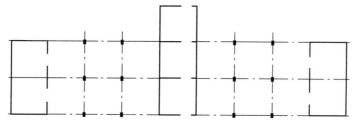

图 1-1-2 剪力墙结构示意图

(四) 框架—剪力墙结构

框架和剪力墙共同承受竖向荷载和侧向力,就成为框架—剪力墙结构。如图 1-1-3 所示。在这种结构中,框架主要作为承受竖向荷载的结构,也承受一部分水平荷载(一般约占 15%～20%)。大部分水平荷载由剪力墙承受。框架—剪力墙结构综合了两者的优点,是一种比较好的抗侧力体系,广泛应用于高层建筑,适用高度与剪力墙结构大致相同。

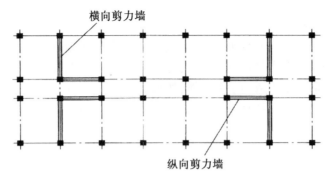

图 1-1-3　框架—剪力墙结构示意图

（五）筒体结构

筒体结构主要有框筒、桁架筒、筒中筒等结构。

（1）框筒结构：框筒结构是指由布置在建筑物周边的柱距小、梁截面高的密柱深梁框架组成的结构。如图 1-1-4 所示。框筒结构的适用高度比框架结构高得多。单独采用框筒结构为抗侧力体系的高层建筑较少，框筒主要与内筒组成筒中筒结构或多个框筒组成束筒结构。

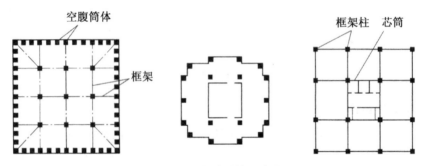

图 1-1-4　框筒结构示意图

（2）桁架筒结构：用稀柱、浅梁和支撑斜杆组成桁架，布置在建筑物的周边，就形成了桁架筒结构。如图 1-1-5 所示。钢桁架结构的刚度大，比框筒结构更能充分利用建筑材料，适用于更高的建筑。

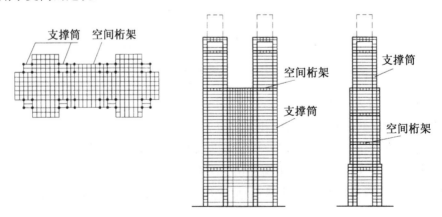

图 1-1-5　桁架筒结构示意图

（3）筒中筒结构：用框筒作为外筒，将楼（电）梯间、管道竖井等服务设施集中在建筑平面的中心做成内筒，就成为筒中筒结构。如图1-1-6所示。采用钢筋混凝土结构时，一般外筒采用框筒，内筒为剪力墙围成的井筒；采用钢结构时，外筒用框筒，内筒一般也采用钢框筒或钢支撑框架。

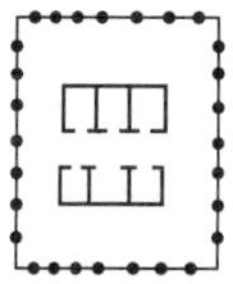

图1-1-6　筒中筒结构示意图

各类建筑物在进行设计时，应根据建筑物的规模、重要性和使用性质，确定建筑物在使用要求、所用材料、设备条件等方面的质量标准，并相应确定建筑物的耐久年限和耐火等级。

五、按生产、储存物品火灾危险性分类

工业建筑发生火灾时造成的生命、财产损失与建筑内生产或储存的物质火灾危险性、工艺及操作的火灾危险性和采取的相应防火措施等息息相关。

（一）厂房

生产的火灾危险性是指生产过程中发生火灾、爆炸事故的原因、因素和条件，以及火灾扩大蔓延条件的总合，取决于物料及产品的性质、生产设备的缺陷、生产作业行为、工艺参数的控制和生产环境等诸多因素。

生产的火灾危险性根据其生产中使用或产生的物质性质及其数量等因素，划分为甲、乙、丙、丁、戊类，如表1-1-1所示。

表 1-1-1　生产的火灾危险性分类及举例

生产类别	火灾危险性特征	火灾危险性分类举例
甲	生产时使用或产生的物质特征： ① 闪点＜28℃的液体 ② 爆炸下限＜10%的气体 ③ 常温下能自行分解或在空气中氧化即能导致迅速自燃或爆炸的物质 ④ 常温下受到水或空气中水蒸气的作用，能产生可燃气体并引起燃烧或爆炸的物质 ⑤ 遇酸、受热、撞击、摩擦、催化以及遇有机物或硫磺等易燃的无机物，极易引起燃烧或爆炸的强氧化剂 ⑥ 受撞击、摩擦或与氧化剂、有机物接触时能引起燃烧或爆炸的物质 ⑦ 在密闭设备内操作温度不小于物质本身自燃点的生产	① 闪点＜28℃的油品和有机溶剂的提炼、回收或洗涤部位及其泵房，橡胶制品的涂胶和胶浆部位，二硫化碳的粗馏、精馏工段及其应用部位，青霉素提炼部位，原料药厂的非纳西汀车间的烃化、回收及电感精馏部位，皂素车间的抽提、结晶及过滤部位，冰片精制部位，农药厂乐果厂房，敌敌畏的合成厂房、磺化法糖精厂房，氯乙醇厂房，环氧乙烷、环氧丙烷工段，苯酚厂房的硫化、蒸馏部位，焦化厂吡啶工段，胶片厂片基厂房，汽油加铅室，甲醇、乙醇、丙酮、丁酮异丙醇、醋酸乙酯、苯等的合成或精制厂房，集成电路工厂的化学清洗间（使用闪点＜28℃的液体），植物油加工厂的浸出厂房 ② 乙炔站，氢气站，石油气体分馏（或分离）厂房，氯乙烯厂房，乙烯聚合厂房，天然气、石油伴生气、矿井气、水煤气或焦炉煤气的净化（如脱硫）厂房压缩机室及鼓风机室，液化石油气罐瓶间，丁二烯及其聚合厂房，醋酸乙烯厂房，电解水或电解食盐厂房，环己酮厂房，乙基苯和苯乙烯厂房，化肥厂的氢氮气压缩厂房，半导体材料厂使用氢气的拉晶间，硅烷热分解室 ③ 硝化棉厂房及其应用部位，赛璐珞厂房，黄磷制备厂房及其应用部位，三乙基铝厂房，染化厂某些能自行分解的重氮化合物生产，甲胺厂房，丙烯腈厂房 ④ 金属钠、钾加工厂房及其应用部位，聚乙烯厂房的一氯二乙基铝部位，三氯化磷厂房，多晶硅车间三氯氢硅部位，五氧化二磷厂房 ⑤ 氯酸钠、氯酸钾厂房及其应用部位，过氧化氢厂房，过氧化钠、过氧化钾厂房，次氯酸钙厂房 ⑥ 赤磷制备厂房及其应用部位，五硫化二磷厂房及其应用部位 ⑦ 洗涤剂厂房石蜡裂解部位，冰醋酸裂解厂房

(续表)

生产类别	火灾危险性特征	火灾危险性分类举例
乙	生产时使用或产生的物质特征： ① 闪点≥28 ℃至<60 ℃的液体 ② 爆炸下限≥10%的气体 ③ 不属于甲类的氧化剂 ④ 不属于甲类的易燃固体 ⑤ 助燃气体 ⑥ 能与空气形成爆炸性混合物的浮游状态的粉尘、纤维、闪点≥60 ℃的液体雾滴	① 闪点≥28 ℃且<60 ℃的油品和有机溶剂的提炼、回收、洗涤部位及其泵房，松节油或松香蒸馏厂房及其应用部位，醋酸酐精馏厂房，己内酰胺厂房，甲酚厂房，氯丙醇厂房，樟脑油提取部位，环氧氯丙烷厂房，松针油精制部位，煤油灌桶间 ② 一氧化碳压缩机室及净化部位，发生炉煤气或鼓风炉煤气净化部位，氨压缩机房 ③ 发烟硫酸或发烟硝酸浓缩部位，高锰酸钾厂房，重铬酸钠（红矾钠）厂房 ④ 樟脑或松香提炼厂房，硫磺回收厂房，焦化厂精萘厂房 ⑤ 氧气站，空分厂房 ⑥ 铝粉或镁粉厂房，金属制品抛光部位，镁粉厂房、面粉厂的碾磨部位、活性炭制造及再生厂房，谷物筒仓工作塔，亚麻厂的除尘器和过滤器室
丙	生产时使用或产生的物质特征： ① 闪点≥60 ℃的液体 ② 可燃固体	① 闪点≥60 ℃的油品和有机液体的提炼、回收工段及其抽送泵房，香料厂的松油醇部位和乙酸松油脂部位，苯甲酸厂房，苯乙酮厂房，焦化厂焦油厂房，甘油、桐油的制备厂房，油浸变压器室，机器油或变压油灌桶间，柴油灌桶间，润滑油再生部位，配电室（每台装油量>60 kg的设备），沥青加工厂房，植物油加工厂的精炼部位 ② 煤、焦炭、油母页岩的筛分、转运工段和栈桥或储仓，木工厂房，竹、藤加工厂房，橡胶制品的压延、成型和硫化厂房，针织品厂房，纺织、印染、化纤生产的干燥部位，服装加工厂房，棉花加工和打包厂房，造纸厂备料、干燥厂房，印染厂成品厂房，麻纺厂粗加工厂房，谷物加工厂房，卷烟厂的切丝、卷制、包装厂房，印刷厂的印刷厂房，毛涤厂选毛厂房，电视机、收音机装配厂房，显像管厂装配工煅烧枪间，磁带装配厂房，集成电路工厂的氧化扩散间、光刻间，泡沫塑料厂的发泡、成型、印片压花部位，饲料加工厂房
丁	生产特征： ① 对不燃烧物质进行加工，并在高温或熔化状态下经常产生强辐射热、火花或火焰的生产 ② 利用气体、液体、固体作为燃料或将气体、液体进行燃烧作其他用的各种生产 ③ 常温下使用或加工难燃烧物质的生产	① 金属冶炼、锻造、铆焊、热扎、铸造、热处理厂房 ② 锅炉房，玻璃原料熔化厂房，灯丝烧拉部位，保温瓶胆厂房，陶瓷制品的烘干、烧成厂房，蒸汽机车库，石灰焙烧厂房，电石炉部位，耐火材料烧成部位，转炉厂房，硫酸车间焙烧部位，电极煅烧工段配电室（每台装油量≤60 kg的设备） ③ 铝塑料材料的加工厂房，酚醛泡沫塑料的加工厂房，印染厂的漂炼部位，化纤厂后加工润湿部位
戊	生产特征： 常温下使用或加工不燃烧物质的生产	制砖车间，石棉加工车间，卷扬机室，不燃液体的泵房和阀门室，不燃液体的净化处理工段，金属（镁合金除外）冷加工车间，电动车库，钙镁磷肥车间（焙烧炉除外），造纸厂或化学纤维厂的浆粕蒸煮工段，仪表、器械或车辆装配车间，氟利昂厂房，水泥厂的轮窑厂房，加气混凝土厂的材料准备、构件制作厂房

在一座厂房中或一个防火分区内有不同火灾危险性生产时,生产火灾危险性类别应按火灾危险性较大的部分确定。

当出现以下情况时,应按火灾危险性较小的部分确定:

(1) 火灾危险性较大的生产部分占本层或本防火分区建筑面积的比例小于5%或丁、戊类厂房内的油漆工段小于10%,且发生火灾事故时不足以蔓延至其他部位或火灾危险性较大的生产部分采取了有效的防火措施;

(2) 丁、戊类厂房内的油漆工段,当采用封闭喷漆工艺,封闭喷漆空间内保持负压、油漆工段设置可燃气体探测报警系统或自动抑爆系统,且油漆工段占所在防火分区建筑面积的比例不大于20%。

(二) 仓库

仓库中储存物品的火灾危险性根据储存物品的性质和储存物品中的可燃物数量等因素,划分为甲、乙、丙、丁、戊类,如表1-1-2所示。

表1-1-2　储存物品的火灾危险性分类及举例

储存类别	火灾危险性特征	火灾危险性分类举例
甲	① 闪点<28 ℃的液体 ② 爆炸下限<10%的气体,受到水或空气中水蒸气的作用能产生爆炸下限<10%气体的固体物质 ③ 常温下能自行分解或在空气中氧化能导致迅速自燃或爆炸的物质 ④ 常温下受到水或空气中水蒸气的作用能产生可燃气体并引起燃烧或爆炸的物质 ⑤ 遇酸、受热、撞击、摩擦以及遇有机物或硫磺等易燃的无机物,极易引起燃烧或爆炸的强氧化剂 ⑥ 受撞击、摩擦或与氧化剂、有机物接触时能引起燃烧或爆炸的物质	① 己烷,戊烷,石脑油,环戊烷,二硫化碳,苯,甲苯,甲醇,乙醇,乙醚,蚁酸甲酯,醋酸甲酯,硝酸乙酯,汽油,丙酮,丙烯,乙醚,60度以上的白酒 ② 乙炔,氢,甲烷,乙烯,丙烯,丁二烯,环氧乙烷,水煤气,硫化氢,氯乙烯,液化石油气,电石,碳化铝 ③ 硝化棉,消化纤维胶片,喷漆棉,火胶棉,赛璐珞棉,黄磷 ④ 金属钾、钠、锂、钙、锶,氢化锂,四氢化锂铝,氢化钠 ⑤ 氯酸钾,氯酸钠,过氧化钾,过氧化钠,硝酸铵 ⑥ 赤磷,五硫化磷,三硫化磷
乙	① 闪点≥28 ℃且<60 ℃的液体 ② 爆炸下限≥10%的气体 ③ 不属于甲类的氧化剂 ④ 不属于甲类的易燃固体 ⑤ 助燃气体 ⑥ 常温下与空气接触能缓慢氧化,积热不散引起自燃的物品	① 煤油,松节油,丁烯醇,异戊醇,丁醚,醋酸丁酯,硝酸戊酯,乙酰丙酮,环己胺,溶剂油,冰醋酸,樟脑油,蚁酸 ② 氨气,液氯 ③ 硝酸铜,铬酸,亚硝酸钾,重铬酸钠,铬酸钾,硝酸汞,硝酸钴,发烟硫酸,漂白粉 ④ 硫磺,镁粉,铝粉,赛璐珞板(片),樟脑,萘,生松香,硝化纤维漆布,硝化纤维色片 ⑤ 氧气,氟气 ⑥ 漆布及其制品,油布及其制品,油纸及其制品,油绸及其制品

(续表)

储存类别	火灾危险性特征	火灾危险性分类举例
丙	① 闪点≥60℃的液体 ② 可燃固体	① 动物油,植物油,沥青,蜡,润滑油,机油,重油,闪点≥60℃的柴油,糖醛,>59度至<60度的白酒 ② 化学、人造纤维及其织物,纸张,棉、毛、丝、麻及其织物,谷物,面粉,天然橡胶及其制品,竹、木及其制品,中药材,电视机、收录机等电子产品,计算机房已录数据的磁盘储存间,冷库中的鱼、肉间
丁	难燃烧物品	自熄性塑料及其制品,酚醛泡沫塑料及其制品,水泥刨花板
戊	不燃烧物品	钢材,铝材,玻璃及其制品,搪瓷制品,陶瓷制品,不燃气体,玻璃棉,岩棉,陶瓷棉,硅酸铝纤维,矿棉,石膏及其无纸制品,水泥,石,膨胀珍珠岩

在一座仓库或一个防火分区内储存不同火灾危险性物品时,仓库或防火分区的火灾危险性类别应按火灾危险性最大的物品确定。

丁、戊类储存物品仓库的火灾危险性,当可燃包装重量超过物品本身重量 1/4 或可燃包装体积超过物品本身体积的 1/2 时,应按丙类确定。

各类建筑物在进行设计时,应根据建筑物的规模、重要性和使用性质,确定建筑物在使用要求、所用材料、设备条件等方面的质量标准,并相应确定建筑物的耐久年限和耐火等级。

第二节 建筑物的构造组成

各种建筑虽然在使用要求、空间处理、构造方式及规模大小方面各有特点,但构成建筑物的主要部分一般由基础、墙或柱、楼地面、楼梯、门窗和屋顶等几大部分构成,如图 1-2-1 所示,它们在不同的部位,发挥着各自的作用。

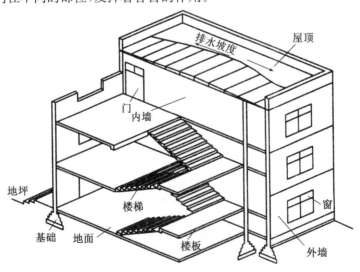

图 1-2-1 建筑物的构成

一、基础

基础是位于建筑物最下部的承重构件,直接与土层接触,承受着建筑物的全部荷载,并将这些荷载传给地基。基础的作用是承上传下传递荷载,因此,基础必须具有足够的强度,并能抵御地下各种因素的侵蚀。

基础的类型很多,按构造形式分为带形基础、独立柱基础、井格柱基础、满堂基础、箱形基础和桩基础;按材料分为砖基础、毛石基础、混凝土基础和钢筋混凝土基础,如图 1-2-2 至图 1-2-6 所示。

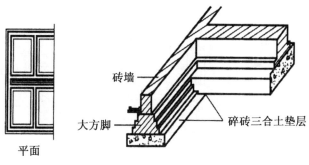

图 1-2-2 带形基础

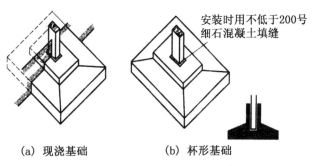

(a) 现浇基础　　　　(b) 杯形基础

图 1-2-3 独立柱基础

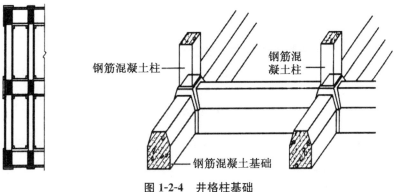

图 1-2-4 井格柱基础

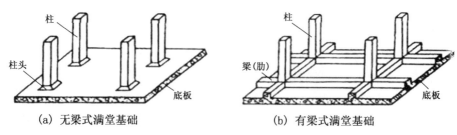

（a）无梁式满堂基础　　　　（b）有梁式满堂基础

图 1-2-5　满堂基础

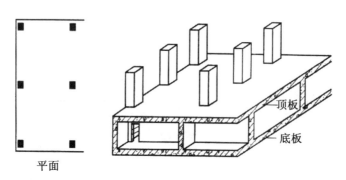

平面

图 1-2-6　箱形基础

在多层特别是高层建筑下面常修建地下室。地下室的类型很多，按形式分为全地下室（如图 1-2-7 所示）和半地下室。按功能分为普通地下室和人防地下室；从结构上看，又有砖混结构和钢筋混凝土结构地下室。

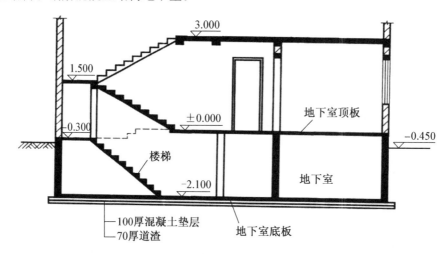

图 1-2-7　全地下室构造示意图

随着社会的发展，人口的增多和用地的紧张，大量的地下建筑应运而生。地下建筑是指建造在地表以下的建筑物。地下建筑的应用范围十分广泛，主要包括建于地下的商场、旅馆、车库、仓库以及地铁、交通隧道、电缆隧道、矿井等。

进入 21 世纪，地下建筑呈现出新的发展形势。为开发和利用地下空间，许多城市将过去的人防工程进行开发使用，一些大中城市开始兴建地下商场或地下商业街，不少城市已建成或正在兴建的地铁,由于其运量大、低能耗、少污染、乘坐舒适方便,越来越受到人们的青睐。另外,随着汽车数量的剧增,地下车库的作用也日趋显著,各种形式的地下车库不断出现。然而地下建筑由于其特殊的建筑特点,特别是利用过去人防工程改造的地下建筑,由于设计上的缺陷,存在不少安全隐患,一旦发生火灾,浓烟积聚,高温不散,其危险性、扑救难度以及火灾所造成的危害都远超过地面建筑。

地下建筑按其使用功能可分为民用、工业、军事建筑和市政工程四类。

(1)民用建筑,如建于地下的商场、商业街、旅馆、娱乐场所和图书馆等。

(2)工业建筑,如各类建于地下的工厂、车间、油库、仓库、电站和矿井等。

(3)军事建筑,如建于地下的野战工事、指挥所、军火和军需物资仓库等。

(4)市政工程,如地铁、交通隧道和电缆隧道等。

二、墙

墙是建筑物的承重构件和围护构件。作为承重构件,墙承受着建筑物由屋顶或楼板层传来的荷载,并将这些荷载再传给基础。作为围护构件,外墙起着抵御自然界各种因素对室内侵袭的作用,内墙起着分隔房间、创造室内舒适环境的作用。为此,要求墙体根据不同的功能分别具有足够的强度、稳定性、保温、隔热、隔声、防水、防火等能力以及具有一定的经济性和耐久性。

墙是建筑物的一个重要组成部分。在确定墙体材料和构造方法时,必须全面考虑使用、结构、施工、经济、安全等方面的要求。

(一)墙的种类与作用

墙的种类很多。按位置分,有内墙与外墙;按受力情况分,有承重墙与非承重墙。如图1-2-8所示。

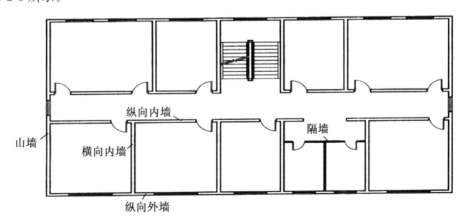

图 1-2-8　墙体各部分名称

墙的作用主要有三点:

(1)承重作用:承受屋顶、楼板等构件传下来的垂直荷载及风力和地震力等。

(2)围护作用:防止风、雨、雪的侵袭,保温、隔热、隔声、防火,保证房间内具有良好的生活环境和工作条件。

（3）分隔作用：按照使用要求，将建筑物分隔成或大或小的房间。

（二）对墙的要求

不同性质和位置的墙，应分别满足下列某项要求或同时满足某几项要求：

（1）所有的墙都应有足够的强度和稳定性，以保证建筑物坚固耐久。

（2）建筑物的外墙必须满足热工方面的要求，以保证房间内具有良好的气候和卫生条件。

（3）要满足隔音方面的要求。

（4）要满足防火要求。墙体材料的燃烧性能和耐火极限要符合防火规范。在较大建筑中，还要按照建筑设计防火规范设置防火墙，将建筑分为若干段，以防止火灾蔓延。

（5）要减轻自重，降低造价，不断采用新的墙体材料和构造方法。

（6）要适应建筑工业化的要求。尽可能采用预制装配化构件和机械化施工方法。

三、楼地面

楼地面是分隔建筑空间的水平承重结构，包括楼板层和地坪层。

楼板层是楼房建筑中水平方向的承重构件。按房间层高将整幢建筑物沿水平方向分为若干部分。楼板层承受着本身自重以及家具、设备和人体的荷载，并将这些荷载传给墙，同时还对墙身起着水平支撑的作用。要求楼板层具有足够的抗弯强度、刚度、隔声、防潮、防水、防火等能力。

地坪层是建筑物底层与土壤相接的构件，和楼板层一样，承受着底层地面上的荷载，并将荷载均匀地传给地基。

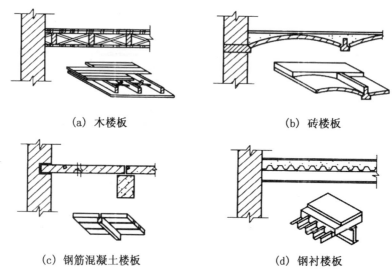

(a) 木楼板　　　　　　　　　　　　　(b) 砖楼板

(c) 钢筋混凝土楼板　　　　　　　　　(d) 钢衬楼板

图 1-2-9　楼板的类型

（一）楼板的类型

根据所采用材料的不同，楼板可分为木楼板、砖拱楼板、钢筋混凝土楼板以及钢衬板承重的楼板等多种形式，如图 1-2-9 所示。

木楼板具有自重轻、构造简单等优点,但其耐火和耐久性均较差,为节约木材,除产木地区现已极少采用。

砖拱楼板可节约钢材、水泥和木材,曾在缺乏钢材、水泥的地区采用过。由于它自重大、承载能力差,且对抗震不利,加上施工较繁,现已趋于不用。

钢筋混凝土楼板具有强度高、刚度好、耐久、防火、良好的可塑性,且便于工业化生产和机械化施工等特点,是目前我国工业与民用建筑中楼板的基本形式。

近年来,由于压型钢板在建筑上的应用,于是出现了以压型钢板为底模的钢衬板楼板。

钢筋混凝土楼板分为以下两种。

1. 现浇钢筋混凝土楼板

现浇钢筋混凝土楼板一般用不低于 150 号混凝土和 I 级钢筋在现场就地支模浇注而成。这种楼板坚固、耐久、整体性好,也较能防水。

现浇钢筋混凝土楼板按其结构布置方式可分为梁板式楼板、井式楼板和无梁楼板三种。

梁板式楼板按房间尺寸的不同可以布置板、次梁、主梁和柱等。楼板上的荷载是先由板传给梁,再由梁传给墙或柱。如图 1-2-10 所示是有主梁、次梁和柱的梁板式楼板的透视图。

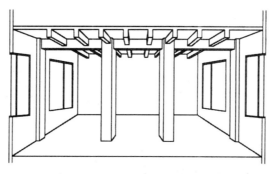

图 1-2-10 梁板式楼板

井式楼板也是由梁板组成的。其特点是双向布置梁,而且梁的断面等高,梁之间形成井字格,所以叫井式楼板,如图 1-2-11 所示。这种楼板多用于近方形的大厅,跨度一般为 10 m 左右,井格一般在 2.5 m 以内。

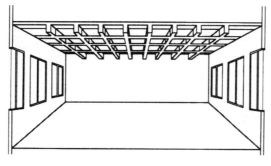

图 1-2-11 井式楼板

无梁楼板是将板直接支承在墙和柱子上。为增大柱的支承面积和减小板的跨度,在柱顶加柱帽和托板等。柱子尽可能按方形格网布置,间距 6 m 左右较为经济。无梁楼板多用于楼板上活荷载较大的商店、仓库或展览馆等建筑中。如图 1-2-12 所示。

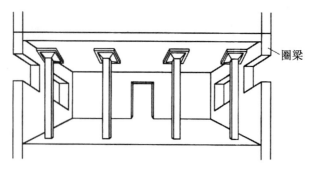

图 1-2-12　无梁楼板

2. 预制钢筋混凝土楼板

预制钢筋混凝土楼板是将楼板的梁、板等预制成各种规格和形式的构件,在现场装配而成。

目前,我国各城市普遍采用预应力或非预应力的梁式铺板作为楼板。梁式铺板常用的形式有槽形板和空心板(如图 1-2-13、图 1-2-14 所示)。

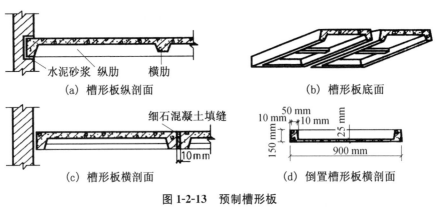

图 1-2-13　预制槽形板

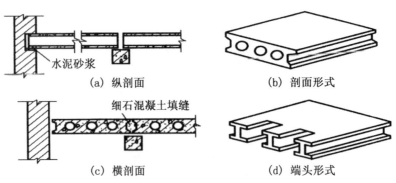

图 1-2-14　预制空心板

（二）楼板层的基本组成

1. 楼板面层

楼板面层又称楼面或地面,直接与人和设备接触,必须坚固耐磨、光滑平整,起着保护楼板层、分布荷载和各种绝缘的作用,同时也对室内装修起重要作用。

2. 楼板结构层

它是楼板层的承重部分,包括板和梁。主要功能是承受楼板层上的全部静荷载、动荷载,并将这些荷载传给墙或柱,同时还对墙身起水平支撑作用,帮助墙身抵抗和传递由风或地震等所产生的水平力,以增强建筑物的整体刚度。

3. 附加层

附加层又称功能层,主要用以设置满足隔声、隔热、防水、保温等绝缘作用的部分,是现代楼板结构中不可缺少的部分。

4. 楼板顶棚层

楼板层的下面部分,主要用以保护楼板、安装灯具、遮掩各种水平管线设备。在构造上可分为直接抹灰顶棚、粘贴类顶棚、吊顶等多种形式。

四、门与窗

门主要供人们内外交通和隔离房间使用,窗则主要用于采光和通风,同时也起分隔和围护作用。火灾时门窗既是新鲜空气、高温烟气的进出通道,又是救人和灭火进攻的途径。

（一）门

门按所用材料划分有木门、钢门、钢筋混凝土门、塑钢门及铝合金门等。

门按门扇的用料和做法的不同分为许多种类,如拼板门、镶板门(装板门)、胶合板门(贴板门)、玻璃门、纱门、百叶门等。

为了满足建筑上的特殊需要还有保温门、隔声门、防火门、防X射线门、防爆门等。

按门的开启方式有平开门、弹簧门、推拉门、转门、折门、卷门等。门的类型如图1-2-15所示。

平开门可内开或外开。作为安全疏散的门一般应外开。在寒冷地区,为满足保温要求可设内外开的双层门。弹簧门用于开启频繁的地方,但托儿所内儿童经常通过的门不宜用弹簧门,以防碰撞小孩。弹簧门有较大的门缝,冬季不利于保温。推拉门不占室内空间,但封闭不严。转门的优点是在人的进出过程中,内外空间始终有门扇隔绝,保温条件好,但进出人流速度较慢。由于推拉门和转门不利于人员安全疏散,在疏散出口上禁止使用。

（二）窗

窗按所用材料和开启方式等的不同,可以分为各种类型。它们各有特点,适合于各种不同的情况。

（1）窗按所用材料的不同划分有木窗、钢窗、钢筋混凝土窗、塑钢窗、铝合金窗等。

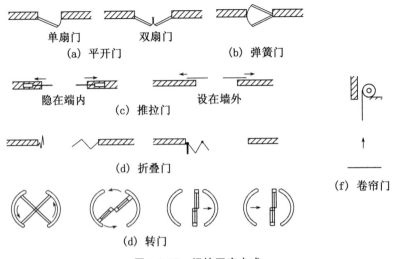

(a) 平开门
单扇门　　双扇门
(b) 弹簧门

隐在端内　　　　设在墙外
(c) 推拉门

(d) 折叠门
(f) 卷帘门

(d) 转门

图 1-2-15　门的开启方式

（2）窗按耐火时间不同划分有防火窗、普通窗。

（3）窗按镶嵌材料不同又分为玻璃窗、纱窗、百叶窗等。

（4）窗按开启方式可分为平开窗、推拉窗、悬窗及固定窗等。平开窗最为普通,一般为单层和双层平开玻璃窗。

在国家或地方有关窗的标准图集中,都列有各种窗的立面形式及窗洞口尺寸供设计选用。在标准图集中,各种形式和大小的窗都编有一定的型号,一般用汉语拼音字母表示,如 C 代表窗,CN 代表内开窗,CL 代表拉窗等等。窗的规格可以用数字表示,如 C1015 即表示宽 1 000 mm、高 1 500 mm 的平开窗。

五、楼梯与电梯

（一）楼梯

楼梯是建筑内上、下层间的交通疏散设施。

楼梯按结构材料的不同有钢筋混凝土楼梯、木楼梯、钢梯等。钢筋混凝土楼梯因其坚固、耐久、防火,使用最为普遍。

楼梯可分为直跑式、双跑式、三跑式、多跑式及弧形和螺旋式等各种形式。双跑式是最常用的一种。楼梯形式是由楼梯所在的位置的平面形式及建筑上的要求等决定的,如矩形平面适合做成双跑式;较方的平面,可以考虑做成三跑式。

楼梯是由楼梯段、平台和拦杆、扶手三部分组成的,如图 1-2-16 所示。

（1）楼梯段:是楼梯的基本组成部分。楼梯段供单人通行时宽度应不小于 850 mm,供双人通行时宽度为 1 000～1 200 mm,供三人通行时宽度为 1 500～1 650 mm。楼梯的宽度及数量和间距除满足使用要求外,还应符合防火规范的要求。

在楼梯段上设置踏步,踏步的顶面称踏面,踏步的侧面称踢面。楼梯段之间的空间称为楼梯井。

（2）平台:为避免人们上下楼梯感觉过分疲劳,楼层间的楼梯通常由两个楼梯段构

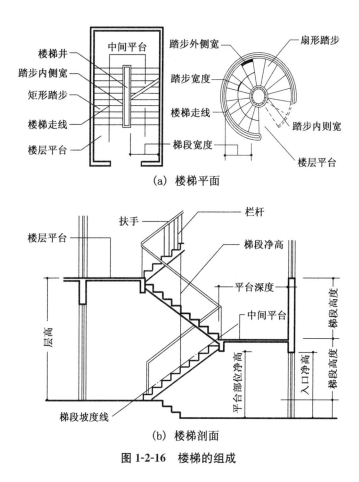

(a) 楼梯平面

(b) 楼梯剖面

图 1-2-16　楼梯的组成

成,两个楼梯段的连接部分称中间平台。另外,在各层上下楼梯的开始部位,也应有一段平台,以便起缓冲作用。

(3) 栏杆与扶手:栏杆或栏板是楼梯的围护构件。栏杆可用方钢、圆钢、扁钢等制作。栏杆的式样可结合美观要求设计。扶手一般用木材制作,也可用钢扶手和塑料扶手。

(二) 电梯

电梯是建筑物楼层间垂直交通运输的快速运载设备,用以节省人力和时间。高层建筑和 7 层以上的建筑应设置电梯。电梯按使用性质可分为客用电梯和货用电梯两类。

电梯由机房和井道两部分组成。电梯井道常用钢筋混凝土建造,机房为砖砌的或钢筋混凝土的。

此外,还有一种自动扶梯,常设在有大量人流上下的场所,如车站、大型商场等。

六、屋顶

屋顶是建筑物顶部的外围护构件和承重构件,抵御着自然界雨、雪及太阳热辐射等对顶层房间的影响;承受着建筑物顶部荷载,并将这些荷载传给垂直方向的承重构件。屋顶必须具有足够的强度、刚度以及防水、保温、隔热等能力。

（一）屋顶的作用及组成

屋顶位于房屋的最上部，起阻挡风雨和抵御酷热、严寒的围护作用。屋顶通常由以下几部分组成，如图 1-2-17 所示。

1. 屋面

屋面是屋顶的面层，它直接受大自然的侵袭。屋面材料要求有很好的防水性能，并耐大自然的长期侵蚀。屋面材料也应有一定的强度，使屋顶能承受在检修过程中加在上面的荷载。

2. 屋顶承重结构

屋面材料一般是小块的瓦或薄的油毡、石棉瓦、铁皮、塑料等，它们下面必须有构件支托以承受荷载。

承重结构的类型很多，按材料分有木结构、钢筋混凝土结构、钢结构等。承重结构应能承受屋面上的所有荷载，自重及其他加于屋顶的荷载，并将这些荷载传给支撑它的承重墙或柱。

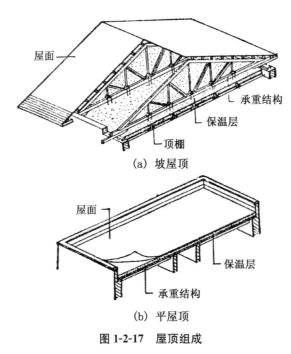

（a）坡屋顶

（b）平屋顶

图 1-2-17　屋顶组成

3. 保温层、隔热层

一般屋面材料及承重结构的保温或隔热效果是较差的。在寒冷的北方必须加保温层，在炎热的南方有时则加设隔热层。保温层或隔热层是由一些轻质多孔隙的材料作成的，它们通常设置在屋顶承重结构上。

4. 顶棚

顶棚是房间的顶面，对于平房或楼房的顶层房间来说，顶棚也就是屋顶的底面。当屋顶结构的底面不符合使用要求时，就须另做顶棚。顶棚结构一般吊挂在屋顶承重结构上，称为吊顶。

对于坡形屋顶,顶棚上部的空间叫闷顶,如利用坡顶的空间作为使用房间时则称为阁楼。

(二) 屋顶的类型

屋顶按排水坡度的不同,一般可分为坡屋顶和平屋顶,常见的屋顶形式见图 1-2-18。

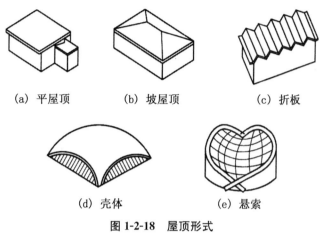

(a) 平屋顶　　　　(b) 坡屋顶　　　　(c) 折板

(d) 壳体　　　　(e) 悬索

图 1-2-18　屋顶形式

第三节　工业与民用建筑的基本形式

本节以大量民用和工业建筑为主,全面论述了民用和工业建筑平面组合形式设计的一般原理和方法。包括住宅平面组合形式、公共建筑平面组合形式、单层和多层工业厂房的基本形式三大部分。主要内容有住宅和公共建筑的平面组合类型、空间布局及空间利用;影响平面组合的因素;建筑体型和立面设计的原则和方法等。

一、住宅的平面组合及类型

住宅由居住和辅助两部分组成。居住部分包括起居室和卧室,这类房间通称为居室。辅助部分包括厨房、卫生间(浴室、厕所)、走廊、楼梯以及贮藏室等。

(一) 住宅的平面组合

住宅平面组合以户为基本单位。户是由居室、厨房、厕所等组成的。根据每个居室大小和数量不同可有各种不同的户型,由几个相同或不相同的户型,结合楼梯、走廊等交通面积组合成单元,再根据总建筑面积和地形等条件将几个单元拼凑成一幢住宅。

(二) 平面类型

1. 内廊式

内廊式住宅有长内廊与短内廊之分。长内廊的楼梯服务户数多,干扰大,朝向与分户都较难处理,故在住宅设计中很少采用。采用较多的为短内廊式住宅,即一座楼梯服务 2

至 4 户。

2. 外廊式

外廊式住宅容易做到独门独户，有利于组织穿堂风，建筑朝向处理较自由，适合于南方地区。北方由于气候寒冷，外廊式不利于防寒保暖。外廊式住宅也有长外廊与短外廊之分。

长外廊住宅的楼梯服务户数较多，干扰较大，其长度应考虑建筑物防火和安全疏散方面的有关要求。

将每座楼梯的服务户数限制在三至五户组成一个单元，即通常所称的短外廊式住宅。它除具有长外廊式的许多优点外，还改善了住户多、干扰大这一缺点。

3. 内天井式

加大住宅平面进深有利于提高建筑密度，节约用地，但会使部分房间的采光和通风不好处理，为此，可在单元内设置天井。天井有较好的通风效果，对住宅的通风降温有利。缺点是容易造成声音和视线的干扰，有一部分住户的朝向不好，天井底部比较潮湿，下水处理也较麻烦。

4. 点式

平面短而深且只有一个单元的住宅，称为点式住宅。高层点式住宅又称塔式建筑。在住宅区中插建点式住宅，可以充分利用零星土地，提高建筑密度，丰富建筑群体的空间造型，美化城市街景。

二、公共建筑平面组合的基本类型

公共建筑的平面组合常采用下面几种基本形式：

（一）过道式

有些建筑物（如教学楼、办公楼或医院住院部等），其基本房间（如教室、办公室或病房等）在使用上有一定的独立性。为保证它们具有安静的环境，并同厕所、楼梯、门厅等辅助部分形成方便的联系，常采用过道式的平面。

（二）穿套式

有些建筑要求各房间连续使用，具有明确简捷的流程，常采用穿套式的布置方式。这种方式将房间按使用顺序串连起来，可以提高效用，节省交通面积。穿套式平面的人流路线应合理。

（三）大厅式

当建筑物以一个大厅为主要房间，其他为辅助房间时，常将其他房间围绕着大厅进行布置，形成环绕大厅式的平面。如电影院、剧场和体育馆等建筑，就是以观众厅为中心，围绕观众厅布置门厅、休息厅、厕所和其他辅助房间。食堂、车站和百货商店等公共建筑也常采用大厅式平面，但由于没有影剧院建筑那些特殊要求，布置相对灵活一些。

建筑物的功能要求常常是多方面的，因此很多公共建筑常以一种方式为主兼用另外一些方式，形成综合式的布置。

三、单层工业厂房、多层工业厂房的基本形式

厂房按层数可分为单层、多层厂房以及混合层次厂房。

（一）单层厂房

这类厂房多用于重工业和机械工业，其特点是设备体积大、质量大，车间内以水平运输为主，大多靠厂房中的起重运输设备和车辆进行运输，厂房内的生产工艺路线和运输路线较容易组织，也便于工艺改革，如图 1-3-1 所示。

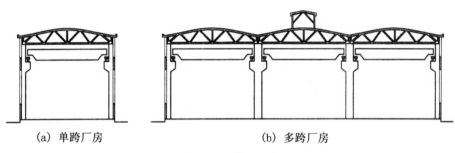

（a）单跨厂房　　　　　　　（b）多跨厂房

图 1-3-1　单层厂房

单层厂房按跨数的多少有单跨与多跨之分。多跨大面积厂房在实践中采用的较多，其面积可达数万平方米，单跨用得较少，但有的生产车间，如飞机装配车间和飞机库常采用跨度很大（36～100 m）的单跨厂房。单层厂房占地面积大，围护结构面积多（特别是屋顶面积多），各种工程技术管道长，维护费高，厂房扁长，立面处理单调。

（二）多层厂房

如图 1-3-2 所示，这类厂房常用于轻工业类，对于垂直方向组织生产及工艺流程的生产企业和设备及产品较轻的企业，具有较大的适应性，多用于轻工、食品、电子、仪表等工业部门。此类厂房的设备质量轻、体积小，因它占地面积少，更适用于在用地紧张的城市建厂及老厂改建。多层工业厂房相似于框架轻板建筑，开间、进深与层高比民用建筑大，柱距一般为 6 m，跨度常用 6 m、7.5 m、9 m 三种，层高一般取 4.2 m、4.5 m、4.8 m、5.4 m 和 6 m 等几种类型。

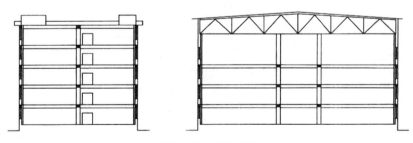

图 1-3-2　多层厂房

(三) 混合层次厂房

既有单层跨又有多层跨的厂房,适用于化学工业、热电站的主厂房等,如图 1-3-3 所示。

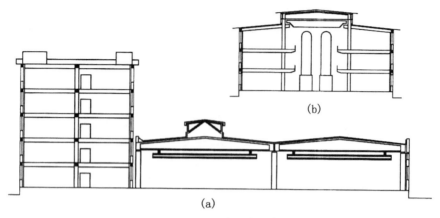

图 1-3-3　混合层次厂房

四、单层工业厂房结构类型

(一) 单层工业厂房结构组成

在厂房建筑中,支承各种荷载作用的构件所组成的骨架,通常称为结构。现以常见的钢筋混凝土单层厂房排架结构为例来说明其结构组成及其构件所起的作用和相互关系。如图 1-3-4 所示。

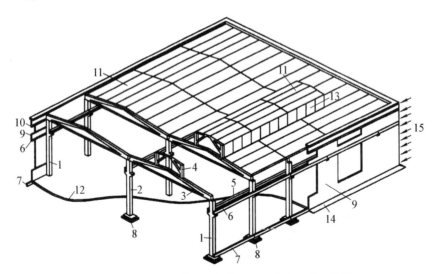

图 1-3-4　单层厂房装配式钢筋混凝土骨架及主要构件

1—边列柱;2—中列柱;3—屋面大梁;4—天窗架;5—吊车梁;6—连系梁;7—基础梁;8—基础;9—外墙;
10—圈梁;11—屋面板;12—地面;13—天窗扇;14—散水;15—风力

单层工业厂房结构主要由下列构件组成：

（1）屋盖结构：包括屋面板、屋架（或屋面梁）及天窗架。

屋面板：它铺设在屋架（或屋面梁）上。屋面板直接承受其上面的荷载（包括屋面板自重、屋面围护材料、雪、积灰及施工等荷载），并把这些荷载通过屋面板传给屋架。

屋架：它是屋盖结构的主要承重构件。屋面板上的荷载，天窗架上的荷载（当设有天窗架时），吊车荷载（当设有悬挂吊车时）都由屋架承担，屋架搁置在柱上，将屋架上的全部荷载传给柱。

（2）吊车梁：在柱子的牛腿上支承吊车梁。它承受吊车荷载（包括吊车自重，吊车最大起重量以及吊车启动或利用时所产生的纵、横水平冲力）并将其传给柱。

（3）柱：它是厂房结构的主要承重构件。它承受着多方面的荷载，如屋盖上的荷载、吊车梁上的荷载、作用在纵向外墙上的风荷载，承担部分墙体重量的墙梁荷载及作用在山墙上的风荷载（通过山墙抗风柱的顶端，传给屋架，再由屋架分别传递给柱）等。

（4）基础：它承担作用在柱的全部荷载及基础梁上部分墙体荷载，再由基础最后传给地基。基础通常采用柱下独立式基础。

（5）外墙围护结构：包括厂房四周的外墙、抗风柱、墙梁和基础梁等。这些构件所承受的荷载主要是墙体和构件的自重以及作用在墙上的风荷载。

（6）支撑系统构件：支撑构件的主要作用是加强厂房结构的空间整体刚度和稳定性。它主要传递水平风荷载以及吊车产生的水平冲力。支撑构件设置在屋架之间的称为屋盖结构支撑系统，设置在纵向柱列之间的称为柱间支撑系统。

（二）单层工业厂房结构类型

单层工业厂房的结构形式基本上可分为承重墙结构与骨架结构两类。仅当厂房的跨度、高度、吊车荷载较小及地震烈度较低时才用承重墙结构，当厂房的跨度、高度、吊车荷载较大及地震烈度较高时，广泛采用骨架承重结构。骨架结构由柱基础、柱、梁、屋架等组成，以承受各种荷载，墙体在厂房中只起围护或分隔作用。

骨架结构按材料可分为砖石混合结构、装配式钢筋混凝土结构、钢结构，选择时应根据厂房的用途、规模、生产工艺、起重运输设备、施工条件和材料供应情况等因素，综合分析确定。

1. 砖石混合结构

它由砖柱和钢筋混凝土层架或屋面大梁组成，也有由砖柱和木屋架或轻钢组合屋架组成的。混合结构构造简单，但承载能力及抗地震和振动性能较差，故仅用于吊车起重量不超过 5 t，跨度不大于 15 m 的小型厂房。

2. 装配式钢筋混凝土结构

这种结构坚固耐久，可预制装配，与钢结构相比可节约钢材，造价较低，故在国内外的单层厂房中，得到了广泛的应用，但其自重大，抗震性能不如钢结构。装配式钢筋混凝土骨架组成的单层厂房见图 1-3-4，由图可知，厂房承重结构由横向骨架和纵向连系构件组成。横向骨架包括屋面大梁（或屋架）、柱、柱基础，它们承受屋顶、天窗、外墙及吊车荷载。纵向连系构件包括大型屋面板（或檩条）、连系梁、吊车梁等，它们能保证横向骨架的稳定性,往往还要在屋架之间和柱间设置支撑系统。组成骨架的柱子、柱基础、屋架、吊车梁等厂房主要承重构件,关系到整个厂房的坚固耐久及安全,必须予以足够的重视。

3. 钢结构

它的主要承重构件全部用钢材做成,这种结构抗地震和振动性好,构件较轻(与钢筋混凝土比),施工速度快,除用于吊车荷载重、高温或振动大的车间以外,对于要求建设速度快、早投产早受益的工业厂房,也可采用钢结构。但钢结构易锈蚀,耐火性能差,使用时应采取相应的防护措施。

单层厂房承重结构除上述外,屋顶结构尚可采用折板、壳体及网架等空间结构。它们的共同优点是传受力合理,较充分地发挥了材料的力学性能,空间刚度好,抗震性较强;其缺点是施工复杂,现场作业量大,工期长。

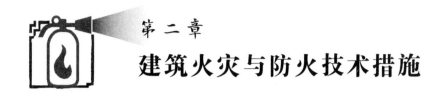

第二章
建筑火灾与防火技术措施

建筑在为人们的生活、生产和工作、学习创造良好环境的同时,也潜伏着各种火灾隐患,稍有不慎,就可能引发火灾,给人类带来巨大的不幸和灾难。我国 20 世纪 90 年代的火灾统计表明,建筑火灾次数占火灾总数的 75％以上,所造成的人员死亡和直接财产损失分别占火灾死亡总人数和直接财产总损失的 90％和 85％。

建筑防火是根据对火灾建筑的调查和科学实验,运用工程学等方法研究建筑物的防火设计、消防监督及为灭火战斗创造必要的技术条件的一门实用科学。建筑防火管理工作是公安消防机构的一项重要工作,是消防监督管理工作的基础和源头,做好建筑防火设计和建筑工程消防监督管理工作,有利于从根本上消除建筑火灾隐患。

第一节　建筑火灾的发展与蔓延

一、建筑火灾的发展

通常,建筑火灾最初发生在建筑物内的某个房间或局部区域,然后由此蔓延到相邻房间或区域,以至整个楼层或整幢建筑物,有时甚至蔓延到周边建筑。室内火灾的发展过程要用室内的火灾温度(烟气和火焰平均温度)随时间变化的曲线来表示,如图 2-1-1 所示。

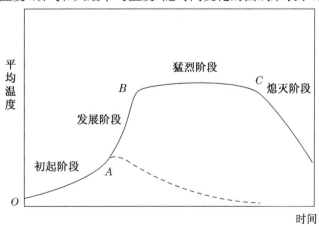

图 2-1-1　室内火灾温度-时间曲线

根据室内火灾温度随时间变化的特点,可以将火灾发展过程分为四个阶段,即火灾初起阶段(图中 OA 段)、火灾发展阶段(AB 段)、火灾燃烧猛烈阶段(BC 段)、火灾熄灭阶段(C 点以后)。

1. 火灾初起阶段

室内发生火灾后,最初只是起火部位及其周围可燃物着火燃烧。这时的燃烧如同在敞开的空间里进行一样。在局部燃烧形成之后,可能会出现下列三种情况之一:

(1) 在门窗关闭,通风供氧严重不足,尤其是最初着火的可燃物质处在隔离的情况下,最初着火的可燃物质自行燃烧完,而未引燃其他的可燃物质。

(2) 在通风供氧严重不足的情况下,火灾会自行熄灭,或以很慢的速度继续燃烧。

(3) 如果有足够多的可燃物质,而且具有良好的通风条件,室内可燃物质(家具、衣物等)会逐步被引燃,从而使室内火灾进入到发展阶段。

火灾初起阶段的特点是:燃烧范围不大,建筑物本身尚未燃烧,燃烧仅限于初始起火点附近;室内温度差别大,仅在燃烧区域及其附近存在高温,室内平均温度低;燃烧蔓延速度较慢,在蔓延过程中,火势不稳定;燃烧蔓延时间因着火源、可燃物质性质和分布、通风条件影响而差别很大。

上述情况表明,火灾初起阶段是灭火的最有利时机,应设法争取尽早发现火灾,及时控制消灭火灾。

2. 火灾发展阶段

在火灾初起阶段后期,火灾范围迅速扩大,除室内的家具、衣物等卷入燃烧之外,建筑物的可燃装修材料由局部燃烧迅速扩大,室内温度上升很快,辐射传热效应增强,火势也进一步增强。

当温度达到室内固体可燃物全表面燃烧的温度时,被高温烘烤分解、挥发出的可燃气体便会使整个房间都充满火焰,此时进入轰燃阶段。轰燃的出现标志着火灾充分发展的开始。轰燃阶段的时间很短,室内温度陡然升高,经常会上升到 800 ℃ 以上,最高可达到 1 100 ℃,火灾进入这一阶段后,可以对室内设施和建筑结构造成损害,此时,身处室内的人员极难生还。

3. 火灾猛烈阶段

室内所有可燃物质都在猛烈燃烧,放热量很大,因而房间内温度迅速升高,并出现持续性高温,最高温度可达 1 100~1 200 ℃。火焰、高温烟气从房间的开口大量喷出,使火灾迅速向建筑物的其余部位扩散蔓延。室内高温对建筑构件产生的热作用越来越强烈,导致建筑构件的承载能力不断下降,甚至会造成建筑物局部或整体坍塌。

通常,耐火等级高的建筑物起火后,由于其房间四周墙壁和楼板坚固,不易被烧穿,因而房间通风口面积只会在火灾致使门窗玻璃破碎后有所增大。火灾进入猛烈燃烧阶段后,其通风口的面积没有大的变化,室内燃烧大多由通风条件控制,因而室内火灾保持着稳定的燃烧状态。火灾猛烈阶段的持续时间长短主要取决于室内可燃物的性质、数量以及通风条件等因素。

为了减少火灾损失,针对火灾猛烈阶段的特点,在建筑防火设计中采取的主要措施是：在建筑物内设置防火分隔物，把火灾控制在局部区域内，防止火灾向其他区域扩散蔓延；选用耐火极限较高的建筑构件作为建筑物的承重体系，确保建筑物发生火灾时不坍塌，为火灾时人员的安全疏散、火灾扑救及火灾后建筑物修复使用创造条件。

4. 火灾熄灭阶段

在火灾猛烈阶段后期，随着室内可燃物数量的不断减少，燃烧速度减缓，温度逐渐下降，火灾进入熄灭阶段。随后，室内温度明显下降，直到室内的全部可燃物烧完，逐步恢复正常室内温度。

火灾熄灭阶段前期，燃烧仍然比较猛烈，火灾温度仍很高。针对该阶段特点，应注意防止建筑构件因较长时间受火焰、高温作用以及灭火时水的冷却、冲击作用而出现裂缝、下沉、倾斜或坍塌，确保消防人员的自身安全。

二、建筑火灾蔓延的机理

建筑物内火灾蔓延，是通过热传播进行的，其形式与起火点、建筑材料、物质的燃烧性能和可燃物的数量等因素有关。在火场上燃烧物质所放出的热能，通常是以传导、辐射和对流三种方式传播，并影响火势蔓延扩大。

（一）热传导

热传导又称导热，属于接触传热，是连续介质就地传递热量而又没有各部分之间相对的宏观位移的一种传热方式。固体、液体和气体物质都有这种传热性能，其中固体物质最强，气体物质最弱。由于固体物质的性质各异，其传热的性能也各有不同。例如，将一铜棒和一铁棒的一端均放入火中，结果铜棒的另一端比铁棒会更快地被加热，这说明铜比铁有较快的传热速率；如果把两根铁棒的各一端分别放在火里和热水里，结果是放在火里的比放在热水里的铁棒温度高、传热快，这说明同样物质，热源温度高时，传热速率快。

对于起火的场所，热导率大的物体，由于能受到高温迅速加热，又会很快地把热能传导出去，在这种情况下，就可能引起没有直接受到火焰作用的可燃物质发生燃烧，导致火势传播和蔓延。

（二）热对流

由于流体之间的宏观位移所产生的运动，叫作对流。通过对流形式来传播热能的，只有气体和液体，分别叫作气体对流和液体对流。

1. 气体对流

气体对流对火势发展变化的影响主要是：流动着的热气流能够加热可燃物质，以致达到燃烧程度，使火势蔓延扩大；被加热的气体在上升和扩散的同时，周围的冷空气迅速流入燃烧区助长燃烧；气体对流方向的改变，促使火势蔓延方向也随着发生变化。气体对流的强度，取决于通风孔洞面积的大小、通风孔洞在房间中的位置（高度）、以及烟雾与周围空气的温度差等条件。气体对流对露天和室内火灾的火势发展变化都是有影响的。即使是室内起火，气体对流对火势发展变化的影响也是较明显的。

室内发生火灾时，燃烧产物和热气流迅速上升，当其遇到顶棚等障碍物时，就会沿着房间上部向各方向平行流动。这时，在房间上部空间形成了烟层，其厚度逐渐增大。如果房间的墙壁上面有门窗孔洞,燃烧产物和热气流就会向邻近的房间外扩散。但是,也可能有一部分燃烧产物被外界流入的空气带回室内。燃烧产物的浓度越大,温度越高,流动的速度也就越快。

2. 液体对流

液体对流是一部分液体受热以后,因体积增大、相对密度减小而上升,温度较低的部分则由于相对密度较大而下降,就在这种运动的同时进行着热的传播,最后使整个液体被加热。

通过液体对流进行传热,影响火势发展的主要情况是:装在容器中的可燃液体局部受热后,以对流的传热方式使整个液体温度升高,蒸发速度加快,压力增大,致使容器爆裂,或蒸气逸出,遇着火源而发生燃烧;重质油品燃烧时发生的沸溢或喷溅,同样是对流等传热作用引起的。

(三) 热辐射

以电磁波传递热量的现象,叫作热辐射。无论是固体、液体和气体,都能把热量以电磁波(辐射能)的方式辐射出去,也能吸收别的物体辐射出的电磁波而转变成热能。因此,热辐射在热量传递过程中伴有能量形式的转化,即热能—辐射能—热能。电磁波的传递是不需要任何介质的,这是辐射与传导、对流方式传递热量的根本区别。

火场上的火焰、烟雾都能辐射热能,辐射热能的强弱取决于燃烧物质的热值和火焰温度。物质热值越大,火焰温度越高,热辐射也越强。火场上的辐射热能随着火灾发展的不同阶段而变化。在火势猛烈发展的阶段,当温度达到最大数值时,辐射热能最强。反之,辐射热能就弱,火势发展则缓慢。辐射热作用于附近的物体上,能否引起可燃物质着火,要看热源的温度、热源的距离和角度。

火场上实际进行的传热过程很少是以一种传热方式单独进行,而是由两种或三种方式综合而成,但是必定有一种是主要的。

三、火灾蔓延的途径

在火场上,烟雾流动的方向通常是火势蔓延的一个主要方向。建筑物发生火灾,烟火在建筑内的流动呈现水平流动和垂直流动,且两种流动往往是同时进行的。500 ℃以上热烟所到之处,遇到的可燃物都有可能被引燃起火。具体来讲,建筑火灾蔓延的途径主要有:内墙门、洞口、外墙窗口、房间隔墙、空心结构、闷顶、楼梯间、各种竖井管道、楼板上的孔洞及穿越楼板、墙壁的管线和缝隙等。

(一) 垂直蔓延

建筑物内发生火灾,由于热对流的存在,火灾烟气往往通过门洞等各种开口、孔洞蔓延,导致灾情扩大。当烟火在走廊内流动时,一旦遇到楼梯间、电梯井、竖向管道、厂房内的设备吊装孔等,则会迅速向上蔓延,且在向上蔓延的同时也向上层水平方向蔓延。

在外墙面,高温热烟气流会促使火焰蹿出窗口向上层蔓延。一方面,由于火焰与外墙面之间的空气受热逃逸形成负压,周围冷空气的压力致使烟火贴墙面而上,使火蔓延到上一层;另一方面,由于火焰贴附外墙面向上蔓延,致使热量透过墙体引燃起火层上面一层

房间内的可燃物。建筑物外墙窗口的形状、大小对火势蔓延有很大影响,主要表现在:

(1) 窗口高宽比较大时,火焰(或热气流)贴附外墙面向上蔓延的现象不显著;

(2) 窗口高宽比较小时,火焰(或热气流)贴附外墙面的现象明显,使火势很容易向上方蔓延发展;

(3) 同一房间内,在室内外各种因素都相同的情况下,窗口越大,火焰越靠近墙壁,火势向上蔓延的可能性就越大。

形成火灾垂直蔓延的主要因素有火风压和烟囱效应。

1. 火风压

火风压是建筑物内发生火灾时,在起火房间内,由于温度上升,气体迅速膨胀,对楼板和四壁形成的压力。火风压的影响主要在起火房间,如果火风压大于进风口的压力,则大量的烟火将通过外墙窗口,由室外向上蔓延;若火风压等于或小于进风口的压力,则烟火便全部从内部蔓延,当它进入楼梯间、电梯井、管道井、电缆井等竖向孔道以后,会大大加强烟囱效应。

2. 烟囱效应

当建筑物内外的温度不同时,室内外空气的密度随之出现差别,这将引发浮力驱动的流动。如果室内空气温度高于室外,则室内空气将发生向上运动,建筑物越高,这种流动越强。竖井是发生这种现象的主要场合,在竖井中,由于浮力作用产生的气体运动十分显著,通常称这种现象为烟囱效应。在火灾过程中,烟囱效应是造成烟气向上蔓延的主要因素。烟囱效应和火风压不同,它能影响全楼。多数情况下,建筑物内的温度大于室外温度,所以室内气流总的方向是自下而上,即正烟囱效应。起火层的位置越低,影响的层数越多。在正烟囱效应下,若火灾发生在中性面(室内压力等于室外压力的一个理论分界面)以下的楼层,火灾产生的烟气进入竖井后会沿竖井上升,一旦升到中性面以上,烟气不单可由竖井上部的开口流出来,也可进入建筑物上部与竖井相连的楼层;若中性面以上的楼层起火,当火势较弱时,由烟囱效应产生的空气流动可限制烟气流进竖井,如果着火层的燃烧强烈,热烟气的浮力足以克服竖井内的烟囱效应仍可进入竖井而继续向上蔓延。因此,对高层建筑中的楼梯间、电梯井、管道井、天井、电缆井、排气道、中庭等竖向孔道,如果防火处理不当,就形同一座高耸的烟囱,强大的抽拔力将使火沿着竖向孔道迅速蔓延。

(二)水平蔓延

建筑内起火后,烟火从起火房间的内门窜出,首先进入室内走道,如果与起火房间依次相邻的房间门没有关闭,就会进入这些房间,将室内物品引燃。如果这些房间的门没有开启,则烟火要待房间的门被烧穿以后才能进入。即使在走道和楼梯间没有任何可燃物的情况下,高温热对流仍可从一个房间经过走道传到另一房间,从而逐步实现水平方向火势扩大。

对主体为耐火结构的建筑来说,造成水平蔓延的主要途径和原因有:未设适当的水平防火分区,火灾在未受限制的条件下蔓延;洞口处的分隔处理不完善,火灾穿越防火分隔区域蔓延;防火隔墙和房间隔墙未砌至顶板,火灾在吊顶内部空间蔓延;采用可燃构件与装饰物,火灾通过可燃的隔墙、吊顶、地毯等蔓延。

1. 孔洞开口蔓延

在建筑物内部的一些开口处，是水平蔓延的主要途径，如可燃的木质户门、无水幕保护的普通卷帘，未用不燃材料封堵的管道穿孔处等。此外，发生火灾时，一些防火设施未能正常启动，如防火卷帘因卷帘箱开口、导轨等受热变形，或因卷帘下方堆放物品，或因无人操作手动启动装置等导致无法正常放下，同样造成火灾蔓延。

2. 穿越墙壁的管线和缝隙蔓延

室内发生火灾时，室内上半部处于较高压力状态下，该部位穿越墙壁的管线和缝隙很容易把火焰、高温烟气传播出去，造成蔓延。此外，穿过房间的金属管线在火灾高温作用下，往往会通过热传导方式将热量传到相邻房间或区域一侧，使与管线接触的可燃物起火。

3. 闷顶内蔓延

由于烟火是向上升腾的，因此吊顶棚上的入孔、通风口等都是烟火进入的通道。闷顶内往往没有防火分隔墙，空间大，很容易造成火灾水平蔓延，并通过内部孔洞再向四周、下方的房间蔓延。

据实验测量，火灾初起时，烟气在水平方向扩散的速度为 0.3 m/s，燃烧猛烈时，烟气扩散的速度可达 0.5～3.0 m/s；烟气顺楼梯间或其他竖向孔道扩散的速度可达 3.0～4.0 m/s。而人在平地行走的速度约为 1.5～2.0 m/s，上楼梯时的速度约为 0.5 m/s，人上楼的速度大大低于烟气的垂直方向流动速度。因此，当楼房着火时，如果人往楼上跑是有危险的。对着火层以上的被困人员来说，迅速逃生自救尤为重要。

第二节　建筑火灾的危害

随着经济社会的发展，科学技术的进步，建筑呈现向高层、地下发展趋势，建筑功能日趋综合化，建筑规模日趋大型化，建筑材料日趋多样化，一旦发生火灾极易造成严重危害。新疆克拉玛依友谊馆、辽宁阜新市艺苑歌舞厅、河南洛阳东都商厦、吉林中百商厦、湖南常德桥南市场等特大火灾，损失惨重，骇人听闻。建筑火灾的危害性主要表现在以下几个方面。

一、危害生命安全

建筑火灾会对人的生命安全构成了严重威胁，一把大火，有时会吞噬几十人、甚至几百人的生命。据统计，2001～2005 年，全国共发生火灾 120 万起，造成 12 268 人死亡、15 757 人受伤，其中，一次死亡 10 人以上的群死群伤火灾 22 起。2000 年 12 月 25 日，河南省洛阳市东都商厦火灾，致 309 人死亡。2004 年 2 月 15 日，吉林省吉林市中百商厦火灾，造成 54 人死亡，70 人受伤。大量火灾实际表明，建筑火灾对生命的威胁主要来自以下几个方面：首先，建筑物内使用的许多可燃性材料或高分子材料，在起火燃烧时，会释放出一氧化碳、氰化物等有毒烟气，当人们吸入此类烟气后，将产生呼吸困难、头痛、恶心、神经系统紊乱等症状,甚至威胁生命安全。据统计,在所有火灾致死的人员中,约有 3/4 的人系吸入有毒有害烟气后直接导致死亡的。其次,建筑火灾产生的高温高热会对人员的肌体造成严重伤害,甚至致人休克、死亡。据统计,因燃烧热致死的人员约占整个火灾死亡人数的 1/4。同时,火灾产生的浓烟将阻挡人的视线,进而对建筑内人员的疏散和消防员扑救火灾带来严重影响,这也是导致火灾时人员死亡的重要因素。此外,因火灾造成的肉体损伤和精神伤害将导致受害人长期处在痛苦之中。

二、造成经济损失

据统计,在各类场所火灾造成的经济损失中,建筑火灾造成的经济损失居首位。建筑火灾造成经济损失的原因主要有以下几个方面:首先,建筑火灾能使财物化为灰烬,甚至因火势蔓延而烧毁整幢建筑内的财物。2004 年 12 月 21 日,湖南省常德市鼎城区桥南市场发生特大火灾,过火建筑面积 83 276 m²,直接财产损失 1.876 亿元。其次,建筑火灾产生的高温高热,将造成建筑结构的破坏,甚至引起建筑物整体倒塌。如 2001 年 9 月 11 日美国纽约世贸大厦火灾,2003 年 11 月 3 日湖南省衡阳市衡州大厦火灾等,最终都导致建筑物的垮塌。第三,建筑火灾产生的流动烟气,将使远离火焰的财物特别是精密电器、纺织物等受到侵蚀,甚至无法再使用。第四,扑救建筑火灾所用的水、干粉、泡沫等灭火剂,不仅本身是一种资源损耗,而且将使建筑内的财物遭受水渍、污染等损失。第五,建筑火灾发生后,因建筑修复重建、人员善后安置、生产经营停业等,会造成巨大的间接经济损失。

三、破坏文明成果

历史保护建筑、文化遗址一旦发生火灾,除了会造成人员伤亡和财产损失外,还会烧毁大量文物、典籍、古建筑等诸多的稀世瑰宝,对人类文明成果造成无法挽回的损失。1923 年 6 月 27 日,原北京紫禁城(现为故宫博物院)内发生火灾,将建福宫一带清宫贮藏珍宝最多的殿宇楼馆烧毁,据不完全统计,火灾共烧毁金佛 2 665 尊、字画 1 157 件、古玩 435 件、古书 11 万册,损失难以估量。1997 年 6 月 7 日,印度南部泰米尔纳德邦坦贾武尔镇一座神庙发生火灾,使这座建于公元 11 世纪的人类历史遗产付之一炬。1994 年 11 月 15 日,吉林省吉林市银都夜总会发生火灾,火势蔓延到相邻的博物馆,使 7 000 万年前的恐龙化石、大批珍贵文物付之一炬。

四、影响社会稳定

事实证明,当学校、医院、宾馆、办公楼等人员密集场所发生群死群伤恶性火灾,或涉及粮食、能源、资源等有关国计民生的重要工业建筑发生大火时,极可能在民众中造成心理恐慌。家庭是社会细胞,家庭生活遭受火灾的危害,必将影响人们的安宁幸福,进而影响社会的稳定。

第三节　　建筑防火设计的重要意义

通过对各类建筑火灾事故分析发现:建筑物在建设期间防火设计不合理,消防措施不落实是导致建筑火灾发生的重要原因之一。一项建筑工程从设计、施工到竣工交付使用周期很长,在此期间内可能因为资金、工期或人为原因忽视防火设计与施工,导致国家有关工程建设消防技术规范得不到落实,而在工程中留下火灾隐患。在建筑工程中潜伏的先天性火灾隐患,有许多是后天很难整改的不治之症。为提高建筑抗御火灾的能力,防止先天性火灾隐患的滋生,有效预防和减少建筑火灾事故的发生,最大限度降低火灾事故损失,必须从源头抓起,对建筑工程进行防火设计。建筑防火设计的重要作用主要体现在以下几个方面。

一、预防火灾发生

随着社会主义现代化建设的全面展开,科学技术的不断进步,物质财富和商品流量迅速增长,基本建设规模空前扩大,高新技术产业不断涌现,高层建筑拔地而起,地下铁道逐步兴建,石油化工产品不断增加,建筑内用火、用电、用油、用气剧增,火灾危险因素日趋增多,如果疏于防火管理,极易引发火灾事故。认真进行建筑防火设计,合理确定与建筑使用功能相匹配的建筑物耐火等级,严格控制建筑物材料的燃烧性能,设计安全可靠的供电、供气、供油、供热系统,从根本上提高建筑物本身的安全度,有效预防建筑火灾发生。总之,建筑防火设计是为了保障人民安居乐业、提高人民生活质量。

二、防控火灾蔓延

在我国城市土地资源日益紧缺和人们对建筑功能需求不断拓展的形势下,建筑逐步向高层、地下和大空间、大规模发展,建筑物的某一部位一旦发生火灾,极易迅速蔓延。通过在建筑防火设计工作中,应用防火间距和防火分区分隔技术,合理确定建筑防火间距,严格划分防火分区,充分利用防火墙、防火门窗、防火卷帘、防火阀、防火封堵材料等防火分隔设施,可以将火灾控制在一定范围,严防火势蔓延甚至"火烧连营",从而最大限度地减少火灾损失。

三、畅通生命通道

建筑物一旦起火并失控,其产生的火焰和高温、有毒烟气将对建筑内的生命造成严重危害。在此情况下,如果建筑缺乏必要的安全疏散设施,建筑内的人员将来不及疏散逃生,极易造成重大人员伤亡,给家庭和社会带来不可挽回的损失。因此,通过建筑防火设计,应用安全疏散和烟气控制技术,合理设置安全出口、疏散通道、应急照明装置、疏散指示标志等安全疏散设施和自然排烟、正压送风、机械排烟等防烟排烟系统,可以保障人员安全疏散,最大限度地减少火灾人员伤亡。

四、创造扑救条件

建筑起火且扩大成灾后,需要消防力量及时、有效处置。因此,通过建筑防火设计,应用平面布置技术,合理设置消防水源、消防车通道、消防登高场地等建筑灭火救援设施,可以确保火灾时消防人员及各类消防车辆、装备能够顺利靠近或进入建筑物内部实施灭火救援,及时、有效地扑灭火灾,抢救遇险人员。

五、避免资源浪费

一项建筑工程,如果在设计阶段就留下先天性火灾隐患,等到施工或使用过程中发现时再采取整改、加强管理等措施,甚至运用停止使用、责令搬迁等手段,对建设、使用单位或对整个社会而言,都无疑会造成资源的浪费。因此,有必要在建筑设计阶段就落实消防安全措施,真正做到防患于未然。

综上所说,遵循火灾发生和经济社会发展的客观规律,依照"预防为主,防消结合"的方针以及有关法律法规,通过应用建筑防火技术,从源头上预防和控制建筑火灾,减少和控制火灾的危害,确保社会公共财产和人民群众生命财产安全,维护社会稳定,保障社会主义现代化建设的顺利进行,为构建社会主义和谐社会提供消防安全环境,是建筑防火设计的根本目标。

第四节　建筑防火设计的主要内容

建筑防火设计涉及内容很多,主要包括总平面布局、防火间距、建筑结构和耐火等级、建筑材料防火、防火分区分隔、安全疏散、防烟排烟、消防设施、建筑防爆等建筑防火技术方面的设计。

一、总平面布局及平面布置

建筑的总平面布局要满足城市规划和消防安全的要求。一是要根据建筑物的使用性质、生产经营规模、建筑高度、建筑体积及火灾危险性等,从周围环境、地势条件、主导风向等方面综合考虑,合理选择建筑位置。二是要根据实际需要,合理划分生产区、储存区(包括露天储存区)、生产辅助设施区、行政办公和生活福利区等。同一企业内,若有不同火灾危险的生产建筑,则应尽量将火灾危险性相同的或相近的建筑集中布置,以利于采取防火防爆措施和进行消防安全管理。三是为了防止火灾时因辐射热影响导致火势向相邻建筑蔓延扩大,并为火灾扑救创造有利的条件,在总平面布置中,应合理确定各类建(构)筑物、堆场、贮罐、电力设施及电力线路之间的防火安全距离。四是应根据各建筑物的使用性质、规模、火灾危险性,考虑扑救火灾时所必需的消防车通道、消防水源、消防扑救面和消防车扑救场地。

二、建筑结构防火及耐火等级设计

建筑结构的安全是整个建筑的生命线,也是建筑防火设计的基础。建筑物的耐火等级是研究建筑防火措施、规定不同用途建筑物需采取相应建筑防火措施的基本依据。在建筑防火设计中,正确选择和确定建筑物的耐火等级,是防止建筑火灾发生和阻止火势蔓延的一项治本措施。对于设计的建筑物应选择哪一级耐火等级,应由建筑物使用的性质、规模及其在使用中的火灾危险性来确定。对于性质重要、规模较大、存放贵重物资的建筑,或大型公共建筑,或工作使用环境有较大火灾危险性的建筑,应采用较高的耐火等级。反之,可选择较低的耐火等级。当遇到某些建筑构件的耐火极限和燃烧性能达不到规范的要求时,可采取适当的方法加以解决。常用的方法主要有:适当增加构件的截面积;增加钢筋混凝土构件保护层厚度;在构件表面涂覆防火涂料做耐火保护层;对钢梁、钢屋架及木结构做耐火吊顶和防火保护层包敷等。

三、建筑材料防火设计

建筑材料中不少是可以燃烧的,特别是大多数天然高分子材料和合成高分子材料都具有可燃性,而且这些建筑材料在燃烧后往往产生大量的烟雾和有毒气体,给火灾扑救和人员疏散造成严重威胁。为了预防火灾的发生,或阻止、延缓火灾的发展,最大限度地减轻火灾危害,必须对可燃建筑材料的使用及其燃烧性能进行有效的控制。建筑材料防火设计就是要根据国家的消防技术标准、规范,针对建筑的使用性质和不同部位,合理地选用防火建筑材料,这是保护火灾中受困人员免受或少受高温有毒烟气侵害,争取更多可用疏散时间的重要措施。建筑材料防火设计应当遵循的原则主要是:控制建筑材料中可燃物数量,受条件限制或装修特殊要求,必须使用可燃材料的,应当对材料进行阻燃处理;与电气线路或发热物体接触的材料应采用不燃材料或进行阻燃处理;楼梯间、管道井等竖向井道和供人员疏散的走道内应当采用不燃材料。

四、防火分区分隔设计

如果建筑内空间面积过大,极易导致火灾时燃烧面积大,火势蔓延扩展快,因此在建筑内实行防火分区和防火分隔,可有效地控制火势的蔓延,既利于人员疏散和灭火救灾,也能达到减少火灾损失的目的。防火分区包括水平防火分区和竖向防火分区。水平防火分区是指在同一水平面内,利用防火隔墙、防火卷帘、防火门及防火水幕等分隔物,将建筑平面分为若干个防火分区、防火单元;竖向防火分区指上、下层分别用耐火的楼板等构件进行分隔,对建筑外部采用防火挑檐、设置窗槛(间)墙等技术手段,对建筑内部设置的敞开楼梯、自动扶梯、中庭以及管道井等采取防火分隔措施等。

防火分区的划分应根据建筑的使用性质、火灾危险性以及建筑的耐火等级、建筑内容纳人员和可燃物的数量、消防扑救能力和消防设施配置、人员疏散难易程度及建设投资等情况综合考虑。

五、安全疏散设计

人身安全是消防安全的重中之重,以人为本的消防工作理念必须始终贯彻于整个消防工作,从特定的角度上说,安全疏散设计是建筑防火设计中最根本、最关键的技术,也是建筑消防安全的核心内容。保证建筑内的人员在火灾情况下的安全是一个涉及建筑结构、火灾发展过程、建筑消防设施配置和人员行为等多种基本因素的复杂问题。安全疏散设计的目标就是要保证建筑内人员疏散完毕的时间必须小于火灾发展到危险状态的时间。

建筑安全疏散设计的重点是:安全出口、疏散出口、紧急出口火灾事故照明和疏散指示标志以及安全疏散通道的数量、宽度、位置和疏散距离。其基本要求是:每个防火分区必须设有至少两个安全出口;疏散路线必须满足室内最远点到房门,房门到最近楼梯间的行走距离限值;疏散方向应尽量为双(多)向疏散,疏散出口应分散布置,减少袋形走道的设置;选用合适的疏散楼梯形式,楼梯间应为安全区域,不受烟火的侵袭,楼梯间入口应设置可自行关闭的防火门保护;通向地下室的楼梯间不得与地上楼梯相连,应采用防火墙分隔,通过防火门出入;疏散宽度应保证不出现拥堵现象;疏散通道和安全出口设置火灾事故照明和疏散指示标示灯,为人员安全疏散提供引导。

六、防烟排烟设计

火灾烟气是导致建筑火灾人员伤亡的最主要原因,如何有效地控制火灾时烟气的流动,对保证人员安全疏散以及灭火救援行动的展开起着重要作用。火灾时,如能合理地排烟排热,对防止建筑物的轰燃、保护建筑也是十分有效的一种技术措施。

烟气控制的方法包括合理划分防烟分区和选择合适的防烟、排烟方式。划分防烟分区是为了在火灾初期阶段将烟气控制在一定范围内,以便有组织地将烟气排出室外,使人员疏散、避难空间的烟气层高度和烟气浓度处在安全允许值之内。防排烟系统可分为排烟系统和防烟系统。排烟系统是指采用机械排烟或自然通风方式,将烟气排至室外,以确保建筑内的有烟区域保持一定能见度的系统。防烟系统是指采用机械加压送风方式或自然通风方式,防止烟气进入疏散通道的系统。防烟、排烟是烟气控制的两个方面,是一个有机的整体,在建筑防火设计中,应合理设计防烟、排烟系统。

七、建筑消防设施设置

建(构)筑物一旦发生火灾,就要迅速报警,报警早,火灾损失和人员伤亡就少,甚至不会造成人员伤亡。为此,有些建(构)筑物按照国家建设工程消防技术标准需要设置火灾自动报警系统或可燃气体检漏报警系统。为了在发生火灾后,及时扑灭火灾,为成功扑救火灾创造有利的条件,达到自防自救的目的,就必须根据国家建设工程消防技术标准要求,配置必要的灭火器,设置必要的消火栓系统、自动喷水灭火系统、气体灭火系统、泡沫灭火系统等。建筑消防设施的设置范围主要按照建(构)筑物的使用性质、防护区的有关条件以及建(构)筑物的规模、建筑高度、火灾危险等级等确定。

八、建筑防爆和电气设计

生产、使用、储存易燃易爆物质的厂(库)房,当爆炸性混合物浓度达到爆炸极限时,遇到火源或热源就能引起爆炸。爆炸能够在瞬间释放出巨大的能量,产生高温高压的气体,使周围空气强烈震荡,在离爆炸中心一定范围内,冲击波常常会造成建筑物的损毁以及人员的伤亡。因此在进行建筑防火设计时,应根据爆炸规律与爆炸效应,对有爆炸危险的建筑物提出相应的防止爆炸和减轻爆炸危害的技术措施,重点是合理划分爆炸危险区域、合理设计防爆结构和泄压面积、准确选用防爆设备。其中,泄压设施宜采用轻质屋面板、轻质墙体和易于泄压的门、窗等,应采用安全玻璃等在爆炸时不产生尖锐碎片的材料;泄压设施应避开人员密集场所、主要交通道路设置,并宜靠近有爆炸危险的部位。

电气火灾在整个建筑火灾中占了三分之一左右的比重,究其原因,主要是用电超负荷、电器设备选择和安装不合理、电气线路敷设不规范等。为有效防止电气火灾事故的发生,保证建筑物内消防设施的正常供电运行,对建筑物的用电负荷、供配电源、电器设备、电气线路及其安装敷设等必须进行安全可靠、经济合理的设计。

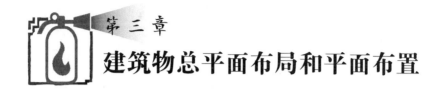

第三章 建筑物总平面布局和平面布置

DI SAN ZHANG

建筑物总平面布局和平面布置不仅影响到周围环境和人们的生活,而且对建筑物自身及相邻建筑物的使用功能、通风、采光及安全有较大影响。因此,建筑物的总平面布局和平面布置必须服从城市总体规划的要求,根据建筑物的使用性质、高度、规模、火灾危险性等因素,合理确定其位置、防火间距、消防车道、消防车扑救场地和消防水源等。

第一节　建筑物的总平面布局

建筑物总平面布局应满足城市规划区域要求、建筑性质类似或互补要求和建筑使用要求。

一、建筑选址

为了保障建筑总体布局的消防安全,建筑选址时必须考虑以下几个方面的内容。

1. 周围环境

各类建筑在规划建设时,要考虑周围环境的相互影响。特别是工厂、仓库选址时,既要考虑本单位的安全,又要考虑邻近的企业和居民的安全。生产、储存和装卸易燃易爆危险物品的工厂、仓库和专用车站、码头,必须设置在城市的边缘或者相对独立的安全地带。易燃易爆气体和液体的充装站、供应站、调压站,应当设置在合理的位置,符合防火防爆要求。

2. 地势条件

建筑选址时,还要充分考虑和利用当地的自然地形、地势条件。甲、乙、丙类液体的仓库,宜布置在地势较低的地方,以免对周围环境造成火灾威胁;若布置在地势较高处,则应采取防止液体流散的措施。乙炔站等遇水产生可燃气体容易发生火灾爆炸的企业,严禁布置在可能被水淹没的地方。生产、贮存爆炸物品的企业,宜利用地形,选择多面环山,附近没有建筑的地方。

3. 主导风向

散发可燃气体、可燃蒸气和可燃粉尘的车间、装置等,宜布置在明火或散发火花的固定地点、常年主导风向的下风或侧风向。液化石油气储罐区宜布置在本单位或本地区全年最小频率风向的上风侧,并宜选择通风良好的地点独立设置。易燃材料的露天堆场宜设置在天然水源充足的地方,并宜布置在本单位或本地区全年最小频率风向的上风侧。

4. 防护带和消防水源

工业区与居民区之间要有一定的安全距离,形成防护带,带内加以绿化,以起到阻止火灾蔓延的作用。布置工业区应注意靠近水源,以满足消防用水的需要。

二、建筑物的总平面布局

建筑物在规划红线内布置时,应根据建筑物的使用性质、生产经营规模、建筑高度、建筑体积及火灾危险性等,合理确定其建筑位置、防火间距、消防车道和消防水源等。

1. 合理布置建筑

应根据各建筑物的使用性质、规模、火灾危险性以及所处的环境、地形、风向等因素,合理布置,以消除或减少建筑物之间及周边环境的相互影响和火灾危害。

2. 合理进行功能区域划分

规模较大的企业,要根据实际需要,合理划分生产区、储存区(包括露天储存区)、生产辅助设施区、行政办公和生活福利区等。同一企业内,若有不同火灾危险的生产建筑,则应尽量将火灾危险性相同的或相近的建筑集中布置,以利采取防火防爆措施,便于安全管理。易燃、易爆的工厂、仓库的生产区、储存区内不得修建办公楼、宿舍楼等民用建筑。

3. 设置必要的防火间距

为了防止火灾时辐射热向相邻建筑蔓延扩大,并为火灾扑救创造有利的条件,在总平面布置中,应合理确定各类建(构)筑物、堆场、贮罐、电力设施及电力线路之间的防火安全距离。

4. 满足消防救援的基本条件

应根据各建筑物的使用性质、规模、火灾危险性考虑扑救火灾时所必需的消防车道、消防水源和消防扑救面。

第二节　　防火间距

为了防止建筑物间的火势蔓延,各幢建筑物之间留出一定的安全距离是非常必要的。这样既能够减少辐射热的影响,避免相邻建筑物被烤燃,又可提供疏散人员和灭火战斗的必要场地。

防火间距是防止着火建筑在一定时间内引燃相邻建筑,便于消防扑救的间隔距离,是适应火灾扑救、人员安全疏散和降低火灾时热辐射等的必要间距。

一、影响防火间距的因素

1. 辐射热

辐射热是影响防火间距的主要因素,辐射热的作用范围较大,在火场上火焰温度越高,辐射热强度越大,引燃一定距离内的可燃物时间也越短。辐射热伴随着热对流和飞火则更危险。

2. 热对流

这是火场冷热空气对流形成的热气流,热气流冲出窗口,火焰向上升腾而扩大火势蔓延。由于热气流离开窗口后迅速降温,故热对流对邻近建筑物来说影响较小。

3. 建筑物外墙开口面积

建筑物外墙开口面积越大,火灾时在可燃物的质和量相同的条件下,由于通风好、燃烧快、火焰强度高,辐射热强,相邻建筑物接受辐射热也较多,就容易引起火灾蔓延。

4. 建筑物内可燃物的性质、数量和种类

可燃物的性质、种类不同,火焰温度也不同。可燃物的数量与发热量成正比,与辐射热强度也有一定关系。

5. 风速

风的作用能加强可燃物的燃烧并促使火灾加快蔓延。

6. 相邻建筑物高度的影响

相邻两建筑物,若较低的建筑着火,尤其当火灾时它的屋顶结构倒塌,火焰穿出时,对相邻的较高建筑危险很大。当较低建筑物对较高建筑物的辐射角在 30°～45°之间时,辐射热强度最大。

7. 建筑物内消防设施的水平

如果建筑物内火灾自动报警和自动灭火设备完整,不但能有效地防止和减少建筑物本身的火灾损失,还能降低火灾向相邻建筑物蔓延的可能。

8. 灭火时间的影响

火场中的火灾温度,随燃烧时间有所增长。火灾延续时间越长,辐射热强度也会有所增加,向相邻建筑物蔓延的可能性增大。

二、确定防火间距的基本原则

影响防火间距的因素很多,在实际工程中不可能都考虑。除了考虑建筑物的耐火等级、使用性质、生产或储存物品的火灾危险性等因素外,还应考虑到消防人员能否及时到达并迅速扑救这一因素。通常根据下述情况确定防火间距:

1. 考虑热辐射的作用

火灾资料表明,一、二级耐火等级的低层民用建筑,保持 7～10 m 的防火间距,在有消防员进行扑救的情况下,一般不会蔓延到相邻的建筑物。

2. 考虑灭火作战实际需要

建筑物的建筑高度不同,需使用的消防车也不同。对低层建筑,普通消防车即可;对高层建筑,则还要使用曲臂、云梯等登高消防车。为此,考虑消防车操作场地的要求,也是确定防火间距的因素之一。

3. 考虑节约用地

在进行总平面规划时,既要满足防火要求,又要考虑节约用地,要以在有消防扑救的条件下,能够阻止火灾向相邻建筑物蔓延为原则。

三、防火间距不足时应采取的措施

由于场地等原因,建筑物间的防火间距难以满足国家有关消防技术规范的要求时,可根据建筑物的实际情况,采取以下措施:

(1)改变建筑物生产和使用性质,尽量降低建筑物的火灾危险性。改变房屋部分结构的耐火性能,提高建筑物的耐火等级。

(2)调整生产厂房的部分工艺流程,限制库房内储存物品的数量,提高部分构件的耐火性能和燃烧性能。

(3)将建筑物的普通外墙,改造为实体防火墙。建筑物的山墙对建筑物的通风、采光影响小,设置的窗户少,可将山墙改为实体防火墙。

(4)拆除部分耐火等级低、占地面积小、实用性不强且与新建筑物相邻的原有陈旧建筑物。

(5)减少建筑物的相邻面开口面积,开口部位增设防火门窗或消防水幕。

(6)设置独立的室外防火墙等。

四、民用建筑的防火间距

防火间距应该按照相邻建筑外墙之间的最近距离计算;外墙有突出的可燃构件时,则从其突出部分的外缘算起。

高层民用建筑之间及高层民用建筑与其他民用建筑之间的防火间距,不应小于表3-2-1的规定。

表3-2-1　民用建筑之间的防火间距　　　　　　　　　　单位:m

建筑类别		高层民用建筑	裙房和其他民用建筑		
		一、二级	一、二级	三级	四级
高层民用建筑	一、二级	13	9	11	14
裙房和其他民用建筑	一、二级	9	6	7	9
	三级	11	7	8	10
	四级	14	9	10	12

相邻两座单、多层建筑，当相邻外墙为不燃性墙体且无外露的可燃性屋檐，每面外墙上无防火保护的门、窗、洞口不正对开设且该门、窗、洞口的面积之和不大于外墙面积的5%时，其防火间距可适当减小。

两座建筑相邻，当较高一面外墙为防火墙或比相邻较低一座建一、二级耐火等级建筑屋面高15 m及以下范围内的墙为防火墙时，其防火间距可不限。

两座高度相同的一、二级耐火等级建筑相邻，任一侧外墙为防火墙，屋顶的耐火极限不低于1.00 h时，其防火间距不限。

两座建筑相邻，当较低一座不低于二级耐火等级建筑的屋顶不设天窗，屋顶承重构件的耐火极限不低于1.00 h，且相邻较低一面外墙为防火墙时，其防火间距可适当减小，但不宜小于3.5 m；对于高层建筑，不应小于4 m。

五、厂房的防火间距

厂房之间和厂房与其他建筑之间的防火间距不应小于表3-2-2的规定。

表3-2-2　厂房之间及与乙、丙、丁、戊类仓库、民用建筑等的防火间距　　　　单位：m

名称			甲类厂房 单、多层 一、二级	乙类厂房（仓库） 单、多层 一、二级	乙类厂房（仓库） 单、多层 三级	乙类厂房（仓库） 高层 一、二级	丙、丁、戊类厂房（仓库） 单、多层 一、二级	丙、丁、戊类厂房（仓库） 单、多层 三级	丙、丁、戊类厂房（仓库） 单、多层 四级	丙、丁、戊类厂房（仓库） 高层 一、二级	民用建筑 高层 一、二级	民用建筑 裙房，单、多层 三级	民用建筑 裙房，单、多层 四级	民用建筑 高层 一类	民用建筑 高层 二类
甲类厂房	单、多层	一、二级	12	12	14	13	12	14	16	13	25			50	
乙类厂房	单、多层	一、二级	12	10	12	13	10	12	14	13	25			50	
乙类厂房	单、多层	三级	14	12	14	15	12	14	16	15	25			50	
乙类厂房	高层	一、二级	13	13	15	13	13	15	17	13	25			50	
丙类厂房	单、多层	一、二级	12	10	12	13	10	12	14	13	10	12	14	20	15
丙类厂房	单、多层	三级	14	12	14	15	12	14	16	15	12	14	16	25	20
丙类厂房	单、多层	四级	16	14	16	17	14	16	18	17	14	16	18	25	20
丙类厂房	高层	一、二级	13	13	15	13	13	15	17	13	13	15	17	20	15
丁、戊类厂房	单、多层	一、二级	12	10	12	13	10	12	14	13	10	12	14	15	13
丁、戊类厂房	单、多层	三级	14	12	14	15	12	14	16	15	12	14	16	18	15
丁、戊类厂房	单、多层	四级	16	14	16	17	14	16	18	17	14	16	18	18	15
丁、戊类厂房	高层	一、二级	13	13	15	13	13	15	17	13	13	15	17	15	13
室外变、配电站	变压器总油量（t）	≥5,≤10	25	25	25	25	12	15	20	12	15	20	25	20	
室外变、配电站	变压器总油量（t）	≥10,≤50	25	25	25	25	15	20	25	15	20	25	30	25	
室外变、配电站	变压器总油量（t）	>50					20	25	30	20	25	30	35	30	

乙类厂房与重要公共建筑的防火间距不宜小于 50 m；与明火或散发火花地点，不宜小于 30 m。单、多层戊类厂房之间及与戊类仓库之间的防火间距可按表 3-2-2 的规定减少 2 m，与民用建筑的防火间距可将戊类厂房等同民用建筑按照《建筑设计防火规范》（GB 50016—2014）相关规定执行。为丙、丁、戊类厂房服务且独立设置的生活用房应按民用建筑确定，与所属厂房的防火间距不应小于 6 m。

两座厂房相邻较高一面的外墙为防火墙时，或相邻两座等高的一、二级耐火等级建筑中相邻任一侧外墙为防火墙且屋顶耐火极限不低于 1.00 h 时，其防火间距不限，但甲类厂房之间不应小于 4 m。

两座一、二级耐火等级厂房，当相邻较低一面外墙为防火墙且较低一座厂房的屋顶无天窗，屋顶耐火极限不低于 1.00 h，或相邻较高一面外墙的门、窗等开口部位设置甲级防火门、窗或防火分隔水幕或设置防火卷帘时，其防火间距可适当减少，甲、乙类厂房之间的防火间距不应小于 6 m；丙、丁、戊类厂房之间的防火间距不应小于 4 m。

两座丙、丁、戊类厂房相邻两面的外墙均为不燃烧性墙体，如无外露的可燃性屋檐，当每面外墙上的门窗洞口面积之和各不超过该外墙面积 5%，且门窗洞口不正对开设时，其防火间距可按表 3-2-2 规定减少 25%。耐火等级低于四级的原有厂房，其防火间距可按四级确定。

六、仓库的防火间距

仓库之间及其与其他建筑、明火或散发火花地点等的防火间距不应小于表 3-2-3、表 3-2-4 的规定。

（一）甲类仓库

表 3-2-3　甲类仓库之间及与其他建筑、明火或散发火花地点、铁路、道路等的防火间距

单位：m

名称		甲类仓库（储量/t）			
		甲类储存物品第 3、4 项		甲类储存物品第 1、2、5、6 项	
		≤5	>5	≤10	>10
高层民用建筑、重要公共建筑		50			
裙房、其他民用建筑、明火或散发火花地点		30	40	25	30
甲类仓库		20	20	20	20
厂房和乙、丙、丁、戊类仓库	一、二级	15	20	12	15
	三级	20	25	15	20
	四级	25	30	20	25

（续表）

名称		甲类仓库（储量/t）			
		甲类储存物品第3、4项		甲类储存物品第1、2、5、6项	
		≤5	>5	≤10	>10
电力系统电压为35 kV～500 kV且每台变压器容量不小于10 MV·A的室外变、配电站,工业企业的变压器总油量大于5 t的室外降压变电站		30	40	25	30
厂外铁路线中心线		40			
厂内铁路线中心线		30			
厂外道路路边		20			
厂内道路路边	主要	10			
	次要	5			

甲类仓库之间的防火间距,当第3、4项物品储量不大于2 t,第1、2、5、6项物品储量不大于5 t时,不应小于12 m。甲类仓库与高层仓库的防火间距不应小于13 m。

（二）乙、丙、丁、戊类仓库

表3-2-4　乙、丙、丁、戊类仓库之间及与民用建筑的防火间距　　　　　　单位:m

名称			乙类仓库			丙类仓库				丁、戊类仓库			
			单、多层		高层	单、多层			高层	单、多层			高层
			一、二级	三级	一、二级	一、二级	三级	四级	一、二级	一、二级	三级	四级	一、二级
乙、丙、丁、戊类仓库	单、多层	一、二级	10	12	13	10	12	14	13	10	12	14	13
		三级	12	14	15	12	14	16	15	12	14	16	15
		四级	14	16	17	14	16	18	17	14	16	18	17
	高层	一、二级	13	15	13	13	15	17	13	13	15	17	13
民用建筑	裙房,单、多层	一、二级	25			10	12	14	13	10	12	14	13
		三级				12	14	16	15	12	14	16	15
		四级				14	16	18	17	14	16	18	17
	高层	一类	50			20	25	25	20	15	18	18	15
		二类				15	20	20	15	13	15	15	13

单、多层戊类仓库之间的防火间距可按表3-2-4规定减少2 m。除乙类第6项物品外,乙类仓库与民用建筑的防火间距不宜小于25 m,与重要公共建筑的防火间距不应小于50 m,与铁路、道路等的防火间距不宜小于表3-2-4中甲类仓库相关要求。

两座仓库的相邻外墙均为防火墙时,防火间距可以减小,但丙类仓库,不应小于6 m;

丁、戊类仓库不应小于 4 m。两座仓库相邻较高一面外墙为防火墙,或相邻两座登高的一、二级耐火等级建筑中相邻一侧外墙为防火墙且屋顶耐火极限不低于 1.00 h,且总占地面积不大于《建筑设计防火规范》(GB 50016—2014)中一座仓库最大允许占地面积时,防火间距不限。

第三节　建筑物的平面布置

单体建筑,除应满足功能需求的划分外,还应根据场所的火灾危险性、使用性质重要性、人员密集场所人员快捷疏散和消防成功扑救,对建筑物内部空间进行合理布置,以防止火灾和烟气在建筑内部蔓延扩大,确保火灾时的人员生命安全,减少财产损失。

一、平面布置重点

平面布置时着重考虑以下几个方面:

(1) 建筑内部某部位着火时,能限制火灾和烟气在(或通过)建筑内部和外部的蔓延,并为人员疏散、消防人员的救援和灭火提供保护。

(2) 建筑物内部某处发生火灾时,减少对邻近(上下层、水平相邻空间)分隔区域产生强辐射热和烟气的影响。

(3) 消防人员能方便进行救援、利用灭火设施进行作战活动。

(4) 有火灾或爆炸危险的建筑设备设置部位,能防止对人员和贵重设备造成影响或危害。

(5) 有火灾或爆炸危险的场所,应采取措施防止发生火灾或爆炸,及时控制灾害的蔓延扩大。

二、建筑物内特殊部位和房间的平面布置

(一) 生产厂房

生产厂房应根据其生产火灾危险性类别,正确选择建筑的耐火等级,并合理确定建筑的层数及建筑面积。其平面布置应一般符合以下要求:

(1) 甲、乙类生产场所不应设置在地下或半地下。

(2) 厂房内严禁设置员工宿舍。设置其他房间时应满足以下要求:

① 办公室、休息室等不应设置在甲、乙类厂房内,当必须与本厂房贴邻建造时,其耐火等级不应低于二级,并应采用耐火极限不低于 3.00 h 的不燃烧体防爆墙隔开和设置独立的安全出口。

② 在丙类厂房内设置的办公室、休息室,应采用耐火极限不低于 2.50 h 的不燃烧体隔墙和 1.00 h 的楼板与厂房隔开,并应至少设置 1 个独立的安全出口。如隔墙上需开设相互连通的门时,应采用乙级防火门。

(3) 厂房内设置不超过一昼夜需要量的甲、乙类中间仓库时,中间仓库应靠外墙布置,并应采用防火墙和耐火极限不低于 1.50 h 的不燃烧体楼板与其他部分隔开。

（4）厂房内设置丙类仓库时，必须采用防火墙和耐火极限不低于 1.50 h 的楼板与厂房隔开，设置丁、戊类仓库时，必须采用耐火极限不低于 2.00 h 的防火隔墙和 1.00 h 的楼板与厂房隔开。

（5）厂房中的丙类液体中间储罐应设置在单独房间内，其容积不应大于 5 m³。设置该中间储罐的房间，应采用耐火极限不低于 3.00 h 的防火隔墙和 1.50 h 的楼板与其他部位分隔，房间的门应采用甲级防火门。

（6）变、配电所不应设置在甲、乙类厂房内或贴邻建造，且不应设置在爆炸性气体、粉尘环境的危险区域内。供甲、乙类厂房专用的 10 kV 及以下的变、配电所，当采用无门窗洞口的防火墙隔开时，可一面贴邻建造，并应符合现行国家标准《爆炸危险环境电力装置设计规范》（GB 50058—2014）等规范的有关规定。

（7）有爆炸危险的甲、乙类厂房宜独立设置，并宜采用敞开或半敞开式。其承重结构宜采用钢筋混凝土或钢框架、排架结构。

（8）有爆炸危险的甲、乙类厂房应设置泄压设施。泄压设施宜采用轻质屋面板、轻质墙体和易于泄压的门、窗等，不应采用普通玻璃。泄压设施的设置应避开人员密集场所和主要交通道路，并宜靠近有爆炸危险的部位。

（9）厂房内不宜设置地沟，必须设置时，其盖板应严密，地沟应采取防止可燃气体、可燃蒸气及粉尘、纤维在地沟积聚的有效措施，且与相邻厂房连通处应采用防火材料密封。

（10）有爆炸危险的甲、乙类生产部位，宜设置在单层厂房靠外墙的泄压设施或多层厂房顶层靠外墙的泄压设施附近。有爆炸危险的设备宜避开厂房的梁、柱等主要承重构件布置。

（11）有爆炸危险的甲、乙类厂房的总控制室应独立设置。有爆炸危险的甲、乙类厂房的分控制室宜独立设置，当贴邻外墙设置时，应采用耐火极限不低于 3.00 h 的不燃烧体墙体与其他部分隔开。

（二）仓库

一般来说，仓库储存物资比较集中，可燃物数量大，一旦着火，容易造成严重损失，尤其甲、乙类物品，着火后火灾蔓延速度快、容易发生爆炸，危害性很大。其平面布置一般应满足下列要求：

（1）甲、乙类仓库不应设置在地下或半地下。

（2）仓库内严禁设置员工宿舍。

① 甲、乙类仓库内严禁设置办公室、休息室等，并不应贴邻建造。

② 在丙、丁类仓库内设置的办公室、休息室，应采用耐火极限不低于 2.50 h 的不燃烧体隔墙和 1.00 h 的楼板与库房隔开，并应设置独立的安全出口。如隔墙上需开设相互连通的门时，应采用乙级防火门。

（3）甲、乙类厂房（仓库）内不应设置铁路线。丙、丁、戊类厂房（仓库），当需要出入蒸汽机车和内燃机车时，其屋顶应采用不燃烧体或采取其他防火保护措施。

（三）民用建筑内的平面布置

民用建筑的功能多种多样，一栋建筑内往往会出现多种用途或功能的空间，不同的使用功能空间的火灾危险性与人员疏散都不尽相同。

1. 一般规定

民用建筑内的平面布置应符合以下一般规定：

(1) 民用建筑不应与甲、乙类厂房(仓库)组合建造及贴邻建造。

(2) 居住建筑和人员密集的公共建筑不应与丙、丁、戊类厂房(仓库)上下组合建造。

(3) 住宅与其他功能空间处于同一建筑内时,住宅部分与非住宅部分之间应采用不开设门窗洞口的耐火极限不低于 1.50 h 的不燃烧体楼板和 2.00 h 的不燃烧体隔墙与居住部分完全分隔,且居住部分的安全出口和疏散楼梯应独立设置。

(4) 存放和使用甲、乙类物品的商店、作坊和储藏间,严禁附设在民用建筑内。

2. 特殊用房、场所的规定

(1)商业用房

商业用房是从事商业和为居民生活服务所用的房屋,既有独栋的商场,又有小型的商业服务网点等形式。商业用房的设置一般要符合以下规定：

① 地下商店

a. 营业厅不应设置在地下三层及三层以下；

b. 不应经营和储存火灾危险性为甲、乙类储存物品属性的商品。

② 商业服务网点

住宅底部(地上)设置小型商业服务网点。该用房层数不超过二层、建筑面积不超过 300 m², 采用耐火极限大于 1.50 h 的楼板和耐火极限大于 2.00 h 且不开门窗洞口的隔墙与住宅和其他用房完全分隔,该用房和住宅的疏散楼梯和安全出口应分别独立设置。

③ 商住楼的营业性场所

商住楼的营业性场所应采用不开设门窗洞口的耐火极限不低于 1.50 h 的楼板和 2.00 h 的隔墙与居住部分完全分隔,且居住部分的安全出口和疏散楼梯应独立设置。

(2) 歌舞娱乐放映游艺场所

歌舞娱乐放映游艺场所是指歌厅、舞厅、录像厅、夜总会、卡拉 OK 厅和具有卡拉 OK 功能的餐厅或包房、各类游艺厅、网吧、桑拿浴室的休息室和具有桑拿服务功能的客房等场所。此类场所人员密集、疏散困难,一旦发生火灾,极易出现群死群伤的情况,设置时应符合以下规定：

① 宜设置在一、二级耐火等级建筑物内的首层、二层或三层的靠外墙部位,不宜布置在袋形走道的两侧或尽端。

② 不应布置在地下二层及二层以下。当布置在地下一层时,地下一层地面与室外出入口地坪的高差不应大于 10 m。

③ 当的确需要布置在地下或建筑的四层以上时,一个厅、室的建筑面积不应大于 200 m²。

④ 场所的厅、室之间及与建筑的其他部位之间,应采用耐火极限不低于 2.00 h 的防火隔墙和 1.00 h 的不燃性楼板进行分隔,设置在厅、室墙上的门和该场所与建筑内其他部位相通的门均应采用乙级防火门。

（3）老年人建筑及儿童活动场所

老年人与儿童的行为能力比较弱，在火灾发生时，难以自行逃生，需要他人协助。所以，为便于火灾时快速疏散，老年人建筑及托儿所、幼儿园的儿童用房和儿童游乐厅等儿童活动场所不应设置在高层建筑内，宜设置在独立的建筑内；当必须设置时，应设置在建筑物的首层或二、三层，并应设置单独出入口。

（4）锅炉房、变配电房等用房

燃煤、燃油或燃气锅炉、油浸电力变压器、充有可燃油的高压电容器和多油开关等用房宜独立建造。当有困难时可贴邻民用建筑布置，但应采用防火墙隔开，且不应贴邻人员密集场所。

燃油或燃气锅炉、油浸电力变压器、充有可燃油的高压电容器和多油开关等用房受条件限制必须布置在民用建筑内时，不应布置在人员密集场所的上一层、下一层或贴邻，并应设置在首层或地下一层靠外墙部位，但常（负）压燃油、燃气锅炉可设置在地下二层，当常（负）压燃气锅炉距安全出口的距离大于 6 m 时，可设置在屋顶上。

（5）柴油发电机房

柴油发电机房宜布置在建筑物的首层及地下一、二层。柴油发电机应采用丙类柴油作燃料。

（6）燃油、燃气供给管道

设置在建筑物内的锅炉、柴油发电机，其进入建筑物内的燃料供给管道应符合下列规定：

① 应在进入建筑物前和设备间内，设置自动和手动切断阀。

② 储油间的油箱应密闭且应设置通向室外的通气管，通气管应设置带阻火器的呼吸阀。油箱的下部应设置防止油品流散的设施。

③ 燃气供给管道的敷设应符合有关规定。

④ 供锅炉及柴油发电机使用的丙类液体燃料储罐，其布置应符合有关规定。

（7）液化石油气

当液化石油气以瓶装形式作为燃料使用时，应符合以下规定：

① 当高层建筑采用瓶装液化石油气作燃料时，应设集中瓶装液化石油气间。

② 液化石油气总储量不超过 1 m³ 的瓶装液化石油气间，可与裙房贴邻建造。而总储量超过 1 m³、而不超过 3 m³ 的瓶装液化石油气间，应独立建造，且与高层建筑和裙房的防火间距不应小于 10 m。

（四）消防控制室及消防水泵房

消防控制室和消防水泵房均要求内部设备在火灾情况下仍能正常工作，设备和需要进入内部工作的人均不会受到火灾影响，故应按以下规定设置：

1. 消防控制室的设置应符合以下规定

（1）消防控制室单独建造时，其耐火等级不应低于二级。

（2）消防控制室附设在建筑内时，宜设置在建筑内的首层或地下一层，并宜布置在靠外墙部位。其疏散门应直接通向室外或安全出口。

（3）不应设置在电磁场干扰较强及其他可能影响消防控制室设备正常工作的房间附近。

2. 消防水泵房的设置应符合以下规定

（1）单独建造的消防水泵房，其耐火等级不应低于二级。

（2）附设在建筑内时，不应设置在地下三层及以下或室内地面与室外出入口地坪高差大于 10 m 的地下楼层；其疏散门应直接通向室外或安全出口。

第四章

建筑物的耐火等级

　　火灾是在时间或空间上失去控制的燃烧所造成的灾害,这种灾害往往会造成物质财富的损毁和人员的伤亡。从建筑学的角度来讲,火灾是指造成建筑物或建筑构件燃烧以致结构倒塌破坏、人员伤亡的灾害,即建筑火灾。人类的生产、生活与建筑物密不可分,所以研究建筑材料的燃烧与耐火性能以及建筑结构的倒塌破坏规律,进而采取有效的防火对策,是减少火灾损失和人员伤亡的重要措施。

第一节　　建筑材料的燃烧性能

　　在建筑工程中,各种建筑材料的性质、性能、规格、品种等因素将直接影响房屋的使用、坚固和耐久性,也影响着建筑的结构形式和施工方法。建筑材料的燃烧性能是决定起火难易程度及火灾扩大蔓延速度的基本因素之一,而建筑构件的燃烧性能与耐火性能则共同决定了建筑物的耐火等级。

一、建筑材料的分类

　　建筑材料是指在建筑工程中使用的各种材料,如建筑房屋、修建道路、桥梁所用的钢材、木材、水泥、砖、瓦、砂石等。建筑材料包括原材料、半成品、成品。建筑材料种类很多,从单一材料到复合材料,已经形成了一个庞大的、品种繁多的材料体系。

　　建筑材料按功能可分为结构材料、胶结材料、地面材料、防水材料、保温材料、装饰材料等。常见的分类方法是按化学基本成分,将建筑材料分为无机材料、有机材料和复合材料三类,见表4-1-1。

表 4-1-1　建筑材料按化学成分分类

分　类		材料举例
无机材料	金属材料	黑色金属	钢、铁及其合金、合金钢、不锈钢等
		有色金属	铜、铝及其合金等
	非金属材料	天然石材	砂、石及石材制品
		烧土制品	黏土砖、瓦、陶瓷制品等

（续表）

分　类		材料举例
有机材料	胶凝材料及制品	石灰、石膏及制品、水泥及混凝土制品、硅酸盐制品等
	玻璃	普通平板玻璃、特种玻璃等
	无机纤维材料	玻璃纤维、矿物棉等
	植物材料	木材、竹材、植物纤维及制品等
	沥青材料	煤沥青、石油沥青及其制品等
	合成高分子材料	塑料、涂料、胶粘剂、合成橡胶等
复合材料	有机与无机非金属材料复合 金属与无机非金属材料复合 金属与有机材料复合	聚合物混凝土、玻璃纤维增强塑料等 钢筋混凝土、钢纤维混凝土等 PVC钢板、有机涂层铝合金板等

建筑材料按其在建筑中的主要用途可分为：结构材料、构造材料、防水材料、地面材料、饰面材料、绝热材料、吸声材料、卫生工程材料及其他特殊材料。

一般地说，金属材料和无机材料属于不燃性建筑材料，如钢、铁、砖瓦、陶瓷等；有机材料属于可燃性建筑材料，如木材、沥青、塑料等；复合材料属于难燃性建筑材料。

二、建筑材料的燃烧性能

建筑材料按照燃烧性能可分为 A 级、B_1 级、B_2 级、B_3 级。

表 4-1-2　建筑材料及制品的燃烧性能等级

燃烧性能等级	名称
A	不燃材料（制品）
B_1	难燃材料（制品）
B_2	可燃材料（制品）
B_3	易燃材料（制品）

建筑材料的燃烧性能分级充分考虑了燃烧的热值、火灾发展率、烟气产生率等燃烧特性要素。

第二节　建筑构件的燃烧与耐火性能

一、建筑构件的燃烧性能

建筑物无论用途如何，都是由基础、墙、柱、梁、楼板、屋面、门窗、楼梯等基本构件组成的。这些构件通常称为建筑构件。建筑构件的燃烧性能，是由制成建筑构件的材料的燃烧性能而定，不同燃烧性能的建筑材料制成建筑构件后，其燃烧性能大致可分为三类：

1．不燃烧性

用不燃材料制成。这种构件在空气中遇明火或在高温作用时，不起火、不微燃、不炭化。如砖墙、钢屋架、钢筋混凝土梁、楼板、柱等构件。

2．难燃烧性

用难燃烧材料制成或用可燃材料制成而用不燃性材料作保护层制成。这类构件在空气中遇明火或高温作用时，难起火、难微燃、难碳化，且当火源移开后，燃烧和微燃立即停止。如阻燃胶合板吊顶、经阻燃处理的木质防火门、木龙骨板条抹灰隔墙等。

3．可燃性

用可燃材料制成。这种构件在空气中遇明火或高温作用时，立即起火或发生微燃，且当火源移开后，仍继续保持燃烧或微燃。如木柱、木屋架、木梁、木楼板等构件。

二、建筑构件的耐火极限

耐火极限是指在标准耐火试验条件下，建筑构件、配件或结构从受到火的作用时起，到失去承载能力、完整性或隔热性时止所用时间，用小时表示。

建筑构件耐火试验，按照《建筑构件耐火试验方法》(GB 9978—2008)，通过燃烧试验炉来实现。试验按时间-温度标准曲线进行。试验时炉内平均温度的上升随时间而变化，按下列关系式控制：

$$T=345\lg(8t+1)+20$$

式中：T——炉内的平均温度，单位为摄氏度(℃)；

　　　t——时间，单位为分钟(min)。

（一）影响耐火极限的因素

1．材料的燃烧性能

显而易见，材料燃烧性能的好坏，直接影响到构件的耐火性能。如相同截面的钢筋混凝土柱与木柱相比，前者的耐火极限肯定要比后者高许多。

2．构件的截面尺寸

实验表明，构件的截面尺寸也对其耐火极限有较大影响。构件的耐火极限随其截面尺寸的增大而升高。截面尺寸大，耐火极限就高。

3．保护层的厚度

许多构件的耐火极限和其保护层的厚度有直接关系，如对于砼构件，若砂浆保护层加厚 2 cm，其耐火极限将成倍提高。

（二）耐火极限的判定条件

（1）失去完整性，或完整性被破坏。失去完整性主要是指墙、楼板、门等构件在试验过程中出现火焰、高温气体穿透性裂缝或穿火的孔隙。当标准规定的棉垫被引燃、缝隙探棒可穿过缝隙或背火面出现火焰并持续 10 秒钟，则表明试件失去完整性。

（2）失去隔热性，或失去隔火作用。失去隔热性是指分隔构件失去隔绝过量热传导的性能。其判定条件有二：① 试件背火面平均温度温升超过初始平均温度 140 ℃；② 试件背火面任一点位置的温度温升超过初始温度 180 ℃（初始温度是试验开始时背火面的初始平均温度）。

（3）失去承载能力和抗变形能力。如果试件在试验中发生垮塌或变形量超过规定数，则表明其失去支持力。对于非承重构件，失去稳定性是指构件自身的解体或垮塌；对于梁、板等承重构件，则是指构件挠曲速率发生突变。

当上述三个条件中的任一项出现时，则表明该建筑构件已达到耐火极限。

三、常用建筑结构材料的燃烧与耐火性能

建筑材料的耐火性能是指材料在受到火烧或高温作用下的燃烧性能和抵抗火烧的时间长短。一般来讲，不燃性建筑材料具有较好的耐火性能，如混凝土、砖瓦等。下面就一些常用建筑材料的燃烧和耐火性能逐一介绍，以便在灭火救援时采取针对性措施：

（一）木材

木材用于建筑工程已有悠久历史，很多古老的木结构建筑已有几千年历史，至今仍保持完好。木材之所以被广泛、长时间地作为建筑材料使用，是由于木材分布广泛，取材方便，并且具有许多优良的性能，如质轻、强度高、有弹性和韧性、抗冲击震动性能好，易加工、花纹美观等。此外，作为建筑材料，木材也有一些不足，如易燃、易开裂、易腐朽、质地不均匀、各方面强度不一致和存在天然缺陷等。

1. 木材起火燃烧形式

（1）用明火点燃

木材是可燃性的建筑材料。木材在温度升高的同时分解出可燃气体。不断地用明火加热，木材将连续地分解可燃气体。当分解的可燃气体达到一定的浓度（爆炸下限）以后，便开始燃烧。这种用明火加热使木材发焰燃烧的现象，叫点燃。明火点燃的最低温度，叫燃点。

气体的浓度，取决于木材受热达到的温度和周围空气流动的情况。一般条件下，木材的燃点介于 240～270 ℃之间，略低于无焰燃烧温度。

（2）加热自燃

加热自燃，是在火焰与可燃物接触不到的条件下，靠火焰热辐射使周围的可燃材料受热、分解、升温，并达到可燃物发火自燃的温度，使之发火自燃。

木材发火自燃的温度在 400～700 ℃之间。

人们对木材受热分解出可燃气体的现象比较熟悉，而对木材受热分解可燃气体的同时还要放热这一事实容易忽视。

经常出现靠近烟囱的木构件起火，但是起火前炉灶已经停火。检查起火点周围的环境，除烟囱以外，周围再没有其他任何能使木构件起火的条件了。这时，根据木材热分解同时放热的道理，如果炉灶停火的时间不长，停火前木构件曾经长期受热，便可推断木构件起火就是因为烟囱过热，木材受热分解造成的结果。

一般有机可燃物大多受热后放热，并在到达某一温度以后，还要进一步提高放热的速

度,进而使自身的温度不断上升。木材温度达到 210 ℃以后,停止外部加热,并把它维持 20～30 min 左右,木材的放热速度同样也可以迅速提高,这就是说,温度虽然不高,仅仅到达 210 ℃的木材,由于通风散热的条件不好,使木材在较低温的条件下,也存在着发热起火的危险。

2. 木材燃烧的速度

木材燃烧的速度,是用木材颜色的变黑,即炭化扩展的深度来计算。木材燃烧速度的单位采用 mm/min。

实验表明,木材本色与炭化层黑色之间分界处的温度,约等于 300 ℃。

影响木材燃烧速度的因素:

(1) 木材的密度大时,燃烧的速度缓慢;木材的湿度大时,燃烧的速度也缓慢。实验表明:干燥且密度小的木材的燃烧速度平均为 0.8 mm/min;潮湿且密度大的木材的燃烧速度平均为 0.4 mm/min。

(2) 木材受热的温度高,而且通风供氧的条件良好时,木材的燃烧速度也将加快。

从上述分析可看出:木材属于易燃的建筑材料,因而在有火灾危险的地方,要做好木材的防火处理。木材的防火处理,通常是将防火涂料涂刷于木材表面,也可把木材放入含有阻燃剂的溶液槽内浸渍。

(二) 钢材

钢材在建筑上主要用作结构材料。建筑物一旦发生火灾,温度很容易达到钢材的变形极限温度 720 ℃～733 ℃的高温,在此高温条件下,结构将出现明显的热膨胀和桁架变形,以致造成局部或整幢房屋建筑的烧损性倒塌。当火灾温度控制在 600 ℃以下时,钢材强度虽然稍有下降,只要稍加修理和加固,仍可重新恢复到受火灾前的强度,重新使用。故在建筑上,凡是用钢材作为结构材料,都应用耐火性能好的建筑材料加以保护,以免钢材直接受到火烧。

(三) 混凝土和钢筋混凝土

1. 普通混凝土

普通混凝土是由水泥、砂、石和水按一定比例配合,经养护硬化后,制成的人工石材。水泥为胶结料,砂、石为骨料。

混凝土在高温作用下,温度不超过 300 ℃时,强度变化不明显;温度在 400～500 ℃时,开始出现裂缝,强度下降 50%;温度在 600～700 ℃时,强度下降较多;温度在 800～900 ℃时混凝土酥裂破坏,强度几乎丧失。

混凝土的耐火性主要取决于它的骨料和水泥。骨料与水泥之间,由于温度变形不同,而促使内部结构酥裂破坏造成混凝土强度降低。实验表明:石灰石骨料比花岗石骨料混凝土耐火,水泥用量少比水泥用量多的耐火,水泥标号高比水泥标号低的耐火。

2. 加气混凝土

加气混凝土是采用水泥、磨油的水淬矿渣和细纱三种原料加水调成稠浆,加铝粉产生气泡,使体积膨胀,等凝固后切割成型,经高压蒸气养护而制成。主要用作屋面和墙体构件,也可作楼板。

加气混凝土在高温作用下,隔热性能良好。如容重为 500 kg/cm³ 的同一加气混凝土制品,当受热面温度为 400 ℃时,导热系数为 0.135 4;500 ℃时,导热系数为 0.142 0;600 ℃时,导热系数为 0.153 6。加气混凝土比较耐高温。在 600 ℃～700 ℃的高温作用下,强度一般不会降低,但当温度大于 800 ℃时,就会产生严重的龟裂,使强度急剧下降。加气混凝土经大火烧烤后,一般都不能再继续使用。

3. 钢筋混凝土

普通混凝土的抗压性能好,但抗拉性能较差,一般只有抗压强度的十分之一。钢筋的抗拉性能极好,将钢筋放置在混凝土构件的受拉区,拉力由钢筋来承受,混凝土则主要承受压力,这样钢筋靠混凝土的黏着力,双方共同工作,从而提高了构件的抗压、抗拉能力,同时也发挥了材料的各自性能和特点。

钢筋混凝土是比较耐火的,钢筋外包着混凝土起到了保护层的作用,不致因燃烧而很快达到钢筋的危险温度。在受热温度低于 400 ℃时,钢筋与混凝土两者尚能共同工作。温度继续升高,表面混凝土酥裂,构件变形加大,两者的黏着力受到破坏,钢筋失去保护层,从而使构件承载力下降甚至垮掉。

为使钢筋混凝土在受热条件下,混凝土与钢筋之间的粘力不致受太大的影响,在受拉区主筋最好采用螺纹钢筋,增加黏着力。

4. 预应力钢筋混凝土

所谓预应力钢筋混凝土,就是在外荷载作用之前,先对混凝土中的钢筋预加应力,造成人为的应力状态,使它能在外荷载作用以后,部分地或全部地抵消外荷载引起的应力,从而使构件在使用阶段的拉应力显著减少,延缓或避免裂缝的出现。

预应力钢筋混凝土比普通钢筋混凝土构件的耐火性能差。当预应力钢筋混凝土构件加热到 200 ℃时,其预应力减少 45%～50%,加热到 300 ℃时,就会失去全部预加应力。

在建筑材料的选择和使用时,要根据建筑物的功能要求,材料在建筑物中的作用及其受到的各种外界因素的影响等,考虑材料所应具有的性能。如具有爆炸危险性的生产厂房建筑,应选用轻质屋盖、墙体和门窗,以排除爆炸产生的冲击波,达到泄压的目的;在建筑中,用于疏散人员的疏散走道、楼梯间等部位,应采用不燃性的建筑装饰材料。总之,从建筑防火的角度来讲,材料的选择和使用,要严格执行有关消防技术规范的规定,力求选用耐火性能好的材料,以免火灾时造成严重损失。

第三节　建筑物的耐火等级

建筑物的耐火等级是衡量建筑物耐火程度的标准。它是由建筑构件的燃烧性能和最低耐火极限决定的。一座建筑物不是由一两个建筑构件组成的,而是由墙、柱、梁、楼板等诸多构件组成的。在诸多建筑构件中,我国现行规范选择楼板作为确定耐火极限的基准,因为对建筑物来说,楼板是最具代表性的一种至关重要的构件。在制定分级标准时先确定各耐火等级建筑物中楼板的耐火等级,然后将其他建筑构件与楼板相比较,在结构中占的地位比楼板重要者可适当提高其耐火极限,否则相反。

一、单、多层民用建筑的耐火等级

单、多层民用建筑的耐火等级分为一级、二级、三级和四级,其中一级耐火等级的耐火性能最高。确定建筑物耐火等级时,应考虑建筑物的层数、面积、长度及使用性质等。地下、半地下建筑(室)的耐火等级应为一级,重要公共建筑的耐火等级不应低于二级。各耐火等级单、多层民用建筑其建筑构件的耐火极限和燃烧性能见表4-3-1。

表4-3-1 各耐火等级单、多层民用建筑其建筑构件的燃烧性能和耐火极限　　单位:h

构件名称	燃烧性能和耐火极限	耐火等级			
		一级	二级	三级	四级
墙	防火墙	不燃性 3.00	不燃性 3.00	不燃性 3.00	不燃性 3.00
	承重墙	不燃性 3.00	不燃性 2.50	不燃性 2.00	难燃性 0.50
	非承重外墙	不燃性 1.00	不燃性 1.00	不燃性 0.50	燃烧性
	楼梯间的墙 电梯井的墙 住宅单元之间的墙 住宅分户墙	不燃性 2.00	不燃性 2.00	不燃性 1.50	难燃性 0.50
	疏散走道两侧的隔墙	不燃性 1.00	不燃性 1.00	不燃性 0.50	难燃性 0.25
	房间隔墙	不燃性 0.75	不燃性 0.50	难燃性 0.50	难燃性 0.25
柱		不燃性 3.00	不燃性 2.50	不燃性 2.00	难燃性 0.50
梁		不燃性 2.00	不燃性 1.50	不燃性 1.00	难燃性 0.50
楼板		不燃性 1.50	不燃性 1.00	不燃性 0.50	可燃性
屋顶承重构件		不燃性 1.50	不燃性 1.00	可燃性 0.50 h	可燃性
疏散楼梯		不燃性 1.50	不燃性 1.00	不燃性 0.50	可燃性
吊顶(包括吊顶格栅)		不燃性 0.25	难燃性 0.25	难燃性 0.15	可燃性

注:(1)一般以木柱承重且以不燃烧材料作为墙体的建筑物,其耐火等级应按四级确定。

(2)二级耐火等级建筑的吊顶采用不燃烧体时,其耐火极限不限。

（3）建筑面积不大于 100 m² 的房间隔墙可采用耐火极限不低于 0.50 h 的难燃性墙体或耐火极限不低于 0.30 h 的不燃性墙体。

（4）在二级耐火等级的建筑中，房间隔墙采用难燃性墙体时，耐火极限不应低于 0.75 h。

（5）一、二级耐火等级建筑的上人平屋顶，其屋面板的耐火极限分别不应低于 1.50 h 和 1.00 h。

（6）一、二级耐火等级建筑的屋面板应采用不燃烧材料，但其屋面防水层可采用可燃材料。

（7）二级耐火等级多层住宅的楼板采用预应力钢筋混凝土楼板时，该楼板的耐火极限不应低于 0.75 h。

（8）三级耐火等级的下列建筑或部位的吊顶，应采用不燃烧体或耐火极限不低于 0.25 h 的难燃烧体：医疗建筑、中小学校、老年人建筑及托儿所、幼儿园的儿童用房和儿童游乐厅等儿童活动场所。

（9）二、三级耐火等级建筑内门厅、走道的吊顶应采用不燃材料。

二、高层民用建筑的耐火等级

高层民用建筑根据其使用性质、火灾危险性、疏散和扑救难度的不同，可以分为一、二两类，见表 4-3-2。

表 4-3-2　高层民用建筑的分类

名　称	一类	二类
居住建筑	建筑高度大于 54 m 的住宅建筑（包括设置商业服务网点的住宅建筑）	建筑高度大于 27 m，但不大于 54 m 的住宅建筑（包括设置商业服务网点的住宅建筑）
公共建筑	① 建筑高度大于 50 m 的公共建筑； ② 建筑高度 24 m 以上部分任一楼层建筑面积大于 1 000 m² 的商店、展览、电信、邮政、财贸金融建筑和其他多种功能组合的建筑； ③ 医疗建筑、重要公共建筑； ④ 省级及以上的广播电视和防灾指挥调度建筑、网局级和省级电力调度建筑；藏书超过 100 万册的图书馆、书库	除一类高层公共建筑外的其他高层公共建筑

根据高层建筑防火安全的需要和高层建筑结构的现实情况，将高层民用建筑的耐火等级分为一、二级，其构件的燃烧性能和耐火极限见表 4-3-3。一类高层建筑的耐火等级应为一级，二类高层建筑的耐火等级不应低于二级。裙房的耐火等级不应低于二级，高层建筑地下室的耐火等级为一级。

表 4-3-3　各耐火等级高层民用建筑其建筑构件的燃烧性能和耐火极限　　　单位：h

构　件　名　称	燃烧性能和耐火极限	耐火等级	
		一级	二级
墙	防火墙	不燃性 3.00	不燃性 3.00
	承重墙、楼梯间的墙、电梯井的墙、住宅单元之间的墙、住宅分户墙	不燃性 2.00	不燃性 2.00
	非承重外墙、疏散走道两侧的隔墙	不燃性 1.00	不燃性 1.00
	房间隔墙	不燃性 0.75	不燃性 0.50

（续表）

燃烧性能和耐火极限 构　件　名　称	耐火等级	
	一级	二级
柱	不燃性 3.00	不燃性 2.50
梁	不燃性 2.00	不燃性 1.50
楼板、疏散楼梯、屋顶承重构件	不燃性 1.50	不燃性 1.00
吊顶（包括吊顶格栅）	不燃性 0.25	难燃性 0.25

注：(1) 在二级耐火等级的高层建筑中,面积不超过 100 m² 的房间隔墙,可采用耐火极限不低于 0.50 h 难燃性墙体或耐火极限不低于 0.30 h 的不燃性墙体。

(2) 超过 100 m 的建筑,楼板的耐火极限不应低于 2.00 h。

三、工业建筑的耐火等级

厂房和仓库的耐火等级可分为一级、二级、三级和四级,其构件的燃烧性能和耐火极限见表 4-3-4。

表 4-3-4　各耐火等级厂房和仓库其建筑构件的燃烧性能和耐火极限　　　　单位:h

燃烧性能和耐火极限 构件名称		耐火等级			
		一级	二级	三级	四级
墙	防火墙	不燃性 3.00	不燃性 3.00	不燃性 3.00	不燃性 3.00
	承重墙	不燃性 3.00	不燃性 2.50	不燃性 2.00	难燃性 0.50
	楼梯间和电梯井的墙	不燃性 2.00	不燃性 2.00	不燃性 1.50	难燃性 0.50
	疏散走道两侧的隔墙	不燃性 1.00	不燃性 1.00	不燃性 0.50	难燃性 0.25
	非承重外墙	不燃性 0.75	不燃性 0.50	难燃性 0.50	难燃性 0.25
	房间隔墙	不燃性 0.75	不燃性 0.50	难燃性 0.50	难燃性 0.25
柱		不燃性 3.00	不燃性 2.50	不燃性 2.00	难燃性 0.50
梁		不燃性 2.00	不燃性 1.50	不燃性 1.00	难燃性 0.50
楼板		不燃性 1.50	不燃性 1.00	不燃性 0.75	难燃性 0.50

（续表）

燃烧性能和耐火极限 构件名称	耐火等级			
	一级	二级	三级	四级
屋顶承重构件	不燃性 1.50	不燃性 1.00	难燃性 0.50	可燃性
疏散楼梯	不燃性 1.50	不燃性 1.00	不燃性 0.75	可燃性
吊顶（包括吊顶格栅）	不燃性 0.25	难燃性 0.25	难燃性 0.15	可燃性

在建筑设计时，从防火角度来讲，建筑物的耐火程度愈高愈好，但以经济角度来看，建筑物全部采用不燃材料建造，实际上是不必要的。对于某一建筑物应选择哪一级耐火等级，取决于建筑物使用的性质和规模及其在使用中的火灾危险性来确定。如性质重要、规模较大，存放贵重物资的建筑，或大型公共建筑，或工作使用环境有较大的火灾危险性的建筑，应采用较高的耐火等级。反之，可选择较低的耐火等级。有时采用可燃材料的建筑结构，按使用要求增加一些措施，同样也可以保证防火安全，符合适用、经济的要求。

建筑物的耐火等级，可根据建筑结构类型来判定。一般地说，钢筋混凝土的框架结构、排架结构、剪力墙结构、框架—剪力墙结构、筒体结构以及钢筋混凝土与砖石组成的混合结构，均可定为一、二级耐火等级建筑；砖木结构可定为三级耐火等级建筑；以木柱、木屋架承重，砖石等非燃烧材料为墙的建筑物可定为四级耐火等级建筑。

检查和评定建筑物的耐火等级，主要是对建筑物中的墙、柱、梁、楼板、吊顶、屋顶等构件和疏散楼梯这几个主要建筑构件的耐火极限和燃烧性能进行检查和评定。对这些构件的检查和评定的目的是为了防止在火灾情况下建筑很快倒塌和火势的迅速蔓延，进而为人员安全疏散和灭火救援工作创造有利时机。

第四节　建筑结构在火灾情况下的倒塌与破坏

建筑物发生火灾后，建筑结构的倒塌破坏，不仅会造成巨大的财产损失，而且会造成重大的人员伤亡。美国纽约"9·11"世贸中心遭恐怖袭击而发生的倒塌灾难，死亡 3 017人，损失 360 亿美元；青岛即墨正大食品公司厂房发生火灾后，钢结构屋架很快垮塌，致使20 多名员工因未能及时疏散而被埋压在厂房内；湖南衡阳"11·3"大火造成的建筑倒塌事故，导致 20 名消防员光荣牺牲。可见，研究分析建筑结构在火灾时的倒塌破坏原因、规律以及预防措施，对建筑防火设计以及灭火救援工作具有极其重要的意义。

一、火灾中建筑结构倒塌的机理

火灾中建筑结构的破坏形式有三种，即变形增大、局部垮塌和结构整体倒塌。变形增大是指火灾中构件的变形增大到无法接受的程度或者出现明显的裂缝、倾斜。《建筑构件耐火试验方法》将梁或板构件的最大挠度超过 $L/20$ 作为梁或板构件耐火极限的判断条件之一。如果仅从火灾中结构的破坏不至于影响到建筑中的人群疏散来考虑,这一标准还可以放宽,甚至认为只要构件的变形不导致结构局部垮塌和整体倒塌,变形增大可以接受。局部垮塌是指火灾中建筑的部分构件或构件的局部发生塌落,这种破坏形式往往具有难以预测性和突然性,因此可能造成人员伤亡。2008 年 7 月 17 日,上海奉贤区雷盛塑料包装有限公司的塑胶车间发生火灾。火灾中主梁局部坍塌,造成 3 名消防员在灭火战斗中牺牲,9 名消防员受伤。结构整体倒塌是指整个建筑全部失效倒塌,这是建筑结构最为严重的破坏形式。

(一) 建筑材料破坏的基本形式

建筑结构是由钢材、钢筋混凝土、砖石及木材等建筑材料组成的构件,通过一定的连接方式而构成的结构体系。在火灾、地震和爆炸等灾害情况下,建筑结构有可能失效倒塌。无论其倒塌的外在表现形式如何,结构倒塌的本质是建筑构件和材料的破坏。在长期的生产实践和科学研究中,人们对于构件和材料的破坏现象进行了大量的观察、试验和深入的理论分析,以寻求导致材料破坏的主要原因。实践表明,材料破坏的形式虽然多种多样,但其主要形式分为屈服和断裂两种类型。

1. 屈服

塑性材料的破坏在通常情况下主要表现为屈服破坏,建筑用钢材即为典型的塑性材料。例如,普通碳钢在轴向拉伸时,材料处于单向应力状态。当正应力达到屈服极限时,由于材料内部晶格之间的错动,碳素钢将出现屈服现象,即流动现象。这种现象的表现为,轴向拉力在基本保持不变的情况下,构件继续伸长。在上述情况中,材料虽然没有立即断掉,但由于变形过大,而且变形中绝大部分是不可恢复的塑性变形,致使构件不能正常工作。因此,从工程意义上来说,把出现显著变形或流动作为材料破坏的一种形式。

2. 断裂

脆性材料的破坏在通常情况下主要表现为断裂破坏,典型的脆性材料包括砖瓦、石材、素混凝土等。这类材料的破坏特点是,材料发生断裂破坏时并无明显的流动现象,是突然发生的。例如,铸铁在单向拉伸时,沿与轴线垂直的横截面突然拉断;铸铁圆轴在受到扭转时,大致沿 45° 方向的螺旋面拉断。

值得注意的是,材料的破坏形式不仅取决于材料本身的性质,还与材料的应力状态、荷载的性质及温度有关。铸铁构件在单向拉伸时会发生脆性断裂破坏,但若将其处于三向压缩状态时则会呈现出较大的塑性变形;即便是铸铁构件受单向拉伸作用,若在拉伸的同时还受到火灾等高温作用,同样在破坏前会有较大的塑性变形。因此,在分析建筑结构的破坏规律时,既要把握材料本身固有的力学性能,又要注意外在因素对结构破坏的影响。

(二) 结构构件的破坏机理

建筑结构在火灾中能否保持稳定而不发生失效倒塌,取决于结构在高温下的抗力与火灾中的有效荷载效应的对比。若火灾中建筑结构的抗力大于有效荷载效应,则结构能够保持安全稳定;若建筑结构的抗力小于有效荷载效应,则结构必然失效倒塌。

火灾对结构安全的影响主要体现在高温作用。在连续高温作用下,钢材和混凝土的强度和弹性模量均会显著降低。当温度为 500～600 ℃时,钢材和混凝土的强度将下降 50%。材料强度的降低减小了结构高温下的抗力。而弹性模量的降低使得结构的变形增大,进而使结构降低稳定承载力。同样在高温作用下,构件受热不均匀使构件内部产生不均匀的热膨胀变形,从而使构件内部产生很大的附加应力,即温度应力。构件内部的温度应力会导致构件开裂或变形,致使其承载力下降。当某个构件膨胀变形受到其他构件的约束时也会产生温度应力,这使得火灾中的有效荷载效应加大。

在灭火过程中,消防用水被室内其他材料吸收或因流通不畅未能及时排出,会增加火灾中的有效荷载。另外,火灾发生的同时,还有可能伴随爆炸甚至地震等其他灾害。例如,1994 年 6 月 16 日,珠海市前山裕新织染厂因安装自动喷水系统时造成电线短路,进而发生特大火灾。发生火灾的厂房为现浇钢筋混凝土六层框架结构。大火持续燃烧十多小时,使厂房结构严重受损,加之扑救大火时二、三楼喷射了大量的水,增大了二楼以上的荷载。大火基本扑灭后多台履带式推土机、挖掘机在厂房内搬运棉花时产生震动,多种因素所形成的综合作用,致使厂房倒塌。这次火灾倒塌事故造成 93 人死亡,156 人受伤,厂房毁坏 18 135 m² 及原材料、设备等,直接经济损失 9 515 万元。

从上面分析可以看出,火灾中建筑结构倒塌的内因是高温作用下材料的强度和弹性模量降低,外因则是构件的温度应力及其他原因引起的有效荷载效应增加。建筑构件破坏的机理可分为强度破坏和稳定性破坏。

1. 强度破坏

由工程力学可知,强度是指建筑构件抵抗破坏的能力。无论是塑性材料还是脆性材料,材料受到外力作用时内部都会产生应力,外力增大应力也随之增高,当应力超过材料所能抵抗的极限时,材料就发生破坏。在常温下,强度破坏是由应力水平的不断增加引起的;而在高温下,强度破坏一般是由于持续高温下强度的不断降低引起的。两者破坏的本质均为强度不抵应力。由脆性材料建造而成的建筑,其破坏形式以强度破坏为主,这类建筑包括砖混结构、钢筋混凝土结构及木结构等。另外,钢结构的连接部位在火灾中也有可能发生强度破坏。

2. 稳定性破坏

所谓稳定性是指构件保持原有平衡状态的能力。火灾中当建筑构件遭受火烧后,整个构件或者构件的局部变形加剧,失去原有的平衡状态,进而导致其他构件乃至整个结构发生失稳破坏。这种破坏的特点是建筑构件的变形增大,一般不发生断裂现象。要想建筑不致因个别构件失去稳定性而发生整体倒塌,建筑就要具有足够的冗余度和抗连续倒塌的能力。由塑性材料建造的建筑,如钢结构建筑,破坏形式多为稳定性破坏。

(三)建筑结构的倒塌机理

建筑物是由建筑构件彼此连接、组合而成的统一体,火灾对建筑结构的破坏是由于建筑构件防火性能不足,使得火灾高温作用下建筑构件受到了损伤,所以建筑物在火灾中首先是构件或局部的破坏。一般情况下结构局部构件发生破坏,将引起结构内力重分布,结构仍具有一定的承载能力。但当局部破坏不断扩大,使建筑结构的整体受力体系遭到破坏时，会导致结构大面积破坏，即连续性倒塌。

当局部遭到破坏后，建筑结构是否发生连续性整体坍塌，主要取决于整体结构的牢固性。而整体结构的牢固性又与结构的受力体系、结构的连续性及延性等因素有关，其中结构的冗余度起到了关键作用。冗余度意味着结构具有备用传力路径和能力，即当意外事件造成结构中的某一构件或局部破坏而丧失承载能力时，其原有的传力功能可转由结构其他未破坏部分（备用传力路径）传递。冗余度大的结构，其备用传力路径多、能力大，结构安全储备高、整体性好，当某一局部构件失去支撑能力后不容易发生整体结构的倒塌。

由于建筑材料的性能各异，建筑结构的体系不同，影响结构失稳破坏的因素众多，因此火灾等灾害中结构倒塌的机理往往是复杂的，有可能不只是单一的强度破坏或者失稳破坏，而是由两种破坏机理共同作用的结果。例如，发生在美国的"9·11"恐怖袭击世贸大厦倒塌事件。2001 年 9 月 11 日上午 8 时 45 分与 9 时 3 分，恐怖分子劫持美国航空公司的波音 767 客机和联合航空公司的波音 757 客机分别撞击了世贸大厦的北楼和南楼，北楼于 1 小时 43 分后倒塌，南楼于 1 小时 02 分后倒塌。世贸大楼的倒塌造成 2 998 名无辜人员与 19 名恐怖分子死亡，其中包括 411 名救援人员。世贸大楼的倒塌并非飞机撞击直接造成的，否则大楼会在恐怖袭击后立即倒塌。倒塌的主要原因是恐怖袭击引发火灾的热作用。飞机撞击世贸大楼后，大楼的部分框筒柱被冲击荷载破坏，这种破坏属于强度破坏。飞机泄露的燃料油引起爆炸与火灾，由于大楼具有适当的泄压比，因此爆炸也不是引起倒塌的主要原因，但使钢结构的耐火保护层局部脱落，降低了结构的抗火能力。随后，以角钢做弦杆、圆钢做腹杆的楼面桁架受热膨胀并发生失稳破坏，引起楼面发生强度破坏而坍塌。受火灾的高温作用，大楼框架柱的强度和弹性模量不断降低，原先以楼板为水平支撑保持稳定的框架柱因失去支撑作用，导致自由长度增大并最终因失去稳定性而破坏。部分柱破坏后，应力重分配转移至相邻的框架柱，其余框架柱相继失稳破坏。整层楼失效后，破坏楼层以上的全部重量以冲击荷载的形式作用在下部楼层上，随后逐层因强度破坏发生连续倒塌，最终导致整个世贸大楼瞬间变为废墟。

二、火灾作用下几种常见结构建筑倒塌的一般规律

随着钢铁、塑料等新型建筑材料的广泛应用，钢结构、薄壳结构、网架结构等建筑结构型式日趋增多，建筑构件的理化性质也越来越复杂，燃烧破坏的特点也呈现多样性、复杂性。各类建筑结构在不同火灾条件下，也会呈现不同的变形和倒塌形式。

建筑结构在火灾中的破坏原因及倒塌规律非常复杂，其与建筑物的耐火等级、火灾荷载、火灾作用部位、火灾猛烈程度、结构型式、使用功能等因素均有关系。美国国家标准和技术研究所（NIST）关于火灾致建筑结构坍塌的调查表明，所有结构类型的建筑都可能在火灾中部分或整体垮塌。我国中南大学李耀庄等人曾对 1960～2005 年我国所发生的部分典型火灾坍塌事故进行了一项统计分析，结果显示，对不同结构型式的建筑，火灾中坍塌以钢结构所占的比例最大，其他结构型式的建筑坍塌事故比例差别不大。同时，根据使用功能的不同，发生火灾坍塌的建筑以厂房、仓库和商业建筑居多，而办公楼、住宅、医院和学校等比例较小。

火灾中建筑的坍塌破坏与其主要承重方式及承重材料的耐火性能有关，本节主要从

建筑物的结构类型及材料的耐火能力等方面介绍火灾中建筑结构的破坏机理与倒塌规律。

(一) 砖木结构

砖木结构建筑的墙体一般使用砖砌体砌筑,屋顶使用木材等可燃材料建造而成。木材起火燃烧,其表面会被炭化烧蚀,不断削弱构件截面面积,造成承载力下降而破坏。砖的耐火性能很好,虽然由于砌筑质量及砂浆的耐火性能差等原因,砖墙的耐火性不如砖材本身,但一般砖墙的耐火极限都是比较高的,砖墙在火灾下支撑几小时一般不会发生倒塌。

目前,砖木结构在我国多层建筑中已比较少见,主要为农村的单层建筑。由于砖木结构的砖墙耐火极限高且多为单层建筑,墙体不易坍塌,故建筑整体倒塌的可能性较小。砖木结构的建筑发生火灾,屋顶木结构会首先破坏,可能造成整个屋顶坍塌。例如,2000年河南焦作天堂音像俱乐部发生火灾,不到0.5 h屋顶大面积塌陷;1998年甘肃兰州铁四中教学楼起火,该教学楼木质屋顶在火灾中发生坍塌;1996年,上海四川中路某民居发生火灾,0.5 h后屋顶开始局部破坏,2.5 h后屋顶发生整体塌陷。

(二) 砖混结构

砖混结构是由砖墙及钢筋混凝土梁板等承重构件构成的一种混合结构体系,我国20世纪80年代以前的住宅多为6层以下的砖混结构建筑。砖混结构的荷载传递路径是由楼盖将自重及活载传给承重墙,再由墙将这些荷载连同自身重量传给基础。其主要的竖向承重构件是墙体,砖墙的牢固性直接影响整体结构的安全。

由于砖墙本身的耐火性能较好,砖混结构在火灾中破坏的主要原因为材料受热不均及局部构件破坏导致结构受力体系的改变。

1. 材料的热膨胀变形不均匀

首先,砖和砂浆在火灾高温作用下的热膨胀变形不一致。砂浆的弹性模量比砖的弹性模量小,热膨胀系数比砖大,砂浆在火灾高温下受压时产生的横向变形比砖大,强度下降较砖快,从而会降低砂浆对砖砌体的黏结约束作用,改变砌体的内部结构。故砖砌体在火灾中的破坏首先沿灰缝开裂,尤其门窗洞口附近的裂缝较明显,且洞口上的砌体容易塌落。

其次,砖墙与钢筋混凝土楼板的热膨胀变形不一致。钢筋混凝土的线膨胀系数比砖砌体的线膨胀系数大,如钢筋混凝土的线膨胀系数为$(10\sim15)\times10^{-6}/℃$,砖砌体的线膨胀系数为$(5\sim10)\times10^{-6}/℃$。火灾中楼板热膨胀变形比砖墙大,楼板与墙体间会产生温度应力。由于砖墙是脆性材料,抗弯、抗剪能力差,抗变形能力小,上述温度应力会使墙体上端产生横向位移,导致墙体发生横向剪切破坏,因此墙体会出现倾斜、臌肚等变形形态。

2. 砖墙的侧向支撑遭到破坏

砖混结构的主要承重构件是砖墙和钢筋混凝土楼板,当发生火灾时最先破坏的结构构件是受火层的楼板和梁,尤其当楼板采用预应力混凝土楼板时,其耐火极限仅0.50 h左右。若楼板在火灾中失效,砖墙的侧向支撑失效,砖墙的计算长度、高厚比会倍增,使得侧向稳定性降低,会导致墙体发生失稳破坏。当局部墙体发生倒塌时,由于该结构体系的竖向承重构件只有墙体,备用传力路径少,可导致建筑物发生整体倒塌破坏。

此外,除了火灾高温造成的建筑倒塌外,建筑物内外部爆炸物的冲击和破坏,也是造成建筑倒塌的重要原因。砖混结构的墙体整体性较差,如果火灾中伴随有爆炸发生,横向爆炸压力会将砖墙推到,从而会引发建筑物的整体坍塌。

(三) 钢筋混凝土结构

钢筋混凝土结构是由钢筋混凝土梁、板、柱或剪力墙为主要承重构件,砌体墙只起分隔作用而不承重。混凝土材料耐火性较好,虽然钢材耐火性差,但被包裹保护在混凝土内部,故钢筋混凝土结构具有较好的耐火性能。如规范规定一级耐火等级建筑物的梁、柱的耐火极限不低于 2.00 h 和 3.00 h,二级耐火等级不低于 1.50 h 和 2.50 h,而实际上普通钢筋混凝土结构的承重构件的耐火极限均已达到并超过了该要求。但当火灾持续时间长、温度高,结构受力体系不合理时,钢筋混凝土结构也会发生大面积的整体坍塌。

(四) 底框砖混结构

钢筋混凝土底框砖混结构是指底部(通常三层以下)采用钢筋混凝土框架承重,上部采用砖墙承重。底部空间大,主要作为商业用房,而上部为隔墙较多的住宅和办公楼。

在我国发生过底框砖混结构商住楼在火灾中整体坍塌的典型案例。1993 年 5 月 13 日,江西南昌万寿宫商城二区二层发生火灾,火灾持续大约 2 h,就在被困的 100 余名群众被安全救出 6 min 后,万寿宫商城二区东南角和西部、北部一至八层发生垂直倒塌。在此次火灾中发生整体倒塌的建筑所采用的结构体系就是底框架结构。万寿宫商城底部为 2 层钢筋混凝土框架结构,用作小商品批发市场;上部 6 层为砖混结构的普通住宅;楼板采用的是预应力混凝土空心板。虽然此次建筑坍塌事故毁坏建筑面积 1 万多平方米,造成 156 户居民受灾,直接经济损失 500 多万元,但所幸没有人员伤亡。

而湖南衡阳“11·3”特大火灾中倒塌的衡州大厦也是底框砖混结构,该建筑共八层(局部九层),一层为框架结构门面,原为药材市场,后改作仓库使用,二层以上为砖混结构,均为居民住宅。2003 年 11 月 3 日,衡州大厦一层仓库起火,在大火烧了近 3 个小时后,在灭火过程中大楼西北部分(约占整个建筑的五分之二)突然坍塌。这次特大火灾坍塌事故,造成在灭火一线的 36 人伤亡,其中 20 名消防员牺牲,11 名消防员、4 名新闻记者和 1 名保安受伤。

1. 结构受力体系不合理,强度储备较低

该结构体系底部为大空间的框架承重,墙体少,而上部为砖墙承重,墙体较密。由于这种上刚下柔、头重脚轻的结构型式抗震性能非常差,故在抗震设防烈度较低(6 度以下)的地区比较常见。依据我国《建筑抗震设计规范》的规定,6 度以下地区的建筑不需进行抗震设计计算,建筑构件截面尺寸相对较小,故此类建筑的强度储备较低。

2. 上部结构自重大,火灾中框架结构的有效荷载大

上部砖砌体自重较大,此部分重力荷载是火灾时实际作用到框架上的有效荷载,火灾中均由底部框架梁、柱来承担,故火灾中框架梁、柱承担的有效重力荷载较大。

3. 转换层结构构件温度应力大

由于此类结构体系上、下结构型式不同,需通过转换层完成从上层至下层不同受力形

式的变化。转换层处于结构刚柔交接处,存在刚度变化和应力集中等不利因素。而转换层的梁、柱是将上部荷载传至下部承重结构的关键连接部件,故截面尺寸非常大,火灾中的温度应力大。

4. 底部火灾荷载密度大,发生火灾概率高

底部多为商业用房,尤其某些房间兼作临时仓库时,比上部住宅失火概率高,火灾持续时间长、温度高,且框架结构的大空间提供了充足的空气,火势难以控制。如衡州大厦一层设计之初原为商铺,后改作仓库使用,致使火灾荷载成倍增加,而发生火灾的部位也恰恰是一层仓库。

综上所述,此类结构的建筑若底部框架内发生火灾,主梁、柱直接受到火灾高温作用,尤其是四面受火柱是结构耐火的关键构件。底部框架结构在火灾下一旦失去支撑能力,在上部重力荷载作用下,会引起建筑物的整体坍塌。

通常建筑设计时对商住楼的钢筋混凝土柱的耐火极限规定不小于 2.50 h 或 3.00 h,故底框砖混结构商住楼发生火灾 3 小时后框架柱就可能失效。在上部砖混结构的重力荷载作用下,建筑物存在整体倒塌的危险性。如衡州大厦倒塌的根本原因就在于在火烧了近 3 个后,衡州大厦西部偏北的 5 根柱子损毁比较严重,底层框架承重结构遭到破坏,在上部大量砖砌体的有效荷载作用下继而引起大楼整体坍塌。

目前,底框架商住楼在我国一些小城镇等经济欠发达地区存在较普遍,因为这种底框架结构体系比全框架体系造价低。但由于此种结构体系抗震性能差,故在抗震设防烈度较高地区已限制使用。但在抗震设防烈度较低,尤其是 6 度以下的地区较常见,此类地区底框砖混结构的抗火问题需要引起我们的高度重视。

(五) 预应力混凝土结构

建筑构件耐火试验表明,预应力混凝土结构的耐火极限非常低,如预应力混凝土楼板的耐火极限仅有 0.50 h 左右。预应力混凝土结构在火灾中坍塌破坏的主要原因可归结为:

(1) 预应力混凝土结构多采用冷加工钢筋、热处理钢筋及高强钢丝,其耐火性能较普通混凝土结构中用的钢筋要差。

首先,由于冷加工钢筋在冷加工过程中已经经受了应变时效及应变硬化作用,在高温下无蓝脆现象,极限强度没有提高。其次,冷加工钢筋是普通钢筋经过冷拉、冷拔、冷轧等加工强化过程得到的钢材,其内部晶格发生了畸变,导致强度增加但塑性降低。这种钢筋在火灾高温作用下,内部晶格的畸变会随温度升高而逐渐恢复正常,冷加工所提高的强度也逐渐减少甚至消失。因此,在火灾高温下冷加工钢筋的强度降低值比普通钢筋大很多。试验表明,冷加工钢筋当温度达到 300 ℃时,其强度降低约 30%;400 ℃时强度急剧下降,降低约 50%;500 ℃左右时,其屈服强度接近甚至小于普通热轧钢筋在相同温度下的强度。

热处理钢筋是由热轧钢筋经淬火和高温回火调质处理而成的,其强度大幅度提高而塑性降低不多。热处理钢筋在升温过程中,热处理所造成的金属晶体构架的畸变逐渐被消除,当钢筋温度超过 400 ℃后,热处理的作用基本消失,故钢筋的强度急剧下降。在温

度达到 650～700 ℃时,其高温强度已与普通热轧钢筋基本相当。

预应力钢筋混凝土结构中用的高强钢丝属于硬钢,没有明显屈服极限。在火灾高温作用下,高强钢丝的抗拉强度降低得比其他钢筋更快。当温度在 150 ℃ 以内时,强度不降低;温度达到 350 ℃ 以上时,强度降低约 50％;400 ℃时强度降低约 60％;500 ℃时强度下降达到 80％以上。

(2) 火灾高温下钢材产生热松弛,大大降低了预应力混凝土结构的承载力。钢材在一定温度和应力作用下,随时间的推移会发生缓慢的塑性变形,且温度越高,变形现象越明显。在火灾高温作用下,钢材的热松弛现象更明显,导致预应力钢筋内的预应力损失,降低了预应力混凝土构件的承载力。

(3) 预应力混凝土构件在火灾中容易发生爆裂,降低了预应力混凝土构件的耐火性能。在火灾初期,混凝土构件受热表面层发生的块状爆炸性脱落现象,称为混凝土的爆裂。耐火试验表明,预应力钢筋混凝土结构比普通钢筋混凝土结构在火灾中更易发生爆裂现象。混凝土的爆裂会导致构件截面减小和钢筋直接暴露于火中,造成构件承载力迅速降低,甚至失去支撑能力而发生倒塌破坏。

(4) 预应力混凝土结构构件截面尺寸小,火灾中构件内部升温快,构件刚度降低严重,抗变形能力较差,在火灾中容易断裂坍塌。

目前我国预应力混凝土结构主要用于水工结构、桥梁工程以及特种结构中,普通建筑工程中主要常见于单层工业厂房的屋架、屋面梁和大型屋面板,或在小城镇、农村的低多层住宅的楼盖中采用预制空心板。此类结构整体性较差,抗火能力低,若发生火灾应注意楼盖结构的安全问题。

(六) 钢结构

钢结构建筑是指主要承重构件由钢板或型钢通过连接件连接而成的结构形式。钢结构具有轻质高强、施工周期短、抗震性能好等优点,目前被广泛应用于高层、大跨建筑及厂房、仓库等工业建筑。

由于钢材本身耐火性较差,再加之钢结构构件截面比较宽展且呈薄壁状,火灾高温易于损伤其内部材料,故钢结构耐火性差。火场上若钢构件经历 500 ℃ 以上的高温,钢材被火焰作用的时间在 15 min 以上时,钢结构就会有大幅度的变形塌落。现有火灾案例证明,无防火保护的钢结构在发生火灾后 20 min 建筑物就可能迅速坍塌。

钢结构屋顶在火灾中极易发生整体坍塌,其主要原因与我国钢结构的应用范围有很大关系。现将最常见的钢屋架与钢网架结构屋顶在火灾中的坍塌破坏机理分析如下:

1. 钢屋架结构

钢屋架通常是平面桁架受力体系,是由杆件组成的空腹构件,只承受拉力和压力,杆件截面尺寸较小。平面屋架在屋架平面外的刚度和稳定性很差,不能承受水平荷载。因此,为使屋架结构有足够的空间刚度和稳定性,必须在屋架间设置支撑系统,故屋架之间相互联结着大量的支撑杆件。

通常钢结构屋架系统的计算简图比较明确,与实际情况符合较好(冗余度小),在实际使用过程中比较接近极限状态,因此结构承载能力安全储备较小。而屋架结构又多为静定结构,内力重分布的可能性很小,因此屋架结构对超载、温度、腐蚀十分敏感,容易因偶然因素而由于钢材的抗拉强度较高,工程结构中钢构件的破坏往往是以受压的细长构件失稳破坏为主。钢屋架中下弦杆通常是受拉构件,上弦杆虽受压但其有足够大的断面,又与屋盖构件和支撑有较好的连接,故以受压腹杆最为危险。钢屋架的薄弱部位是长细比较大的受压腹杆、屋架与柱连接节点及支撑构件。

由于钢屋架为静定结构且杆件截面尺寸小,当火灾高温致使某些杆件发生强度或失稳破坏时,这些杆件就会彻底失去支撑作用。屋架的整体结构体系遭到了破坏,其他杆件也会陆续失效,使整个屋架发生平面内破坏而塌落。若支撑杆件遭到破坏,或塌落的屋架牵动其他屋架,会造成屋顶大量的屋架发生突发性失稳破坏,从而形成整体屋盖的坍塌。故钢屋架屋顶在火灾中发生突发性的整体坍塌的可能性比较大。

2. 钢网架结构

钢网架结构是由许多钢杆件按照一定的规律通过刚节点连接起来的空间网格状结构,是空间三维受力体系。大部分网架的杆件都是一样且重复的,每个杆件均能平均分担重量,整体结构冗余度高,空间整体性较好,常温下此空间几何形体是比较安全的稳定结构。

钢网架结构由薄壁、细长杆件组成,截面形状复杂、节点应力集中,是其抗火能力差的原因之一,而空间整体性越好的结构,其发生整体坍塌的可能性越大。

在火灾高温作用下,首先是网架中的局部杆件承载能力急剧降低或发生失稳破坏。由于网架结构呈空间工作状态,各杆件之间应力关系复杂,局部杆件失稳加之温度应力影响,会导致结构内部应力重分布,结构原有应力关系被破坏,便会导致其他构件甚至整个结构变形坍塌。网架结构的支撑点比较少,连接杆件的节点几何性较复杂、承受应力较大,故网架结构的薄弱部位是杆件的连接节点和支撑体系。火灾中一旦支撑体系遭到破坏,会导致钢网架的整体坍塌。

由于钢结构耐火性差,对钢结构建筑进行防火保护及安装自动灭火系统是非常有效的措施。但当这些防火措施失效时,如在施工或改建期间,防火措施尚未完善或无法工作,钢结构屋顶上面起火时,自动灭火系统发挥不了作用,钢结构倒塌的危险性会更大。

(七)薄壳结构

薄壳结构适用于大面积的屋顶,所用的材料较少,其特点是跨度大、厚度小、质量轻,其周边靠两侧的楼板、基础或钢拉杆来支撑。薄壳结构的倒塌是整片的,壳体本身的耐火性能很高,其倒塌的原因主要是由于支撑条件的破坏。只要支撑的条件不破坏,就完全有可能避免倒塌,故起火时,应及时冷却钢拉杆,以防止支撑条件的破坏。

现有火灾案例表明,钢筋混凝土结构遭受火烧3h以上就可能会坍塌。此类结构中的底框砖混结构及预应力混凝土结构的抗火能力较差,是火灾中较容易发生整体坍塌的结构型式。

三、火灾中建筑倒塌的预测

建筑物在火灾作用下发生倒塌,是一个完整建筑遭受破坏的过程,难以实施前期控制,就目前技术来说,很难对建筑物倒塌做出准确的预测,但并不是不可预测,只要细心观察,总能发现建筑物垮塌前的一些"征兆"。

1. "看"有没有异常变化、变形

由于火场情况千变万化,引起建筑物倒塌的因素很多,原因错综复杂,要对火灾中建筑倒塌做出预测,必须"眼观六路"。建筑物在发生倒塌之前,总有一些迹象或征兆可察,如:钢结构弯曲、门窗变形卡死,墙体砌筑砂浆因火灾高温失去黏结力粉化脱落使墙体产生纵向裂缝,梁跨中混凝土保护层出现裂缝、钢筋外露、挠度增大,柱两端混凝土保护层爆裂、钢筋屈服向外凸出、扭曲变形,楼板呈"锅底"形状下沉等。

2. "听"有没有异常声音

火灾条件下,由于大量烟雾的影响,仅靠观察是远远不够的,还必须做到"耳听八方"。一是要留意灭火过程中"劈劈啪啪"的声响,火灾初期混凝土保护层在高温作用下会产生"爆裂",使钢筋外露,直接过火燃烧,梁、板跨中危险部位混凝土在冷热水流冲击下可能被拉裂导致结构破坏;二是要注意火灾现场的异常响声,室内煤气爆炸震动、建筑物内自来水管道爆裂、附属建筑物及建筑构件的倒塌等等,这些都有可能对建筑主体结构造成影响。

3. 现场询情掌握起火建筑物的基本情况

要准确预测火灾中建筑倒塌就必须掌握火场的情况,通过询问、讯问、侦察等手段详细了解火灾中建筑物的有关情况。一是建筑物的结构类型和耐火等级,建筑物主要承重构件是不是直接受到火烧,直接受火烧烤的持续时间是否接近或达到了构件的耐火极限,判断建筑物倒塌的时间极限和危险程度;二是火灾荷载大,火场温度高,对建筑结构的破坏大,倒塌的几率高,一般燃烧物质体积超过建筑容积的1/3,建筑耐火等级在二级以下,发生火灾后燃烧时间较长时,火场指挥员就应考虑房屋倒塌的可能性及其对现场灭火救援人员生命安全的威胁,特别是商场、市场和物资仓库发生火灾后,发生建筑倒塌的可能性较大,且极易造成重大人员伤亡和财产损失;三是了解起火燃烧时间和建筑使用功能、性质,判断该建筑物在火中已经燃烧的时间,从现场扑救力量和火势大小估计控制火势的时间,防止建筑物在燃烧时间长、灭火水渍重的情况下,因局部受损而造成大面积的坍塌。

4. 科学推断建筑物倒塌时间极限

利用红外测温仪测定建筑物内火场中心温度,利用力学、光学、电学或红外测量仪器测量梁、板跨中的挠度和裂缝宽度以及承重柱薄弱截面的压应变。根据建筑构件耐火极限和结构特性参数,如无保护钢构件的耐火极限为 0.25 h,火场温度达到 600 ℃左右时,其强度损失很大,通过测定火场温度,就能初步估计钢结构建筑的倒塌时间,从而为确定战术转移提供科学依据。

四、火灾中建筑倒塌的预防

有效预防火灾中建筑物倒塌,既要采取积极有效手段,严把建筑工程消防设计审核关,提高建筑构件的耐火极限和建筑物耐火等级,从源头上杜绝建筑倒塌"先天"隐患,又要最大限度地减少火场高温对建筑结构的破坏。

在灭火救援过程中,消防水渍会增加建筑物荷载,建筑承重构件在受到冷热交替冲击下,极易失去稳定性而破坏。水泥等水硬性凝胶材料在火灾作用下,发生不可逆的粉化过程,水的加入会增强水泥粉化砂粒的自重与流动性,使构件的破坏进程加快,导致建筑构件加速承载等设计能力的丧失,引发倒塌的发生。因此,合理运用灭火战术、科学进攻、有效减少消防射水对结构的影响,是预防火灾中建筑物倒塌的实用有效方法。

1. 科学制定灭火战术,合理进攻与防御

灭火救援中,在确认建筑物没有倒塌危险时,应采取集中兵力灭火救人、内攻为主、主动进攻的整体战术。在确认建筑物有可能发生倒塌时,应采取"外部多点灭火,内部重点突破"的战术,按照"少而精、准而快"的指导思想,选择素质好、业务精、经验丰富的人员,重点扑救承重结构火点,对高温焙烤可能变形的承重结构进行冷却。优先扑救承重结构附近的大火,其次是外墙附近的大火,然后才是横向平面线性结构下面的大火。确保承重构件火烧时间短,受热量少,以最大限度地减小建筑物出现结构性倒塌的危险。

2. 正确选择水枪阵地,严格控制水枪射流方向和着点部位

在选择水枪阵地时,要严格遵循"便于观察、便于射水、便于转移"的原则,要"有利于进攻、有利于撤退、有利于安全"。应以坚固的结构为依托或屏障,严禁在柱、梁、非承重墙、屋顶等下面设置水枪阵地。同时,要严格控制水枪射流的方向和着点部位,水流尽量避免落在高温的砖石、混凝土或钢筋混凝土结构表面,防止突然的冷却造成结构表面收缩开裂、表皮剥落,造成钢筋混凝土结构的保护层破坏,钢筋直接暴露而失去强度,使整个结构遭受破坏。

3. 正确运用水枪射流,防止水渍大幅度增加建筑荷载

灭火过程中尽量使用多功能水枪,根据需要合理选择射流方式。如:根据燃烧的物质和部位控制水枪的射流,对不燃结构不要过多射水,以免造成大量积水,增加荷载,加速破坏。应注意避免对梁、楼板直接喷水冷却,尽可能采用开花或喷雾水流降温,冷却时要均匀、全面,防止局部温升过高加重对建筑构件的破坏。对楼板上吸水性强的物资要严格控制灭火用水量,及时清除水渍,防止积水增加楼板荷载而垮塌。

4. 科学判断战术转移时间,确保救援人员安全

要根据建筑物耐火等级科学推测建筑倒塌的极限时间,合理判断战术转移的时间,加强对一线指战员的监护,最大限度地保障消防指战员的人身安全。

第五章

防火分区(隔)与防烟分区

DI WU ZHANG

建筑某一部位发生火灾后,火势会因为热对流、热传导和热辐射作用,直接引起相接触或相邻的物品燃烧,或通过门窗洞口、穿越楼板、隔墙的管道缝隙、楼板、隔墙的烧损处向其他空间蔓延,造成火灾的扩大。如1996年4月2日2时24分,辽宁沈阳商业城发生火灾,由于该商城内部消防安全管理混乱,管理制度不落实,部分消防设施处于关闭状态,火灾自动报警系统、自动喷水灭火系统、防火卷帘等均未能及时动作并发挥应有的作用,致使火灾在很短时间内就蔓延至顶楼,形成整体燃烧,虽经消防员奋力扑救,大火仍造成直接经济损失5519.2万元。可见,在建筑内部合理采用防火分隔措施,在一定时间内把火灾限制在特定的局部空间范围内,是减少火灾损失的有效办法。防火分区与分隔设计是建筑防火设计的重点之一。

第一节　防火分区的概念和划分

防火分区是指在建筑内部采用防火墙、耐火楼板及其他防火分隔设施分隔而成,能在一定时间内防止火灾向同一建筑的其余部分蔓延的局部区域。它是控制建筑火灾的基本空间单元。采用防火分区这一措施,可以在建筑物发生火灾时,有效地把火势控制在一定的范围内,减少火灾损失,同时,可以为人员安全疏散和消防扑救提供有利条件。

防火分区可分水平防火分区和竖向防火分区两部分。水平防火分区是指利用防火墙、防火门等防火分隔物将建筑平面在水平方向上分隔出的防火区域,用以防止火灾向水平方向蔓延扩大,如图5-1-1所示;竖向防火分区是指在建筑物的上下层间采用耐火的楼板及窗槛墙等构件进行分隔,用以防止火灾竖向层与层之间蔓延扩大。

防火分区的划分,既要从限制火势蔓延、减少损失方面考虑,又要顾及平时使用管理,以节约投资。在建筑设计中,要结合建筑物的平面形状、使用功能、空间造型及人流、物流等情况,采用合适的分区划分方法,形式既可单一,也可综合。防火分区划分除必须满足消防技术规范中规定的面积及构造要求外,还应满足下列要求:

(1)防火分区划分应遵循以下原则:

① 避免竖向防火分区。除从安全疏散和火灾蔓延一般规律的角度考虑,中庭等共享

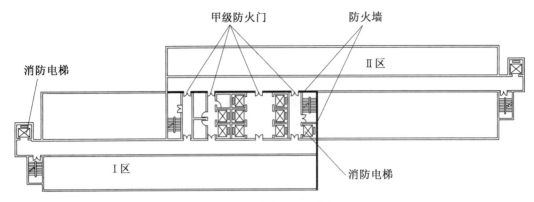

图 5-1-1　防火分区示意图

空间和供人员疏散用楼梯间应作独立的竖向防火分区外,其他应尽可能控制或避免出现跨楼层的竖向分区,这样有利于对火灾的控制。

② 保障防火分区的完整性。在按照规定要求控制防火分区大小的同时,要充分考虑使用功能的实际情况,尽可能避免多个使用功能共用一个分区和一个使用功能被划分为多个防火分区;另外,每个分区应按照竖向到底(楼板),横向到边(防火墙或室外)的原则,从建筑防火结构的完整性角度考虑,不应在不同楼层的不同位置采用防火分隔构件,特别是防火墙,应按照要求,自下而上设置在承重结构基础上。

③ 严格控制商场、市场大面积采用防火卷帘分隔。工程实际中,由于防火卷帘先天质量缺陷或施工安装质量不高,后期维护保养不力等因素,常常会影响到防火卷帘动作的可靠性。某地曾经对三年内安装的防火卷帘进行抽测,结果是功能完好的卷帘所占的比例不到 40%。在灭火中,大量的卷帘也给组织建筑内部灭火造成了许多不便。因此,无论从人员疏散的安全性、防火分隔的可靠性、灭火救援的操作性等多个角度分析,人员密集、火灾荷载大的公共建筑不宜大面积采用防火卷帘。

(2)用作人员疏散的楼梯间、前室和有避难功能的走道,必须受到完全的防火保护,保证其在发生火灾时不受烟与火的侵害,并保持畅通无阻和应急照明的要求。

(3)在同一个建筑物内,各危险区域之间、不同用户之间、办公用房与生产车间之间以及不同功能的区域之间,应该进行防火分隔处理。

(4)建筑中的电缆井、管道井、垃圾井等各种竖向井道,应是独立的防火单元,保证井道外部火灾产生的烟与火不蔓延到井道内部,井道内部火灾也不蔓延扩大到井道外部。同时,为防止烟火的竖向蔓延,建筑内电缆井、管道井应在每层楼板处采用不低于楼板耐火极限的不燃材料或防火封堵材料封堵。

(5)有特殊防火要求的建筑(如医院等)在防火分区之内尚应设置更小的防火区域。

(6)地下室、高层建筑在垂直方向宜以每个楼层为单元划分防火分区。

第二节　建筑防火分区的面积标准

从概念上看,一座建筑防火分区划分的越多,防火分区面积越小,越有利于建筑物的防火安全。但是,过多的防火分区和过小的分区面积,势必会增加建设的成本,并影响到建筑物的日常使用功能,同时,也会给火灾时人员的安全疏散和消防救援带来一定的影响。因此,建筑设计中应从经济性和安全性的角度出发,综合建筑物的使用性质、火灾危险性以及建筑物的耐火等级、建筑物的高度、容纳人员和可燃物的数量、消防设施配置、人员疏散难易程度、现有消防扑救力量等各种因素进行考虑,确定合理的防火分区设置形式及分区面积大小。

建筑的防火分区多以分区面积多少确定,对仓库等特殊建筑以占地面积确定,建筑的防火分区面积和占地面积均以平方米计算。

一、民用建筑的防火分区面积

民用建筑每个防火分区的最大允许建筑面积应符合表 5-2-1 的规定。

表 5-2-1　民用建筑的耐火等级、最多允许层数和防火分区最大允许建筑面积

名称	耐火等级	最多允许层数	防火分区的最大允许建筑面积/m²	备注
高层民用建筑	一、二级	按《建筑设计防火规范》第 5.1.1 条规定	1 500	对于体育馆、剧场的观众厅,防火分区的最大允许建筑面积可适当增加
单、多层民用建筑	一、二级	按《建筑设计防火规范》第 5.1.1 条规定	2 500	
	三级	5 层	1 200	—
	四级	2 层	600	
地下、半地下建筑(室)	一级	—	500	设备用房的防火分区最大允许建筑面积不应大于 1 000 m²

在进行防火分区设计时,还应注意以下几点:

(1)建筑内设置自动灭火系统时,该防火分区的最大允许建筑面积可按规定增加 1.0 倍。局部设置时,增加面积可按该局部面积的 1 倍计算。

(2)防火分区之间应采用防火墙分隔,如局部有困难时,可采用符合防火分隔要求的特级防火卷帘、防火水幕带分隔。防火墙上设门窗时,应采用甲级防火门窗,并应能自行关闭。

(3)建筑物内设置自动扶梯、敞开楼梯等上下层相连通的开口时,其防火分区面积应按上下层相连通的面积叠加计算;当其建筑面积之和大于表 5-2-1 的规定时,应划分防火分区。

（4）建筑物内设置中庭时，其防火分区面积应按上下层相连通的面积叠加计算；当超过一个防火分区最大允许建筑面积时，应符合以下条件：① 与周围连通空间进行防火分隔：采用耐火极限不低于 1.00 h 的防火隔墙；或耐火隔热性和耐火完整性不低于 1.00 h 的防火玻璃；或耐火极限不低于 3.00 h 的防火卷帘；② 与中庭相通的开口部位应设置能自行关闭的甲级防火门窗；③ 高层建筑内的中庭每层回廊应设有自动喷水灭火系统和火灾自动报警系统；④ 中庭应设置排烟设施。

（5）地上商店营业厅、展览建筑的展览厅符合下列条件时，其每个防火分区的最大允许建筑面积不应大于 10 000 m²：① 设置在一、二级耐火等级的单层建筑内或多层建筑的首层；② 按规定设置有自动喷水灭火系统和火灾自动报警系统；③ 内部装修采用不燃或难燃材料。

（6）地下商店营业厅当设有火灾自动报警系统和自动灭火系统，且建筑内部装修内部装修采用不燃或难燃材料时，其营业厅每个防火分区的最大允许建筑面积可增加到 2 000 m²。

（7）当地下商店总建筑面积大于 20 000 m² 时，应采用不开设门窗洞口的防火墙、耐火极限不低于 2.00 h 的楼板分隔。相邻区域确需局部连通时，应选择采取下列措施进行防火分隔：

① 下沉式广场等室外敞开空间。该室外开敞空间的设置应能防止相邻区域的火灾蔓延和便于安全疏散。a. 分隔后的不同区域通向下沉式广场等室外敞开空间的开口最近边缘之间水平距离不应小于 13 m。不得用于除人员疏散外的其他用途，用于疏散的净面积不应小于 169 m²；b. 应设置至少一部直通地面的疏散楼梯。

② 防火隔间。a. 防火隔间的墙应为实体防火墙；b. 防火隔间的门应为甲级防火门；c. 防火隔间建筑面积应该至少达到 6 m²；d. 装修材料的燃烧性能应为 A 级。

③ 避难走道。a. 防火隔墙耐火极限不应低于 3.00 h，楼板的耐火极限不应低于 1.50 h；b. 直通地面的出口至少有 2 个，且在不同的方向；c. 装修材料的燃烧性能应为 A 级；d. 防火分区至避难走道入口处应设防烟前室，使用面积至少达到 6 m²，开向前室的门应为甲级防火门，前室开向避难走道的门应为乙级防火门。

④ 防烟楼梯间。该防烟楼梯间及前室的门应为甲级防火门。

（8）高层建筑内的商业营业厅、展览厅等，当设有火灾自动报警系统和自动灭火系统，且采用不燃烧或难燃烧材料装修时，地上部分防火分区的允许最大建筑面积为 4 000 m²；地下部分防火分区的允许最大建筑面积为 2 000 m²。

（9）当高层建筑与其裙房之间设有防火墙等防火分隔设施时，其裙房的防火分区允许最大建筑面积不应大于 2 500 m²，当设有自动喷水灭火系统时，防火分区允许最大建筑面积可增加 1 倍。

二、厂房（仓库）的防火分区面积

1. 厂房每个防火分区最大允许建筑面积应符合表 5-2-2 的规定。

表5-2-2　厂房的耐火等级、层数和防火分区的最大允许建筑面积

生产类别	厂房的耐火等级	最多允许层数	每个防火分区的最大允许建筑面积/m²			
			单层厂房	多层厂房	高层厂房	地下、半地下厂房，厂房的地下室、半地下室
甲	一级 二级	除生产必须采用多层者外，宜采用单层	4 000 3 000	3 000 2 000	— —	— —
乙	一级 二级	不限 6	5 000 4 000	4 000 3 000	2 000 1 500	— —
丙	一级 二级 三级	不限 不限 2	不限 8 000 3 000	6 000 4 000 2 000	3 000 2 000 —	500 500 —
丁	一、二级 三级 四级	不限 3 1	不限 4 000 1 000	不限 2 000 —	4 000 — —	1 000 — —
戊	一、二级 三级 四级	不限 3 1	不限 5 000 1 500	不限 3 000 —	6 000 — —	1 000 — —

2. 仓库的防火分区面积应符合表5-2-3的规定。

表5-2-3　仓库的耐火等级、层数和面积

储存物品类别		仓库的耐火等级	最多允许层数	每座仓库的最大允许占地面积和每个防火分区的最大允许建筑面积/m²						地下、半地下仓库或仓库的地下室、半地下室
				单层仓库		多层仓库		高层仓库		
				每座仓库	防火分区	每座仓库	防火分区	每座仓库	防火分区	防火分区
甲	3、4项 1、2、5、6项	一级 一、二级	1 1	180 750	60 250	— —	— —	— —	— —	— —
乙	1、3、4项	一、二级 三级	3 1	2 000 500	500 250	900 —	300 —	— —	— —	— —
	2、5、6项	一、二级 三级	5 1	2 800 900	700 300	1 500 —	500 —	— —	— —	— —

储存物品类别		仓库的耐火等级	最多允许层数	每座仓库的最大允许占地面积和每个防火分区的最大允许建筑面积/m²						地下、半地下仓库或仓库的地下室、半地下室
				单层仓库		多层仓库		高层仓库		
				每座仓库	防火分区	每座仓库	防火分区	每座仓库	防火分区	防火分区
丙	1项	一、二级 三级	5 1	4 000 1 200	1 000 400	2 800 —	700 —	— —	— —	150
	2项	一、二级 三级	不限 3	6 000 2 100	1 500 700	4 800 1 200	1 200 400	4 000 —	1 000 —	300
丁		一、二级 三级 四级	不限 3 1	不限 3 000 2 100	3 000 1 000 700	不限 1 500 —	1 500 500 —	4 800 — —	1 200 — —	500
戊		一、二级 三级 四级	不限 3 1	不限 3 000 2 100	不限 1 000 700	不限 2 100 —	2 000 700 —	6 000 — —	1 500 — —	1 000

在进行防火分区设计时,还应注意以下几点:

(1)厂房内设置自动灭火系统时,每个防火分区的最大允许建筑面积增加1.0倍。当丁、戊类的地上厂房内设置自动灭火系统时,每个防火分区的最大允许建筑面积不限。

仓库内设置自动灭火系统时,每座仓库最大允许占地面积和每个防火分区最大允许建筑面积可增加1.0倍。

厂房内局部设置自动灭火系统时,其防火分区增加面积可按该局部面积的1.0倍计算。

(2)厂房内严禁设置员工宿舍。办公室、休息室等不应设置在甲、乙类厂房内,当必须与本厂房贴邻建造时,其耐火等级不应低于二级,并应采用耐火极限不低于3.00 h的不燃烧体防爆墙隔开和设置独立的安全出口。在丙类厂房内设置的办公室、休息室,应采用耐火极限不低于2.50 h的不燃烧体隔墙和1.00 h的楼板与厂房隔开,并应至少设置1个独立的安全出口。如隔墙上需开设相互连通的门时,应采用乙级防火门。

(3)厂房内设置甲、乙类中间仓库时,其储量不宜超过一昼夜的需要量。中间仓库应靠外墙布置,并应采用防火墙和耐火极限不低于1.50 h的不燃烧体楼板与其他部分隔开。

(4)厂房内设置丙类仓库时,必须采用防火墙和耐火极限不低于1.50 h的楼板与厂房隔开,设置丁、戊类仓库时,必须采用耐火极限不低于2.00 h的不燃烧体隔墙和1.00 h的楼板与厂房隔开。仓库的耐火等级和面积应符合前述规定。

(5)厂房中的丙类液体中间储罐应设置在单独房间内,其容积不应大于 5 m³。设置该中间储罐的房间,应采用耐火极限不低于 3.00 h 的防火隔墙和 1.50 h 的楼板进行防火分隔,房间的门应采用甲级防火门。

(6)变、配电站不应设置在甲、乙类厂房内或贴邻建造,且不应设置在爆炸性气体、粉尘环境的危险区域内。供甲、乙类厂房专用的 10 kV 及以下的变、配电站,当采用无门窗洞口的防火墙隔开时,可一面贴邻建造,并应符合现行国家标准《爆炸危险环境电力装置设计规范》(GB 50058—2014)等标准的有关规定。乙类厂房的配电站必须在防火墙上开窗时,应采用甲级防火窗。

(7)仓库内严禁设置员工宿舍。甲、乙类仓库内严禁设置办公室、休息室等,并不应贴邻建造。在丙、丁类仓库内设置的办公室、休息室,应采用耐火极限不低于 2.50 h 的不燃烧体隔墙和 1.00 h 的楼板与库房隔开,并应设置独立的安全出口。如隔墙上需开设相互连通的门时,应采用乙级防火门。

(8)除一、二级耐火等级的多层戊类仓库外,其他仓库中供垂直运输物品的提升设施宜设置在仓库外,当必须设置在仓库内时,应设置在井壁的耐火极限不低于 2.00 h 的井筒内。室内外提升设施通向仓库入口上的门应采用乙级防火门或防火卷帘。

第三节　特殊部位的防火分隔

出于使用功能和美观的需要,建筑内部一般设有不同类型的楼梯间和各种管井(道),有的建筑外立面采用了大面积玻璃幕墙,有的建筑内部设置有中庭、自动扶梯等,由于这些特殊部位贯通了建筑部分或全部楼层,如果不采取防火分隔的措施,在火灾情况下,这些部位势必会成为烟火蔓延的通道。因此,对建筑特殊部位常常采用耐火分隔物加以分隔,使之达到与划分防火分区相同的目的,但在划分的范围、分隔的对象、分隔的要求等方面与防火分区有所不同。

一、建筑内部楼梯间及各种管井(道)等特殊部位的防火分隔

(1)电梯井应独立设置,井内严禁敷设可燃气体和甲、乙、丙类液体管道,并不应敷设与电梯无关的电缆、电线等。电梯井的井壁除开设电梯门、安全逃生门和通气孔洞外,不应开设其他开口。

电缆井、管道井、排烟道、排气道、垃圾道等竖向管道井,应分别独立设置;其井壁的耐火极限不低于 1.00 h;井壁上的检查门应采用丙级防火门。

(2)建筑内的电缆井、管道井应在每层楼板处采用不低于楼板耐火极限的不燃材料或防火封堵材料封堵。建筑内的电缆井、管道井与房间、走道等相连通的孔洞应采用防火封堵材料封堵。

(3)地下室、半地下室的楼梯间,在首层应采用耐火极限不低于 2.00 h 的不燃烧体隔墙与其他部位隔开并应直通室外,当必须在隔墙上开门时,应采用乙级防火门。

地下室、半地下室与地上层不应共用楼梯间,当必须共用楼梯间时,在首层应采用耐

火极限不低于 2.00 h 的不燃烧体隔墙和乙级防火门将地下、半地下部分与地上部分的连通部位完全隔开,并应有明显标志。

(4) 建筑物的伸缩缝、沉降缝、抗震缝等各种变形缝是火灾蔓延的途径之一,尤其纵向变形缝具有很强的拔烟火作用,为此,必须做好防火处理。变形缝的基层应采用不燃材料,其表面装饰层宜采用不燃材料,严格限制可燃材料使用。变形缝内不准敷设电缆、可燃气体管道和甲、乙、丙类液体管道。如上述电缆、管道需穿越变形缝时,应在穿过处加不燃材料套管保护,并在空隙处用不燃材料严密填塞。

二、建筑幕墙的防火分隔

建筑幕墙是现代建筑的一项新技术,是将建筑构造装饰于建筑物外表的外墙构造形式。从某种程度理解,它是建筑物外窗的无限扩大。为防止火灾时建筑幕墙由于受到火烧或受热而破碎,甚至是大面积破碎,造成火势迅速蔓延,建筑幕墙在设置时应符合下列规定:

(1) 窗槛墙、窗间墙的填充材料应采用不燃烧材料。当外墙面采用耐火极限不低于 1.00 h 的不燃烧体时,其墙内填充材料可采用难燃烧材料。在建筑物的楼层与楼层之间设防火窗槛墙和两水平防火分区之间设防火窗间墙的建筑幕墙构造如图 5-3-1 所示。

窗间墙的宽度在防火墙处不应小于 2 m,在内转角的防火墙处其宽度应保证相邻窗间墙边缘之间的水平距离不小于 4 m。在不能采用窗间墙或窗间墙宽度不能满足上述要求的特殊情况下,可在此部位采用耐火极限不低于 1.20 h 的防火建筑幕墙加以解决,防火玻璃可采用复合防火玻璃、透明防火玻璃和防火夹丝玻璃等。

(2) 无窗槛墙或窗槛墙高度小于 0.8 m 的建筑幕墙,应在每层楼板外沿设置耐火极限不低于 1.00 h、高度不低于 0.8 m 的不燃烧体墙裙或防火玻璃裙墙。

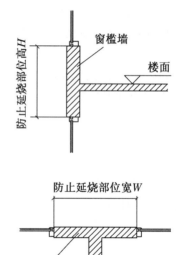

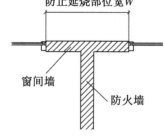

图 5-3-1 建筑幕墙窗槛墙、窗间墙示意图

(3) 幕墙与每层楼板、隔墙处的缝隙,应采用防火封堵材料封堵。

(4) 无窗间墙和窗槛墙的建筑幕墙,还可在建筑幕墙内侧每层设自动喷水系统保护,其喷头间距宜在 1.8~2.2 m 之间,如图 5-3-2 所示。

三、中庭的防火分隔

中庭是以大型建筑内部上下楼层贯通的大空间为核心而创造的一种特殊建筑形式,是一种室内的共享空间。中庭的高度不等,有的与建筑物同高,有的则只是在建筑物的上部或下部几层。由于中庭建筑防火分区被上下贯通的大空间所破坏,因此,中庭防火设计

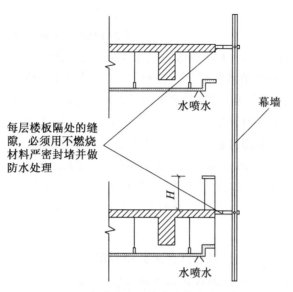

图 5-3-2 自动喷水保护建筑幕墙的示意图

不合理时,其火灾危害性较大。

中庭的防火分隔措施如下:

(1)与周围连通空间进行防火分隔:采用耐火极限不低于 1.00 h 的防火隔墙;或耐火隔热性和耐火完整性不低于 1.00 h 的防火玻璃;或耐火极限不低于 3.00 h 的防火卷帘。

(2)与中庭相通的开口部位应设置能自行关闭的甲级防火门窗。

(3)高层建筑内的中庭每层回廊应设有自动喷水灭火系统和火灾自动报警系统;

(4)中庭应设置排烟设施。

四、自动扶梯的防火分隔

自动扶梯是商场、候车室、候机厅、会展中心等人员比较密集的公共建筑中常见的交通设施,通常设置在上下空间连通处,由于其体积庞大,而且往往成组设置而占地宽阔、开口大,火灾发生时易于蔓延扩大,因此,建筑内设有自动扶梯时,应按上、下层连通作为一个防火分区计算建筑面积。

自动扶梯的防火分隔措施如下:

(1)在自动扶梯上方四周安装喷水头,喷头间距为 2 m 左右,并设挡烟垂壁。发生火灾时,喷头开启喷水,可以起到防火分隔作用,阻止火势竖向蔓延。

(2)在自动扶梯四周安装水幕喷头。

(3)在自动扶梯四周设置防火卷帘;或在其两对面设防火卷帘,另外两对面设置固定防火墙。设防火卷帘的地方,宜在卷帘旁设一扇平开甲级防火门,以利疏散,如图 5-3-3 所示。

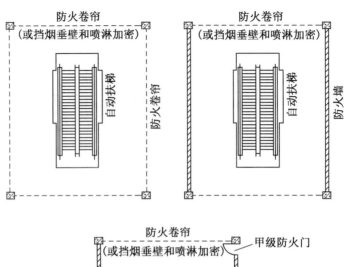

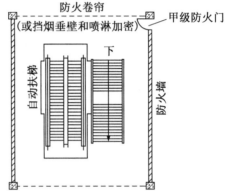

图 5-3-3　自动扶梯周边防火卷帘设置示意图

第四节　　防火分隔物

防火分隔物是指能在一定时间内阻止火势蔓延,且能把建筑内部空间分隔成若干较小防火空间的具有一定耐火性能的物体。

防火分隔物是防火分区的必要构件,对各种建筑物划分防火分区,必须通过防火分隔物来实现。常用的防火分隔物有防火(隔)墙、防火门(窗)、防火卷帘、防火阀、排烟防火阀、耐火楼板、窗间墙、窗槛墙、防火封堵材料、阻火圈等。受工艺、使用条件限制的部位也可能采取防火分隔水幕带、防火分隔带等措施进行防火分隔。

一、防火墙

防火墙是由不燃烧材料构成,耐火极限不低于 3.00 h 且直接设置在建筑基础上或相同耐火极限的钢筋混凝土框架上的不燃烧体。防火墙是防火分区的主要构件,用于隔断火势和烟气及其辐射热,防止火灾和烟气向其他防火区域蔓延。通常防火墙有内墙防火墙、外墙防火墙和室外独立防火墙几种类型。

防火墙既要防止火和烟气穿过,还要防止其从防火墙两侧的门窗洞口蔓延,是阻止火

势蔓延的重要分隔物。因此,设计时,除须保证防火墙在其一侧的屋架、梁、楼板等受到破坏时不致倒塌外,还应符合下列构造要求:

(1)防火墙应直接设置在建筑物的基础或钢筋混凝土框架、梁等承重结构上,轻质防火墙体可不受此限。

(2)防火墙应从楼地面基层隔断至梁、楼板或屋面板底面基层。当高层厂房(仓库)屋顶承重结构和屋面板的耐火极限低于 1.00 h,其他建筑屋顶承重结构和屋面板的耐火极限低于 0.50 h 时,防火墙应高出屋面 0.5 m 以上。

(3)防火墙横截面中心线距天窗端面的水平距离小于 4 m,且天窗端面为可燃性墙体时,应采取防止火势蔓延的措施。

(4)当建筑物的外墙为难燃烧性或可燃性时,防火墙应凸出墙的外表面 0.4 m 以上,且在防火墙两侧的外墙应为宽度不小于 2 m 的不燃烧体,其耐火极限不应低于该外墙的耐火极限。

(5)当建筑物的外墙为不燃烧性时,防火墙可不凸出墙的外表面。紧靠防火墙两侧的门、窗洞口之间最近边缘的水平距离不应小于 2 m;但设有乙级防火窗等防止火灾水平蔓延的措施时,该距离可不限,如图 5-4-1 所示。

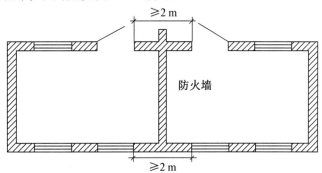

图 5-4-1 防火墙两侧门、窗洞口之间的距离

(6)建筑物内的防火墙不宜设置在转角处。如设置在转角附近,内转角两侧墙上的门、窗洞口之间最近边缘的水平距离不应小于 4 m。但设有乙级防火窗等防止火灾水平蔓延的措施时,距离可不限,如图 5-4-2 所示。

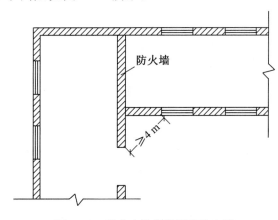

图 5-4-2 设在内转角附近的防火墙

（7）防火墙上不应开设门窗洞口，当必须开设时，应设置不可开启或火灾时能自动关闭的甲级防火门窗。

（8）可燃气体和甲、乙、丙类液体的管道严禁穿过防火墙。其他管道不宜穿过防火墙，当必须穿过时，应采用防火封堵材料将墙与管道之间的空隙紧密填实，穿过防火墙处的管道保温材料，应采用不燃烧材料；当管道为难燃及可燃材质时，应在防火墙两侧的管道上采取防火措施。

（9）防火墙内不应设置排气道。

二、防火门、防火窗

防火门（窗）是指在规定时间内，连同框架能同时满足耐火隔热性和耐火完整性要求或仅能满足耐火完整性要求的门（窗）。

（一）防火门

防火门主要设置在防火分区间、疏散楼梯间、垂直竖井、特定条件下的入户门等部位。除具有普通门的作用外，还具有阻止火势蔓延和烟气扩散、为人员疏散提供安全条件的特殊功能。防火门一般由门框、门扇、填充隔热耐火材料、门扇骨架、防火锁具、防火合页、防火玻璃、防火五金件、闭门器、防火门释放器、顺序器等组成。

防火门按构成门框、门扇骨架和门扇面板的材质分，可分为木质防火门、钢质防火门、钢木质防火门和其他材质防火门；

按门扇数量分，可分为单扇、双扇和多扇防火门（含有两个以上门扇的防火门）；

按结构型式分，可分为门扇上带防火玻璃的防火门、带亮窗防火门、带玻璃带亮窗防火门和无玻璃防火门；

按耐火性能分，可分为A、B、C三类。其中，A类防火门又称为完全隔热防火门，在规定的时间内能同时满足耐火隔热性和耐火完整性要求，耐火等级分别为0.50 h（丙级）、1.00 h（乙级）、1.50 h（甲级）和2.00 h、3.00 h；B类防火门又称为部分隔热防火门，其耐火隔热性要求为0.50 h，耐火完整性等级分别为1.00 h、1.50 h、2.00 h、3.00 h；C类防火门又称为非隔热防火门，对其耐火隔热性没有要求，在规定的耐火时间内仅满足耐火完整性的要求，耐火完整性等级分别为1.00 h、1.50 h、2.00 h、3.00 h。防火墙上设置的防火门应为A类防火门。

按开启状态分，常开式防火门和常闭式防火门。常开式防火门带有释放器，正常情况下，常开式防火门靠释放器的吸力作用将门处于开启状态，火灾情况下，释放器释放吸力，防火门自动闭合，并给消防控制是反馈信号，既方便日常使用，又能在火场中保证防火门的封闭状态，防止建筑内防火门在火灾中处于开启状态。常闭式防火门则没有释放器，平时应处于关闭状态。

防火门的安装使用应注意以下事项：

（1）防火门应为向疏散方向开启的平开门，并在关闭后能从任何一侧手动开启。

（2）用于疏散的走道、楼梯间和前室的防火门，应具有自闭功能。双扇和多扇防火门应具有按顺序关闭的功能。

（3）常开防火门应能在火灾时自行关闭，并应有信号反馈的功能。

（4）设置在变形缝附近时，防火门开启后，其门扇不应跨越变形缝，并应设置在楼层较多的一侧。

（5）防火门在关闭状态下应具有防烟性能。

（6）防火门的门扇内若填充材料，则应填充对人体无毒无害的防火隔热材料。

（7）除管道井门等特殊部位使用外，防火锁均应有执手或推杠机构，不允许以圆形或球形旋钮代替执手。

（二）防火窗

防火窗按使用功能分，可分为固定式防火窗和活动式防火窗。固定式防火窗是无可开启窗扇的防火窗；活动式防火窗有可开启窗扇，且装配有窗扇启闭控制装置的防火窗，启闭装置具有手动或电动控制启闭功能，且至少具有易熔合金件或玻璃球等热敏元件自动控制关闭窗扇的功能，窗扇自动关闭时间不大于 60 s。

按构成窗框和窗扇框架的材质分，可分为钢质防火窗，木质防火窗，钢木复合防火窗和其他材质防火窗。

按耐火性能分，可分为 A、C 两类。其中，A 类防火窗又称隔热性防火窗，在规定时间内，能同时满足耐火隔热性和耐火完整性要求，耐火等级分别为 0.50 h（丙级）、1.00 h（乙级）、1.50 h（甲级）和 2.00 h、3.00 h。C 类防火窗又称非隔热性防火窗，对其耐火隔热性没有要求，在规定的耐火时间内仅满足耐火完整性的要求，耐火完整性等级分别为 1.00 h、1.50 h、2.00 h、3.00 h。

防火窗一般安装在防火墙或防火门上，它的主要作用有：一是隔离和阻止火势蔓延，此种窗多为固定窗；二是为火灾时，打开窗扇排除烟气，此种窗多设在防烟楼梯间前室和疏散走道上；三是采光，此种窗有活动窗扇，正常情况下可采光通风，火灾时可防火。

当防火窗设置在防火墙和防火隔墙上时，应采用固定式防火窗或具有火灾时能自行关闭的功能。

三、防火卷帘

防火卷帘是指在一定时间内，连同框架能满足耐火稳定性和耐火完整性要求的卷帘。

防火卷帘是一种活动的防火分隔设施，平时卷放在门窗洞口上方的转轴箱中，火灾时将其展开，用以阻止火势从门窗洞口蔓延。在特殊情况下，它还可配合防火冷却水幕替代防火墙作防火分隔之用。

防火卷帘设置部位一般有自动扶梯周围、中庭与楼层房间、走道、过厅相通的开口部位、生产车间中的大面积工艺洞口以及大面积建筑中设置防火墙有困难的部位等。

防火卷帘由帘板、滚筒、托架、导轨及控制机构等组成。整个组合体包括封闭在滚筒内的运转平衡器、自动关闭机构、金属罩及帘板等部分。帘板可阻挡烟火和热气流。

防火卷帘按帘板的厚度分为轻型卷帘和重型卷帘。轻型卷帘钢板厚度为 0.5～0.6 mm；重型卷帘钢板厚度为 1.5～1.6 mm。重型卷帘一般适用于防火墙或防火分隔墙上。

按测试方法将防火卷帘划分为普通防火卷帘和特级防火卷帘两类。

按帘面构造防火卷帘也可以分为钢质防火卷帘、无机纤维复合防火卷帘和特级防火卷帘三种。

防火卷帘设计时,应注意以下几点:

(1)除中庭外,防火分隔部位的宽度不大于30 m时,防火卷帘的宽度不应大于10 m;防火分隔部位的宽度大于30 m时,防火卷帘的宽度不应大于该部位宽度的1/3,且不应大于20 m。

(2)用防火卷帘代替防火墙的场所,当采用以背火面温升作耐火极限判定条件的防火卷帘时,其耐火极限不应小于3 h,如双轨双帘无机复合防火卷帘;当采用不以背火面温升作耐火极限判定条件的防火卷帘时,其卷帘两侧应设独立的闭式自动喷水系统保护,系统喷水延续时间不应小于3 h,如复合钢质防火卷帘。喷头的喷水强度不应小于0.5 L/s·m,喷头间距离为2 m至2.5 m,喷头距离卷帘的垂直距离宜为0.5 m。

(3)设在疏散走道的防火卷帘,应具有在降落时有短时间停滞以及能从两侧手动控制的功能,以保障人员安全疏散。同时,应具有自动、手动和机械控制的功能。

(4)用于划分防火分区的防火卷帘、设置在自动扶梯周围、中庭与房间、走道等开口部位的防火卷帘,均应与火灾探测器联动,当发生火灾时,应采用一步降落的控制方式,并有信号反馈。

(5)门扇各接缝处、导轨、卷筒等缝隙,应有防火防烟密封措施,防止烟火窜入。防火卷帘上部、周围的缝隙应采用不燃烧材料填充、封隔。

四、防火阀

防火阀是指在一定时间内能满足耐火稳定性和耐火完整性要求,用于通风、空调管道内阻火的活动式封闭装置。平时处于开启状态,当管道内气体温度达到70 ℃时关闭。一般有金属外框、金属阀片、转轴、易熔合金片、电动控制机构及弹簧等组成。防火阀按其动作形式通常有自垂翻板式和弹簧式两种;按其外形通常有圆形和矩形之分;按其叶片构成可分单叶和多叶两类。防火阀构造如图5-4-3所示。

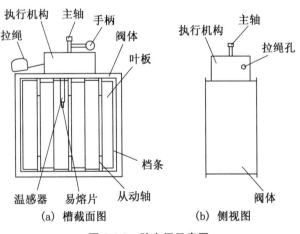

（a）槽截面图　　　（b）侧视图

图 5-4-3　防火阀示意图

防火阀可手动关闭,也可与火灾自动报警系统联动自动关闭。不论是自动关闭是手动关闭,均能发出电反馈信号。

火灾实例表明,在有通风、空调系统的建筑物内发生火灾时,穿越楼板、墙体的垂直与水平风道是火势蔓延的主要途径。因此,在通风、空调系统管道上的适当位置设置防火阀,可以有效地阻止火势通过风管蔓延扩大,保证水平和竖向防火分区的可靠性。

防火阀的设置应符合以下要求:

(1)通风管道穿越不燃烧体楼板处应设防火阀。通风管道穿越防火墙处应设防烟防火阀,或在防火墙两侧分别设防火阀。

(2)送、回风总管穿越通风、空气调节机房的房间隔墙和楼板处应设防火阀。

(3)送、回风管道穿越重要的或火灾危险性大的房间隔墙和楼板处应设防火阀。

(4)风管穿越变形缝处的两侧,均应设防火阀;多层公共建筑和高层民用建筑中厨房、浴室、厕所内的机械或自然垂直排风管道,如采取防止回流的措施有困难时,应设防火阀。公共建筑的厨房的排油烟管道宜按防火分区设置,且在与垂直排风管连接的支管处应设置动作温度为150 ℃的防火阀。

(5)垂直风管与每层水平风管交接处的水平管段上应设防火阀,但当建筑内每个防火分区的通风、空气调节系统均独立设置时,该防火分区内的水平风管与垂直总管的交接处可不设置防火阀。

(6)防火阀的易熔片或其他感烟、感温等控制设备一经作用,应能顺气流方向自行严密关闭,并应设有单独支吊架等防止风管变形而影响关闭的措施。易熔片及其他感温元件应装在容易感温的部位,其作用温度应较通风系统在正常工作时的最高温度约高25 ℃,一般宜为70 ℃。

(7)防火阀暗装时,应在安装部位设置方便检修的检修口。

(8)在防火阀两侧各2 m范围内的风管及其绝热材料应采用不燃材料。

(9)位于墙、楼板两侧的防火阀之间的风管外壁应采取防火保护措施。

防烟防火阀是防火阀的一种,动作温度也为70 ℃,其与普通防火阀的主要区别是防烟防火阀具备输入信号关闭功能。应使用防烟防火阀的场所不应使用普通防火阀替代。在通风和排烟合用的条件下,如地下汽车库排风,平时通风通常按上部排1/3下部排2/3来设计。火灾发生时,通风系统转化为排烟系统,这应需要关闭下部排烟口。由于高温烟气在上部区域,下部排风支管上防火阀不可能自动关闭,若支管上安装防烟防火阀,则可以通过消防控制系统统一关闭,以确保排烟系统从上部排烟。变配电房的排风,按要求变配电房应成为独立的防火分区,穿越隔墙处的排风管道也应设置防烟防火阀。

五、排烟防火阀

排烟防火阀是安装在排烟系统管道上,在一定时间内能满足耐火稳定性和耐火完整性要求,起隔烟阻火作用的阀门。其组成和形状与防火阀相似。它一般设置在排烟系统管道上,平时关闭,具有手动、自动功能,动作温度为280 ℃。发生火灾后,火灾探测器发出火警信号,通过控制器给阀上的电磁铁通电,使阀门迅速打开,或人工手动开启进行排烟。当温度达到280 ℃时,阀门自动关闭,人工复位。阀门可与其他设备联动,动作后可输出电信号。

当房间内发生火灾后,排烟口开启,同时启动排烟风机排烟,人员进行疏散。当排烟道内的烟气温度达到或超过280 ℃时,烟气中已带火,但正常情况下,房间内的人员已疏散完毕。如此时不停止排烟,烟火有扩大到其他部位的危险,并可能造成新的危害。因此,在排烟管道上设置在烟气温度超过 280 ℃时能自动关闭的排烟防火阀十分重要。排烟风机应保证在 280 ℃时仍能连续工作 30 min。

排烟防火阀的设置应符合以下规定:

(1)在排烟系统的排烟支管上,应设排烟防火阀。

(2)排烟管道进入排烟风机机房处,应设排烟防火阀,并与排烟风机联锁。

(3)在必须穿过防火墙的排烟管道上,应设排烟防火阀,并与排烟风机联锁。

(4)位于墙、楼板两侧的排烟防火阀之间的风管外壁应采取防火保护措施。

六、水幕系统

水幕系统不是灭火设施,而是用于防火分隔或配合分隔物使用的防火设施。系统组成的特点是采用开式洒水喷头或水幕喷头,控制供水通断的阀门,可根据防火需要采用雨淋报警阀组或人工操作的通用阀门,小型水幕可用感温雨淋阀控制。水幕系统包括防火分隔水幕和防护冷却水幕两种类型。利用密集喷洒形成的水墙或水帘代替防火墙,用于隔断空间、封堵门窗孔洞,起阻挡热烟气流扩散、火灾的蔓延、热辐射作用的,为防火分隔水幕;防护冷却水幕则利用水的冷却作用,配合防火卷帘等分隔物进行防火分隔。

水幕系统设计的基本参数见表 5-4-1。

表 5-4-1　水幕系统的设计基本参数

水幕类别	喷水点高度/m	喷水强度/L·(s·m)$^{-1}$	喷头工作压力/MPa
防火分隔水幕	≤12	2	0.1
防护冷却水幕	≤4	0.5	

注:防护冷却水幕的喷水点高度每增加 1 m,喷头强度应增加 0.1 L/s·m,但超过 9 m 时喷水强度仍采用 1.0 L/s·m。

水幕系统可采用自动控制或手动操作的方式启动,采用自动控制方式启动的系统应设雨淋阀。当采用自动控制方式时,应同时设有手动开启雨淋阀的装置。

防火分隔水幕的喷头布置,应保证水幕的宽度不小于 6 m。采用水幕喷头时,喷头不应少于 3 排;采用开式洒水喷头时,喷头不应少于 2 排,分隔水幕的上部和下部不应有可燃构件和可燃物,如图 5-4-4 所示。防火分隔水幕不宜用于尺寸超过 15 m(宽)×8 m(高)的开口(舞台口除外)。

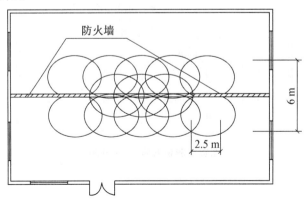

图 5-4-4　防火分隔水幕带布置示意图

防护冷却水幕的喷头应采用水幕喷头,并宜布置成单排,防护冷却水幕应直接将水喷向被保护对象。

每条水幕安装的喷头数不宜超过72个,以免系统过大,不便检修或检修时影响的范围太大。同一根配水支管上应布置相同口径的水幕喷头。

七、防火封堵材料

防火封堵材料是用于封堵各种贯穿如电缆、管道等穿墙(仓)壁、楼(甲)板时形成的各种开口以及电缆桥架的分段防火分隔,以免火势通过这些开口及缝隙蔓延。包括有机防火堵料、无机防火堵料及防(阻、耐)火包。按其耐火极限分为三级,即一级≥3.00 h;二级≥2.00 h;三级≥1.00 h。

有机防火堵料是以有机合成树酯作黏接剂,以防火剂、填料等经碾压而形成的材料,具有可塑性和柔韧性,长久不固化,可用来封堵各种形状的孔洞,为保证电缆、管道的散热性,可不严密封堵。当发生火灾时,堵料膨胀,将缝隙或小孔封堵严密,有效地防止火灾蔓延和烟气的流动。主要用于管道或电线、电缆的贯穿孔洞的防火封堵,多数情况下可与无机防火堵料、阻火包配合使用。

无机防火堵料,也称速固防火堵料,是以快干水泥为基料,配以防火剂、耐火材料等经研磨混合均匀而成,不仅具有所需要的耐火极限,还具有较高的机构强度。主要用于对管道或电线电缆贯穿孔洞,尤其对于较大孔洞、楼层间孔洞的封堵效果较好,在封堵时还可与有机防火堵料配合使用,在管道或电线电缆表皮处堵一层有机防火堵料,以便于检修和更换。

防(阻、耐)火包是用不燃或阻燃面料把耐火材料约束成各种规格的包状体,在施工时可堆砌成各种形状的墙体,对大的孔洞封堵最为适用。阻火包主要应用于电缆隧道和竖井中的防火隔墙和隔离层,以及贯穿大孔洞的封堵,制作或撤换重做比较方便。

八、阻火圈

阻火圈是由金属材料制作的壳体和阻燃膨胀芯组成的套圈,安装在建筑排水硬聚氯乙烯管道外壁楼板下表面或贯穿墙体管道的表面。当发生火灾时,阻火圈芯材受热能迅速膨胀,封堵管道软化或碳化脱落后形成的孔洞,阻止火势蔓延。阻火圈按耐火极限可分为A、B、C三级。A级耐火极限≥3.00 h,适用于防火墙、承重墙、非承重墙和楼板;B级耐火极限≥2.00 h,适用于承重墙、非承重墙和楼板;C级耐火极限≥1.50 h,适用于非承重墙和楼板。

九、防火分隔设施的消防应用

在灭火战斗中,消防员为了迅速而有效地扑灭火灾,常常采取堵截包围、穿插分割、最后扑灭的方法,而防火分区之间的防火分隔物本身就起着堵截包围的作用,它能将火灾控制在一定范围内。同时,在发生火灾时,着火的防火分区以外的区域是较为安全的区域,对于安全疏散而言,遇险人员只要从着火的防火分区疏散到未着火的另一防火分区或防火保护区,就有了相对安全的保障。因此,在灭火救援行动中,应注意发挥防火分隔设施的作用。

（1）对设有消防控制室的建筑物，消防员在到场后应及时深入消防控制室了解情况，并根据救人、灭火需要，指导消防控制室值班人员，发出有关指令，启动（关闭）相关设施、设备，控制火势蔓延，排除火场烟气，为灭火进攻和抢救人员创造有利条件。

（2）指挥员要强化对疏散楼梯间这一主要救生通道的保护意识，到达火场后，应迅速派员佩戴空气呼吸器通过消防电梯或楼梯逐层检查楼梯间上的防火门是否处于关闭状态，特别要注意在火灾层上部各层楼梯间的防火门是否处于关闭状态，对敞开的防火门应及时关闭，为人员疏散提供安全通道。深入建筑内部进行火情侦察的人员在侦察的同时，也应注意及时关闭着火区域通往相邻区域开口部位的门、窗、防火卷帘等，以减缓火势蔓延。进行疏散和进攻时，要时刻注意保持原有建筑防火分隔设计的完整性，随手关闭防火分区、安全出口、疏散通道、楼梯间及其前室的防火门，防止烟火窜入。因灭火需要无法关闭时，应采取相应的防护措施。双（多）扇防火门的关闭，还应注意关门顺序。

（3）防火分隔设施如防火门、防火卷帘、防火阀等，需要消防员实施手动关闭时，应在自身防护得当的情况下，由两人或多人协同进行。

① 依靠闭门装置实现自行关闭的防火门，其手动关闭方法是人工关门。对于常开型防火门，由于其门扇平时被电磁装置锁定，一旦远距离释放失败，消防人员应使用破拆工具将电磁装置破坏后，予以手动关闭。使用破拆工具破坏锁定装置或锁具时，应避免伤及门扇，以免损坏防火门的完整性。

② 防火卷帘的现场释放方式有手动电气操作及手动机械操作两种。消防员可通过使用钥匙或破拆工具进行手动电气操作，或通过拉动控制用释放钢丝绳进行手动机械操作。当发现防火卷帘的释放影响到人员疏散和火灾扑救时，消防人员可拉动卷帘附带的链条，将防火卷帘升起；也可使用破拆工具将卷帘帘板切割开，并形成一定的通行面积。使用切割机破坏金属盒的锁具时，切割机的切割面应与盒盖面保持垂直，沿锁眼所在位置切入，切入的深度能保证金属盒盖板打开即可；使用切割机切割帘板时，也应使切割面与帘板保持垂直，切口宜靠近卷帘的一侧，切口形状宜为门形，宽×高宜为 1.1 m×1.8 m。

③ 当排烟防火阀的关闭信号已反馈到消防控制中心时，应放弃使用防排烟系统。

（4）相对安全的相邻防火分区和前室可作为进攻的起点和器材集结地，灭火时也应以防火分区作为灭火和控制的单元。当燃烧范围局限于某一房间内部时，应直接进攻火点，扑灭火灾；当火灾在同一楼层内燃烧时，应及时采取水平和垂直两个方向的堵截、设防措施。水平堵截时，应在防火分区两端部署力量，力争将火势控制在一个防火分区范围内；垂直堵截时，要在电梯、楼梯及喷火的外窗等处设防，并在竖向管道井分隔段上下两端部署力量，防止火灾垂直方向的蔓延。

（5）在建筑内部开启、破拆相邻防火分区防火分隔物前，应经过仔细观察和冷静判断，在确保安全的情况下方可进行，必要时还应采取保护措施，避免因为防火分隔物被打开而造成烟火突防，或由于新鲜空气的补充造成已着火的区域发生轰燃。在建筑外墙破拆开辟辅助进攻和救生通道时，应综合考虑场地条件、建筑结构特点、风向风力等气象条件、与喷火口、排烟口之间的安全距离等因素，合理确定破拆口位置，以免因破拆不当影响作战行动或把烟火引入原本相对安全的相邻区域，进而加大灭火救援的难度。

十、防火分隔设施的消防巡查

防火分隔设施对于火灾时保证防火分隔的效果,保持防火分区的完整性,延缓火势的蔓延起着至关重要的作用,因此,消防部门在进行消防监督检查、"巡防一体化"检查和开展重点单位"六熟悉"时,应对防火分隔设计和防火分隔设施进行必要的检查判定。

对已经完成建筑消防设计审核和消防验收的建筑物,检查的重点应放在原有防火分隔设计是否被改变破坏、现有防火分隔设施是否完好有效上,检查的主要方法是结合原建筑防火设计资料,对建筑物的实际使用及功能分布情况进行比照判定,对防火分隔设施进行外观检查和功能测试。

(1)查看建筑物的实际使用性质是否与原批准文件相符。如把厂房变更为仓库使用等,因两者规定的防火分区面积不同,需要按储存物资种类重新设置防火分区;检查新增工艺设备在生产使用中的火灾危险性是否高于建筑内其他部分,仓库内储存物资是否符合建筑火灾危险类别限定要求,特殊部位是否进行了有效的防火分隔等。

(2)防火墙墙身及其两侧限制范围内是否开设了门窗洞口,开口部位处是否采取了相应的防火分隔措施;防火墙上是否有可燃气体或甲、乙、丙类液体管道穿过;其他管道穿过防火墙处的缝隙是否采用了防火封堵材料进行严密封堵;管道及其保温材料材质是否符合规定要求。

(3)防火门(窗)铭牌标识、门框、门(窗)扇、防火密封件、盖缝板、防火五金件及其附件等外观上是否破损,玻璃是否为防火玻璃;门窗开启范围内是否设置有影响启闭的障碍物,防火门开启方向是否正确,有无被锁闭;常闭式防火门是否处于常开状态。

常闭式防火门开启后能否自行关闭,闭门器张力调节是否合适,关闭速度是否适中;防火门(窗)启闭是否顺畅,有无卡阻现象;扇页闭合时其接合处、门扇与门框、门框与墙体以及门扇与地面等的缝隙间距是否符合规定要求;双扇、多扇门的顺序关闭功能是否正常;常开式防火门还应进行消防控制室远距离自动、手动和现场释放测试,并查看信号反馈情况。

(4)防火卷帘。特别是无机复合防火卷帘,其外观上是否破损,铭牌标识、控制机构及附件是否齐全;卷帘导轨上和卷帘下方有无阻碍卷帘升降的障碍物。

按动设置在卷帘两侧的控制按钮进行升降及停止测试,查看上、下限位机构动作是否正常;卷帘升降是否顺畅,速度是否适中,查看落下时周边缝隙是否符合规定;通过消防控制室远控、现场操作手动报警按钮或对感温、感烟探测器进行施温、加烟,查看防火卷帘联动情况;用于划分防火分区的防火卷帘、设置在自动扶梯周围、中庭与房间、走道等开口部位的多樘防火卷帘,应协调一致动作;设在疏散走道和消防电梯前室的防火卷帘,还应查看两步降功能是否正常;进行主、备电切换实验,查看电源转换情况。

(5)防火阀及排烟防火阀。查看防晃支、吊架安装情况,阀体外观是否完整,铭牌标识是否齐全,启闭位置是否正确,执行机构周围有无影响动作的障碍物,阀体两侧的管道及保温材料是否符合规定要求。

对具备复位功能的阀门应进行手动操作,查看阀门动作情况;排烟防火阀还应通过启闭查看风机连锁运行情况;对防烟防火阀和排烟防火阀,还应进行远控操作测试,并查看阀门启闭信号反馈情况。

(6) 水幕系统。查看系统各部件的完整性,阀门启闭状态及标识,喷头附近有无影响喷水效果的遮挡物。消防水源是否可靠,消防水泵房内有无堆放杂物,应急照明是否合格,查看控制柜电源及电压指示,开关是否处于"自动"位置,进行主、备泵切换试验。

(7) 其他需要进行检查的内容。对检查发现的问题,应及时通知建筑使用管理单位当场或限期整改,并做好检查记录。对限期整改的问题,要做好跟踪复查,及时掌握整改情况。

第五节　　　　防烟分区

防烟分区是在建筑内部屋顶或顶板、吊顶下采用具有挡烟功能的构配件进行分隔所形成的,具有一定蓄烟能力的空间。

防烟分区通常采用不燃烧的挡烟垂壁、隔墙或从顶棚下突出不小于 0.50 m 的梁划分。防烟分区不应跨越防火分区。挡烟垂壁一般用不燃材料制作,如铝丝玻璃、不锈钢薄板等。它可以固定安装在顶板或吊顶上。当需隐蔽安装时,其释放应采用自动控制方式,即发生火灾时,由火灾自动报警及联动控制装置发出控制命令,使其释放,起到阻挡烟气的作用,为安全疏散创造有利条件。

一、防烟分区的作用

火灾过程中所产生的烟气,一般具有毒性、减光性和恐怖性等特性,也是导致现场人员伤亡的主要原因。对于商业楼、展览楼、综合楼等大空间建筑,特别是高层建筑,其使用功能复杂,可燃物数量大、种类多,火灾环境下温度较高,烟气扩散迅速。对于地下建筑,由于其安全疏散、通风排烟、火灾扑救等较地上建筑困难,火灾时热量不易排出,导致火势扩大,损失增大。为此,在设定条件下必须划分防烟分区。设置防烟分区主要是保证在一定时间内,使火场上产生的高温烟气控制在一定的区域内,不致随意扩散,并进而加以排除,从而达到有利人员安全疏散,控制火势蔓延和减小火灾损失的目的。

二、防烟分区的划分方法

(一) 按用途划分

对于建筑物的各个部分,按其不同的用途,如居住或办公用房、疏散通道、楼梯、电梯及其前室、停车库等,来划分防烟分区的方法较为简便。但按此种方法划分防烟分区时,应注意对通风空调管道、电气配管、给排水管道以及采暖管道等穿墙和楼板处,应用不燃烧材料填塞密实。

(二) 按面积划分

按照现行国家消防技术规范要求,在建筑物内按面积划分为若干个基准防烟分区。不同的防烟分区的面积宜一致,且一般不跨越楼层,当楼层面积较小时,允许包括 1 个以上的楼层,但不宜超过3层。每个楼层的防烟分区可采用同一套防排烟设施。如所有防烟分区共用一套排烟设备时,排烟风机的容量应按最大防烟分区的面积计算。

(三) 按楼层划分

在高层建筑中,底层部分和上层部分的用途往往不太相同,如高层综合楼,底层多为商业设施,上层部分为办公用房。火灾统计资料表明,底层发生火灾的机会较多,火灾概率较大,而上部主体发生火灾的概率较小。因此,应尽可能根据房间的不同用途沿垂直方向按楼层划分防烟分区。

三、防烟分区的设置

防烟分区一般根据建筑物的种类和要求不同,可按其用途、面积、楼层进行合理划分。需要注意的是:防烟分区设置如果分区面积过小,不仅影响建筑物使用功能,还会提高建筑造价;如面积过大,会使高温烟气的波及面积扩大,增加受灾面,不利安全疏散和扑救。因此,防烟分区的划分应遵循以下原则:

(1) 每个防烟分区的建筑面积不宜超过2 000 m²,且防烟分区不应跨越防火分区。

(2) 防烟分区的长边不应大于60 m;当室内高度超过6 m,且具有自然对流条件时,长边不应大于75 m。

不设排烟设施的房间(包括地下室)和走道,不划分防烟分区。

(3) 走道和房间(包括地下室)按规定都设置排烟设施时,可根据具体情况分设或合设排烟设施,并按分设或合设的情况划分防烟分区。

(4) 一座建筑物的某几层需设排烟设施,且采用垂直排烟道(竖井)进行排烟时,其余各层(按规定不需要设排烟设施的楼层),如增加投资不多,可考虑扩大设置范围,各层也宜划分防烟分区,设置排烟设施。

(5) 对有特殊用途的场所,如地下室、防烟楼梯间、消防电梯、避难层(间)等,应单独划分防烟分区。

第六章

安全疏散

在建筑发生火灾时,由于产生大量的高温有毒烟气,并迅速蔓延,给人员安全疏散和物资抢救带来严重威胁。通过对国内外建筑火灾的统计分析,凡造成重大人员伤亡的火灾,大部分是因为没有可靠的安全疏散设施或设施管理不善造成损坏,人员不能及时疏散到安全(避难)区域所造成的。因此,安全疏散是建筑物发生火灾后确保人员生命安全的有效措施,是建筑防火设计的一项重要内容。安全疏散设计的目的主要是使人能从发生事故的建筑中迅速撤离到安全区域,尽可能减少火灾造成的人员伤亡和财产损失,并为消防人员灭火救援提供条件。

安全疏散设施主要包括安全出口、疏散楼梯和楼梯间、疏散走道、消防电梯、应急照明和疏散指示标志、消防广播及辅助救生设施、建筑高度超过 100 m 的超高层建筑中设置的避难层(间)和屋顶直升机停机坪、大型地下建筑中设置的避难走道等。

第一节　　安全出口的数量和宽度

安全出口是指供人员安全疏散用的楼梯间、室外楼梯的出入口或直通室内外安全区域的出口,是建筑中最常见的疏散设施。平时不须开启,只在紧急情况下使用的安全出口,又称紧急出口。

一、安全出口的设置数量

在建筑物内任一房间或部位,一般都应有两个疏散方向可供疏散,尽可能不设计袋形走道。疏散路线一般宜短、直,不宜长、曲,并能使人员在紧急疏散过程中步步趋向安全,避免出现滞留现象。

(1)建筑物内的安全出口一般不应少于 2 个,并应分散布置,以满足人员双向疏散要求,两个安全出口间最近边缘之间的水平距离不应小于 5 m。

(2)剧院、电影院和礼堂的观众厅,其疏散门的数量应经计算确定,且不应少于 2 个;每个疏散门的平均疏散人数不应超过 250 人;当容纳人数超过 2 000 人时,其超过 2 000 人的部分,每个疏散门的平均疏散人数不应超过 400 人。体育馆的观众厅,其疏散门的数量应经计算确定,且不应少于 2 个,每个疏散门的平均疏散人数不宜超过 400～700 人。

（3）老年人建筑及托儿所、幼儿园的儿童用房和儿童游乐厅等儿童活动场所宜设置在独立的建筑内。当必须设置在其他民用建筑内时，宜设置独立的安全出口，并应符合《建筑设计防火规范》的其他规定。

（4）一、二级耐火等级的公共建筑，当设置不少于2部疏散楼梯且顶层局部升高部位的层数不超过2层、人数之和不超过50人、每层建筑面积小于等于200 m² 时，该局部高出部位可设置1部与下部主体建筑楼梯间直接连通的疏散楼梯，但至少应另外设置1个直通主体建筑上人平屋面的安全出口，该上人屋面应符合人员安全疏散要求。

（5）当符合下列情况时，可只设一个安全出口或疏散楼梯：

① 除托儿所、幼儿园外，建筑面积小于等于200 m² 且人数不超过50人的单层公共建筑。

② 除医疗建筑、老年人建筑及托儿所、幼儿园的儿童用房和儿童游乐厅等儿童活动场所和歌舞娱乐放映游艺场所等外，符合表6-1-1规定的2、3层公共建筑。

表 6-1-1 公共建筑可设置 1 个疏散楼梯的条件

最多层数	每层最大建筑面积/m²	人数
3 层	200	第 2 层和第 3 层的人数之和不超过 100 人
3 层	200	第 2 层和第 3 层的人数之和不超过 50 人
2 层	200	第 2 层人数不超过 30 人

③ 多层居住建筑单元任一层建筑面积小于650 m² 且任一住户的户门至安全出口的距离小于15 m。

④ 公共建筑内房间的疏散门的数量应经计算确定且不应少于2个。除托儿所、幼儿园、老年人建筑、医疗建筑、教学建筑内位于走道尽端的房间外，当符合下列条件之一时，可设置1个：a. 房间位于两个安全出口之间或袋形走道两侧，对于托儿所、幼儿园、老年人建筑，建筑面积不大于50 m²；对于医疗建筑、教学建筑，建筑面积不大于75 m²；其他建筑或场所建筑面积不大于120 m²。b. 走道尽端的房间，建筑面积小于50 m² 且疏散门净宽度不小于0.9 m，或由房间内任一点至疏散门的直线距离不大于15 m、建筑面积不大于200 m² 且疏散门的净宽不小于1.4 m。c. 歌舞娱乐放映游艺场所内建筑面积不大于50 m² 且经常停留人数不超过15人的厅、室。

⑤ 除人员密集场所外，建筑面积不大于500 m²、使用人数不超过30人且埋深不大于10 m 的地下或半地下建筑（室），当需要设置2个安全出口时，其中一个安全出口可利用直通室外的金属竖向梯。

⑥ 除歌舞娱乐放映游艺场所外，防火分区建筑面积不大于200 m² 的地下或半地下设备间、防火分区建筑面积不大于50 m² 且经常停留人数不超过15人的其他地下或半地下建筑（室）。

除另有规定外，建筑面积不大于200 m² 的地下或半地下设备间、建筑面积不大于50 m² 且经常停留人数不超过15人的其他地下或半地下房间，可设一个疏散门。

⑦ 建筑高度27 m 以下的住宅建筑，每个单元任一层的建筑面积不超过650 m²，或任

一户门至最近安全出口的距离不超过 15 m。

⑧ 建筑高度大于 27 m、不大于 54 m 的建筑，每个单元任一层的建筑面积不超过 650 m²，或任一户门至最近安全出口的距离不超过 10 m。其疏散楼梯应通至屋面，且单元之间的疏散楼梯应能通过屋面连通，户门应采用乙级防火门。

⑨ 厂房的每个防火分区、一个防火分区的每个楼层，其安全出口的数量应经计算确定，且不应少于 2 个；当符合下列条件时，可设置 1 个安全出口：

a. 甲类厂房，每层建筑面积小于等于 100 m²，且同一时间的生产人数不超过 5 人；

b. 乙类厂房，每层建筑面积小于等于 150 m²，且同一时间的生产人数不超过 10 人；

c. 丙类厂房，每层建筑面积小于等于 250 m²，且同一时间的生产人数不超过 20 人；

d. 丁、戊类厂房，每层建筑面积小于等于 400 m²，且同一时间的生产人数不超过 30 人；

e. 地下、半地下厂房或厂房的地下室、半地下室，其建筑面积小于等于 50 m²，经常停留人数不超过 15 人。

⑩ 地下、半地下厂房或厂房的地下室、半地下室，当有多个防火分区相邻布置，并采用防火墙分隔时，每个防火分区可利用防火墙上通向相邻防火分区的甲级防火门作为第二安全出口，但每个防火分区必须至少有 1 个直通室外的安全出口。

⑪ 每座仓库的安全出口不应少于 2 个，当一座仓库的占地面积小于等于 300 m² 时，可设置 1 个安全出口。仓库内每个防火分区通向疏散走道、楼梯或室外的出口不宜少于 2 个，当防火分区的建筑面积小于等于 100 m² 时，可设置 1 个。通向疏散走道或楼梯的门应为乙级防火门。

⑫ 地下、半地下仓库或仓库的地下室、半地下室的安全出口不应少于 2 个；当建筑面积小于等于 100 m² 时，可设置 1 个安全出口。地下、半地下仓库或仓库的地下室、半地下室当有多个防火分区相邻布置，并采用防火墙分隔时，每个防火分区可利用防火墙上通向相邻防火分区的甲级防火门作为第二安全出口，但每个防火分区必须至少有 1 个直通室外的安全出口。

⑬ 粮食筒仓上层面积小于 1 000 m²，且该层作业人数不超过 2 人时，可设置 1 个安全出口。

二、安全出口的宽度

为保证一个建筑物内的人员能在允许的疏散时间内迅速安全疏散完毕，除了要设置足够的安全出口和限制安全疏散距离外，还必须确保足够的疏散宽度。如果安全出口宽度不足，则疏散人流会在安全出口处形成拥堵，反而更不利于疏散，甚至会造成人员挤伤踩踏事故。

目前，我国的消防技术规范提供了两种疏散宽度的设计方法：一是对安全出口的最小净宽做出明确限定；二是为了便于在实际工作中运用，预先按设定的安全疏散时间、人流通行能力等已知因素设计出一套"百人宽度指标"，运用时按使用人数乘上百人宽度指标进行计算确定出疏散总宽度，再进行每个安全出口宽度的分配计算。百人宽度指标按下列公式计算：

$$百人宽度指标 = 100b/(A \cdot t)$$

式中:b——单股人流宽度(m),一般取 0.55;

　　　A——单股人流通行能力(人/min),对于平坡地面,$A = 43$,对于阶梯地面,$A = 37$;

　　　t——安全疏散时间(min),对于一、二级耐火等级建筑的剧院、电影院、礼堂,$t = 2$ min;体育馆,$t = 3 \sim 4$ min;三级耐火等级建筑的剧院、电影院、礼堂,$t = 1.5$ min。

在具体疏散宽度设计时,应综合运用上述两种方法,并取其中较大值。

当每层人数不等时,疏散楼梯的总宽度可分层计算,地上建筑中下层楼梯的总宽度应按其上层人数最多一层的人数计算;首层外门的总宽度应按该层或该层以上人数最多的一层人数计算确定,不供楼上人员疏散的外门,可按本层人数计算确定;地下建筑中上层楼梯的总宽度应按其下层人数最多一层的人数计算。

(一) 民用建筑

(1)除剧院、电影院、礼堂、体育馆外的其他公共建筑每层的房间疏散门、安全出口、疏散走道和疏散楼梯的各自总净宽度,应根据疏散人数按每 100 人的最小疏散净宽度不小于表 7-2 的规定计算确定。

① 地下或半地下人员密集的厅、室和歌舞娱乐放映游艺场所,其房间疏散门、安全出口、疏散走道和疏散楼梯的各自总净宽度,应按每 100 人不小于 1 m 计算确定;

② 录像厅的疏散人数应按该场所的建筑面积 1 人/m² 计算确定;其他歌舞娱乐放映游艺场所的疏散人数应按该场所的建筑面积 0.5 人/m² 计算确定;

③ 商店的疏散人数应按每层营业厅建筑面积乘以表 6-1-3 规定的人员密度计算。建材商店、家具和灯饰展示建筑,其人员密度可按表 6-1-2 规定值的 30% 确定。

表 6-1-2　每层的房间疏散门、安全出口、疏散走道和疏散楼梯的每 100 人最小疏散净宽度

单位:m/百人

建筑层数	建筑的耐火等级		
	一、二级	三级	四级
地上一、二层	0.65	0.75	1.00
地上三层	0.75	1.00	—
地上四层及四层以上各层	1.00	1.25	—
与地面出入口地面的高差不超过 10 m 的地下建筑	0.75	—	—
与地面出入口地面的高差超过 10 m 的地下建筑	1.00	—	—

表 6-1-3　商店营业厅内的人员密度

单位:人/m²

楼层位置	地下二层	地下一层	地上第一、二层	地上第三层	地上第四层及四层以上各层
人员密度	0.56	0.60	0.43~0.60	0.39~0.54	0.30~0.42

(2)住宅建筑的户门、安全出口、疏散走道和疏散楼梯的各自净宽度应经计算确定,且户门和安全出口的净宽度不应小于 0.9 m,疏散走道、疏散楼梯和首层疏散外门的净宽度不应小于 1.1 m;不超过 18 m 的住宅,当疏散楼梯的一边设置栏杆时,最小净宽度不宜

小于 1 m。

（3）剧院、电影院、礼堂、体育馆等人员密集场所，其观众厅内疏散走道宽度应按其通行人数每 100 人不小于 0.6 m 计算，但最小宽度不应小于 1 m，边走道不宜小于 0.8 m。剧院、电影院、礼堂等场所供观众疏散的内门、外门、楼梯和走道各自的净宽度按表 6-1-4 的规定计算确定。体育馆供观众疏散的所有内门、外门、楼梯和走道的各自净宽度按表 6-1-5 计算确定。但有等场需要的入场门不应作为观众厅的疏散门。

表 6-1-4　剧院、电影院、礼堂等场所每 100 人所需最小疏散净宽度　　　　单位：m/百人

观众厅座位数（座）			≤2 500	≤1 200
耐火等级			一、二级	三级
疏散部位	门和走道	平坡地面	0.65	0.85
		阶梯地面	0.75	1.00
	楼梯		0.75	1.00

表 6-1-5　体育馆每 100 人所需最小疏散净宽度　　　　单位：m/百人

观众厅座位数范围（座）			3 000～5 000	5 001～10 000	10 001～20 000
疏散部位	门和走道	平坡地面	0.43	0.37	0.32
		阶梯地面	0.50	0.43	0.37
	楼梯		0.50	0.43	0.37

（4）人员密集的公共场所、观众厅的疏散门不应设置门槛，其净宽度不应小于 1.4 m，且紧靠门口内外各 1.4 m 范围内不应设置踏步。人员密集的公共场所的室外疏散小巷的净宽度不应小于 3 m，并应直接通向宽敞地带。

（5）公共建筑内疏散门和安全出口的净宽度不应小于 0.9 m，疏散走道和疏散楼梯的净宽度不应小于 1.1 m。

高层公共建筑内楼梯间的首层疏散门、首层疏散外门、疏散走道和疏散楼梯的最小净宽度应符合表 6-1-6 的规定。

表 6-1-6　高层公共建筑内楼梯间的首层疏散门、首层疏散外门、疏散走道和疏散楼梯的最小净宽度

单位：m

建筑类别	楼梯间的首层疏散门、首层疏散外门	走　道		疏散楼梯
		单面布房	双面布房	
高层医疗建筑	1.30	1.40	1.50	1.30
其他高层公共建筑	1.20	1.30	1.40	1.20

（二）工业建筑

（1）厂房内的疏散楼梯、走道、门的各自总净宽度应根据疏散人数，按表 6-1-7 的规定经计算确定。但疏散楼梯的最小净宽度不宜小于 1.1 m，疏散走道的最小净宽度不宜小于 1.4 m，门的最小净宽度不宜小于 0.9 m。当每层人数不相等时，疏散楼梯的总净宽度

应分层计算，下层楼梯总净宽度应按该层或该层以上人数最多的一层计算。

首层外门的总净宽度应按该层或该层以上人数最多的一层计算，且该门的最小净宽度不应小于 1.2 m。

表 6-1-7　厂房内疏散楼梯、走道和门的每 100 人最小疏散净宽度　　　　单位:m/百人

厂房层数（层）	一、二层	三层	≥四层
最小疏散净宽度	0.60	0.80	1.00

（2）仓库由于平时使用时人员较少，且一般都有进出货物的大门，其疏散楼梯、走道、门的最小净宽只要满足正常人员通过和使用要求即可。

（三）人防工程建筑

人防工程建筑的安全疏散宽度应满足如下要求:

（1）每个防火分区安全出口和相邻防火分区之间防火墙上防火门的总宽度应按该防火分区设计容纳总人数乘以疏散宽度指标计算确定。室内地坪与室外出入口地面高差不大于 10 m 的防火分区，其疏散宽度指标应为每 100 人不小于 0.75 m，室内地坪与室外出入口地面高差大于 10 m 的防火分区，其疏散宽度指标应为每 100 人不小于 1 m;楼梯的宽度不应小于对应的出口宽度。每个防火分区的安全出口和相邻防火分区之间防火墙上的防火门，每个出口平均疏散人数不应大于 250 人;改建工程可以不大于 350 人，但其出口应设置在不同方向。

（2）人防工程安全出口相邻防火分区之间防火墙上的防火门、楼梯和疏散走道的最小净宽应符合表 6-1-8 的规定。

表 6-1-8　人防工程安全出口相邻防火分区之间防火墙上的防火门、楼梯和疏散走道的最小净宽

单位:m

工程名称	安全出口、相邻防火分区之间防火墙上的防火门和楼梯的净宽	疏散走道净宽	
		单面布置房间	双面布置房间
商场、公共娱乐场所、小型体育场所	1.40	1.50	1.60
医　院	1.30	1.50	1.50
旅馆、餐厅	1.00	1.20	1.30
车　间	1.00	1.20	1.50
其他民用工程	1.00	1.20	1.40

（3）设有固定座位的电影院、礼堂等的观众厅，其厅内的疏散走道净宽应按通过人数每 100 人不小于 0.8 m 计算，且不宜小于 1 m;边走道的净宽不应小于 0.8 m;厅的疏散出口和厅外疏散走道的总宽度，平坡地面应分别按通过人数每 100 人不小于 0.65 m 计算，阶梯地面应分别按通过人数每 100 人不小于 0.8 m 计算，疏散出口和疏散走道的净宽均不应小于 1.4 m;观众厅每个疏散出口的疏散人数平均不应大于 250 人。

（4）地下街防火分区内疏散走道的最小净宽应符合下列规定之一:

① 疏散走道最小净宽应为通过人数乘以疏散宽度指标,室内地坪与室外出入口地面高差不大于 10 m 的防火分区,其疏散宽度指标应为每 100 人不小于 0.75;室内地坪与室外出入口地面高差大于 10 m 的防火分区,其疏散宽度指标应为每 100 人不小于 1.00 m;

相邻两个疏散出口之间的疏散走道通过人数,宜为相邻两个疏散出口之间设计容纳人数;袋形走道末端至相邻疏散出口之间的疏散走道通过人数,应为袋形走道末端与相邻疏散出口之间设计容纳人数。

② 疏散走道最小净宽应为疏散走道两端的疏散出口最小净宽之和的较大者。

以上针对单、多层工业、民用建筑、高层民用建筑和人防工程建筑,分别提出了有关安全疏散宽度的指标和要求,在具体工程应用中,还应结合建筑物的使用性质、规模、火灾危险程度和人流分布情况,对计算结果进行修正。如剧院、电影院等安全出口的疏散宽度宜为 0.55 的整数倍,大型仓储式超市宜结合人员的疏散心理,对主、次疏散出口宽度分别进行增、减调整等。必要时,还应进行性能化设计分析,进一步增强安全疏散设计的合理性。

第二节　安全出口的布置

在建筑安全疏散设计中,即使已经设置了足够数量的安全出口,疏散总宽度也能达到设计要求,仍不足以保证疏散的安全可靠性。因为,安全出口不合理的设置位置,不恰当的设置方式以及过长的疏散距离等,会造成火灾时疏散人群流向的不合理,导致一部分安全出口超出设计能力运作,另一部分安全出口因处于"吃不饱"的状态而无法发挥应有的作用。同时,也会因拥堵或较长的通行距离而造成疏散时间的延长。因此,建筑安全疏散设计的指导思想就是结合建筑空间合理布置安全疏散设施,科学计算安全疏散指标,兼顾建筑的使用功能和安全性,使建筑物内的人员能在接到火警信息后,在最短时间内,安全疏散到室外或其他安全地带。

一、安全出口布置的一般要求

(1) 建筑物内的安全出口一般不应少于 2 个,并应分散布置,以满足人员双向疏散要求,两个安全出口间最近边缘之间的水平距离不应小于 5 m;疏散楼梯有条件的应通至屋顶。

(2) 作为安全出口的门应朝疏散方向开启;供人员疏散用的门不应采用悬吊门、卷帘门和推拉门(仓库除外),严禁采用旋转门;观众厅的疏散门(即太平门)宜采用推闩式外开门;仓库的疏散用门应为向疏散方向开启的平开门,首层靠墙的外侧可设推拉门或卷帘门,但甲、乙类仓库不应采用推拉门或卷帘门。

(3) 剧院、电影院、礼堂、体育馆等人员密集场所中观众厅的入场门、太平门不应设置门槛,门外 1.4 m 范围内不应设置踏步;有等场需要的入场门不应作为观众厅的疏散门。

(4) 自动启闭的门应有手动开启装置。

(5) 当门开启后,门扇不应影响疏散走道和平台的宽度。

(6) 人员密集场所平时需要控制人员随意出入的疏散用门,或设有门禁系统的居住建筑外门,应保证火灾时不需使用钥匙等任何工具即能从内部打开,并应在显著位置设置标识和使用提示。

二、安全出口布置的距离要求

民用建筑的安全疏散距离是指从房间门或住宅户门至最近的外部出口或楼梯间的最大距离;厂房的安全疏散距离是指厂房内最远工作点到外部出口或楼梯间的最大距离。

限制安全疏散距离的目的,在于缩短疏散时间,使人们尽快地从火灾现场疏散到安全区域。影响安全疏散距离的因素很多,如建筑物的使用性质、人员密集程度、人员本身活动的能力等。因此,设计时应根据建筑物的使用性质、规模、火灾危险程度,正确选用规范控制疏散距离,确保疏散安全。

(一)民用建筑的安全疏散距离

表 6-2-1　直通疏散走道的房间疏散门至最近安全出口的直线距离　　　单位:m

名　称		位于两个安全出口之间的疏散门			位于袋形走道两侧或尽端的疏散门		
		耐火等级			耐火等级		
		一、二级	三级	四级	一、二级	三级	四级
托儿所、幼儿园、老年人建筑		25	20	15	20	15	10
歌舞娱乐放映游艺场所		25	20	15	9	—	—
医疗建筑	单、多层	35	30	25	20	15	10
	高层 病房部分	24	—	—	12	—	—
	高层 其他部分	30	—	—	15	—	—
教学建筑	单、多层	35	30	25	22	20	10
	高层	30	—	—	15	—	—
高层旅馆、展览建筑		30	—	—	15	—	—
其他民用建筑	单、多层	40	35	25	22	20	15
	高层	40	—	—	20	—	—

注:(1)建筑内开向敞开式外廊的房间疏散门至最近安全出口的直线距离可按表 6-2-1 规定增加 5 m。

(2)直通疏散走道的房间疏散门至最近敞开楼梯间的直线距离,当房间位于两个楼梯间之间时,应按表 6-2-1 的规定减少 5 m;当房间位于袋形走道两侧或尽端时,应按表 6-2-1 的规定减少 2 m。

(3)建筑物内全部设置自动喷水灭火系统时,其安全疏散距离可按表 6-2-1 的规定增加 25%。

(4)房间内任一点到该房间直接通向疏散走道的疏散门的距离计算:住宅应为最远房间内任一点到户门的距离,跃层式住宅内的户内楼梯的距离可按其梯段总长度的水平投影尺寸计算。

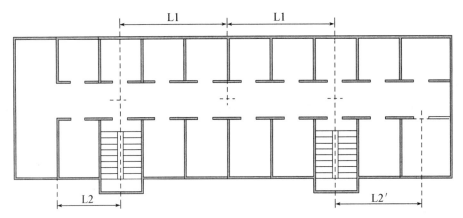

图 6-2-1　安全疏散距离示意图

注：L1位于两个出口或楼梯之间房间的安全疏散距离；L2、L2′位于袋形走道的安全疏散距离。

楼梯间应在首层直通室外，确有困难时，可在首层采用扩大封闭楼梯间或防烟楼梯间前室。当层数不超过 4 层时，且不采用扩大封闭楼梯间或防烟楼梯间前室时，可将直通室外的安全出口设置在离楼梯间小于等于 15 m 处；房间内任一点到该房间直接通向疏散走道的疏散门的距离，不应大于表 6-2-1 中规定的袋形走道两侧或尽端的疏散门至安全出口的直线距离。

一、二级耐火等级建筑内疏散门或安全出口不少于 2 个的观众厅、展览厅、多功能厅、餐厅、营业厅等，其室内任一点至最近疏散门或安全出口的直线距离不应大于 30 m；当疏散门不能直通室外地面或疏散楼梯间时，应采用长度不大于 10 m 的疏散走道通至最近的安全出口。当该场所设置自动喷水灭火系统时，室内任一点至最近安全出口的安全疏散距离可分别增加 25%。

（二）厂房内任一点到最近安全出口的距离

表 6-2-2　厂房内任一点到最近安全出口的直线距离　　　　　　　　　　单位：m

生产类别	耐火等级	单层厂房	多层厂房	高层厂房	地下、半地下厂房或厂房的地下室、半地下室
甲	一、二级	30	25	—	—
乙	一、二级	75	50	30	—
丙	一、二级 三级	80 60	60 40	40 —	30 —
丁	一、二级 三级 四级	不限 60 50	不限 50 —	50 — —	45 — —
戊	一、二级 三级 四级	不限 100 60	不限 75 —	75 — —	60 — —

实际上火灾时的环境比较复杂，厂房内物品和设备布置以及人员的心理和生理因素都对疏散有直接影响，设计时应根据不同的生产工艺和环境，充分考虑人员的疏散需要来

确定其疏散距离以及厂房的布置与选型,尽量均匀布置安全出口,缩短人员的疏散距离。

(三) 人防工程建筑的安全疏散距离

人防工程的疏散条件比地面高层民用建筑的条件还要差,因此其疏散距离标准以不低于高层民用建筑的距离标准为原则。人防工程建筑安全疏散距离应满足下列规定:

(1) 房间内最远点至该房间门的距离不应大于 15 m。

(2) 房间门至最近安全出口或至相邻防火分区之间防火墙上防火门的最大距离:医院应为 24 m,旅馆应为 30 m,其他工程应为 40 m。位于袋形走道两侧或尽端的房间,其最大距离应为上述相应距离的一半。

第三节　安全疏散设施

安全疏散设施主要包括安全出口、疏散楼梯和楼梯间、疏散走道、消防电梯、应急照明和疏散指示标志、应急广播及辅助救生设施,建筑高度超过 100 m 的超高层建筑中设置的避难层(间)和屋顶直升机停机坪,大型地下建筑中设置的避难走道等。

一、疏散楼梯和楼梯间

疏散楼梯和楼梯间是建筑物中主要的垂直交通设施,是安全疏散的重要通道。疏散楼梯的疏散能力大小,直接影响着人员的生命安全及消防员的灭火救援工作。因此,进行建筑防火设计时,应根据建筑物的使用性质、高度、层数,选择符合防火要求的疏散楼梯,为安全疏散创造有利条件。

楼梯可分为直跑楼梯、双跑楼梯、螺旋楼梯、剪刀楼梯等多种形式。

根据楼梯间的防火要求,可将其分为敞开楼梯、敞开楼梯间、封闭楼梯间、防烟楼梯间和室外楼梯。

(一) 楼梯间设置的一般要求

(1) 楼梯间应能天然采光和自然通风,并宜靠外墙设置。靠外墙设置时,楼梯间、前室及合用前室外墙上的窗口与两侧的门、窗、洞口最近边缘的水平距离不应小于 1.0 m。

(2) 封闭楼梯间、防烟楼梯间的前室,不应设置卷帘。

(3) 除通向避难层错位的疏散楼梯外,疏散楼梯间在各层的平面位置不应改变。

(4) 楼梯间在底层处应设直接对外的出口;当多层建筑中层数不超过四层且未采用扩大的封闭楼梯间或防烟楼梯间前室时,可将对外出口设置在离楼梯间不超过 15 m 处。

(5) 楼梯间内不应敷设甲、乙、丙类液体管道。楼梯间及防烟楼梯间的前室内禁止穿过或设置可燃气体管道;敞开楼梯间内不应设置可燃气体管道,当住宅建筑的敞开楼梯间内确需设置可燃气体管道和可燃气体计量表时,应采用金属管和设置切断气源的阀门。

(6) 除楼梯间的出入口和外窗外,楼梯间的墙上不应开设与其他门、窗、洞口。除住宅建筑的楼梯间前室外,防烟楼梯间和前室内的墙上不应开设除疏散门和送风口以外的其他门、窗、洞口。疏散门应向疏散方向开启。

（7）楼梯间及防烟楼梯间的前室内不应设置烧水间、可燃材料储藏室、垃圾道；楼梯间内不应有影响疏散的凸出物或其他障碍物。

（8）疏散楼梯和疏散通道上的阶梯不宜采用螺旋楼梯和扇形踏步，但踏步上下两级所形成的平面角不超过 10°，且每级离扶手 25 cm 处的踏步深度超过 22 cm 时，可不受此限。如图 6-3-1 所示。

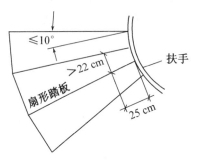

图 6-3-1　供疏散用的扇形踏步示意图

（9）地下室、半地下室的楼梯间，在首层应采用耐火极限不低于 2.00 h 的不燃烧体隔墙与其他部位隔开并应直通室外，当必须在隔墙上开门时，应采用乙级的防火门。

（10）地下室、半地下室与地上层不应共用楼梯间，当必须共用楼梯间时，在首层应采用耐火极限不低于 2.00 h 的不燃烧体隔墙和乙级防火门将地下、半地下部分与地上部分的连通部位完全隔开，并应有明显标志。

（11）商住楼中住宅的疏散楼梯应独立设置。

（12）楼梯间宜通至平屋面。

（二）敞开楼梯

敞开楼梯是指建筑物内四周或三面没有墙体等围护构件，一般设在开敞空间，不具备防火隔烟功能的楼梯，如图 6-3-2 所示。敞开楼梯用于除要求设敞开楼梯间和封闭楼梯间以外的低层建筑中。当设有敞开楼梯时，建筑上下层的防火分区面积应叠加计算。

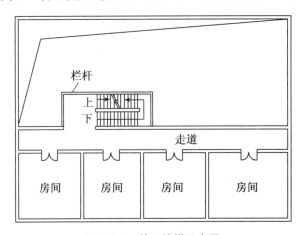

图 6-3-2　敞开楼梯示意图

（三）敞开楼梯间

敞开楼梯间是指建筑内一面敞开、三面由耐火墙体等围护构件构成的无封闭防烟功能，且与其他使用空间相通的楼梯间，如图 6-3-3 所示。

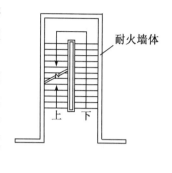

图 6-3-3 敞开楼梯间示意图

敞开楼梯间在低层建筑中应用比较广泛。它可充分利用天然采光和自然通风，人员疏散直接，但由于楼梯间与走道之间无任何防火分隔措施，所以一旦发生火灾就会成为烟火蔓延的通道，因此，在高层建筑和地下建筑中不应采用。

敞开楼梯间除应满足楼梯间设置的一般要求外，还应符合以下规定：

（1）房间门至最近的楼梯间的距离应满足安全疏散距离的要求。

（2）楼梯间在底层处应设直接对外的出口。当建筑物不超过 4 层时，可将对外出口设置在离楼梯间不超过 15 m 处。

（3）公共建筑的疏散楼梯两段之间的水平净距不宜小于 150 mm。

（四）封闭楼梯间

封闭楼梯间是指用建筑构配件分隔，能防止烟和热气进入的楼梯间。如图 6-3-4 所示。

高层民用建筑、高层厂房（仓库）、人员密集的公共建筑、人员密集的多层丙类厂房、甲、乙类厂房，其封闭楼梯间的门应为向疏散方向开启的乙级防火门，其他建筑可采用双向弹簧门。

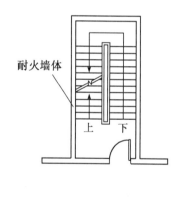

耐火墙体

1．下列场所应设置封闭楼梯间

（1）医疗建筑、旅馆、老年人建筑及类似使用功能的建筑；

（2）设置歌舞娱乐放映游艺场所的建筑；

（3）通廊式居住建筑当建筑层数超过 2 层时应设封

图 6-3-4 封闭楼梯间示意图

闭楼梯间；当户门采用乙级防火门，可不设置封闭楼梯间。其他形式的居住建筑当建筑层数超过 6 层或任一层建筑面积大于 500 m² 以及电梯井与疏散楼梯相邻布置时，应设置封闭楼梯间；当户门或通向疏散走道、楼梯间的门、窗为乙级防火门、窗时，可不设置封闭楼梯间。

（4）层数不超过 2 层或地下室内地面与室外出入口地坪高差不大于 10 m 的地下商店和设有歌舞娱乐放映游艺场所的地下建筑。

（5）建筑高度大于 21 m、不大于 33 m 的住宅建筑。裙房和建筑高度不大于 32 m 的二类高层公共建筑。

（6）甲、乙、丙类多层厂房和建筑高度不超过 32 m 的高层工业建筑。

（7）汽车库、修车库的室内疏散楼梯。

（8）人防工程中当地下为两层且地下第 2 层的地坪与室外出入口地面高差不大于

10 m 的电影院、礼堂、建筑面积大于 500 m² 的医院（旅馆）、建筑面积大于 1 000 m² 的商场（餐厅、展览厅、公共娱乐场所、小型体育场所）等公共活动场所。

2. 封闭楼梯间的设置要求

封闭楼梯间除应满足楼梯间设置的一般要求外，还应符合以下规定：

（1）顶棚、墙面、地面均应采用不燃装修材料。

（2）楼梯间的首层可将走道和门厅等包括在楼梯间内，形成扩大的封闭楼梯间，但应采用乙级防火门等措施与其他走道和房间隔开，如图 6-3-5 所示。

（3）当不能天然采光和自然通风时，应按防烟楼梯间的要求设置。

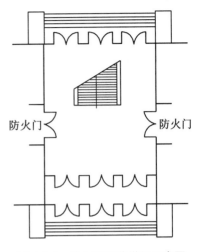

图 6-3-5 扩大封闭楼梯间示意图

（五）防烟楼梯间

防烟楼梯间是指在楼梯间入口处设有防烟前室，或设有专供排烟用的阳台、凹廊等，且通向前室和楼梯间的门均为乙级防火门的楼梯间。如图 6-3-6 所示。

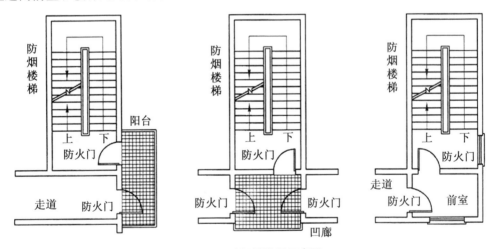

图 6-3-6 防烟楼梯间示意图

1. 下列场所应设防烟楼梯间

（1）多层民用建筑中，地下商店和设置歌舞娱乐放映游艺场所的地下建筑（室），当地下层数为 3 层及以上或地下室内地面与室外出入口地坪高差大于 10 m 时。

（2）封闭楼梯间不具备天然采光和自然通风条件时。

（3）高层建筑中的一类高层民用建筑和除单元式和通廊式住宅外的建筑高度超过 32 m 的二类高层公共建筑。

（4）建筑高度大于 33 m 的住宅建筑。

（5）塔式高层建筑设置的剪刀楼梯间。

（6）高度超过 32 m 且每层人数超过 10 人的高层厂房。

（7）建筑高度超过 32 m 的高层停车库的室内疏散楼梯。

（8）人防工程当底层室内地坪与室外出入口地面高差大于 10 m 的电影院、礼堂、建筑面积大于 500 m² 的医院（旅馆）、建筑面积大于 1 000 m² 的商场（餐厅、展览厅、公共娱乐场所、小型体育场所）等公共活动场所。

2. 防烟楼梯间设置的要求

防烟楼梯间除满足楼梯间设置的一般要求外，还应符合以下规定：

（1）在楼梯间入口处应设置防烟前室或与消防电梯间合用前室、开敞式阳台或凹廊等。前室的使用面积：公共建筑、高层厂房（仓库），不应小于 6.0 m²，住宅建筑不应小于 4.5 m²；合用前室的使用面积：公共建筑、高层厂房以及高层仓库不应小于 10.0 m²，住宅建筑不应小于 6.0 m²。

（2）采用自然排烟的防烟楼梯间，其前室、消防电梯间前室的自然排烟口的有效面积不应小于 2.0 m²，合用前室不应小于 3.0 m²；靠外墙的防烟楼梯间，每 5 层内可开启排烟窗的总面积不应小于 2.0 m²，且在该楼梯间的最高部位应设置有效面积不小于 1.0 m² 的可开启外窗或开口。

当不能天然采光和自然通风时，楼梯间应按规定设置防烟设施和消防应急照明设施。

（3）疏散走道通向前室以及前室通向楼梯间的门应采用乙级防火门。

（4）楼梯间的首层可将走道和门厅等包括在楼梯间前室内，形成扩大的防烟楼梯间前室，但应采用乙级防火门等措施与其他走道和房间隔开。

（5）楼梯间和前室的顶棚、墙面和地面应采用不燃装修材料。

（六）室外楼梯

室外楼梯是指用耐火结构与建筑物分隔，并设在墙外的楼梯。室外楼梯主要用于应急疏散，可用为辅助防烟楼梯使用。如图 6-3-7 所示。

室外楼梯的设置要求：

（1）楼梯及每层出口平台应用不燃烧材料制作，平台的耐火极限不应低于 1 h，梯段耐火极限不应低于 0.25 h。

（2）在楼梯周围 2 m 范围内的墙上，除疏散门外，不应开设其他门窗洞口。疏散门应采用向外开启的乙级防火门，并不应正对梯段。

（3）楼梯的最小净宽不应小于 0.9 m，倾斜角度不应大于 45°，栏杆扶手高度不应小于 1.1 m。

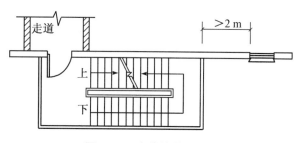

图 6-3-7　室外楼梯示意图

二、消防应急照明和疏散指示标志

消防应急照明和疏散指示标志是安全疏散中必不可少的重要设施。疏散指示标志是指当建筑内发生火灾,为人员疏散提供指示安全出口及其方向,指示楼层、避难层及其他安全场所的标志。

(一) 消防应急照明

消防应急照明也称"事故照明",它是为了防止在火灾时断电可能引起的建筑内人员疏散混乱及消防人员摸黑无法通行而特设的照明灯具。它可用蓄电池作备用电源,且能保证连续供电时间不小于 30 min。其在建筑中的设置应符合下列要求:

(1) 疏散走道的地面最低水平照度不应低于 1.0 lx;人员密集场所、避难层(间)的地面最低水平照度不应低于 3.0 lx;楼梯间、前室或合用前室、避难走道的地面最低水平照度不应低于 5.0 lx;地下人防工程地面最低照度不低于 5.0 lx;病房楼、手术部的避难间的地面最低水平照度不应低于 10.0 lx;消防控制室、消防水泵房、防烟排烟机房、配电室和自备发电机房以及发生火灾时仍需坚持工作的其他房间的应急照明,仍应保证正常照明的照度。

(2) 疏散照明灯具应设置在出口的顶部、墙面的上部或顶棚上;备用照明灯具应设置在墙面的上部或顶棚上。当安装在墙上时,不得使照明投射光线正面迎向人员的疏散方向。当安装在侧面墙上顶部时,灯具底部距地面距离不应小于 2.2 m,不得在 1.0 m~2.2 m 范围内设灯;在距地面 1 m 以下墙面上安装时,其灯具应采用嵌入式,且凸出墙面应小于 20 mm,并应保证光线照射在水平线以下。

(3) 建筑供电为两路以上时,照明灯宜在双电源互投后最末一级配电箱取电。

(4) 照明灯光源工作温度大于 60 ℃时,应采取隔热、散热等防火措施。若采用白炽灯、卤钨灯等光源时,不应直接安装在可燃装修材料或可燃物件上。

(5) 配接集中电源型的照明灯,其线路应采用耐火电线(缆),穿管明敷或在非燃烧体内穿刚性导管暗敷,暗敷保护层厚度不小于 30 mm。

(二) 疏散指示标志

疏散指示标志按发光形式分电致发光型和光致发光型两种。电致发光型疏散指示标志(如灯光型等)是通过电源场致发光方式显示的消防安全疏散指示标志;光致发光型疏散指示标志(如蓄光自发光型等)是通过接受光源照射,并在光源消失后仍能在规定时间内自发光的疏散指示标志。

疏散指示标志一般安装在疏散门的上部、走道及楼梯转弯处、直通地下室楼梯的水平地面处等。安全出口和疏散门的正上方应采用"安全出口"作为指示标识;其他类型疏散指示标志上的箭头指向应与建筑物安全疏散方向一致。其在建筑中的设置一般应满足以下要求:

(1) 疏散指示标志应设在醒目位置,不应设置在经常被遮挡的位置,疏散出口、安全出口等疏散指示标志不应设置在可开启的门、窗扇上或其他可移动的物体上。

(2) 疏散通道出口处的疏散指示标志应设置在门框边缘或门的上部,其上边缘距顶棚不应小于 0.5 m。如天花板的高度较小,也可在疏散门的两侧墙上设置,标志的中心点距地面高度应在 1.3 m～1.5 m 之间,且不能被门遮挡。悬挂在室内大厅或走道处的疏散指示标志的下边缘距地面的高度不应小于 2.0 m。

（3）沿疏散走道设置的灯光疏散指示标志,应设置在疏散走道两侧及其转角处距地面高度 1.0 m 以下的墙面或地面上,且灯光疏散指示标志的间距不应大于 20.0 m;对于袋形走道和人防工程,不应大于 10.0 m;在走道转角区,不应大于 1.0 m。

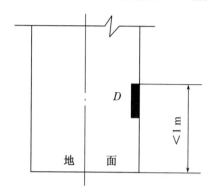

图 6-3-8　顶部安装疏散指示标志灯示意图

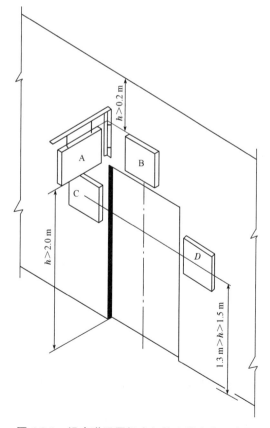

图 6-3-9　沿走道设置标志灯的安装高度示意图

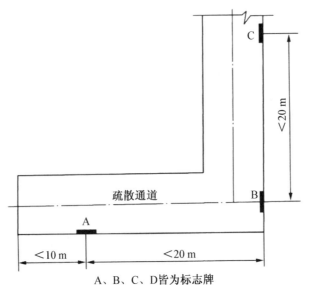

A、B、C、D皆为标志牌

图 6-3-10 沿走道设置标志灯安装间距示意图

（4）封闭楼梯间内指示楼层的标志灯应安装在正对楼梯的本层平面墙上；楼梯间内直接通往地下层时，应在首层或地面层设置明显指示出口的标志灯。

（5）车站、码头建筑和民用机场航站楼中建筑面积大于 3 000 m² 的候车、候船厅和航站楼的公共区；在超过 1 500 个座位的影剧院、3 000 个座位的体育馆、会堂或礼堂、总建筑面积超过 8 000 m² 的展览建筑、总建筑面积超过 5 000 m² 的地上商店和总建筑面积超过 500 m² 的地下、半地下商店、歌舞娱乐放映游艺场所等人员密集的大型室内公共场所的疏散走道和主要疏散线路上设置的保持视觉连续的起辅助作用的标志灯，其安装间距不宜大于 1.5 m，且指示方向或导向光流流动方向与疏散方向一致。

三、火灾应急广播

在宾馆、饭店、办公楼、综合楼、医院等建筑中，一般人员都比较集中，发生火灾时由于受到烟气的阻挡和限制，人的视觉无法充分发挥作用，加之人在火灾中心理的高度恐慌和盲目，因此，在疏散中完全依靠视觉是不够的。而听觉是除视觉外的重要的信息获取途径，运用声音来引导人员有秩序地疏散是一个行之有效的解决方式。同时，应急广播系统还可以用于稳定被困人员情绪，有助于防止被困人员产生惊慌、拥挤，甚至盲目跳楼逃生。为了便于发生火灾时统一指挥疏散，控制中心报警系统应设置火灾应急广播。在条件许可时，集中报警系统也应设置火灾应急广播。

火灾应急广播扬声器应设置在走道和大厅等公共场所。扬声器能保证从一个防火分区的任何部位到最近一个扬声器的步行距离不超过 25 m，走道内最后一个扬声器至走道末端的距离不应大于 12.5 m。在环境噪声大于 60 dB 的场所设置的扬声器，其播放范围内最远点的播放声压级应高于背景噪声 15 dB。每个扬声器的额定功率不应小于 3W。客房内设专用扬声器时，其功率不宜小于 1 W。涉外单位的火灾应急广播应用两种以上的语言。

火灾应急广播与公共广播系统合用时,应遵循以下原则:

(1) 火灾时应能在消防控制室将火灾疏散层的扬声器和公共广播扩音机强制转入火灾应急广播状态。

(2) 消防控制室应能监控用于火灾应急广播时的扩音机的工作状态,并应具有遥控开启扩音机和采用传声器播音的功能。

(3) 床头控制柜内设有服务性音乐广播扬声器时,应有火灾应急广播功能。

(4) 应设置火灾应急广播备用扩音机,其容量不应小于火灾时需同时广播的范围内火灾应急广播扬声器最大容量总和的 1.5 倍。

未设置火灾应急广播的火灾自动报警系统,应设置火灾警报装置。每个防火分区至少应安装一个火灾警报装置,其安装位置宜设在各楼层走道靠近楼梯出口处,警报装置宜采用手动或自动控制方式。在环境噪声大于 60 dB 的场所设置火灾警报装置时,其声报警器的声压级应高于背景噪声 15 dB。

四、辅助救生设施

避难逃生口、避难桥、救生缓降器、柔性救生滑道、滑竿、救生索、救生网、救生气垫等,是辅助疏散逃生设施,在紧急情况下可发挥良好作用。

人员密集的公共建筑不宜在窗口、阳台等部位设置封闭的金属栅栏,确需设置时,应能从内部易于开启;窗口、阳台等部位宜根据其高度设置适用的辅助疏散逃生设施(包括逃生袋、救生绳、缓降绳、折叠式人孔梯、滑梯等)。

根据实际需要,公共建筑内袋形走道尽端的阳台、凹廊,宜设上下层连通的辅助疏散设施。如避难逃生口,设置方式通常是在楼面上开设约 70 cm×70 cm 的洞口,并以耐火隔墙和防火门保护。火灾时,由于烟雾弥漫,不易找到或无法利用楼梯疏散的情况下,位于袋形走道尽端的人员可就近疏散至阳台、凹廊,并打开避难逃生洞口的盖板,沿靠墙的铁爬梯或悬挂的软梯至下一层或下几层,再转入其他安全区域疏散到底层。如图 6-3-11 所示。

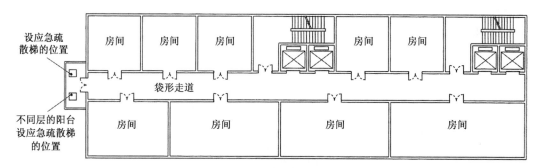

图 6-3-11　袋形走道尽端避难逃生口设置示意图

逃生缓降器用于发生火灾、地震等危急情况下,供人员在一定高度下落地面逃生使用。它是利用使用者的自重,从一定的高度,以一定的速度安全降至地面,能往复使用,并可以根据用户的要求配置不同长度的绳索,具有操作简便、可靠、安全等特点。

五、避难层(间)

避难层是高层建筑中供火灾时人员临时避难用的楼层。而避难间则是在一定高度的楼层上设置的供火灾时人员临时避难用的房间。

(一) 避难层的类型

1. 敞开式避难层

这类避难层不设围护结构,为全敞开式,一般设在建筑物的顶层或屋顶上,采用天然采光和自然通风排烟方式,结构处理比较简单。

2. 半敞开式避难层

这类避难层层高不低于1.8 m,四周设有高度不低于1.2 m的防护墙,上部设有百叶窗。半敞开式避难层也采用自然通风排烟方式。

3. 封闭式避难层

这类避难层周围设有耐火的围护结构(楼板、外墙),室内设有独立的防烟设施,门窗为甲级防火门窗。另外,还设有应急广播、应急照明、消防专用电话、消火栓、消防水喉等可靠的消防设施,可以有效地防止烟气和火焰的侵害,同时,还可以避免外界气候条件的影响。

(二) 避难层的设置要求

避难层的设置应满足以下要求:

(1) 避难层的设置数量和两个避难层之间的高度,应满足人员疏散时间的要求,并综合考虑建筑面积、使用功能、使用人数、人流疏散速度及火势蔓延情况等因素。一般自高层建筑首层至第一个避难层或两个避难层之间,不宜超过15层。

(2) 通向避难层的防烟楼梯间应在避难层(间)分隔、同层错位或上下层断开,人员均必须经避难层(间)方能上下。这样既可以提高避难层的安全度,又可使疏散人员充分利用避难层暂时避难。如图6-3-12所示。

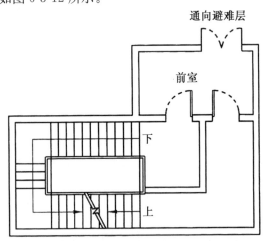

图 6-3-12 断开设置的避难层楼梯间示意图

（3）避难层（间）的净面积应能满足设计避难人员避难的要求，并宜按 5 人/m² 计算。

（4）避难间应采用防火墙与该层的其他分隔进行分隔。

（5）封闭式避难层（间）应设独立的防烟设施或直接对外的可开启窗口（乙级防火窗）。防烟设施一般宜采用机械加压送风排烟方式，使避难层保持正压。

（6）消防电梯作为辅助安全疏散设施，必须在避难层停靠。在避难层应设消防电梯出口，其他客货电梯均不得在避难层开设出口。

（7）为保证避难层具有较长时间抵抗火烧的能力，避难层的楼板宜采用现浇钢筋混凝土楼板，其耐火极限不宜低于 1.50 h。为保证避难层（间）下部楼层起火时不致使避难层地面温度过高，在楼板上宜设隔热层。

（8）避难层可兼作设备层，但设备管道宜集中布置。设备间应采防火墙与甲级防火门与避难层隔开。

（9）避难层（间）应设消防专线电话、消火栓和消防卷盘。特级保护对象的各避难层应每隔 20 m 设置一个消防专用电话分机或电话塞孔。

（10）避难层（间）应设有应急广播和应急照明，其供电时间不应小于 1 h，照度不应低于 1.0 lx。

（11）避难层（间）内外均应设有便于识别的明显标志。

（12）严禁输送甲、乙、丙类液体或可燃气体的管道穿越避难区域。

（13）避难区域的装修材料均应采用不燃烧材料。

（14）有人员正常活动的避难层的净高不应小于 2 m。

六、避难走道

避难走道是指设置有防烟等设施，用于人员安全通行至室外出口的疏散走道。它是由于地下或首层设置直通室外的安全出口数量和位置受条件限制而不能满足消防技术规范要求时，根据已有工程的试设计经验，并参考《建筑设计防火规范》有关"避难层"和"防烟楼梯间"的做法而设置的疏散走道，用以解决安全疏散问题。如图 6-3-13 所示。

避难走道除满足疏散走道的要求外，还应满足以下规定：

（1）避难走道直通地面的出口不应少于两个，并应设置在不同的方向上。

（2）避难走道的净宽度不应小于任意一个防火分区通向该避难走道的设计疏散总净宽度。

（3）避难走道的装修材料应为不燃材料。

（4）避难走道的前室应设置机械加压送风防烟设施，且前室送风余压值不应小于 25 Pa，机械加压送风量应按前室入口门洞不小于 1.2 m/s 计算确定；前室送风口应正对前室入口门，且宽度应大于门洞宽度；前室的机械加压送风系统宜独立设置，当它与防烟楼梯间及其前室或合用前室共同系统时，应在支风管上设置压差自动调节装置。

（5）避难走道应设置室内消火栓。

（6）避难走道应设消防应急照明。

（7）避难走道应设置应急广播和消防专线电话。

（8）不应有房间门开向避难走道。

（9）避难走道的入口处应设置面积不小于 6 m² 的前室，开向前室的门应采用甲级防火门，前室开向避难走道的门应采用乙级防火门。

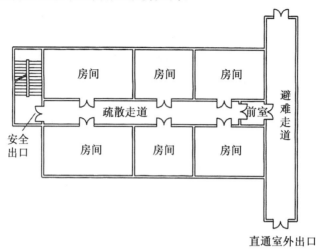

图 6-3-13　疏散走道、避难走道示意图

（10）避难走道两侧的墙应为耐火极限不低于 3.00 h 的防火隔墙，楼板的耐火极限不应低于 1.50 h。

七、安全疏散设施的消防应用

安全疏散设施设置的目的不仅仅是为了建筑内人员安全疏散和逃生，同时，这些设施也是发生火灾后，消防员实施内攻灭火和救援的途径。充分、合理地利用建筑安全疏散设施，对减少火灾损失和人员伤亡，提高灭火救灾成功率至关重要。

（1）对设有消防控制室的建筑物，消防员在到场后应及时深入消防控制室了解火灾报警、火灾信号和安全疏散指令发出情况；自动灭火系统、防、排烟系统、通风空调系统运行（动作）情况；非消防用电切断及消防电源使用和消防电梯运行情况；其他各类建筑消防设施联动控制情况等，并通过各种情况显示，进一步明确起火部位、火灾范围、火势发展蔓延的趋势、人员受烟、火威胁程度，确定疏散抢救路线和方式，进攻路线和堵截阵地设置位置等，并根据救人、灭火需要，指导消防控制室值班人员，发出有关指令，启动相关设施、设备。

（2）利用应急广播系统稳定人员情绪，指导被困人员利用手中物品进行自救互救，避免跳楼、挤伤、踩伤等事故的发生。在进行广播的同时，还应密切注意火灾报警控制器，如有新的报警部位显示，则应根据情况对播送范围和内容做出适应调整。

（3）组成若干救人小组，从疏散通道（走廊）、出口，经消防电梯、防烟楼梯、封闭楼梯或室外疏散楼梯等疏散、抢救人员，必要时，利用喷雾水枪掩护或通过进攻为人员安全疏散开辟通道。疏散时，要充分利用疏散指示标志的指向作用，并在强光电筒的配合下进行疏散。有条件的应直接疏散至建筑外地面安全区域，条件不允许时，可暂时疏散至避难层（间）或起火楼层下相对安全的楼层。疏散和抢救人员的基本顺序为：着火层——着火层上层——着火层下层——其他楼层，在力量允许且建筑物内人员不多的情况下，最好能同时进行。

（4）建筑物内设有辅助救生设施的，最好在辅助救生设施两端安排消防人员，指导、帮助人员进行疏散,并实施保护。对已成功疏散的人员应及时转移至安全地带。无辅助救生设施的,可通过架设各类消防梯、软梯、救生袋、救生绳、缓降器、救生气垫等装备器材实施营救。

(5) 在确保安全的前提下,可利用消防电梯疏散被困人员和运送物资。为防止被困桥箱,消防人员应携带破拆工具进入。进攻时,消防电梯的停靠位置应选择在着火层的下一层,消防人员出电梯后改由防烟楼梯进入着火楼层。对于建筑局部火灾,当消防控制室内可以迫降所有电梯时,消防指挥人员,应根据有利人员疏散的原则,有选择地迫降电梯,如果所有电梯均迫降下来,则会引起无关区域人员的紧张。

(6) 利用消防直升机救人时,疏散至屋顶人员不应过多,因为直升机的救援速度和能力有限。烟雾较大或火势猛烈,威胁直升机安全时,不能采用直升机救人的方法。

(7) 选择内部进攻路线时,应结合建筑物内现有安全疏散设施的种类和特点,以方法最简便、速度最快、体能消耗最低、通行距离最短、行进路线上障碍最少为原则,安全迅速地到达预定的楼层。

① 室外楼梯。室外楼梯一般采用耐火结构与建筑主体隔开,并设在室外,因此可作为辅助防烟楼梯使用。灭火救援时应利用其作为疏散和组织进攻的重要通道。

② 敞开楼梯。敞开楼梯一般不防烟,但烟雾通常只能下沉至着火层下一、二层。消防人员可从楼梯到达着火层下一、二层安全处,建立进攻起点。

③ 封闭楼梯间。封闭楼梯间应用较为广泛,一般靠外墙设置,能直接利用天然采光和自然通风,它同各层走廊相通,并设有自闭式防火门,是安全疏散的重要通道,也是内攻灭火的主要途径。

④ 防烟楼梯间。防烟楼梯间通常设有前室、阳台或凹廊,并设有防火门、正压送风系统和消防给水设备等,是比较理想可靠的进攻通道。

⑤ 消防电梯。消防电梯不仅速度快,轿厢荷载大,电源安全可靠,通信联络方便,又能迫降控制,是消防人员灭火进攻的首选途径。

(8) 建筑内部应以楼梯口或电梯口,外部通过消防梯、举高车以窗口作为水枪阵地,控制火势。楼梯间、前室是既可作为进攻的起点,也是器材的集结地和退防的阵地,疏散走道转角处可作为强攻的起点。

(9) 疏散与进攻路线选择时应尽量避免交叉,防止互相干扰。必须采用同一条路线时,应坚持救人第一的原则,疏散与进攻同时进行时,两条线路应分设楼梯两侧,并安排消防人员进行引导和保护,以免水带、器材等阻滞,影响人员安全疏散。

(10) 疏散和进攻时,应注意保持原有建筑防火设计的完整性,随手关闭安全出口、疏散通道、楼梯间及其前室的防火门,防止烟火窜入及正压送风量的泄漏。对已窜入的应及时采取启动排烟机、开启外窗排烟、破拆排烟等措施,保证安全疏散设施的安全性。使用消防电梯前室内的消火栓时,应有挡水和防烟措施。

八、安全疏散设施的消防巡查

安全疏散设施在使用中的维护管理情况,直接关系到火灾时人员能否安全疏散。如果因为管理不善,使得安全疏散设施失效或疏散能力达不到设计要求,则有可能在火灾发生时造成不必要的人员伤亡。因此,消防部门在进行消防监督检查、"巡防一体化"检查和开展重点单位"六熟悉"时,应对安全疏散设施的完好有效性进行检查判定。安全疏散设施的检查是消防监督检查的一项重要内容。

检查的方法是比照原建设防火设计资料,对安全疏散设施进行直观判定和功能测试。

(1)楼梯间。楼梯间内是否堆放有杂物、设置有栅栏等影响人员疏散的障碍物;楼梯间及防烟楼梯间前室内是否设置有烧水间、可燃材料储藏室等;首层对外出口是否被占用;楼梯间及防烟楼梯间前室的内墙上,除通向公共走道的疏散外,是否开设有与其他房间联系的门、窗、洞口;地下室、半地下室与地上层共用的楼梯间,在首层通往地下室、半地下室的出入口处的防火分隔是否完整,并查看标志设置情况;封闭楼梯间、防烟楼梯间及其前室是否新增了可燃装修材料等。

楼梯间及其前室开口处的防火门或防火卷帘,其检查判定方法参见第6章"防火分隔"相关内容。正压送风的防烟楼梯间,还应检查正压送风口外观是否完整,并进行必要的功能测试。

(2)消防电梯。查看首层消防员专用操纵按钮的完好性;轿厢内部装修材料是否合格;电梯机房内外部的防火措施是否恰当。

进行专用操纵按钮和电梯运行测试,进行专用电话通话测试。情况允许时,还应对井底排水设施进行检查并进行排水能力测试。

(3)消防应急照明。查看消防应急照明安装位置、照明灯间距、安装形式是否符合要求;照射角度是否合适;灯具外观是否完好;产品标识是否齐全;灯具周围有无影响照明效果的遮挡物;查看电源通电及充电指示情况等。

通过按下消防应急照明灯具面板或外框上的测试按钮、拉闸断电或消防控制室联动测试等方式,查看灯具照明情况。如携带有照度计,则应在两个照明灯之间地面中心处进行照度数值读取,并结合建筑(场所)的使用性质,进行照度判定。

(4)疏散指示标志。查看不同部位的疏散指示标志安装位置是否合适;标志安装间距是否符合要求;标志指示方向是否正确;周围有无影响人员视线的遮挡物;标志外观是否完好;产品标识是否齐全;查看电源通电及充电指示情况;蓄光型指示标志周围有无足够强度的光源等。

通过按下疏散指示标志面板或外框上的测试按钮、拉闸断电或消防控制室联动测试等方式,查看指示效果。如携带有照度计,则应在灯光疏散指示标志前通道中心处地面处进行照度数值读取,查看是否满足设计要求。

(5)火灾应急广播。查看扬声器的外观是否完好;安装位置及安装间距是否合适;查看消防控制室内扩音机供电情况和联动状态。

进行选层广播测试,查看播放范围是否符合要求;查看最不利点的播放效果,如携带有声压仪,则应进行声压强度测定;在消防控制室内进行公共广播强切和主备扩音机切换测试,监控扩音机的工作状态。

(6)其他需要进行检查的内容。

对检查发现的问题,应及时通知建筑使用管理单位现场或限期整改,并做好检查记录。对限期整改的问题,要做好跟踪复查,及时掌握整改情况。

第七章
灭火救援设施

DI QI ZHANG

建筑灭火救援设施是消防员进行建筑火灾处置的技术支撑,主要包括消防车道、救援场地及入口、消防电梯和屋顶直升机停机坪等方面。

第一节　消防车道

消防车道是指符合相应技术条件,在灾害情况下,能够确保消防车通行的道路。设置消防车道的目的就在于一旦发生火灾后,确保消防车顺利到达火场,消防人员能迅速开展灭火战斗,及时扑灭火灾,最大限度地减少人员伤亡和火灾损失。

一、消防车道的宽度、间距和限高

为保证火灾时消防车的顺利通行,城市道路应考虑消防车的通行要求,其宽度不应小于 4 m。由于消火栓的保护半径为 150 m 左右,当建筑物的沿街部分长度超过 150 m 或总长度超过 220 m 时,为便于消防车使用应设穿过建筑物的消防通道。考虑到常用消防车的高度,消防通道上空 4 m 范围内不应有障碍物。

二、环行消防车道

对于高层民用建筑、超过 3 000 个座位的体育馆、超过 2 000 个座位的会堂,占地面积大于 3 000 m² 的商店建筑、展览建筑等单、多层公共建筑,高层厂房、占地面积超过 3 000 m² 的甲、乙、丙类厂房,占地面积超过 1 500 m² 乙、丙类库房、大型堆场、储罐区等较为重要的建筑物和场所,为了便于及时扑救火灾,其周围应当设置环行消防车道。

环行消防车道至少应有两处与其他车道连通,尽头式消防车道应设回车道或回车场,考虑到目前几种常用消防车的转弯半径,回车场面积可根据所需消防车的情况,不小于 12 m×12 m 或 15 m×15 m 或 18 m×18 m。

三、消防车道的其他要求

(1) 供消防车取水的天然水源和消防水池,应当设置消防车道。

(2) 对于有内院或天井的建筑物,当其短边长度超过 24 m 时,可设置进入内院或天

井的消防车道。

（3）有河流、铁路通过的城市，可采取增设桥梁等措施，保证消防车道的畅通。

（4）消防车道与建筑物之间，不应设置妨碍登高消防车操作的树木、架空管线等。

（5）消防车道应尽量短捷，并宜避免与铁路平交。如必须平交，应设备用车道，两车道之间的间距不应小于一列火车的长度。

（6）消防车道下的管道和暗沟等，应能承受消防车辆的压力。

第二节　救援场地及入口

高层民用建筑、高层厂房（仓库）和人员密集的大型公共建筑，一旦发生大火，扑救难度相对较大。为了保证消防员到达现场后能快速开展灭火救援工作，这些建筑必须设置消防扑救面和消防扑救场地。

一、消防扑救面

消防扑救面是指消防车辆靠近建筑实施扑救作业所需的建筑外墙立面。

高层厂房（仓库）、超过 3 000 个座位的体育馆、超过 2 000 个座位的会堂、占地面积大于 3 000 m² 的展览馆等公共建筑和建筑面积大于 3 000 m² 商业建筑应布置长度不少于一个长边长度或不小于周边长度 1/3 的消防扑救面。

高层建筑底边至少有一个长边或周边长度的 1/4 且不小于一个长边长度，应设置为消防车扑救场地，在此范围内不应布置进深大于 4.00 m 的裙房，且在此范围内必须设有直通室外的楼梯或直通楼梯间的入口。

二、登高操作场地

登高操作场地是指消防车辆靠近建筑实施登高扑救作业所需的场地。

设置消防扑救面的建筑，应在扑救面一侧设置登高操作场地，其长度不小于 15 m，宽度不应小于 10 m，对于建筑高度大于 50 m 的建筑，场地的长度和宽度分别不应小于 20 m 和 10 m。

登高操作场地距建筑外墙的间距不宜小于 5 m，且不应大于 10 m，且宜为连续的场地。

登高操作场地应与消防车道合理的衔接，场地的地面应为硬化地面，坡度不宜大于 3%，地面应能承受相应消防车行驶和操作时的荷载。根据 1998 年的调查统计，在役消防战斗车辆中，消防车的最大长度为 13.4 m，最大宽度为 4.5 m，最大高度为 4.15 m，最大载重量为 35.3 t，最大转弯直径为 24 m；消防车的最小转弯直径为 10 m，最小长度为 5.8 m，最小宽度为 1.95 m，最小高度为 1.98 m。

扑救面上不宜设置大面积玻璃幕墙，登高操作场地附近应设置室外消火栓、消防水池取水口、天然水源取水口等消防供水设施及消防水泵接合器。登高操作场地 10 m 范围内不宜布置停车场地等影响消防扑救操作的设施。

当登高操作场地需要设置绿化或景观时,宜选用空心植草砖、石板路、石子路。需要在硬化地面上种植草皮时,草皮及覆土厚度不宜超过15 cm。

三、入口

厂房、仓库、公共建筑的外墙应在每层的适当位置设置可供消防救援人员进入的窗口,并易于破碎、设置可在室外易于识别的明显标志。该窗口的净高度和净宽度均不应小于1.0 m,下沿距室内地面不宜大于1.2 m,间距不宜大于20 m且每个防火分区不应少于2个,位置应与消防登高操作场地相对应。

第三节　消防电梯

消防电梯主要应用于高层建筑中。发生火灾时,工作电梯会因断电和不具备防烟功能等原因而停止使用,楼梯则成为此时垂直疏散的主要设施。如不设置消防电梯,消防员将不得不通过爬梯登高,不仅时间长,消耗体力,延误灭火战机,而且救援人流与疏散人流往往冲突,受伤人员也不能及时得到救助,造成不应有的损失。因此,在高层建筑中设置消防电梯十分必要。火灾时,消防电梯成为运送消防人员和消防器材的一种快捷方便的交通工具,同时,在确保安全的前提下,消防电梯也可以用来疏散建筑内其他人员。

图 7-3-1　消防电梯外观图

一、消防电梯的设置场所

建筑防火设计中,应根据建筑物的性质、重要性和建筑高度、建筑面积诸多因素确定设置消防电梯及其数量。通常,高层民用建筑中的一类公共建筑、建筑高度超过32 m的二类公共建筑、建筑高度大于33 m的住宅建筑应设置消防电梯;设置消防电梯的建筑的地下或半地下室,埋深大于10 m且总建筑面积大于3 000 m² 的其他地下、半地下建筑(室);建筑高度超过32 m且设有电梯的高层厂房及建筑高度超过32 m的高层库房,每个防火分区内宜设一台消防电梯。

消防电梯应分别设置在不同防火分区内,且每个防火分区不应少于1台。

二、消防电梯的设置要求

(1)电梯井应有足够的耐火能力。井内严禁敷设可燃气体和甲、乙、丙类液体管道,并不应敷设与电梯无关的电缆、电线等。井壁除开设电梯门洞和通气孔外,不应开设其他洞口。电梯门不应采用栅栏门。

(2)消防电梯井应与其他竖向管井分开单独设置。消防电梯井、机房与相邻电梯井、机房之间，应采用耐火极限不低于 2.00 h 的隔墙隔开；在隔墙上开门时，应设甲级防火门。

（3）消防电梯应分别设在不同的防火分区内。

（4）消防电梯应设前室，前室的建筑面积：居住建筑不应小于 4.5 m²，公共建筑和工业建筑不应小于 6 m²。当与防烟楼梯间合用前室时，居住建筑不应小于 6 m²；公共建筑和工业建筑不应小于 10 m²。消防电梯间前室的门，应采用乙级防火门，不应设置卷帘。

（5）消防电梯间前室宜靠外墙设置，在首层应设直通室外的出口；当受条件限制时，应设置能直通室外的通道，其经过长度应不超过 30 m，便于消防人员能迅速地到达消防电梯入口。

（6）消防电梯的行驶速度应与建筑高度相适应，一般宜保证 1 min 内到达顶层。如建筑高度为 120 m，消防电梯的运行速度应不低于 2 m/s。

（7）电梯轿厢的内部装修应采用不燃烧材料，其载重量应能满足至少一个消防战斗班（8 人）携带扑救设备的乘车需要，最低不应小于 800 kg。轿厢内还应设置专用电话，以便消防员在抢救行动中加强联系。

（8）消防电梯应在首层设置供消防人员专用的操纵按钮，如图 7-3-2 所示。专用操纵按钮是消防电梯特有的装置，它设在首层靠近电梯轿厢门的开锁装置内。火灾时，消防员通过使用专用操纵按钮使电梯降到首层，以保证消防员的使用，同时使工作电梯启动开关全部自动停止使用。

（9）消防电梯的井底应设排水设施，条件许可时，可将井底水直接排向室外；不能直接将水排出室外的，应设排水井，其容量不应小于 2 m³，排水泵的排水量不应小于 10 L/s。前室门口宜设挡水设施。同时，动力与控制电缆、电线应作防水、防火处理。

图 7-3-2　消防电梯专用按钮

消防电梯是在建筑物发生火灾时供消防人员进行灭火与救援使用且具有一定功能的电梯，是高层建筑特有的消防设施。普通工作电梯在发生火灾时会因断电和不具备防烟功能等原因而停止使用，消防人员在处置高层建筑火灾时使用消防电梯运送消防人员及灭火器材、装备，可节省时间、降低体力消耗、避免与疏散人流冲突等。

三、消防电梯操作

（一）迫降方法

1. 专用按钮迫降

使用腰斧或其他硬物击碎按钮保护玻璃片，依生产厂家和产品型式的不同，采用按下/拨动方式接通按钮，消防电梯应能自动回降至首层并将门打开。

2. 消防控制室远控迫降

按下消防控制室联动控制盘远控按钮，如图 7-3-3 所示，消防电梯接受指令回降至首层并将门打开,观察控制室内有关启动指示和信号反馈情况。

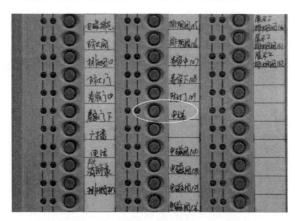

图 7-3-3 消防控制室远程控制按钮

3. 自动联动控制迫降

当建筑内火灾探测器或手动报警按钮启动,系统将按照预先设定的程序发出指令,自动联动控制消防电梯回降至首层并将门打开。

(二)火场应用方法

火场指挥员在消防控制室了解到消防电梯所在位置后,首先根据火灾报警控制器显示屏、打印机所显示的报警部位,判断消防电梯前室及电梯井内是否有烟,然后向消防控制室值班人员询问消防电梯是否处于完好有效状态。确认消防电梯处于完好状态后,视消防电梯数量,组织不少于两名消防员的力量携带通信工具、照明灯具、破拆器具进入消防电梯,专门负责操作。

消防人员到达首层的消防电梯前室(或合用前室)后,首先用随身携带的手斧或其他硬物将保护消防电梯按钮的玻璃片击碎,然后将消防电梯按钮置于接通位置。操作时按下标有"ON"的红色按钮或带有"红圆点"的一端即可进入消防状态。电梯进入消防状态后,若电梯在运行中,将自动降到首层将门打开;若电梯原来已经停在首层,则自动打开。消防人员进入消防电梯轿厢内后,应先按下希望到达的楼层,用手紧按关门按钮直至电梯门关闭,待电梯启动后,方可松手,否则,在关门过程中如松开手,门则自动打开,电梯也不会启动。有些情况下,需要同时保持楼层按钮和关门按钮,直到电梯启动才能松手。

(三)人员被困情况下的应急措施

1. 平时救援

消防人员应在经过专业培训、有资质的电梯维修人员辅助下,按以下步骤进行:保留轿厢照明,切断电梯动力电源,防止电梯意外启动;确认被困电梯位置,电梯停在距某平层附近时,使用专用的钥匙,插入位于电梯层门右上方的小孔中,开启层门,并用手拉开轿厢门,协助乘客疏散;电梯距层门较远时,需在楼顶电梯间内,手动绞上或绞下使电梯停靠在最近一层再进行施救。

2. 火场救援

虽然消防电梯在设计时采用双回路供电,并在最末一级配电箱处设有自动切换装置,但由于火灾现场情况复杂多变,消防人员可能因消防电梯停止运行而被困于电梯轿厢。消防人员被困于电梯轿厢内时,应立即使用通信工具向火场指挥部报告包括所在楼层等尽可能详细的信息。

(1)外部施救

由于电梯轿厢及电梯井壁的屏蔽作用,消防员携带的无线电台可能失去作用,这时,火场指挥员可以派人采取敲击各楼层电梯门的方法,并辅之大声喊话,以确定电梯轿厢的位置。营救位置确定后,按下列步骤开展救援:消防员打开轿厢停靠位置上方的层门,进入轿顶;轿顶上的消防员打开安全窗,拉出储存在轿厢上的梯子,并把它放入轿厢内;组织被困人员沿梯子爬上轿顶;消防员和被困人员从井道内打开层门门锁并撤离。

若上述方法实施困难,也可采用破拆的方式救援。首先用手斧或钳子将电梯层门上的钥匙孔破坏,用扁平螺丝刀插入后向下压,由于封闭电梯层门的挂钩脱钩,电梯层门将自动打开。将手斧插入轿厢门的门缝内,以一人之力即可将轿厢门拉开,救出电梯轿厢内的被困人员。

(2)自救

由于外部施救人员在进行营救时需要的时间较长,因此,轿厢内部的消防人员在条件允许的情况下可按下列步骤(如图 7-3-4 所示)进行自救:被困消防员利用轿厢内的踩踏点(或轿厢内的安全梯)爬上轿顶,打开轿厢安全窗;将储存在轿厢上的便携式梯子放下,组织被困人员沿梯子爬上轿顶;被困人员从井道内打开层门门锁并撤离。

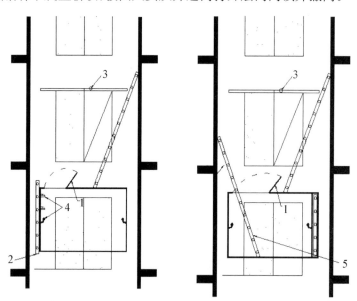

图 7-3-4　消防电梯自救

1—安全窗;2—轿厢外安全梯;3—层门门锁;4—轿厢内踩踏点;5—轿厢内安全梯

操作过程中为防止意外发生,操作消防电梯的组成人员中至少有一名是该单位的电梯操作工。与此同时,还应注意以下事项:

(1)进入消防电梯后,待电梯门完全关闭,使用通信工具与消防控制室通话,确认通信是否畅通。如果消防员所携带通信工具无法在电梯运行全过程中与消防控制室保持通信畅通,应使用消防电梯桥箱内的有线电话,但由于它仅是工作电话而非消防专用电话,所以消防人员进入电梯前应记录下消防控制室内的电话号码,必要时通过拨打此号码与消防控制中心保持联系。

(2)当兼作客梯使用的消防电梯存在错层或分区间运行时,消防员应在专人指导下操作或由该单位专业人员操作。

(3)消防电梯的停靠位置应选择在着火层的下一层,消防人员出电梯后改由防烟楼梯进入着火楼层。

(4)在消防电梯前室使用室内消火栓时,应注意避免泄漏出来的水流向电梯门洞,若存在这种可能性时,应采取必要防水措施。

(5)火场指挥员在消防控制室应密切注意火灾烟气的蔓延方向,一旦发现消防电梯前室或电梯井内火灾探测器报警,应及时通知现场消防作战人员放弃使用电梯或使用空气呼吸器乘用电梯。

(6)如果消防控制室内可以迫降所有电梯时,火场指挥人员则应根据有利人员疏散的原则,有选择地迫降电梯,如果所有电梯均迫降下来,则会引起无关区域人员的紧张。

(7)如果在自救过程中,电梯轿厢下降,不论人是在轿厢内,还是在轿厢顶,必须立即停止一切自救措施,加强自身保护,待电梯停止运行后,再自救。

(8)消防电梯前室设有正压送风防烟系统的,火场指挥员应在消防控制室内远距离打开其前室内正压送风口,并联动启动正压送风机,确认送风口及送风机已正常运行后,方可命令消防人员使用消防电梯。

(9)消防电梯前室使用可开启外窗来防烟时,则火场指挥员应命令消防作战人员佩带空气呼吸器乘电梯到达第一个报出火警的火灾探测器所在楼层的下一层。消防人员可从该层前室可开启外窗处探出身子,使用破拆工具将上一层同一部位的外窗由外而内击碎,实现防烟功能;当然,必要时,也可直接乘坐电梯到着火层,以低姿态方式迈出电梯桥箱,查看地面光线的来源或凭记忆向外窗所在位置前进,然后打开外窗排烟,同时,应关闭前室防火门,以避免烟气的再次进入。如果消防电梯与防烟楼梯合用前室,楼梯间也采用可开启外窗防烟,且楼梯间内的火灾探测器也报出火警,那在完成以上工作的同时,还应乘电梯到达楼梯间所能到达的最高楼层,打开楼梯间的可开启外窗,将进入楼梯间的烟气排出。

四、消防电梯巡查

消防员进行"六熟悉"时应对辖区单位的消防电梯进行巡查,掌握其工作状态是否符合相关技术要求并采用相应检查方法进行必要测试。

(一)巡查内容

消防电梯的巡查内容主要包括:消防电梯迫降按钮外观;轿厢内电话外观及线路;消

防电梯的运行时间;消防电梯运行状态信息及消防控制设备信号反馈情况。

(二) 巡查方法

查看消防电梯迫降按钮是否用透明罩保护。触发首层的迫降按钮,检查能否控制消防电梯下降至首层。在轿厢内用专用对讲电话通话,检查轿厢内的专用对讲电话是否能与消防控制室正常通话。用秒表测量自首层升至顶层的运行时间,检查从首层到顶层的运行时间是否超过60s。

通过现场手动实验、在消防控制设备上手动启动消防电梯控制装置、模拟火灾信号(按下电梯前的手动报警按钮或给探测器加烟)等方式查看消防电梯动作情况和信号反馈功能后复位:电梯升至顶层(或其他层)时在首层操作下降按钮,消防电梯应直接降至首层,并向控制室控制设备反馈其动作信号;消防控制室确认火灾后,应能控制消防电梯和常用电梯自动停于首层,并接收其反馈信号;消防控制设备处于自动状态时,接收到报警信号后应能输出控制消防电梯和常用电梯降至首层的信号,显示其动作状态。

第四节　　　直升机停机坪

直升机停机坪是高层建筑发生火灾时供直升机救援屋顶平台上的避难人员时停靠的设施,在垂直疏散中能起到辅助疏散和临时避难的作用。

一、停机坪的设置条件

建筑高度超过100 m,且标准层建筑面积超过2 000 m² 的公共建筑,宜设置屋顶直升机停机坪或供直升机救助的设施。

二、停机坪的设置要求

(1) 设在屋顶平台上的停机坪,距设备机房、电梯机房、水箱间、共用天线等突出物的距离,不应小于5 m。起降区面积取决于可能停靠的直升机的全长,圆形停机坪的直径、正方形停机坪的边长均不小于所采用直升机总长的1.5倍;长方形停机坪长、宽分别为所采用直升机的2倍和1.5倍。起降区地面应具有足够的强度,其承载力应满足最大型直升机起降时起落架施加的动荷载和静荷载的要求,同时,还要考虑紧急或控制不良时着陆所产生的冲击荷载,防止停机坪结构被损坏。

(2) 停机坪的出口不应少于两个,每个出口宽度不宜小于0.9 m。

(3) 停机坪须配备救火抢险的工具及灭火设备,在适当位置应设置消火栓。

(4) 停机坪周围应设置边界灯、着陆方向灯、起降场嵌入灯等航空障碍灯,并应设置应急照明。

(5) 停机坪应有明显标志。

(6) 设置直升机停机坪有困难时,也可设置供直升机救助的设施,如营救台等。

当设置屋顶直升机停机坪确有困难时,可设置能保证直升机安全悬停与救援的设施。

下　篇

建筑消防设施

第八章

建筑消防设施概述

建筑消防设施是建筑物、构筑物（以下统称建筑物）中设置的用于火灾报警、灭火、人员疏散、防火分隔、灭火救援行动等防范和扑救建筑火灾的设备设施的总称。建筑消防设施在预防火灾发生、帮助人员逃生、控制及消灭火灾等方面发挥着巨大作用，是建筑物实现自防自救的重要设施。同时，它也是消防人员处置建筑物火灾的有力助手。

第一节　建筑消防设施作用与分类

建筑消防设施的设计、安装以国家有关消防法律、法规和技术规范为依据，建筑消防安全包括防火、灭火、疏散、救援等多个方面，因此建筑消防设施有与之相匹配的多种类别与功能，如火灾自动报警系统的报警与联动控制功能等。

一、建筑消防设施的作用

建筑消防设施是现代建筑的重要组成部分，不同建筑根据其使用性质、规模和火灾危险性的大小，需要有相应类别、功能的建筑消防设施作为保障。建筑消防设施的主要作用是及时发现和扑救火灾、限制火灾蔓延的范围，为有效地扑救火灾和人员疏散创造有利条件，从而减少由火灾造成的财产损失和人员伤亡。具体的作用大致包括防火分隔、火灾自动（手动）报警、电气与可燃气体火灾监控、自动（人工）灭火、防烟与排烟、应急照明、消防通信以及安全疏散、消防电源保障等方面。

二、建筑消防设施的分类

现代建筑消防设施种类多、功能全、使用普遍。按其使用功能不同进行划分，常用的建筑消防设施有以下十五类：

（一）建筑防火分隔设施

建筑防火分隔设施是指能在一定时间内把火势控制在一定空间内，阻止其蔓延扩大的一系列分隔设施。各类防火分隔设施一般在耐火稳定性、完整性和隔热性等方面具有不同要求。常用的防火分隔设施有防火墙、防火隔墙、防火门窗、防火卷帘、防火阀、阻火圈等。

（二）安全疏散设施

安全疏散设施是指在建筑发生火灾等紧急情况时，及时发出火灾等险情警报，通知、引导人们向安全区域撤离并提供可靠的疏散安全保障条件的硬件设备与途径。常用的安全疏散设施包括安全出口、疏散楼梯、疏散（避难）走道、消防电梯、屋顶直升机停机坪、消防应急照明和安全疏散指示标志等。

（三）消防给水设施

消防给水设施是建筑消防给水系统的重要组成部分，其主要功能是为建筑消防给水系统储存并提供足够的消防水量和水压，确保消防给水系统的供水安全。消防给水设施通常包括消防供水管道、消防水池、消防水箱、消防水泵、消防稳（增）压设备、消防水泵接合器等。

（四）防烟与排烟设施

建筑的防烟设施分为机械加压送风的防烟设施和可开启外窗的自然排烟设施。建筑的排烟设施分为机械排烟设施和可开启外窗的自然排烟设施。建筑机械防排烟设施主要由送排风管道、管井、防火阀门、送排风机等设备组成。

（五）消防供配电设施

消防供配电设施是建筑电力系统的重要组成部分，消防供配电系统主要包括消防电源、消防配电装置、线路等。消防配电装置是从消防电源到消防用电设备的中间环节。

（六）火灾自动报警系统

火灾自动报警系统由火灾探测触发装置、火灾报警装置、火灾警报装置以及具有其他辅助功能的装置组成。此系统能在火灾初期将燃烧产生的烟雾、热量、火焰等物理量，通过火灾探测器变成电信号，传输到火灾报警控制器，并同时显示出火灾发生的部位、时间等，使人们能够及时发现火灾并采取有效措施。火灾自动报警系统按应用范围可分为区域报警系统、集中报警系统和控制中心报警系统三类。

（七）自动喷水灭火系统

自动喷水灭火系统是由洒水喷头、报警阀组、水流报警装置（水流指示器、压力开关）等组件以及管道、供水设施组成的，能在火灾发生时做出响应并实施喷水的自动灭火系统。此系统依照采用的喷头分为两类：采用闭式洒水喷头的为闭式系统，包括湿式系统、干式系统、预作用系统、简易自动喷水系统等；采用开式洒水喷头的为开式系统，包括雨淋系统、水幕系统等。

（八）水喷雾灭火系统

水喷雾灭火系统是利用专门设计的水雾喷头，在水雾喷头的工作压力下将水流分解成粒径不超过 1 mm 的细小水滴进行灭火或防护冷却的一种固定灭火系统。其主要灭火机理为表面冷却、窒息、乳化和稀释作用，具有较高的电绝缘性能和良好的灭火性能。该系统按启动方式可分为电动启动和传动管启动两种类型；按应用方式可分为固定式水喷雾灭火系统、自动喷水—水喷雾混合配置系统、泡沫—水喷雾联用系统三种类型。

（九）细水雾灭火系统

细水雾灭火系统是由供水装置、过滤装置、控制阀、细水雾喷头等组件和供水管道组成的，能自动和人工启动并喷放细水雾进行灭火或控火的固定灭火系统。该系统的灭火机理主要是表面冷却、窒息、辐射热阻隔和浸湿以及乳化作用，在灭火过程中，几种作用往往同时发生，从而实现有效灭火。系统按工作压力可分为低压系统、中压系统和高压系统；按应用方式可分为全淹没系统和局部应用系统；按动作方式可分为开式系统和闭式系统；按雾化介质可分为单流体系统和双流体系统；按供水方式可分为泵组式系统、瓶组式系统、瓶组与泵组结合式系统。

（十）泡沫灭火系统

泡沫灭火系统由消防泵、泡沫储罐、比例混合器、泡沫产生装置、阀门及管道、电气控制装置组成。此系统按泡沫液发泡倍数的不同分为低倍数泡沫灭火系统、中倍数泡沫灭火系统及高倍数泡沫灭火系统；按设备安装使用方式可分为固定式泡沫灭火系统、半固定式泡沫灭火系统和移动式泡沫灭火系统。

（十一）气体灭火系统

气体灭火系统是指平时灭火剂以液体、液化气体或气体状态存储于压力容器内，灭火时以气体（包括蒸气、气雾）状态喷射灭火介质的灭火系统。该系统能在防护区空间内形成各方向均一的气体浓度，而且至少能保持该灭火浓度达到规范规定的浸渍时间，实现扑灭该防护区的空间、立体火灾。气体灭火系统按其结构特点可分为管网灭火系统和无管网灭火装置；按防护区的特征和灭火方式可分为全淹没灭火系统和局部应用灭火系统；按一套灭火剂储存装置保护的防护区的多少，可分为单元独立系统和组合分配系统。

（十二）干粉灭火系统

干粉灭火系统由启动装置、氮气瓶组、减压阀、干粉罐、干粉喷头、干粉枪、干粉炮、电控柜、阀门和管系等零部件组成，一般为火灾自动探测系统与干粉灭火系统联动。此系统氮气瓶组内的高压氮气经减压阀减压后进入干粉罐，其中一部分氮气被送到干粉罐的底部，起到松散干粉灭火剂的作用。

随着罐内压力的升高，部分干粉灭火剂随氮气进入出粉管，并被送到干粉固定喷嘴或干粉枪、干粉炮的出口阀门处，当干粉固定喷嘴或干粉枪、干粉炮出口阀门处的压力达到一定值后，阀门打开（或者定压爆破膜片自动爆破），压力能迅速转化为速度能，高速的气粉流便从固定喷嘴或干粉枪、干粉炮的喷嘴中喷出，射向火源，切割火焰，破坏燃烧链，起到迅速扑灭或抑制火灾的作用。

（十三）可燃气体报警系统

可燃气体报警系统即可燃气体泄漏检测报警成套装置。当系统检测到泄漏可燃气体浓度达到报警器设置的报警阈值时，可燃气体报警器就会发出报警信号，提醒及时采取安全措施，防止发生气体大量泄漏以及爆炸、火灾、中毒等事故。报警器按照使用环境可以分为工业用气体报警器和家用燃气报警器；按自身形态可分为固定式可燃气体报警器和便携式可燃气体报警器；按工作原理可以分为传感器式报警器、红外线探测报警器和高能

量回收报警器。

（十四）消防通信设施

消防通信设施是指专门用于消防检查、演练、火灾报警、接警、安全疏散、消防力量调度以及与医疗、消防等防灾部门之间进行联络的系统设施。其主要包括火灾事故广播系统、消防专用电话系统、消防电话插孔以及无线通信设备等。

（十五）移动式灭火器材

移动式灭火器材是相对固定式灭火器材而言的，即可以人为移动的各类灭火器具，如灭火器、灭火毯、消防梯、消防钩、消防斧、安全锤、消防桶等。

除此以外，一些其他的器材和工具在火灾等不利情况下，也能够起到灭火和辅助逃生等作用，如防毒面具、消防手电、消防绳、消防沙、蓄水缸等。

第二节　建筑消防设施灭火救援应用

对于每一个建筑物，其内部消防设施是依据国家工程建设有关消防技术规范而设置的，在火灾预防、人员疏散、初期火灾控制等方面具有非常高的针对性。普通消防站装备的配备应适应扑救本辖区内一般火灾和抢险救援的需要，特勤消防站的装备配备应适应扑救与处置特种火灾和灾害事故的需要。因而，辖区高层建筑、地下工程、石油化工装置及适用灭火剂较为特殊的场所等发生火灾时，仅依靠既有消防装备就不能完全胜任处置火灾的需要。因此，扑救高层建筑、地下工程、石油化工装置及适用灭火剂较为特殊的场所等火灾时应尽量利用其固定设置的消防设施。

一、建筑消防设施具有现场可操作性

提升"打得赢"能力，除不断改善消防装备水平外，更应依靠苦练基本功来解决。苦练基本功的含义很深刻，除常规意义上的体能、装备操作技能外，还应包括对建筑消防设施的理论学习和实际操作。过去人们总认为：如果消防设施管用，那火灾就不可能发生或发生后也能被及时控制和消灭掉；如果不管用，则就不存在使用消防设施处置火灾的可能。当然，处于瘫痪状态的消防设施是不能用来处置火灾的，但我们不能仅靠消防设施未能自动启动或未能被远距离启动就判定其处于瘫痪状态，就不去使用它们。事实上，大多数消防设施如自动灭火、防烟排烟等系统以及防火分隔设施都具有现场手动启动或机械应急操作功能。火灾发生时，接受过训练或开展过使用演练的消防员只需进入上述消防设施的安装部位，通过触动电气控制柜上的启动按钮或应急操作装置就能启动整个系统。如果一场火灾在不使用或很少使用消防装备的情况下，依靠消防员对消防设施的现场启动或应急操作就迅速控制和扑灭火灾，那才是真正意义上的赢得灭火战斗，这也是提升"打得赢"能力的重要途径。

具备现场操作功能的常规建筑消防设施及操作部位见表8-2-1。

表 8-2-1 具备现场操作功能的建筑消防设施设置部位

序号	消防设施名称	现场操作装置设置部位
1	消火栓系统	消火栓位于楼层,消火栓泵位于水泵房,水泵接合器位于室外
2	自动喷水灭火系统	喷淋泵位于水泵房,水泵接合器位于室外
3	气体灭火系统	现场紧急启/停按钮位于防护区附近,机械应急操作装置位于钢瓶间,选择阀、瓶头阀位于钢瓶间
4	泡沫灭火系统	消防泵、泡沫泵、冷却水泵位于泵房,泡沫罐及比例混合装置位于泵房,泡沫消火栓、泡沫炮及控制阀位于罐区防火堤外
5	火灾自动报警系统	火灾报警控制器位于消防控制室,火灾显示盘位于楼层走道、楼梯口
6	防烟系统	送风口位于消防电梯、防烟楼梯间前室或合用前室、楼梯间,送风机位于风机房
7	排烟系统	排烟口位于走道、地下室、外墙等部位,排烟机位于风机房
8	消防应急广播系统	扬声器位于各楼层,扩音机位于消防控制室
9	消防应急照明系统	应急照明灯具位于疏散走道、楼梯间等部位,电源自带或集中设置在电源室
10	消防电话系统	电话分机位于消防设备用房,电话插孔分布于楼层走道,电话主机位于消防控制室
11	防火门、防火卷帘	防火门位于防烟楼梯间、防火墙等部位,防火卷帘位于连通室内上、下空间的中庭四周等部位,它们的现场释放装置位于安装部位附近
12	消防电梯	消防电梯位于消防电梯前室或与防烟楼梯合用的前室内,手动操作按钮位于低层电梯门边

为方便消防人员操作使用,建筑消防设施在设置位置、安全性能、动力保障及安装高度等方面都作了考虑。如附设在建筑物内的消防水泵房,当设在首层时,其出口直通室外;当设在地下室或其他楼层时,其出口直通安全出口;再如安装高度方面,要求室内消火栓栓口距离地面 1.1 m;要求手动报警按钮、消防电话插孔、火灾显示盘等的底边距离地面不大于 1.5 m。

二、处置现代建筑火灾的现实需要

1996 年 4 月 2 日凌晨 2 时许,辽宁省沈阳市沈阳商业城发生火灾,大火燃烧了 6 个多小时。沈阳市消防支队于 2 时 24 分接到火警,2 时 27 分赶到火场,先后共调集 84 辆消防车,559 名消防员参与火灾扑救。由于内部消防设施未能正常启动,大火将这座建筑面积 72 000 平方米的钢筋混凝土建筑的 1 至 6 层的内部物资、设施全部烧毁。2008 年 1 月 2 日 20 时 20 分左右,新疆乌鲁木齐市德汇国际广场批发市场发生火灾。消防部门先后调集了 84 辆消防车、10 台洒水车、8 台自卸车、6 台铲车,435 名消防员参与火灾扑救。到 5 日 17 时完全扑灭,火灾燃烧了近 68 个小时,同样由于内部消防设施未能启动,大火不但将市场地下一层至地上十二层烧穿，还引燃了相邻的德汇大酒店。

以上两个案例充分说明不利用建筑消防设施或消防设施未能发挥作用，仅依靠消防装备是不能胜任处置现代建筑火灾需要的。沈阳商业城、新疆德汇国际广场批发市场属于商业场所，火灾荷载大是造成巨大损失的重要原因之一。与此同时，现代建筑所呈现出来的功能复杂化、规模大型化、高度超高化、立面封闭化、内部空间通透化、使用面积地下化等特点，也是加剧火灾扑救难度的主要原因。这些特点给灭火救援带来的困难主要表现在利用现有消防装备无法接近建筑内部深处的火点实施近距离打击；很难甚至无法完成对发生在较高楼层火灾的扑救；无法对沿建筑内部中庭、天井等竖向井道垂直向上蔓延的火焰及烟气实施堵截；很难对相对封闭的无窗建筑、场所实施外攻；很难进入地下场所实施内攻；很难甚至无法排除内部火灾烟气等。但消防人员可由外部通道直接进入消防控制室、消防泵房等消防设施安装部位，通过现场应急操作，启动消防泵向灭火用水点供水；乘坐消防电梯或通过攀爬防烟楼梯到达与起火部位相关的楼层或区域，手动打开送风口、排烟阀，联动启动送风机、排烟机，向疏散部位送入新鲜空气，排出火场高温有毒烟气；也可在起火部位的相关楼层或部位对防火卷帘、防火门等防火分隔设施实施现场应急释放、关闭等操作，对火灾蔓延实施堵截。

有些特殊建筑或建筑的特殊部位发生火灾，使用消防队常规装备和灭火手段可能导致无法估量的经济损失，如不适宜用水灭火的重要文物储藏场所或大型通信枢纽工程。它们只适用气体灭火剂来保护，而气体灭火剂及其储运工具并非消防队常规装备。火灾发生时，只能通过现场启动该场所专设的气体灭火系统来处置火灾。

三、建筑消防设施灭火救援应用

建筑消防设施的灭火救援应用可以做如下简单描述：

（一）利用火灾自动报警系统开展火场侦察、确定进攻路线

火灾报警控制器是火灾自动报警系统的重要组成部分之一，它安装在消防控制室内，可以通过声、光、文字等方式显示出系统报警时间以及报警火灾探测器、动作消防设备的类别、地址码、所在回路、设置部位等信息，具有打印功能的火灾报警控制器还能将以上信息自动打印出来，具有 CRT 显示装置的火灾自动报警系统还可自动显示出包含有报警探测器设置部位、楼层功能划分、灭火设施设置位置、疏散通道走向、安全出口方位以及消防电梯、楼梯间设置位置等信息的楼层平面图。如果系统有多个报警探测器，火灾报警控制器将对第一个报警探测器的相关信息予以固定显示，后续报警探测器的相关信息视显示界面的大小连续或滚动显示。只要系统未遭火灾破坏，火灾报警控制器就将实时显示出最新报警探测器的相关信息。依据火灾报警控制器所显示的第一报警信息，结合张贴于消防控制室墙壁上的建筑平面图，消防人员就能迅速判断出火灾起始时间、部位以及该部位使用功能；根据后续报警信息，可以确定出火灾烟气蔓延方向；根据报警探测器所在的部位，可以判定哪座楼梯、哪座电梯、哪个楼层或楼层的哪个区域是安全可用的；根据动作消防设备的相关信息，可以判定建筑消防设施的运行情况等。通过以上分析、判断，火场指挥员就可以确定灭火救援的进攻路线、战斗方案以及力量部署。

（二）利用消防广播、防烟排烟等系统进行人员疏散

消防广播主机、功放以及选层设备安装于消防控制室内,扬声器分布于疏散走道、大厅以及客房、办公室等相对封闭的场所内。消防人员可根据火灾报警控制器显示出来的报警信息,在消防控制室内,利用消防广播系统对建筑内所有楼层进行广播,诱导被困人员进行自救、疏散、安抚和劝慰。

防烟系统的送风口设置于防烟楼梯间、防烟楼梯间前室、消防电梯前室或消防电梯与防烟楼梯间合用前室内,送风机设置于一楼或地下室或顶楼专用送风机房内,系统的自动、远距离控制装置位于消防控制室内。消防人员可在消防控制室内或设备现场打开送风口、送风机对防烟楼梯间、防烟楼梯间前室、消防电梯前室或消防电梯与防烟楼梯间合用前室送风,使它们处于正压状态,防止火灾烟气入侵,创造充满新鲜空气的、无烟的疏散通道,方便被困人员疏散以及消防人员处置火灾。

排烟系统的排烟口设置于火灾烟气蔓延的走道、房间内,排烟机设置于一楼或地下室或顶楼的专用排烟机房内,系统的自动、远距离控制装置位于消防控制室内。消防人员可在消防控制室或设备现场打开排烟口、排烟机将走道、房间内聚集的火灾烟气排出,避免火灾烟气四处蔓延、影响人员疏散及火灾扑救。

（三）利用防火分隔设施堵截火势

建筑内设置的防火分隔设施主要有防火墙、防火门、防火卷帘、防火阀、水幕系统等。防火门、防火卷帘及水幕系统设置于建筑内部连通不同防火分区的水平或竖向开口部位,防火阀设置于贯通不同防火分区的通风空调系统管道上,它们的控制装置通常设置在现场,也有的是设置在消防控制室。消防人员利用火灾报警控制器判断出火灾烟气蔓延方向后,可根据防火分隔设施的设置部位,安排消防员佩带防护装备,携带操作工具,关闭防火门、释放防火卷帘、启动水幕系统、关闭防火阀,防止火灾沿上述部位蔓延。

（四）利用消防供水设施供水

消防供水设施主要包括高位消防水箱、消防泵、消防水泵接合器等。高位消防水箱设置于建筑物最高处,消防泵一般设置于建筑物内一层或地下一层专用泵房内,消防水泵接合器设置于建筑物外消防车道附近。消防人员可根据火灾报警控制器显示出来的火灾信息,决定使用哪一种消防供水设施向灭火用水点供水。

火势尚未形成蔓延之势时,消防员可两人一组,在起火部位附近寻找到消火栓后,打开箱门,利用消火栓或消防水喉灭火。此时无须启动消防泵,因为,屋顶水箱内存有十分钟初期灭火水量,且水箱液位控制装置(如浮球阀、液位开关)在水位下降后自动启动加压泵向消防水箱内注水。

火灾蔓延开来将导致灭火用水点的增多,灭火用水量增大,仅靠高位消防水箱已不能满足扑救火灾所需的水压和水量。为保证灭火战斗所需的水量、水压,现场消防员应通过击碎箱内启泵按钮或利用通信设备呼叫消防室值班人员对消防泵实施远距离启动。消防泵启动后,现场消防员应能看到启泵按钮上的水泵启动信号反馈灯被点亮,持水枪人员应明显感觉到水压增大、射程加大。

实施远距离启泵后,如果现场消防员并未感觉到水压、流量的变化,则应立即通过通

信设备呼叫火场指挥员并通报情况。火场指挥员接到报告后,应立即组织人员进入消防泵房,对消防泵实施现场启动。水泵启动后,启泵人员应与现场消防员、火场指挥员保持联系,并严密监视水泵的运行状态。如果现场消防员反映水压、水量已满足战斗要求,则说明启泵顺利完成。如果现场无法启动消防泵或消防泵启动后现场消防员仍反映水压、水量不能满足战斗要求,则需要组织消防车辆,利用消防水泵接合器向室内管网供水。投入使用的消防车,其型号的选择、数量的多少以及组合方式应依据消防泵的扬程、流量,起火部位距离地面的高度综合确定。

(五) 利用消防电话系统保障火场通信

消防电话主机安装于消防控制室内,消防电话分机设置于重要消防设备用房内,消防电话插孔设置于走道、大厅等人员容易观察和接近的部位。火灾处置现场,消防人员可建立以消防无线通信设备为主、消防电话系统为辅的火场通信网络。火场指挥员在消防控制室内利用消防电话主机,现场消防员在无线通信设备盲区使用电话分机、插孔电话呼叫电话主机,以保障信息畅通。

(六) 利用专设灭火系统处置特定场所火灾

按照国家工程建设有关消防技术规范的规定以及保护对象适用灭火剂的要求,重要文物储藏场所、计算机房、配电房等均设有气体灭火系统,而大型油罐则设置有泡沫灭火系统。由于消防队缺乏足够量专用气体、泡沫灭火剂以及必要的灭火工具,因此,上述场所一旦发生火灾,消防员应尽量使用其专设的灭火系统来消灭火灾。

第三节　消防控制室

消防控制室是建筑消防设施的监管中心,不仅是单位消防管理人员了解系统或设备运行信息、监视火灾蔓延态势、控制消防设备动作、组织人员疏散、发布处置命令的场所,也是消防员开展火情侦察、判断烟气蔓延路线、部署战斗力量、确定进攻路线、建立火场通信的重要作战场所。同时,消防控制室内的火灾报警控制器可为后期开展的火灾原因调查提供强有力的帮助。因此,消防控制室在建筑物火灾防范、控制,人员疏散以及帮助消防员处置建筑物火灾等方面具有十分重要的作用。《建筑设计防火规范》《火灾自动报警设计规范》《汽车库、修车库、停车场设计防火规范》国家工程建设有关消防技术规范以及现行国家标准《消防控制室通用技术要求》等都对消防控制室的设置做了专门规定。

一、消防控制室的设置要求

设置火灾自动报警系统和需要联动控制的消防设备的建(群)应设置消防控制室。消防控制室是建筑物内防火、灭火设施的显示、控制中心,为了使消防控制室能在火灾预防、火灾扑救及人员、物资疏散时发挥作用,并能在火灾时坚持工作,必须确保控制室具有足够的防火性能,设置的位置能便于安全进出。

根据建筑物的实际情况,消防控制室可单独设置,也可与消防值班室、保安监控室、综合控制室合用。可独立建造,也可附设在建筑物内。附设在建筑内的消防控制室,宜设置在建筑内首层或地下一层,并宜布置在建筑的扑救面和消防车登高场地一侧的靠外墙部位,方便火灾时消防指挥员与控制室值班人员及时沟通;不应设置在电磁场干扰较强及其他可能影响消防控制设备正常工作的房间附近;疏散门应直通室外或安全出口,疏散门应向疏散方向开启;为便于消防人员寻找,消防控制室门上应设置明显标志。如消防控制室设在建筑物的首层,控制室门的上方应设标志牌或标志灯,地下室内的控制室门上的标志必须是带灯光的装置。设置标志灯的电源应从消防电源上接入,以保证标志灯电源可靠。

具有两个或两个以上消防控制室时,应确定主消防控制室和分消防控制室。主消防控制室内的消防设备应能显示各分消防控制室内消防设备的状态信息,并可对分消防控制室内的消防设备及其控制的消防系统和设备进行控制,各分消防控制室之间的消防设备之间可以相互传输、显示状态信息,但不应相互控制。消防人员在对大规模建筑群开展"六熟悉"工作过程中,应进行详细了解,理清每个消防控制室的主从地位,并在战斗预案中进行体现。

二、消防控制室的设备组成及设置要求

消防控制室内设置的消防设备应包括火灾报警控制器、消防联动控制器、消防控制室图形显示装置、消防电话总机、消防应急广播控制装置、消防应急照明和疏散指示系统控制装置、消防电源监控器等设备,或具有相应功能的组合设备。消防控制室内应设有用于火灾报警的外线电话;消防控制室应有相应的竣工图纸、各分系统控制逻辑关系说明、设备使用说明书、系统操作规程、应急预案、值班制度、维护保养制度及值班记录等文件资料。

消防控制室的供电应按一、二级负荷的标准供电;控制室内应设置应急照明装置,其供电电源应采用消防电源,若使用蓄电池供电,供电时间至少应大于火灾报警控制器的蓄电池供电时间,并应保持工作面的正常照度;为保证消防控制设备安全运行,便于检查维修,消防控制室内严禁穿过与消防设施无关的电气线路及管路,以免互相干扰造成混乱或事故;为保证消防控制室内工作人员和设备运行的安全,应设独立的空气调节系统,当采用建筑内已有的通风空调系统时,应在送、回风管的穿墙处应设防火阀,以阻止火灾烟气沿送、回风管道蔓延至消防控制室,危及工作人员及设备的安全,该防火阀应能在消防控制室内手动或自动关闭,动作信号应能反馈。

三、消防控制室的控制及显示功能

由于每个建筑的使用性质和功能不完全一样,消防系统及其相关设备的组成及设置位置也不尽相同,但消防控制室作为建筑火灾防御的中心,应能对其组成设备实施准确控制并显示相关信息,并应具有向城市消防远程监控中心传输这些信息的功能。

消防控制室内至少采用中文显示周边消防车道、消防登高车操作场地、消防水源位置以及相邻建筑防火间距、建筑面积、建筑高度、使用性质等情况以及相关消防安全管理信息;火灾自动报警和联动控制系统及其控制的各类消防设备(设施)的名称、物理位置和各消防设备(设施)的动态信息。消防安全管理信息见表8-3-1,火灾报警信息和建筑消防设

施运行状态信息表8-3-2。

当有火灾报警信号、监管报警信号、反馈信号、屏蔽信号、故障信号输入时,消防控制室应有相应状态的专用总指示(不受消防控制室设备复位操作以外的任何操作的影响),显示相应部位对应总平面布局图中的建筑位置(建筑群)、建筑平面图,在建筑平面图上指示相应部位的物理位置和名称,记录时间和部位等信息。

消防控制室在火灾报警信号、反馈信号输入10 s内显示相应状态信息,其他信号输入100 s内显示相应状态信息。应能显示可燃气体探测报警系统、电气火灾监控系统的报警信息、故障信息和相关联动反馈信息。

表 8-3-1 消防安全管理信息表

序号	项目		信息内容
1	基本情况		单位名称、编号、类别、地址、联系电话、邮政编码,消防控制室电话;单位职工人数、成立时间、上级主管(或管辖)单位名称、占地面积、总建筑面积、建筑总平面图(含消防车道、毗邻建筑等);单位法人代表、消防安全责任人、消防安全管理人及专兼职消防管理人的姓名、身份证号码、电话
2	主要建、构筑物等信息	建(构)筑	建筑物名称、编号、使用性质、耐火等级、结构类型、建筑高度、地上层数及建筑面积、地下层数及建筑面积、隧道高度及长度等、建造日期、主要储存物名称及数量、建筑物内最大容纳人数、建筑立面图及消防设施平面布置图消防控制室位置,安全出口的数量、位置及形式(指疏散楼梯)毗邻建筑的使用性质、结构类型、建筑高度、与本建筑的间距
		堆场	堆场名称、主要堆放物品名称、总储量、最大堆高、堆场平面图(含消防车道、防火间距)
		储罐	储罐区名称、储罐类型(指地上、地下、立式、卧式、浮顶、固定顶等)、总容积、最大单罐容积及高度、储存物名称、性质和形态、储罐区平面图(含消防车道、防火间距)
		装置	装置区名称、占地面积、最大高度、设计日产量、主要原料、主要产品、装置区平面图(含消防车道、防火间距)
3	单位(场所)内消防安全重点部位信息		重点部位名称、所在位置、使用性质、建筑面积、耐火等级、有无消防设施、责任人姓名、身份证号码及电话
4	室内外消防设施信息	火灾自动报警系统	设置部位、系统形式、维保单位名称、联系电话控制器(含火灾报警、消防联动、可燃气体报警、电气火灾监控等)、探测器(含火灾探测、可燃气体探测、电气火灾探测等)、手动报警按钮、消防电气控制装置等的类型、型号、数量、制造商;火灾自动报警系统图
		消防水源	市政给水管网形式(指环状、支状)及管径、市政管网向建(构)筑物供水的进水管数量及管径、消防水池位置及容量、屋顶水箱位置及容量、其他水源形式及供水量、消防泵房设置位置及水泵数量、消防给水系统平面布置图
		室外消火栓	室外消火栓管网形式(指环状、支状)及管径、消火栓数量、室外消火栓平面布置图

（续表）

序号	项目		信息内容
		室内消火栓系统	室内消火栓管网形式（指环状、支状）及管径、消火栓数量、水泵接合器位置及数量、有无与本系统相连的屋顶消防水箱
		自动喷水灭火系统（含雨淋、水幕）	设置部位、系统形式（指湿式、干式、预作用，开式、闭式等）、报警阀位置及数量、水泵接合器位置及数量、有无与本系统相连的屋顶消防水箱、自动喷水灭火系统图
		水喷雾灭火系统	设置部位、报警阀位置及数量、水喷雾灭火系统图
		气体灭火系统	系统形式（指有管网、无管网，组合分配，独立式，高压、低压等）、系统保护的防护区数量及位置、手动控制装置的位置、钢瓶间位置、灭火剂类型、气体灭火系统图
		泡沫灭火系统	设置部位、泡沫种类（指低倍、中倍、高倍，抗溶、氟蛋白等）、系统形式（指液上、液下，固定、半固定等）、泡沫灭火系统图
		干粉灭火系统	设置部位、干粉储罐位置、干粉灭火系统图
		防烟排烟系统	设置部位、风机安装位置、风机数量、风机类型、防烟排烟系统图
		防火门及卷帘系统	设置部位、数量
		消防应急广播	设置部位、数量、消防应急广播系统图
		应急照明及疏散指示系统	设置部位、数量、应急照明及疏散指示系统图
		消防电源	设置部位、消防主电源在配电室是否有独立配电柜供电、备用电源形式（市电、发电机、EPS等）
		灭火器	设置部位、配置类型（指手提式、推车式等）、数量、生产日期、更换药剂日期
5	消防设施定期检查及维护保养信息		检查人姓名、检查日期、检查类别（指日检、月检、季检、年检等）、检查内容（指各类消防设施相关技术规范规定的内容）及处理结果，维护保养日期、内容
6	防火巡检记录		值班人姓名、巡检时间、巡检内容（用火、用电有无违章，安全出口、疏散通道、消防车道是否畅通，安全疏散指示标志、应急照明是否完好，消防设施、器材和消防安全标志是否在位、完整，常闭式防火门是否处于关闭状态，防火卷帘下是否堆放物品影响使用，消防安全重点部位的人员是否在岗等）
7	火灾信息		起火时间、起火部位、起火原因、报警方式（指自动、人工等）、灭火方式（指气体、喷水、水喷雾、泡沫、干粉灭火系统，灭火器，消防队等）

表 8-3-2　火灾报警信息和建筑消防设施运行状态信息表

设施名称		内　　容
火灾探测报警系统		火灾报警信息、可燃气体探测报警信息、电气火灾监控报警信息、屏蔽信息、故障信息
消防联动控制系统	消防联动控制器	动作状态、屏蔽信息、故障信息
	消火栓系统	消防水泵电源的工作状态,消防水泵的启、停状态和故障状态,消防水箱(池)水位、管网压力报警信息及消火栓按钮的报警信息
	自动喷水灭火系统、水喷雾(细水雾)灭火系统(泵供水方式)	喷淋泵电源工作状态,喷淋泵的启停状态和故障状态,水流指示器、信号阀、报警阀、压力开关的正常工作状态和动作状态
	气体灭火系统、细水雾灭火系统(压力容器供水方式)	系统的手动、自动工作状态及故障状态,阀驱动装置的正常工作状态和动作状态,防护区域中的防火门(窗)、防火阀、通风空调等设备的正常工作状态和动作状态,系统的启、停信息,紧急停止信号和管网压力信号
	泡沫灭火系统	消防水泵、泡沫液泵电源的工作状态,系统的手动、自动工作状态及故障状态,消防水泵、泡沫液泵的正常工作状态和动作状态
	干粉灭火系统	系统的手动、自动工作状态及故障状态,阀驱动装置的正常工作状态和动作状态,系统的启、停信息,紧急停止信号和管网压力信号
	防烟排烟系统	系统的手动、自动工作状态,防烟排烟风机电源的工作状态,风机、电动防火阀、电动排烟防火阀、常闭送风口、排烟阀(口)、电动排烟窗、电动挡烟垂壁的正常工作状态和动作状态
	防火门及卷帘系统	防火卷帘控制器、防火门监控器的工作状态和故障状态,卷帘门的工作状态,具有反馈信号的各类防火门、疏散门的工作状态和故障状态等动态信息
	消防电梯	消防电梯的停用和故障状态
	消防应急广播	消防应急广播的启动、停止和故障状态
	消防应急照明和疏散指示系统	消防应急照明和疏散指示系统的故障状态和应急工作状态信息
	消防电源	系统内各消防用电设备的供电电源和备用电源工作状态和欠压报警信息

四、消防控制室实战应用

第一出动力量到达火场后,应立即派出一名熟悉着火建筑情况的辖区中队指挥员和一名通信员进入消防控制室,组成内攻前沿行动小组。视情况可要求着火单位消防控制室的值班人员参与其中。如果现场火势较大,成立火场指挥部,前沿行动小组要和火场指挥部保持不间断联系,以便汇报情况,受领任务。概括来说,消防控制室的实战应用主要包括火情侦察、人员疏散、火场指挥与通信、消防联动设备操作与控制等四个方面。

（一）利用消防控制室进行火情侦察

在前沿行动小组进入到消防控制室后,通过询问消防控制中心值班人员及观察火灾报警控制器、图形显示装置、视频监控设备,可掌握首先报警的火灾探测器的位置以及其他火灾探测器报警的顺序,同时结合自动喷水灭火系统中水流指示器的报警情况,可较为精确地确定最先发生火灾部位的具体楼层或具体防火分区,如图 8-3-1 所示,该建筑火灾初起部位为 1824 室,根据这些信息再结合建筑图纸,消防人员可以通过简单的描绘,确定出火灾的蔓延路线及主要方向,表示出各方向的蔓延快慢,以便采取进一步的措施。如图8-3-2 所示为火灾蔓延路线示意图。

图 8-3-1 火警信息显示图

在实际的火场中,往往火灾自动报警和自动喷水灭火系统提供的火场情况要比派出侦查人员所侦查的情况快而且准确。通过综合分析火灾自动报警系统、自动喷水灭火系统所反馈的信息和侦查人员的侦查结果,前沿行动小组可以迅速有效地掌握火场情况。在获得起火位置、蔓延方向和火灾范围等情况后,前沿行动小组应立即向后方指挥部进行汇报,同时可将这些情况通知进入火场的侦查员,以便进行更有针对性的侦查,避免盲目的"地毯式"侦查。后方指挥部可综合利用获取的信息,部署兵力,展开灭火救援行动。

（二）利用消防控制室进行人员疏散

除利用传统的外部观察、询问知情人和内部侦察来掌握人员被困数量和大致位置外,前沿行动小组进入消防控制室后,应利用控制室内设置的视频监控系统了解建筑各楼层人员活动情况,同时,也可根据触发的手动报警按钮信号、消防电话分机呼入信号等来辅助确定被困人员位置。

前沿行动小组应检查消防应急广播系统是否已开启,没自动开启的要手动开启。在确定着火区域后,可通过消防广播系统疏散火灾层、火灾上一层和火灾下一层的人员,同时为了保障建筑内部人员对于火灾情况的知情权,应向整个建筑进行应急广播。当预先录制的播音内容不适应现场需求时,应当及时改用话筒实施临机广播,切换"应急广播"状态为"话筒播音"状态。对于被困人员应稳定其情绪,防止惊慌、拥挤和跳楼,视建筑火势发展变化情况,通知有关楼层内的被困人员向顶层疏散或向避难层逃生。

高层建筑的人员疏散以通过楼梯间的竖向疏散为主,为保证人员安全,楼梯间的形式为封闭楼梯间或防烟楼梯间。对设有正压送风系统和排烟系统的楼梯间,前沿行动小组

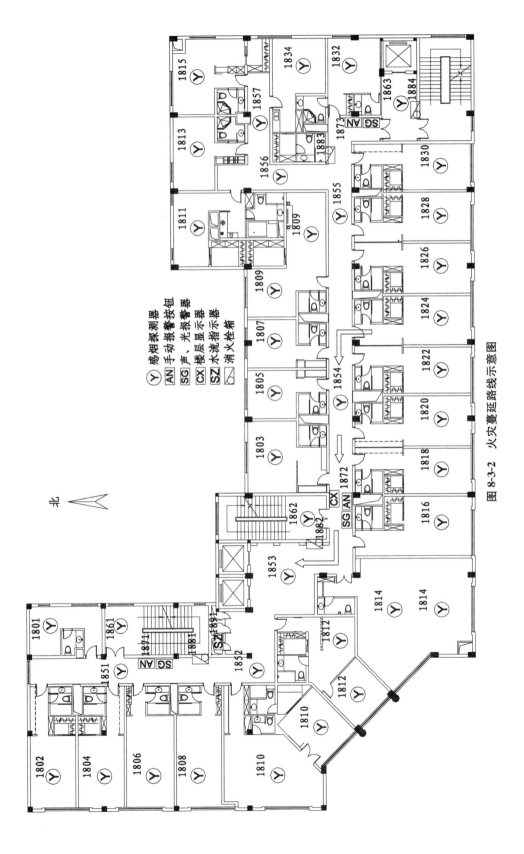

图 8-3-2 火灾蔓延路线示意图

应在消防控制室启动正压送风和排烟风机,以保证楼梯间不存在烟气。考虑到很多用来封闭防烟楼梯间或封闭楼梯间的防火门处于敞开的位置,如果火灾时不采取措施,烟气会迅速充满整个疏散通道。因此前沿行动小组应观察相关显示器,查看各层防火门是否都已关闭,如果发现有未关闭的防火门,应立即派员佩戴空气呼吸器通过消防电梯或楼梯去关闭敞开的防火门,以保证正压送风系统和排烟系统充分发挥应有的作用,保证人员安全疏散。

火灾发生时,若不是供电线路发生的火灾,可以先不切断电源,尤其是正常照明电源,以保持正常照明的照度,加快人员疏散的速度。为便于火灾现场及周边人员逃生,火灾发生后,宜及时打开涉及疏散的电动栅杆、疏散通道上由门禁系统控制的门和庭院的电动大门,打开停车场入口处的挡杆,以便于人员的疏散、火灾救援人员和装备进入火灾现场。

(三)利用消防控制室加强火场指挥与通信

在扑救高层建筑火灾中,除了使用对讲机等常规通信工具外,进入消防控制室的前沿行动小组还可采取以下两种通信方法:一是利用消防控制室的消防广播系统指挥火灾扑救,前沿行动小组可作为联络后方指挥部和一线灭火消防员的枢纽,在接收到后方指挥部的命令,可利用消防广播系统向消防员发布火场指挥部命令,指挥灭火战斗行动,并提醒消防员在灭火战斗中应注意的事项;二是利用对讲电话进行通信,高层建筑在施工时,均按要求在消防控制室、各楼层、水泵房等处安装了对讲电话插孔,消防员可携带电话机,根据情况,将电话机插入电话插孔与消防控制室里的指挥人员进行通话,汇报情况或受领任务,若电话分机或电话插孔不靠近作业现场时,可采用消防电话系统与消防员无线通信设备联用的方式,组织起有效的火场通信,如图 8-3-3 所示。

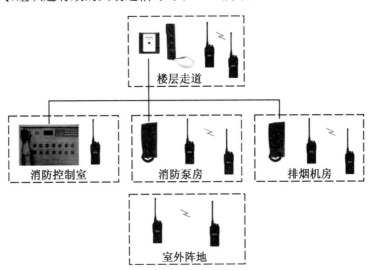

图 8-3-3 消防无线通信设备与建筑消防电话系统联用示意图

（四）利用消防控制室操控联动控制设备控火灭火

进入消防控制室侦察掌握火场情况后,结合建筑内固定消防设施的工作状况,前沿行动小组应根据需要进行远程操控以控制和消灭火势。降下着火区域周围的防火卷帘,关闭防火门,防止火势和烟气的蔓延。当火灾报警信号确认后,消防控制室会自动开启相应的灭火系统及时将火扑灭,但是火灾自动报警系统存在较多的误报现象,有的建筑内的消防管理人员将火灾报警控制器的控制方式置于"自动禁止"状态,使得发生火灾时系统无法自动完成启动及释放的全过程。为杜绝上述现象发生,前沿行动小组到场后要检查这些消防设施是否已经启动,如没有自动启动,消防人员可以通过火灾报警控制器键盘操作更改运行方式为"自动允许",使现场被控设备自动投入使用。除此之外,还可在消防控制室远程手动操作,启动相应的消防设施进行控火灭火。

五、消防控制室巡查

消防员进行"六熟悉"时应对辖区重点单位的消防控制室进行巡查,掌握它们的工作状态是否符合相关技术要求并采用相应检查方法进行必要测试,确保消防控制室真正具备预防火灾、及时发现火灾以及有效扑救初起火灾的重要作用。

（一）巡查内容

在对消防控制室进行巡查时,重点巡查消防控制室的硬件设施、软件设施及控制室值班人员情况。如消防控制室的设置、消防控制室内的设备情况、消防控制室日常管理制度、纸质及电子档案资料、控制室内人员配置及操作设备能力等。

（二）巡查方法

1. 硬件设施

对于附设在建筑物内部的消防控制室,应查看其是否设置在建筑物首层或地下一层,且布置在靠外墙部位;疏散门是否直通室外或安全出口;消防控制室的布局是否变更且挪作他用;消防控制室内是否堆放大量易燃、可燃杂物;消防控制室设备与墙体间距离是否符合相关规范要求;消防控制室是否设有明显标志;消防控制室是否设有应急照明灯且满足正常照度;消防控制室是否设有一部外线报警电话。

查看消防控制室内的火灾报警控制器是否处于正常监控状态,指示灯显示是否正常。按下火灾报警控制器上的自检功能键,观察火灾报警控制器是否对其音响器件、面板所有指示灯、显示器、打印功能进行检查。

将火灾自动报警系统置于自动状态,触发建筑内任意火灾探测器或手动报警按钮,模拟火灾报警,查看火灾报警控制器能否接收来自触发器件的火警信号,是否发出火灾的声、光报警信号,相关联动设备是否自动启动,液晶显示屏是否准确显示或记录火灾发生的部位及时间、相关联动设备动作状态及时间,打印机是否准确打印。有图形显示装置的,观察是否准确显示火警及其报警部位、时间。检查广播控制器是否在接收广播联动信号后,按照预设逻辑选择播音区域并启动应急广播,同时查看火灾报警控制器面板上应急广播灯是否点亮,液晶屏是否显示应急广播状态和选择的播音区域,现场消除火情或复位手动报警按钮后,按下报警控制器上的复位键,观察系统是否恢复正常。

将消防联动程序置于手动状态,根据检查需要按下消防联动控制盘上消火栓泵或喷淋泵、正压送风风机、排烟风机、防火卷帘、消防电梯等相应联动设备的启动、停止控制按钮,观察相应联动设备是否被远程控制启动或停止,运行设备的指示灯是否点亮,观察联动设备动作后联动控制盘上是否接收到反馈信号,查看液晶显示屏上是否显示相关设备动作状态,打印机是否准确打印。拿起话筒按下应急广播键,手动启动应急广播,并选择播音区域查看应急广播启动后应急广播指示灯是否点亮。拿起消防电话主机手柄,选择并接入电话分机,查看相应的电话分机是否接通,通话音质是否清晰,观察测试电话主机的录音功能是否完好。

2. 软件设施

查看消防控制室是否悬挂张贴值班制度、消防安全组织结构图、值班人员职责和公安部消防局颁布的"消防控制室管理及应急程序",确保消防控制室值班人员都能熟练背诵,做到规范管理,严守程序,准确操作,实现火灾的早期报警和早期灭火。

查看消防控制室值班人员职责、消防控制室值班制度、消防安全教育及培训制度、防火检查和巡查制度、消防设施维护管理制度等消防安全管理制度是否健全且贯彻落实;消防控制室值班人员火警处置程序、消防控制设备操作规程等是否健全。

查看控制室内的建(构)筑物竣工后的总平面图、建筑消防设施平面布置图、建筑消防设施系统图、安全出口布置图及重点部位布置图、消防系统控制逻辑关系说明、设备使用说明书、系统操作规程、消防设施一览表等档案资料是否完备;值班记录、消防安全检查记录、巡查记录、消防安全教育培训及灭火和疏散应急预案的演练记录是否规范;查看是否与有资质的社会单位签订维护保养检测合同,查看消防维修检查、测试、保养等记录是否规范。

3. 控制室值班人员

查看消防控制室值班人员是否经过专门培训机构进行培训和考核,通过建(构)筑物消防员职业技能鉴定,取得国家职业资格证书持证上岗;查看是否实行 24 h 专人值班,每班的值班人数不少于 2 人;现场提问,查看消防控制室值班操作人员是否熟悉消防控制设备功能,熟悉火灾和故障报警等应急操作程序,并能熟练操作控制设备。

第九章
消防水源及供水设施

DI JIU ZHANG

建筑消防设施中以水为介质,用于灭火、控火和冷却等功能的室外消火栓、室内、消火栓、自动喷水、泡沫、消防炮等系统,是建筑增强抗御火灾能力、提高"自救"水平的重要保障。而这些系统成功发挥作用的关键是充足的消防水源和运转正常的供水设施。

第一节　　消防水源及供水设施概述

消防水源为灭火战斗提供了水量保障,是建筑消防给水系统的水源中心;消防供水设施为灭火战斗提供了压力保障,是建筑消防给水系统的动力中心。建筑火灾的扑救离不开消防水源,而消防水源之所以能输送到建筑内部各个消防用水设备、器具则离不开消防供水设施。

一、消防水源

消防水源是指向水灭火设施、车载或手抬等移动消防水泵、固定消防水泵、消防水池等提供消防用水的给水设施或天然水源。消防水源的水量应充足、可靠,能够满足火灾持续扑救的需要,水质应满足水灭火设施本身,及其灭火、控制和冷却功能的要求。室外消防给水其水质可以差一些,并允许存在少量杂质,但室内消防给水对水质的要求比较严,杂质不能堵塞喷头和消火栓水枪等,水质不能有腐蚀性,其 pH 值应在 6.0~9.0 之间。

(一)市政给水管网

市政给水管网遍布整个城市,是消防用水的主要来源。它不仅可以通过设置在管线上的室外消火栓为灭火救援提供充足的水源,而且还能通过进户管直接为建筑物提供消防用水。在能保证消防用水量的前提下,市政给水管网是消防用水的首选水源。市政给水管网可按照下列标准进行分类:

1. 管网布置形式

按管网布置形式的不同,市政给水管网可分为环状管网、枝状管网。

(1)环状管网。管网在平面布置上,管道纵横相互联通,形成环状。由于环状管网的管道彼此连通,管网的供水安全可靠,不易受到管道维修或损坏的影响。在管径和水压相同的情况下,环状管网的供水能力是枝状管网的 1.5～2.0 倍。为了保证消防供水安全,室外消防给水管网一般都采用环状管网,且给水管道的管径不能小于 100 mm。

(2) 枝状管网。又称为树状管网,管网在平面布置上,干管与支管分明,形成树枝状,干管彼此无联系。枝状管网内,水流从水源地向用水对象单一方向流动。当某段管道进行检修或发生损坏时,会造成其后方消火栓无水供应。室外消防给水管网仅在建设初期或室外消防用水量不超过 15 L/s 时,可布置成枝状,小城镇和小型工业企业一般采用枝状管网。

2. 供水压力

按供水压力的不同,市政给水管网可分为高压给水管网、临时高压给水管网和低压给水管网。

(1) 高压给水管网,是指管网内始终保持水灭火设施所需要的系统工作压力和流量,火灾时无须消防水泵加压,直接从消火栓接水带、水枪即可出水灭火。

(2) 临时高压给水管网,是指管网内平时的水压和流量不能满足最不利点的灭火需要,火灾发生时,需要启动消防水泵才能使管网内的压力和流量达到灭火的要求。

(3) 低压给水管网,是指管网内平时压力较低,火场上水枪的压力是由消防车或其他移动消防泵加压形成的。一般城镇和居住区多采用这种管网。

3. 用途

按用途的不同,市政给水管网可分为生产、生活和消防合用给水管网,生活与消防合用给水管网,生产与消防合用给水管网和消防专用给水管网。

(1) 生产、生活和消防合用给水管网,大中城市的给水管网一般都属于此类型。采用这种给水管网必须保证全部消防用水量,因此,生产、生活用水量较大而消防用水量较小时,宜采用这种管网形式。从实际使用方面看,这种管网投资成本低,性能安全可靠。

(2) 生产、消防合用给水管网,此类型给水管网适用于企事业单位的室外消防给水系统。采用这种给水管网的前提是消防用水不会引起生产事故,生产设备检修不会引起消防用水中断,生产用水量达到最大时仍能满足消防全部用水量。

(3) 生活、消防合用给水管网,此类型给水管网适用于城镇、居住区和企事业单位的室外消防给水系统。采用这种管网形式可以保证管网内水质良好,便于日常维护和保养,消防给水安全性也较好。

(4) 消防专用给水管网,当工业企业内生产、生活用水量较小而消防用水量较大,或者三种用水合并在一起技术上难以实现,或者是生产用水可能被易燃、可燃液体污染时,可采用此种形式的给水管网。

(二) 消防水池

消防水池是人工建造的供固定或移动消防水泵吸水的蓄水设施,可作为市政给水管网或市政消防给水管网流量不能满足室内外消防用水量的一种重要补充。通常,消防水池按位置分为高位消防水池和消防水池。消防水池的分类详见表9-1-1。

表 9-1-1　消防水池分类

序号	分类方式	名称	说明
1	按位置区分	室外消防水池	水池全部位于建筑物外
		室内消防水池	水池全部位于建筑物内
		室内外消防水池	水池部分在建筑物外,部分在建筑物内
2	按形状区分	矩形消防水池	水池平面呈矩形
		方形消防水池	水池平面呈方形
		圆形消防水池	水池平面呈圆形
		多边形消防水池	水池平面呈多边形
3	按标高区分	地下式消防水池	水池位于地面下
		地上式消防水池	水池位于地面上
		半地下式消防水池	水池部分在地下、部分在地上
		楼层消防水池	水池设在楼层,是地上式消防水池的特例
		屋顶消防水池	水池设在屋顶,是楼层消防水池的特例
4	按使用区分	专用消防水池	只满足消防用水量需求
		生产、消防水池	生活、生产、消防合用水池,需有确保消防用水量不被他用的技术措施
		生活、消防水池	
		生产、生活、消防水池	
5	按材料区分	钢筋混凝土消防水池	包括预应力钢筋混凝土消防水池
		混凝土消防水池	—
		砖砌消防水池	—
		玻璃钢消防水池	—
		不锈钢消防水池	—
6	按受力情况区分	重力式消防水池	
		压力式消防水池	水池顶盖受力,采用密闭池顶结构
7	按构造区分	整体式消防水池	—
		装配式消防水池	—
8	按顶盖区分	有盖消防水池	适用于北方
		无盖消防水池	可用于南方地区,或称敞开式消防水池

（三）天然水源

天然水源是指由地理条件自然形成的,可供灭火时取水的水源,如江河、海洋、湖泊、池塘、溪沟等。按照存在形式不同,天然水源可分为地表水和地下水两种。

地表水,是指存在于地壳表面,暴露于大气的水,包括江河、湖泊、池塘、水库和海水等。在天然水源中,一般以地表水作为消防水源。

地下水源,是指存在于地壳岩石裂缝或土壤空隙中的水,包括上层滞水、潜水、承压水、裂隙水、熔岩水和泉水等。缺少地表水的地方,往往通过挖掘水井来获取地下水,并用作消防水源。

(四) 备用消防水源

备用消防水源是指平时可作他用,必要时作为消防水源的设施或场所,主要包括雨水清水池、中水清水池、水景和游泳池等。由于备用水源会受到季节、维修等因素影响,间歇供水的可能性大,所以不能作为消防水源的主要来源。

二、消防供水设施

消防供水设施是建筑消防给水系统的重要组成部分,其主要任务是为建筑消防给水系统储存并提供足够的水量和水压,确保建筑消防给水系统供水安全。消防供水设施通常包括:消防水泵、高位消防水箱、稳压泵、消防水泵接合器、消防水泵房等。

(一) 消防水泵

消防水泵是通过叶轮的旋转将能量传递给水,从而增加了水的动能、压能,并将其输送到灭火设备处,以满足各种灭火设备的水量、水压要求,它是消防给水系统的心脏。目前消防给水系统中使用的水泵多为离心泵,因为该类水泵具有适应范围广、型号多、供水连续、可随意调节流量等优点。

消防水泵包括固定消防水泵、移动消防水泵和消防车消防水泵。固定消防水泵设置在建筑物内。消防车消防水泵设置在消防车上,用于直接扑救或控制在其扑救范围内的火灾。移动消防水泵主要指供消防员使用的移动式手抬消防泵。消防水泵的分类详见表9-1-2。

表 9-1-2 消防水泵分类

序号	分类方式	名称	说明
1	按泵传动轴位置区分	卧式消防泵	水泵传动轴与水平线平行
		立式消防泵	水泵传动轴与垂直线平行
2	按工作状态区分	消防工作泵	水泵始终处于临战状态,并在消防时立即投入运行的消防泵
		消防备用泵	在消防工作泵出现故障或维修时,能自动投入运行的消防泵
3	按出口数量区分	单出口消防泵	水泵为单一出口的消防泵
		双出口或多出口消防泵	水泵出口数为两个或两个以上的消防泵,可同时向多个给水分区供水
4	按原动机区分	电动机消防泵	以电动机驱动的消防泵
		汽油机消防泵	以汽油机为动力驱动的消防泵
		柴油机消防泵	以柴油机为动力驱动的消防泵

（续表）

序号	分类方式	名称	说明
5	按提供压力区分	低压消防泵	额定工作压力不大于 1.4 MPa 的消防泵
		中压消防泵	额定工作压力在 1.4～2.5 MPa 之间的消防泵
		中低压消防泵	既能提供中压又能提供低压的消防泵
		高压消防泵	额定工作压力不小于 3.5 MPa 的消防泵
		高低压消防泵	既能提供高压又能提供低压的消防泵
6	按水泵出水性能区分	离心消防泵	以离心原理设计的消防泵
		切线消防泵	以切线原理设计的消防泵,工作曲线较平坦
7	按连接方式区分	分体消防泵	水泵和电动机结构分开,电动机采用风冷却
		直联消防泵	水泵和电动机采用一体化结构,电动机采用水冷却
8	按材料区分	普通消防泵	水泵传动轴、泵壳和叶轮均采用普通钢材
		不锈钢消防泵	水泵的传动轴或整体都采用不锈钢材料
9	按叶轮数量区分	单级泵	只有一个叶轮的泵
		多级泵	有两个或两个以上叶轮的泵

（二）高位消防水箱

高位消防水箱是指设置在高处直接向水灭火设施重力供应初期火灾消防用水量的蓄水设施。设置高位消防水箱的目的,一是提供水灭火系统启动初期的用水量和水压,在消防泵出现故障的紧急情况下应急供水;二是利用高位差为水灭火系统提供准工作状态下所需的水压以达到管道内充水并保持一定压力的目的。

消防水箱按照容量大小可分为 18 m³、12 m³ 及 6 m³ 三种规格;按照制作材料的不同可分为钢板型、玻璃钢型、混凝土型三种;按照组装方式的不同可分为焊接型、拼装型及现场浇注型等;按照用途不同可分为生产、生活与消防合用 、独立消防水箱。

（三）稳压泵

稳压泵是指能使自动喷水灭火系统在准工作状态的压力保持在设计工作压力范围内的一种专用水泵,作用是稳定自动喷水灭火系统和消火栓给水系统的压力,使系统水压始终处于要求压力状态,一旦喷头或消火栓出水,即能流出满足消防用水所需的水量和水压。通常设置在消防水泵房内或高位消防水箱旁。

稳压泵配合主泵,从水池取水输向系统保持系统压力式,称"常高压"或"稳高压""准高压"系统,是不设高位消防水箱的系统。"稳高压"消防给水系统的稳压泵必须在平时保持运行状态,维持管网压力,在火灾发生时,仍应能运行一段时间,直至主消防泵启动为止,须按主、备泵设置稳压泵。由于需要稳压泵一直保持运行状态,启动频繁,且容易损坏,所以为缓解稳压泵启动频繁问题,通常配置具有一定调节容量的小型气压罐,气压罐有效储水容积不宜小于 150 L。

（四）消防水泵接合器

消防水泵接合器是指固定设置在建筑物外,用于消防车或机动泵向建筑物内消防给水系统输送消防用水或其他液体灭火剂的连接工具,主要作用是向系统内增加水压和水量。在我国,消防水泵接合器是作为临时给水设施来设置的,故它是对消防泵给水的补充供水;在国外,消防水泵接合器还具有对消防水池补水的功能和对串联消防泵供水的功能。

按安装形式可分为地上式、地下式、墙壁式和多用式,如图 9-1-1 所示;按出口的公称通径可分为 100 mm 和 150 mm 两种;按公称压力可分为 1.6 MPa、2.5 MPa 和 4.0 MPa 等多种;按连接方式可分为法兰式和螺纹式两种。

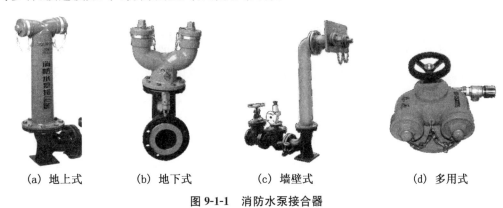

(a) 地上式　　　(b) 地下式　　　(c) 墙壁式　　　(d) 多用式

图 9-1-1　消防水泵接合器

（五）消防水泵房

消防水泵房是安装消防水泵及其动力设备等相关附属设备的建筑物,是消防给水系统的心脏,一旦发生故障,直接影响消防用水。因此,消防水泵房应采取可靠的安全运行措施,并应保障水泵房管理人员的安全。消防水泵房的分类详见表 9-1-3。

表 9-1-3　消防水泵房分类

序号	分类方式	名称	说明
1	按位置区分	独立式消防水泵房	与建筑物分开设置
		附属式消防水泵房	在主体建筑或裙房中设置
2	按使用性质区分	专用消防水泵房	功能专一的
		共用消防水泵房	与生活、生产给水系统共用
			消火栓给水系统和自动喷水灭火系统共用
3	按服务范围区分	独用消防水泵房	一幢建筑使用
		合用消防水泵房	几幢建筑合用
4	按系统区分	消火栓给水系统消防水泵房	—
		自动喷水灭火系统消防水泵房	—

消防水泵房可附设在建筑物内,当消防用水量大于 200 L/s 时宜设置独立的消防水泵房,且可与生产生活水泵合建在同一泵房内,消防水泵应相应集中,并有明显标识。

第二节　消防水源及供水设施组成与工作原理

消防水源应满足消防供水设施对用水水质、水量的要求,消防供水设施应为室内消防给水设施扑救火灾提供可靠的、充足的水量和水压。本节主要介绍消防水源、消防供水设施的基本组成、设置要求、技术标准及工作原理。

一、消防水源

消防水源可取自市政给水管网、消防水池、天然水源、备用水源等,但应首先选用市政给水管网,因为市政给水管网与其他消防水源相比,其供水的连续性较好,不会受到季节和维修等的影响。市政给水管网通常沿城市道路进行敷设,遍布整个城市,敷设管道一般采用水泥管、铸铁管或钢管,是城市的主要消防水源。

(一) 市政给水管网

市政给水管网一般由输水干管、配水管、水压调节设施(减压阀)及水量调节设施(水塔、高位水池)等构成。为了保证市政给水管网的正常运行和维护管理需要,管网上必须安装阀门等各种必要的附件。

1. 输水干管与配水管

输水干管是指由供水厂将水输送到各需水压段,连接配水管的管道。公称口径 DN800 或以上口径的管道为输水干管。目前国内用于输水的管道,主要有钢管、球墨铸铁管、预应力钢筒混凝土管(PCCP 管)、夹砂玻璃钢管和 TPEP 防腐钢管。为保证供水系统安全,输水管不宜少于两条,当其中一条发生故障时,其余的输水干管应仍能满足生产、生活和消防正常用水量。

配水管分为配水干管和配水支管。配水干管是指在各需水压段,将输水干管送来的水转输到各用水地段、用水地点,用以连接配水支管的管道。公称口径 DN400、DN600 的管道为配水干管使用。配水支管是指在各供水地段,将配水干管转输的水供给用户的管道。公称口径 DN300 或以下口径的管道为配水支管使用。

2. 常见阀门

阀门是给水管网中,用来控制水流的方向、压力、流量的装置,具有导流、截止、节流、止回、分流或溢流卸压等功能。阀门的种类和规格繁多,目前国内、国际大多采用通用分类法进行分类,既按作用、原理又按结构划分进行分类。一般可分为闸阀、截止阀、蝶阀、止回阀、减压阀、安全阀等。

(1) 截止阀

截止阀又称截门阀,属于强制密封式阀门,是使用最广泛的阀门之一。截止阀的密封副由阀瓣密封面和阀座密封面组成,阀杆带动阀瓣沿阀座的中心线作垂直运动,其密封是通过对阀杆施加扭矩,阀杆在轴向方向上向阀瓣施加压力,使阀瓣密封面和阀座密封面紧密贴合,阻止水流沿密封面之间的缝隙泄漏。截止阀启闭过程中,阀瓣开启高度较小,易于流量的调节,压力适用范围广,缺点是启闭力矩较大难以实现快速启闭。截止阀构造如图 9-2-1 所示。

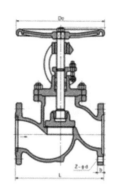

图 9-2-1 截止阀

（2）闸阀

闸阀是指关闭件(闸板)沿通道轴线的垂直方向移动的阀门,在管路上主要作为切断水流用,即全开或全关使用。一般,闸阀不可作为调节流量使用。闸阀具有流动阻力小,启闭时较省力,启闭时间长,不易产生水锤现象,形体简单,结构长度短等优点,缺点是密封面之间易引起冲蚀和擦伤,维修比较困难。

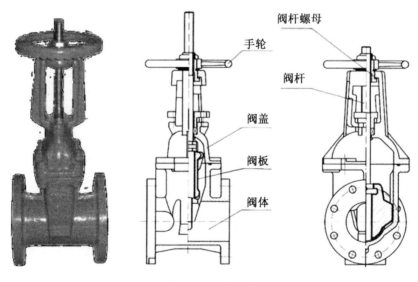

图 9-2-2 明杆闸阀

闸阀可分为明杆闸阀和暗杆闸阀。闸阀的闸板随阀杆一起做直线运动的,叫升降杆闸阀,也叫明杆闸阀,构造如图 9-2-2 所示。阀杆螺母设在闸板上,手轮转动带动阀杆转动,而使闸板提升,这种阀门叫作旋转杆闸阀,也叫暗杆闸阀,构造如图 9-2-3 所示。

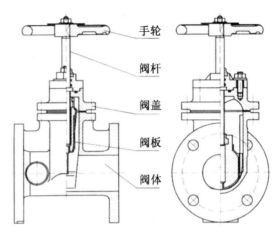

手轮

阀杆

阀盖

阀板

阀体

图 9-2-3　暗杆闸阀

（3）止回阀

止回阀是指依靠水流本身流动而自动开、闭阀瓣，用来防止水流倒流的阀门，又称逆止阀、单向阀、逆流阀和背压阀。止回阀属于一种自动阀门，其主要作用是防止水流倒流和泄放、防止泵及驱动电机反转。止回阀按结构可分为旋启式止回阀和升降式止回阀，构造如图 9-2-4 所示。

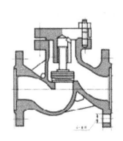

（a）升降式止回阀旋

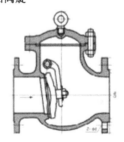

（b）旋启式止回阀

图 9-2-4　止回阀

（4）蝶阀

蝶阀又叫翻板阀，是指关闭件（阀瓣或蝶板）为圆盘，围绕阀轴旋转来达到启闭与调节的目的，是一种结构简单的调节阀。蝶阀的蝶板安装于管道的直径方向，蝶阀全开到全关通常小于 90°，蝶阀和阀杆本身没有自锁能力，为了蝶板的定位，要在阀杆上加装涡轮减速器。蝶阀具有结构简单、启闭方便迅速、流体阻力小、调节性好等优点,但密封性较差。常见的蝶阀有手把式蝶阀和信号蝶阀两种,构造如图 9-2-5 所示。

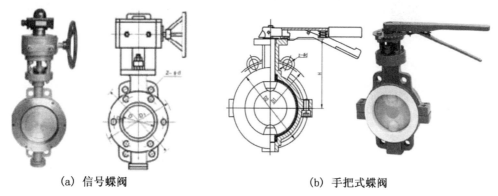

(a) 信号蝶阀　　　　　　　　　　　　　(b) 手把式蝶阀

图 9-2-5　蝶阀

（5）安全阀

安全阀属于自动类阀门,一般安装在封闭系统的设备或管路上,起到安全保护作用,可根据工作压力自动启闭。平时安全阀应处于关闭状态,当设备或管道内压力升高,超过设定值时,阀门能快速自动开启,泄放压力,防止设备或管路损坏或爆炸;当压力降至设定值以下时,阀门应及时关闭,且密闭无泄漏。安全阀构造如图 9-2-6 所示。

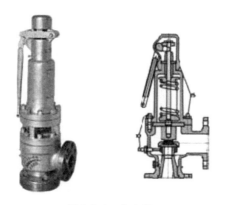

图 9-2-6　安全阀

（6）球阀

球阀是由旋塞演变而来的,它的启闭件是一个球体,利用球体绕阀杆的轴线旋转90°实现开启和关闭的目的。球阀在管道上主要用于切断、分配和改变水的流动方向,设计成 V 型开口的球阀还具有良好的流量调节作用。球阀不仅结构简单、密封性能好,而且具有体积较小、重量轻、驱动力矩小、操作简便、易实现快速启闭等特点。球阀构造如图9-2-7 所示。

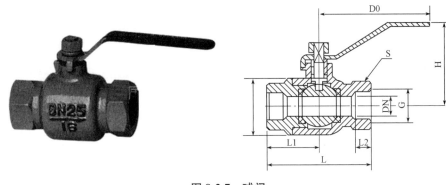

图 9-2-7　球阀

3. 市政给水管网设置要求

市政给水管网作为消防水源时，市政给水厂至少有两条输水干管向市政给水管网输水；室外消防给水管网应布置成环状，当室外消防用水量小于等于 15 L/s 时，可布置成枝状；给水管网的管径不应小于 DN100，条件允许时应不小于 DN150；向环状管网输水的进水管不应少于两条，当其中一条发生故障时，其余的进水管应能满足消防用水总量的供给要求；市政给水管网可以连续供水；环状管道应采用阀门分成若干独立段，每段内室外消火栓的数量不宜超过 5 个。

（二）消防水池

消防水池是人工建造的蓄水设施，是市政给水的重要补充手段。消防水池设置一般有两种形式，一种是高位消防水池（塔），通过重力直接向水灭火设施供水，设置高度以能满足建筑最不利点消防供水压力为标准，是常高压消防给水系统的重要代表形式；另一种是消防水池，一般设置在建筑地下层，与消防水泵、消防供水管网组成系统，储水量却决于建筑的性质规模等，属于临时高压系统。

1. 消防水池的设置条件

当生产、生活用水量达到最大，而市政给水管网或引入管不能满足室内外消防用水量时；当采用一路消防供水或只有一条引入管，且室外消火栓设计流量大于 20 L/s 或建筑高度大于 50 m 时；市政消防给水设计流量小于建筑的消防给水流量时需要设置消防水池。不同建（构）筑物设置的消防水池，其有效容积应根据国家相关消防技术标准经计算确定。

2. 消防水池的容积与补水

独立设置的消防水池，在室外给水管网能保证室外消防用水量时，其有效容积应满足火灾延续时间内室内消防用水量的需求，否则其有效容量应满足在火灾延续时间内室内消防用水量和室外消防用水不足部分之和的要求。

非独立设置的消防水池，也称作合用消防水池，其有效容积在满足火灾延续时间内消防用水量的需求同时，还应当设有可靠的技术措施（参见图 9-2-8），以保证消防用水不会被生产、生活用水所占用。

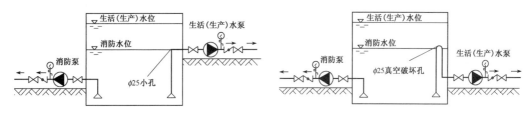

图 9-2-8　合用水池保证消防用水不被动用的技术措施

消防水池采用两路供水且在火灾情况下连续补水能满足消防要求时,消防水池的有效容积应根据计算确定,但不应小于 100 m³,仅设有消火栓系统时不应小于 50 m³。高层民用建筑采用高位消防水池的高压消防给水系统时,高位消防水池的有效容积应能满足扑灭一起火灾用水量的需求;如果高位消防水池存储的水量难以满足一起火灾的用水量,且在火灾时有可靠的补水的条件下,高位消防水池的有效容积不能小于扑灭一起火灾用水量的 50%。

消防水池应采用两路消防给水,补水时间不宜超过 48 h,当消防水池有效容积大于 2 000 m³ 时不应超过 96 h。消防水池给水管管径应经根据有效容积和补水时间计算确定,但不应小于 DN50。

3. 消防水池的设置要求

储存室外消防用水的消防水池或供消防车取水的消防水池,其保护半径不应大 150 m,凡在保护半径范围的建筑物的消防用水都可储存在该水池内。供消防车取水的取水口或取水井,其吸水高度不应超过 6 m;取水口或取水井与被保护建筑物(水泵房除外)的外墙距离不宜小于 15 m;与甲、乙、丙类液体储罐的距离不宜小于 40 m;与液化石油气储罐的距离不宜小于 60 m,当采取防止辐射热的保护措施时,可减为 40 m。

消防水池应设置水位显示装置,消防控制中心或值班室等地能通过相关设备监控消防水池水位状态,当水位超过最高或低于最低警戒线时,可发出报警信息;消防水池应设置溢流水管和排水设施,并应采用间接排水;高位消防水池设置在建筑物内时,应采用耐火极限不低于 2.00 h 的隔墙和 1.50 h 的楼板与其他部位隔开,并应设甲级防火门,且与建筑构件应连接牢固。

消防水池的有效容积大于 500 m³ 时,宜设置两个能独立使用的消防水池,并应设置满足最低有效水位的连通管;大于 1 000 m³ 时,应设置能独立使用的两座消防水池,每座消防水池应设置独立的出水管,并应设置满足最低有效水位的连通管。

高位消防水池至少应有两条独立的给水管道对其进行供水(可一路消防供水的建筑物除外);供高层民用建筑使用的高位消防水池的有效容积大于 200 m³ 时,宜设置蓄水有效容积相等且可独立使用的两格;建筑高度超过 100 m 时应设置两座独立的高位消防水池,且每一座都应有一条独立的出水管向系统供水。

消防水池应保持平时水不流动,且补水极少,为了防止设备冻坏或水结冰不流动,严寒、寒冷等冬季结冰地区应采取采暖、深埋在冰冻线以下或用蒸汽余热伴热等保暖防冻措施,确保消防水池完整好用,切忌将消防水池内的水放空。

（三）天然水源

天然水源可作为建筑消防给水的水源之一,特别是在天然水源丰富的地区。在我国南方地区,天然水源的水量充足,丰水期与枯水期水位相差较小,在能保证水源水质、水量及取水方便的前提下,井水、水塘、湖、河等天然水源均可作为消防水源。

1. 水质

采用天然水源作为消防水源时,应考虑取水设施对水质的要求。通常取水设施的间歇运转时间较长,使用较差水质容易产生锈蚀,并且受污染的天然水源容易造成消防管道的腐蚀。被易燃、可燃液体污染的天然水源,不能作为消防水源。

2. 水量

天然水源作为消防水源时,必须要满足一定的水量要求。天然水源容易受到天气、季节等变化的影响,北方冬天天然水源会结冰,影响消防车取水,夏季天气炎热,天然水源的水位会降低甚至断流,会影响水源的充足性。因此应该综合考虑这些因素,保证消防水源充足。

3. 取水

天然水源作为消防水源时,为确保取水便捷可靠应采取必要的技术措施。天然水源的周边应便于取水,可根据情况设置消防码头,可加固消防取水点使之能承受消防车的驶入。对于天然水源深度不足的,可挖掘吸水坑或吸水井,对于较浅的河流可通过修建拦河坝,抬高水位蓄水。

4. 天然水源的要求

井水等地下水源作为消防水源直接向消防给水系统供水时,供水用的深井泵应能自动启动,且当每眼井的深井泵均采用一级供电负荷时,才可视为两路消防供水;若不满足,则视为一路消防供水。井水作为消防水源时,应设置探测水井水位的水位检测装置,以便观察水位是否合理。

江河湖海水库等天然水源可作为城乡市政消防和建筑室外消防永久性天然水源,其设计枯水流量保证率应根据城乡规模、火灾危险性、经济合理性等因素综合考虑,宜为90%～97%。村镇的室外消防给水水源的设计枯水流量保证率可根据当地水源情况适当降低。

天然水源作为消防水源时,应具有防止冰凌、漂浮物、悬浮物等物质堵塞消防设施的技术措施和确保安全取水的措施,保证消防车、固定和移动消防水泵在任何条件下都能正常取水,消防车取水时,最大吸水高度不能超过 6 m。设有消防车取水的天然水源,应设置消防车达到取水口的消防车道和消防车回车场或回车道,取水口的设置位置和设施应符合现行国家标准的有关要求,取水头部设置格栅的,格栅间距不宜小于 50 mm。

（四）备用消防水源

雨水清水池、中水清水池、水景和游泳池宜作为备用消防水源,但不能作为消防水源的首要选择。如备用消防水源必须作为消防水源时,应有保证在任何情况下均能满足消防给水系统所需水量和水质的技术措施。

二、消防供水设施

(一) 消防水泵

消防水泵是指在消防给水系统中,用于保证系统压力和水量的给水泵。消防水泵是通过叶轮的旋转将能量传递给水,从而增加了水的动能、势能,并将其输送到灭火设备处,保障灭火所需的水量、水压,达到扑救火灾的目的。消防水泵上装有动力装置的称为泵组。

1. 消防水泵基本构造

消防水泵由叶轮、叶片、泵壳、吸水管、出水管等组成。工程中采用的消防水泵其水泵外壳宜为球墨铸铁;叶轮宜为青铜或不锈钢;泵轴的密封方式和材料能满足消防水泵在低流量时运转的要求。消防水泵机组应由水泵、驱动器和专用控制柜等组成;一组消防水泵可由同一消防给水系统的工作泵和备用泵组成。消防泵及泵组如图9-2-9所示。

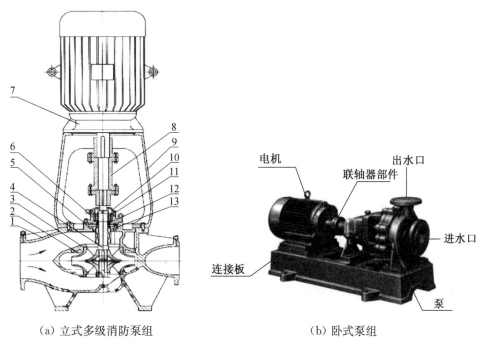

（a）立式多级消防泵组 　　　　　　（b）卧式泵组

1—泵体;2—叶轮;3—瓶盖;4—轴;5—机械密封;6—
轴承体;7—电机;8—联轴器部件;9—电机架;10—轴
承盖;11—轴承;12—油封;13—密封压盖

图9-2-9 消防水泵及泵组

2. 消防水泵主要性能参数

消防泵具有固定安置的铭牌,铭牌通常由铝制抗腐蚀材料制成并置于显见位置。消防泵组铭牌上必须标明产品名称、产品型号、工况参数、原动机功率、企业名称、生产日期、所符合的标准。工况参数主要包括消防泵的流量、扬程、轴功率、效率、转速、允许吸上真空高度等,了解这些参数的基本含义,有助于掌握消防泵的工作情况。消防泵的铭牌如图

9-2-10 所示。

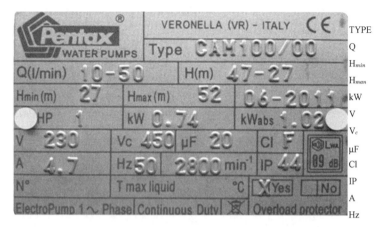

图 9-2-10 消防水泵铭牌

（1）流量

流量也叫出水量，是指水泵在单位时间内输送的液体体积。用字母 Q 表示，常用的单位是 m^3/h 或 L/s。

（2）扬程

扬程是水泵对单位质量液体所做的功，即水泵抽水的高度，包括从水源面到水泵出水管的中心垂直高度。用字母 H 表示，单位一般采用 m。

（3）轴功率与有效功率

轴功率是原动机输送给水泵的功率。用字母 N 表示，常用的单位是 kW。

有效功率是单位时间内通过水泵的液体从水泵那里得到的能量，用字母 N_u 表示。

（4）效率

效率是水泵的有效功率与轴功率的比值，用字母 η 表示。一般在一定有效功率下，所需的轴功率越小，水泵的效率越高。效率是评价一台水泵好坏的综合性指标。

（5）转速

转速是水泵叶轮转动速度，以字母 n 表示，常用单位 r/min。各种水泵都是按一定的转速来设计的，当实际转速发生变化时，水泵的性能参数值也将会改变。

（6）允许吸上真空高度

允许吸上真空高度指水泵在标准状态下（即水温 20 ℃，表面压力为一个标准大气压）运转时，水泵所允许的最大真空度。用字母 H_s 表示，单位为 m。该值反映了水泵的吸水效能，决定着水泵的安装高度。

3. 消防水泵的并联和串联工作

多台水泵联合工作，由此就形成了水泵的并联或串联，其中以并联常见。

（1）水泵并联工作

水泵并联工作是指两台及两台以上水泵共同使用公共输水管路工作的供水形式。需要说明的是，水泵并联工作可以增加给水系统总流量，但并不是单台水泵单独工作时的流量加倍，因为水泵并联工作时，单台消防泵的流量会有所下降。所以采用并联方式工作时,宜选用相同型号和规格的水泵,以使消防水泵的出水压力相等、工作状态稳定。

（2）水泵串联工作

水泵串联工作是指第一台水泵出水管直接连接在第二台水泵的吸水管上,两台水泵同时运转的联合供水方式。水泵串联的目的是为了在确保流量不变的前提下增加扬程。所以当单台消防泵的扬程不能满足最不利点喷头的水压要求时,系统可采用串联消防给水系统。通常在有条件的情况下,应尽量选用多级泵。

4. 消防水泵设置要求

消防水泵通常设置在消防水泵房内,临时高压消防给水系统和稳高压消防给水系统中均需设置消防水泵。建筑物内的消火栓给水系统与自动喷水灭火系统的消防水泵宜分别设置。消防水泵应设置备用泵,备用泵性能应与工作泵性能一致。建筑高度小于 54 m 的住宅和室外消火栓用水量小于等于 25 L/s 的建筑以及室内消防用水量小于等于 10 L/s 的建筑可只设置一台消防泵。

由于消防水泵工作时振动和噪声较大,所以不宜设置在有防震或有安静要求房间的上一层、下一层和毗邻位置。当果必须安装时,应采取有效的降噪减震措施,如采用低噪声水泵、水泵机组上设置隔振装置等。

5. 消防水泵的选用

消防水泵的选用应根据消防给水设计流量、扬程及其变化规律等综合因素确定,其性能必须满足消防给水系统所需流量和压力的要求。水泵驱动器宜采用电动机或柴油机直接传动,不应采用双电动机或基于柴油机等组成的双动力驱动水泵,当采用电动机驱动消防水泵时,应选择电动机干式安装的消防泵。消防给水同一泵组的消防水泵型号宜一致,且工作泵不宜超过 3 台,单台消防泵的最小额定流量不应小于 10 L/s,最大额定流量不应大于 320 L/s。

采用柴油机消防水泵时柴油机消防水泵应采用压缩式点火型柴油机,柴油机的额定功率应校核海拔高度和环境温度对柴油机的影响。柴油机消防水泵应具备连续工作的性能,试运行时间不应小于 24 h,柴油机消防水泵的蓄电池应保证消防水泵随时自动启动的要求。柴油机消防水泵的供油箱应根据火灾延续时间确定,且油箱最小有效容积应按 1.5 L/kW 配置,油箱内存储的燃料不应小于 50% 的储量。

6. 消防泵的取水

消防水泵吸水时应采取自灌式吸水,并在吸水管上设置检修阀门;消防水泵从市政管网直接抽水时,应在消防水泵出水管上设置减压型倒流防止器;当吸水口处无吸水井时,吸水口处应设置旋流防止器。图 9-2-11 为几种消防水泵吸水管的布置。

7. 消防水泵管路设置要求

一组消防水泵,吸水管不应少于两条,当其中一条损坏或检修时,其余吸水管应仍能通过全部消防给水设计流量;消防水泵吸水管布置应避免形成气囊;一组消防水泵应设不少于两条的输水干管与消防给水系统环状管网连接,当其中一条输水干管检修时,其余输水管应仍能供应全部消防给水设计流量;消防水泵吸水口的淹没深度应满足消防水泵在

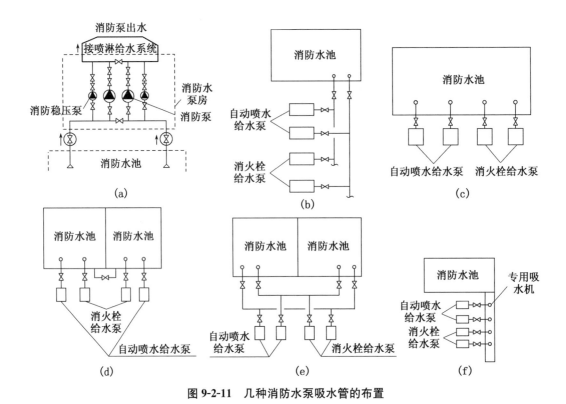

图 9-2-11　几种消防水泵吸水管的布置

最低水位运行安全的要求,吸水管喇叭口在消防水池最低有效水位下的淹没深度应根据吸水管喇叭口的水流速度和水力条件确定,但不应小于 600 mm,当采用旋流防止器时,淹没深度不应小于 200 mm。

消防水泵出水管和吸水管上应设置压力表,出水管压力表的最大量程不应低于水泵额定工作压力的 2 倍,且不应低于 1.60 MPa;吸水管上应设置真空表、压力表或者真空压力表,压力表的最大量程应根据工程具体情况确定,但不应低于 0.70 MPa,真空表的最大量程宜为－0.10 MPa。压力表的直径不应小于 100 mm,应采用直径不小于 6 mm 的管道与消防水泵进出口管相接,并应设置关断阀门。

吸水管上应设置明杆闸阀或带自锁装置的蝶阀,但当设置暗杆阀门时应设有开启刻度和标志,当管径超过 DN300 时,宜设置电动阀门;消防水泵的出水管上应设止回阀、明杆闸阀,当采用蝶阀时,应带有自锁装置,当管径超过 DN300 时宜设置电动阀门;消防水泵吸水管可设置管道过滤器,但管道过滤器的过水面积应大于管道过水面积的 4 倍,孔径不宜小于 3 mm。

8. 消防水泵控制柜

消防水泵控制柜通常设置在消防水泵房内,由于消防水泵房内有压水管道多,一旦发生泄漏,喷泻到消防水泵控制柜时可能影响控制柜运行,导致供水可靠性降低,所以控制柜的防护等级不应低于 IP55(防尘防射水)。根据国家现行标准,消防水泵控制室不允许有管道穿越,所以当消防水泵控制柜设置在专用消防水泵控制室内时,其防护等级可适当降低,但不应低于 IP30(防尘)。在高温潮湿环境下,消防水泵控制柜内应设置自动防潮除湿的装置。

消防水泵控制柜的前面板的明显部位应设置紧急时打开柜门的钥匙装置,并应由有管理权限的人员在紧急时使用。控制柜表面应有显示消防泵工作状态和故障状态的输出端子及远程控制消防泵启动的输入端子。当设备具有人机对话功能时,其对话界面应为汉语,图标标准应便于识别和操作。

消防水泵控制柜应设置手动机械启泵功能,可以保证在控制柜内的控制线路发生故障时由有管理权限的人员在紧急时启动消防水泵。手动启动时,消防水泵应在报警信号发出 5 min 内正常工作。消防水泵控制柜在准工作状态时应使消防水泵处于自动启泵状态,当自动水灭火系统为开式系统,且设置自动启动确有困难时,经论证后消防水泵可设置在手动启动状态,并应确保 24 h 有人工值班。

9. 消防水泵控制要求

消防水泵应能手动启停和自动启动,但不能设置自动停泵的控制功能,停泵应由具有管理权限的工作人员根据火灾扑救情况和水池数量情况确定。消防水泵应设置就地强制启停泵按钮,并应有保护装置。消防水泵应保证在火灾发生后规定的时间内正常工作,当采用自动启动方式时应在 2 min 内(从接到启泵信号到水泵正常运转的时间)正常工作。

消防水泵可以由水泵出水干管上设置的低压压力开关、高位消防水箱出水管上的流量开关,或报警阀压力开关等信号直接启动消防水泵。也可以利用设置在建筑消防控制中心或建筑值班室内的火灾报警控制器上的开关按钮直接启泵。消火栓按钮不宜作为直接启动信号,可作为报警信号。

消防水泵双电源切换时,自动切换时间不应大于 2 s,当一路电源与内燃机动力切换时,切换时间不应大于 15 s。当消防给水分区供水采用转输消防水泵时,转输水泵宜在消防水泵启动后启动;当消防给水分区供水采用串联消防水泵时,上区消防水泵宜在下区消防水泵启动后再启动。

(二) 高位消防水箱

高位消防水箱一般设置在建筑物顶层或屋顶平台,利用消防用水的重力自流满足建筑消防设施启动初期的用水需求。

1. 高位消防水箱基本构造

消防水箱的构造如图 9-2-12 所示,由箱体及附设在其上的进、出水管,溢流管,排污管,透气管,检修人孔及控制、信号显示装置组成。部分建筑工程使用拼装式消防水箱,拼装式消防水箱构造如图 9-2-13 所示。

进水管连接于生活供水水泵或市政给水管道。当连接于生活供水泵时,水泵的启、停由水箱液位控制仪控制;当连接于市政管网时,其通、断由浮球阀控制。

出水管连接于灭火系统供水管网,为防止消防泵启动后,水倒流回水箱,应在其上设置止回阀。当消防用水与其他用水合用水箱时,应有防止消防用水不作他用的技术措施。

溢流管宜从水箱壁接出,管径应比进水管大一级,溢流管口宜做成向上的喇叭口,其沿口比最高水位高出 20 mm~30 mm。溢流管上不得安装阀门,并采用间接排水或断流排水的方式。

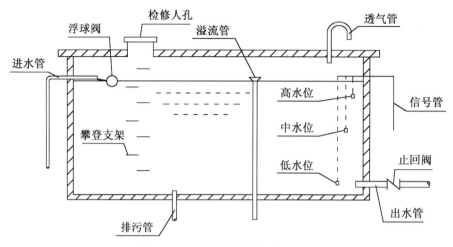

图 9-2-12　消防水箱的构造示意图

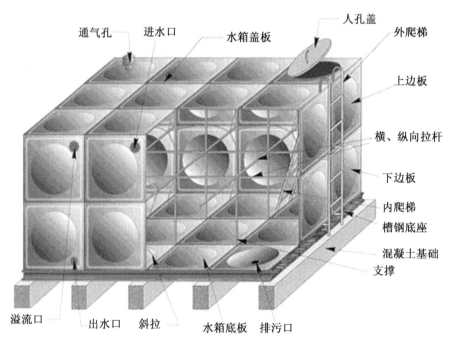

图 9-2-13　拼装式消防水箱内部构造

排污管应从水箱的底部接出,并安装阀门,主要用于保证水箱内水质不被污染并定期排放水中的沉淀物和杂质。排污管可与溢流管连接,但不得与排水系统直接连接。

透气管设置在密闭消防水箱的顶部,通常透气管的管口朝下,并设有防止灰尘、昆虫和蚊蝇进入的滤网。透气管上不得设置阀门、水封,且不能与排水系统和通风管道连接。

检修人孔用于供维修人员进入水箱内部进行检修,其尺寸一般为 800 mm×800 mm 或 Φ800 mm。

水位信号装置是安装在水箱侧壁的玻璃水位计,用以指示水位。

2. 高位消防水箱设置范围

在消防给水系统中,当采用稳高压消防给水系统或临时高压消防给水系统时,应设置高位消防水箱。采用临时高压消防系统的高层民用建筑、总建筑面积大于 10 000 m² 且层数超过 2 层的公共建筑和其他重要建筑,必须设置高位消防水箱。

设置常高压给水系统并能保证最不利点消火栓和自动喷水灭火系统等的水量和水压的建筑物,或设置干式消防竖管(干式系统或预作用系统)的建筑物,可不设高位消防水箱。

3. 高位消防水箱设置要求

临时高压消防给水系统的高位消防水箱的有效容积应满足初期火灾消防用水量的需求,其中一类高层公共建筑不应小于 36 m³,但当建筑高度大于 100 m 时应不小于 50 m³,当建筑高度大于 150 m 时不应小于 100 m³;多层公共建筑、二类高层公共建筑和一类高层居住建筑不应小于 18 m³,当一类住宅建筑高度超过 100 m 时不应小于 36 m³;二类高层住宅不应小于 12 m³;建筑高度大于 21 m 的多层住宅建筑不应小于 6 m³;工业建筑室内消防给水设计流量当小于等于 25 L/s 时不应小于 12 m³,大于 25 L/s 时不应小于 18 m³;总建筑面积大于 10 000 m² 且小于 30 000 m² 的商店建筑不应小于 36 m³,总建筑面积大于 30 000 m² 的商店不应小于 50 m³。

高位消防水箱的设置位置应高于其所服务的水灭火设施,且最低有效水位应满足水灭火设施最不利点处的静水压力,其中一类高层民用公共建筑不应低于 0.10 MPa,但当建筑高度超过 100 m 时不应低于 0.15 MPa;高层住宅、二类高层公共建筑、多层民用建筑不应低于 0.07 MPa,多层住宅确有困难时可适当降低;工业建筑不应低于 0.10 MPa;当市政供水管网的供水能力在满足生产生活最大小时用水量后,仍能满足初期火灾所需的消防流量和压力时,可由市政给水系统直接供水,并应在进水管处设置倒流防止器,系统的最高处应设置自动排气阀;自动喷水灭火系统等自动水灭火系统应根据喷头灭火需求压力确定,但最小不应小于 0.10 MPa;当高位消防水箱不能满足以上静压要求时,应设稳压泵。

当高位消防水箱在屋顶露天设置时,水箱的人孔以及进出水管的阀门等应采取锁具或阀门箱等保护措施;严寒、寒冷等冬季冰冻地区的消防水箱应设置在消防水箱间内,其他地区宜设置在室内,当必须在屋顶露天设置时,应采取防冻隔热等安全措施;高位消防水箱间应通风良好,不应结冰,当必须设置在严寒、寒冷等冬季结冰地区的非采暖房间时,应采取防冻措施,环境温度或水温不应低于 5 ℃。

高位消防水箱应有确保消防用水量不作他用的技术措施;高位消防水箱的出水管应保证高位消防水箱的有效容积能被全部利用;高位消防水箱应设置就地水位显示装置,并应在消防控制中心或值班室等地点设置显示消防水池水位的装置,同时应有最高和最低报警水位;高位消防水箱应设置溢流水管和排水设施,并应采用间接排水。

高位消防水箱的最低有效水位应根据出水管喇叭口和防止旋流器的淹没深度确定,出水管喇叭口在高位消防水箱最低有效水位下的淹没深度应根据出水管喇叭口的水流速度和水力条件确定,但不应小于 600 mm;当采用防止旋流器时,保护高度不应小于 150 mm。

进水管的管径应满足高位消防水箱8h充满水的要求,但管径不应小于DN32,进水管宜设置液位阀或浮球阀;进水管应在溢流水位以上接入,进水管口的最低点高出溢流边缘的高度应等于进水管管径,但最小不应小于25mm,最大可不大于150mm;当进水管为淹没出流时,应在进水管上设置防止倒流的措施或在管道上设置虹吸破坏孔和真空破坏器,虹吸破坏孔的孔径不宜小于管径的1/5,且不应小于25mm。但当采用生活给水系统补水时,进水管不应淹没出流。

溢流管的直径不应小于进水管直径的2倍,且不应小于DN100,溢流管的喇叭口直径不应小于溢流管直径的1.5~2.5倍。

高位消防水箱出水管管径应满足消防给水设计流量的出水要求,且不应小于DN100;高位消防水箱出水管应位于高位消防水箱最低水位以下,并应设置防止消防用水进入高位消防水箱的止回阀。

(三)稳压泵

稳压泵是在消防给水系统中用于稳定平时最不利点水压的给水泵,为防止稳压泵频繁启停,通常与气压罐配套设置。稳压泵通常是选用小流量、高扬程的水泵。对于采用临时高压消防给水系统的高层或多层建筑,当设置高位消防水箱有困难或消防水箱设置高度不能满足系统最不利点灭火设备所需的水压要求时,应当设置增压稳压设备。增压稳压设备一般由稳压泵、气压罐、管道附件及控制装置组成,如图9-2-14所示。

图 9-2-14 增压稳压设备

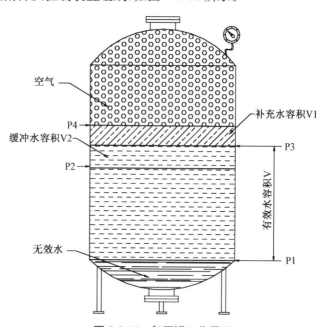

图 9-2-15 气压罐工作原理

1. 稳压泵的工作原理

它是由3个压力控制点(P2,P3,P4)分别和压力继电器相连接,用来控制稳压泵的工作。当它向管网中持续充水时,管网内压力升高,当达到设定的压力值P4(稳压上线)时,稳压泵停止工作。由于管网存在渗漏或其他原因导致管网压力逐渐下降,当降到设定压力值 p3(稳压下线)时,则稳压泵再次启动。周而复始,从而使管网的压力始终保持在 p3～p4 之间。当稳压泵启动持续给管网补水,但管网压力还继续下降,则可认为有火灾发生,管网内的消防水正在被使用,因此,当压力继续降到设定压力值 p2(消防主泵启动压力点)时,连锁启动消防主泵,同时稳压泵停止。

2. 气压罐的工作原理

在气压罐内设定了 P1、P2、P3、P4 共 4 个压力控制点中,P1 为气压罐的设计最小工作压力,P2 为水泵启动压力,P3 为稳压泵启动压力。当罐内压力为 P4 时,消防给水管网处于较高工作压力状态时,稳压泵和消防水泵均处于停止状态;随着管网渗漏或其他原因泄压,罐内压力从 P4 降至 P3 时,便自动启动稳压泵,向气压罐补水,直到罐内压力增加到 P4 时,稳压泵停止,从而保证了气压罐内消防储水的常备储存。若建筑发生火灾,随着灭火设备出水,气压罐内储水减少,压力下降,当压力从 P4 降至 P3 时,稳压泵启动,但稳压泵流量较小,其供水全部用于灭火设备,气压罐内的水得不到补充,罐内压力继续下降到 P2 时,消防泵启动向管网供水,同时向控制中心报警。当消防泵启动后,稳压泵停止运转,消防压稳压工作完成。如图 9-2-15 所示。

3. 稳压泵的流量和压力

稳压泵的流量应当大于消防给水系统管网的正常泄漏量和系统自动启动流量。消防给水系统管网的正常泄漏量应根据管道材质、接口形式等确定,当没有管网泄漏量数据时,稳压泵的流量宜按消防给水设计流量的 1%～3% 计,且不宜小于 1 L/s。消防给水系统所采用报警阀压力开关等自动启动流量应根据具体情况确定,其参考标准为,在进口压力分别为 0.14 Mpa、0.70 Mpa、1.20 Mpa、1.60 Mpa 时,系统侧对应放水流量为 60 L/min、80 L/min、170 L/min、170 L/min,此时压力开关和水力警铃应发出报警信号。

稳压泵要满足其设定功能,就需要有一定的压力,压力过大管网压力等级高带来造价提高,压力过低不能满足系统充水和和启泵功能的要求。所以稳压泵的启泵压力应能保证系统自动启泵压力设置点处的压力在准工作状态时大于系统设置自动启泵压力值,且增加值宜为 0.07～0.10 MPa;充水压力应能保证系统最不利点处水灭火设施的在准工作状态时的压力大于该处的静水压,且增加值不应小于 0.15 MPa。

4. 其他设置要求

稳压泵应设置备用泵,通常可按一用一备选用,其吸水管应设置明杆闸阀,出水管应设置消声止回阀和明杆闸阀。设置稳压泵的临时高压消防给水系统采用气压罐作为防止稳压泵频繁启停的技术措施时,其调节容积应根据稳压泵启泵次数不大于 15 次/h 计算确定。消火栓给水系统的气压罐消防储存水容积应满足火灾初期供两支水枪工作 30 s 的消防用水量要求,且不能小于 300 L;自动喷水灭火系统的储存水容积应满足火灾初期提供 5 个喷头工作 30 s 的消防用水量要求,且不能小于 150 L;当消火栓系统与自动喷水灭火系统合用气压罐时,其容积不能小于 450 L。

(四) 消防水泵接合器

水泵接合器是消防车向消防给水管网输送消防用水的接口。它既可用以补充消防水量,也可用于提高消防给水管网的水压。在火灾情况下,当建筑物内消防水泵发生故障或室内消防用水不足时,消防车从室外取水通过水泵接合器将水送到室内消防给水管网,供灭火使用。

1. 消防水泵接合器的组成

消防水泵接合器是由阀门、安全阀、止回阀、栓口放水阀以及连接弯管等组成。在室外从水泵接合器栓口给水时,安全阀起到保护系统的作用,以防补水的压力超过系统的额定压力;水泵接合器设止回阀,以防止系统的给水从水泵接合器流出;为考虑安全阀和止回阀的检修需要,还应设置阀门。放水阀具有泄水的作用,用于防冻时使用。故水泵接合器的组件排列次序应合理,从水泵接合器给水的方向,依次是止回阀、安全阀、阀门,如图9-2-16 所示。

图 9-2-16　消防水泵接合器连接组件

2. 消防水泵接合器的作用

消防水泵接合器的作用主要是向室内消防给水系统内增加水压和水量,便于消防员现场扑救火灾能充分利用建筑物内已经建成的水消防设施,一是可以充分利用建筑物内的自动水灭火设施,提高灭火效率,减少不必要的消防员体力消耗;二是不必敷设水带,利用室内消火栓管网输送消火栓灭火用水,可以节省大量时间,同时还能减少水力阻力提高输水效率,以提高灭火效率;三是北方寒冷地区冬季可有效减少消防车供水结冰的可能性。消防水泵接合器是水灭火系统的第三供水源。

3. 消防水泵接合器设置范围

高层民用建筑、设有消防给水的住宅、超过五层的其他多层民用建筑、地下建筑和平战结合的人防工程、超过四层的厂房和库房,以及最高层楼板超过 20 m 的厂房或库房、四层以上多层汽车库和地下汽车库城市市政隧道的室内消火栓系统应设置消防水泵接合器。此外,自动喷水灭火系统、水喷雾灭火系统、泡沫灭火系统和固定消防炮灭火系统等水灭火系统,也应设置消防水泵接合器。

4. 消防水泵接合器设置要求

消防水泵接合器处应设置永久性标志铭牌,并应标明供水系统、供水范围和额定压力,其给水流量宜按每个 10～15 L/s 计算。消防水泵接合器设置的数量应按系统设计流量经计算确定,但当计算数量超过 3 个时,可根据供水可靠性适当减少。

消防水泵接合器的设置位置应符合下列规定:墙壁式消防水泵接合器的安装高度距地面宜为 0.7 m;与墙面上的门、窗、孔、洞的净距离不应小于 2.0 m,且不应安装在玻璃幕墙下方;地下消防水泵接合器的安装,应使进水口与井盖底面的距离不大于 0.4 m,且不应小于井盖的半径;临时高压消防给水系统向多栋建筑供水时,消防水泵接合器宜在每栋单体附件就近设置;水泵接合器应设在室外便于消防车使用的地点,且距室外消火栓或消防水池的距离不宜小于 15 m,并不宜大于 40 m。

消防给水为竖向分区供水时,在消防车供水压力范围内的分区,应分别设置水泵接合器;当建筑高度超过消防车供水高度时,消防给水应在设备层等方便操作的地点设置手抬泵或移动泵接力供水的吸水和加压接口。

(五) 消防水泵房

消防水泵房的布置要做到功能合理、设备设置整齐、管路简洁、使用方便。还应考虑消防水泵房内的吸声、隔振,除了消防泵机组的隔振外,还可对消防水池的进水进行技术处理,如采用液位控制浮球阀、在进水管下设导流管让消防进水顺导流管进入水位线下,以减少流水噪声;可在消防水泵房内贴吸声材料、采用隔声防火门等技术措施。

1. 消防水泵房的位置设置

独立设置的消防泵房其耐火等级不应低于二级,与其他能产生火灾暴露危害的建(构)筑物的防火距离应根据计算确定,但不应小于 15 m。当采用柴油机消防水泵时宜设置独立消防水泵房,并应设置满足柴油机运行的通风、排烟和阻火设施。

非独立设置消防泵房是指附设在建筑物内的消防水泵房,应采用耐火极限不低于 2.00 h 的隔墙和 1.50 h 的楼板与其他部位隔开,其疏散门应靠近安全出口,并应设甲级防火门,当设在首层时,其出口应直通室外,当设在地下室或其他楼层时,其出口应直通安全出口。

2. 消防水泵房的环境设置

消防水泵房应做好采暖、通风及排水措施,确保严寒、寒冷等冬季结冰地区的消防水泵房采暖温度不低于 10 ℃,但当无人值守时可不低于 5 ℃。消防水泵房的通风宜按 6 次/h 设计。消防水泵房内可通过设置地漏、明沟、消防集水池、消防排水泵等设施进行排水,在安装报警阀组的部位所设置的排水设施,其排水管的管径不能小于 75 mm,消防集水池的容积不小于消防配水泵 3 分钟排水量。

消防水泵不宜设在有防振或有安静要求房间的上一层、下一层和毗邻位置,当必须时,消防水泵应采用低噪声水泵;消防水泵机组应设隔振装置;消防水泵吸水管和出水管上应设隔振装置;消防水泵房内管道支架和管道穿墙和穿楼板处,应采取防止固体传声的措施;在消防水泵房内墙应采取隔声吸音的技术措施。

3. 水泵机组设置

消防水泵房的主要通道宽度不应小于 1.2 m。相邻两个消防泵机组及机组和墙壁间应保持一定的距离,当电机容量小于 22 kW 时,不宜小于 0.60 m;当电动机容量不小于

22 kW,且不大于 55 kW 时,不宜小于 0.8 m;当电动机容量大于 55 kW 且小于 255 kW 时,不宜小于 1.2 m;当电动机容量大于 255 kW 时,不宜小于 1.5 m。当消防水泵就地检修时,应至少在每个机组一侧设消防水泵机组宽度加 0.5 m 的通道,并应保证消防水泵轴和电动机转子在检修时能拆卸。

第三节　　消防水源及供水设施操作

火场供水是灭火作战行动的一个重要组成部分,能否科学合理地组织火场供水,保证供水量的充足与不间断是火灾扑救成败的决定性因素之一。高层建筑火灾扑救坚持"以固为主,固移结合"的作战原则,利用建筑内部设置的消防供水设施与移动装备相配合,共同完成组织火场供水的任务,也是落实这一作战原则的重要一环。

一、消防水源

消防队通常采用消防车、手抬机动泵、浮艇泵等消防装备从市政给水管网、消防水池以及江河湖泊等天然水体中获取灭火用水,如何从消防水源取水以及取水时应注意哪些问题是消防员应当掌握和熟悉的内容。

(一) 天然水源取水

1. 取水方法

消防车吸取天然水源时,应将消防车停靠在便于取水的位置(如取水码头等),根据水面与消防车取水口的距离,取下适当数量的吸水管连接好,吸水管的一端与车载消防泵的进水口连接好,另一端安装好过滤器后,将吸水管沉入水中,然后按规定程序使用车载消防泵吸水,水箱液位计满刻度时,停泵并关闭注水阀,从消防车上卸下吸水管,将管中余水排尽后,从水中拉上吸水管,待卸下过滤器后,放归原位,即完成取水任务。当吸水管的总长度不能保证消防车有效取水时,可利用手抬机动泵、浮艇泵等其他消防装备进行取水,并通过水带向消防车供水。

2. 注意事项

为确保消防车吸水过程不被中断,吸水管接时必须将接口紧密连接防止漏气,吸水管末端的过滤器距水面的深度至少为 20 cm。同时应避免过滤器与水源泥面接触,以防吸入大量泥砂损坏水泵,水源泥砂杂物多时,过滤器上应套滤水筐。吸水管铺设应尽量短直,当使用盘管式吸水管时,消防车应以能放下全部盘卷吸水管的位置为宜,避免吸水管弯曲处高度超过泵的进水口而产生"空气囊",影响吸水。吸水管横过路面时,严禁车辆从上面驶过,否则吸水管会被压坏而吸不上水。

(二) 消防水池取水

1. 取水方法

高位消防水池的势能比消防水池的势能大,因此,两者取水方法存在一定差异。

高位消防水池的取水方法是,将消防车停放在取水装置附近,视水池水面距消防车水罐顶部高度,一种是将水带一端连接到取水装置上,另一端从水罐顶部注水口放入罐内,打开取水装置阀门直接向水罐注水;另一种是使用吸水管从取水装置吸水。

半地下式及地下式消防水池的取水方法是,将消防车停放在便于取水的位置,视消防车进水口与水池水面之间的高度、消防车水罐容积及水池截面积大小,取下适当数量的吸水管,依次连接好后将吸水管投入水池中,然后按规定程序启动消防车水泵吸水。吸水管没入水面的深度应根据消防车水罐容积和水池截面积经计算确定,且保证不小于水罐容积与水池截面积之比,同时消防车水泵进水口与吸水管末端的垂直距离不应超过消防车最大吸水的深度。

2. 注意事项

消防车水泵进水口的吸水高度,受吸水管阻力、气蚀余量和大气压力的影响,为保证消防车可靠取水,对大气压力超过 10 m H_2O 的地区,消防车取水口的吸水高度不应大于 6 m,对于大气压力低于 10 mH_2O 的地区,允许消防车取水的吸水高度经计算确定减少。有关海拔高度与最大吸水高的关系,见表 9-3-1。

表 9-3-1 海拔高度与最大吸水高度关系

海拔高度/m	大气压/m H_2O	最大吸水高度/m
0	10.3	6.0
200	10.1	6.0
300	10.0	6.0
500	9.7	5.7
700	9.5	5.5
1 000	9.2	5.2
1500	8.6	4.6
2 000	8.2	4.4
3 000	7.3	3.3
4 000	6.3	2.3

二、消防供水设施

消防供水设施的应用,主要是操作消防泵及泵组以及利用消防车连接消防水泵接合器向建筑内部消防供水管网供水,并能快速解决因阀门未正常启闭而造成供水失败的问题。

(一)消防水泵及泵组操作

固定消防泵组及泵组运行模式通常被设置为自动模式,在接到自动喷水灭火系统压力开关、室内消火栓远程启泵按钮或消防控制室启动信号后,消防泵能够自动启动,为消防作战人员到场处置火灾创造了有利的条件。但是,由于维护管理不当或设施设备老化等方面的原因,消防泵组有时不能及时投入运行,需要消防员深入消防水泵房检查和排除故障。因此,能够准确判别固定消防泵及泵组运行状态,掌握消防水泵启停等操作方法就显得十分必要。

1. 消防水泵控制柜运行状态识别

消防水泵控制柜面板主要由电源指示灯、水泵运行指示灯、水泵控制按钮、运行模式转换开关组成,有的还设有电压表、电流表等组件,如图 9-3-1 所示。处于准工作状态时,控制柜电源指示灯点亮,对于设置有电压、电流表的控制柜,电压表指示当前供电电压,电流表指示为零,如图 9-3-2 所示;处于工作状态时,控制柜电源指示灯点亮,1♯或 2♯泵运行指示灯点亮。对于设置有电压、电流表的控制柜,电压表指示当前供电电压,电流表指示当前工作电流,如图 9-3-3 所示。

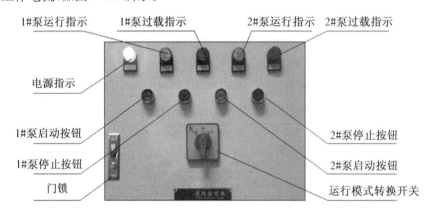

图 9-3-1　消防水泵控制柜面板

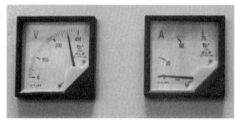

图 9-3-2　准工作状态

图 9-3-3　工作状态

2. 手（自）动转换操作

控制柜运行模式转换开关处于中位时，代表手动运行状态，消防水泵启（停）通过控制柜面板启动（停止）按钮进行操作，自动控制失效。转换开关旋至左位时，代表1♯泵为主泵，2♯泵为备泵，简称为1主2备。转换开关旋至右位时，代表2♯泵为主泵，1♯泵为备泵，简称为2主1备。此时，系统能够实现主泵自动启动功能，控制柜面板手动控制失效。运行过程中，当主泵发生故障时，备泵自动投入运行，如图9-3-4所示。

（a）自动模式（1主2备）　　　（b）手动模式　　　（c）自动模式（2主1备）

图9-3-4　运行模式转换开关

由于生产厂家和产品型号的不同，有些消防水泵控制柜运行模式转换开关手（自）动位与图9-3-4标识不一致。此时，应通过观察标签标识或询问单位消防设施维护管理人员，了解相关信息，掌握开关的不同位置所代表的运行模式。

3. 消防泵启（停）操作

（1）控制柜面板手动控制

控制柜面板手动控制时，需要将消防水泵控制柜运行模式转换开关置于手动位，按下绿色启动按钮启动消防水泵，按下红色停止按钮停止消防泵，如图9-3-5所示。当控制柜运行模式处于自动时，控制柜面板手动控制失效。

图9-3-5　控制柜面板手动启（停）泵操作

（2）消防控制室远程手动控制

消防控制室远程手动控制时，需要将消防水泵控制柜运行模式转换开关置于自动位，同时消防控制室多线联动控制盘也必须处于"手动允许"状态。按下控制室消防泵启动按钮，启动（命令）信号灯应点亮，消防水泵启动后，反馈信号灯应点亮。按下（复位）消防控制室消防泵停止（启动）按钮，有关信号灯应熄灭，如图9-3-6所示。当控制柜运行模式处于手动时，消防控制室远程手动控制失效。

(a) 控制柜自动位联动控制盘手动允许   (b) 按下消防泵启动按钮

(c) 消防泵启动信号   (d) 消防泵反馈信号   (e) 复位消防泵启动按钮

图 9-3-6　消防控制室远程手动启(停)泵操作

(3) 消火栓箱远程启泵按钮控制

消火栓箱远程启泵按钮控制时,需要将消防水泵控制柜运行模式转换开关置于自动位,同时消防控制室多线联动控制盘也必须处于"自动允许"或"手动禁止"状态。按下消火栓箱内远程启泵按钮,红色启动指示灯点亮,启动消防水泵。停泵时需要将消防水泵控制柜运行模式转换开关置于手动位,按下红色停止按钮停止消防泵。消防水泵停止工作后需对启泵按钮和消防控制室火灾报警控制器进行复位,如图 9-3-7 所示。当控制柜运行模式处于手动或消防控制室多线联动控制盘处于"手动允许"状态时,消火栓箱远程启泵按钮控制失效。

(a) 控制柜自动位联动控制盘自动允许按下消火栓箱远程启泵按钮

(b) 控制柜停泵   (c) 远程启泵按钮复位   (d) 火灾报警控制器复位

图 9-3-7　消火栓箱远程启泵按钮手动启(停)泵操作

（二）消防水泵接合器操作

消防泵及泵组因故障而无法实现现场手动启动或消防泵流量不能满足火灾扑救需要时，消防员需要利用消防车从消防水源取水，利用水带连接消防车出水口与消防水泵接合器接口，通过消防车上的水泵向消防水泵接合器供水，供水方向如图 9-3-8 所示。

图 9-3-8 供水方向示意

在利用消防水泵接合器向建筑内部消防给水系统供水时，还应当注意以下问题：

（1）使用前应当认清消防水泵接合器所属系统标识如图 9-3-9 所示，对于高层建筑，还应当认清其分区标识（如高区、低区），如图 9-3-10 所示，避免错误接入。应打开窨井盖，关闭消防水泵接合器管道上的泄水阀，并确认进水阀是否正常开启。

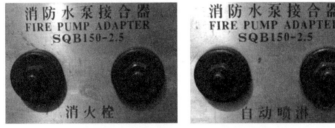

图 9-3-9 消防水泵接合器所属系统标识

图 9-3-10 消防水泵接合器所属分区标识

（2）每个消防水泵接合器的流量通常为 10～15 L/s，当消防水泵接合器安全阀发生动作或建筑内部消防给水管网上泄压阀发生动作时，应当及时停止供水或减小供水量。

（3）当单台消防车供水量不能满足建筑物内灭火用水量时，可采用多车向多个消防水泵接合器供水方式进行供水。

（4）当消防水泵接合器因故无法使用时，可采用消防车→水带→设置在建筑下部的室内消火栓→室内消防管网连接方式实现供水，但当设置在建筑下部的室内消火栓为减压稳压型时,不可采用此替代方案。

(三)常见阀门操作

在应用固定设置的消防供水设施管网进行火场供水时,消防员应能够根据阀门的类型、设置位置及所处管道的性质,准确判断其启闭状态。当阀门被错误启闭导致供水失败时,消防员应能根据分析判断,迅速找出被错误启闭的阀门,并将其恢复至应有状态,以顺利完成供水。

1. 截止阀

截止阀的启闭方向一般标注在手轮上,如图 9-3-11 所示,操作时只需按照手轮上箭头标示的防线开启或关闭阀门,到位后一般回旋 1~2 丝。

2. 明(暗)杆闸阀

明杆闸阀与暗杆闸阀在启闭状态的判断上有所不同,明杆闸阀的阀杆随着手轮的旋转而上下升降,暗杆闸阀则不会。明杆闸阀处于开启状态时,阀杆外露较长,如图 9-3-12 所示。而暗杆闸阀随着生产厂家和产品型号的不

图 9-3-11　截止阀手轮启闭方向

同,启闭判断方法也相异,有的产品只能够通过旋转手轮来确认启闭状态,有的产品则可以直接通过观察阀体上设置的开闭度指示进行判断,有的可以通过消防控制室的反馈信号进行判断,如图 9-3-13 所示。操作时只需按照手轮上箭头标示的防线开启或关闭阀门,到位后一般回旋 1~2 丝。

(a) 开启状态　　　　(b) 关闭状态

图 9-3-12　明杆闸阀启闭状态图　　　　**图 9-3-13　暗杆闸阀启闭指示**

3. 信号蝶阀

信号蝶阀的启闭状态可直接通过阀体开度指示、配用信号模块工作状态指示灯(阀门开启超过设定幅度后,该指示灯处于间歇性闪烁状态;阀门被关闭超过设定幅度时,该灯常亮)及消防控制室的反馈信号判断阀门启闭状态,如图 9-3-14 所示。操作时只需按照手轮上箭头标示的防线开启或关闭阀门,到位后一般回旋 1~2 丝。

（a）阀体开度指示

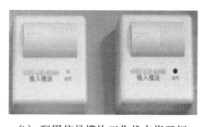

（b）配用信号模块工作状态指示灯

（c）消防控制室反馈信号

图 9-3-14　信号蝶阀启闭状态指示

4. 手把式蝶阀

手把式蝶阀的启闭方向一般标注在齿盘上，如图 9-3-15 所示。操作时需握紧上、下手把，使下手把与盘齿脱扣，在开闭限位内逆时针或顺时针转动手把至所需位置，松开后下手把即与盘齿扣合。手把式蝶阀的启闭状态可直接通过观察齿盘与手把之间的位置关系判断，也可以通过观察手把与阀体（管道）之间的位置关系，当手把平行于阀体（管道）时，为完全开启状态，垂直于阀体（管道）时，为完全关闭状态，如图 9-3-16 所示。

（a）开启状态　　　　（b）关闭状态

图 9-3-15　手把式蝶阀启闭方向

图 9-3-16　手把式蝶阀启闭状态

5. 安全阀

安全阀属于自动阀门。当需要手动操作时，握住手柄向外提拉，即可实现介质泄放的目的，如图 9-3-17 所示。安全阀的阀体上会标示泄放方向，如图 9-3-18 所示。

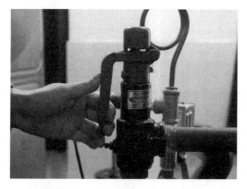

图 9-3-17　安全阀手动操作演示图

图 9-3-18　安全阀手动操作演示

6. 球阀

球阀在操作是需握住手柄,顺时针或逆时针转动到所需位置。球阀的启闭状态可通过观察手柄与阀体的位置关系进行判断,当手柄平行于阀体时,为完全开启状态;当手柄垂直于阀体时,为完全关闭状态,如图 9-3-19 所示。

(a) 开启状态　　　　　　(b) 关闭状态

图 9-3-19　球阀启闭状态

第四节　　消防水源及供水设施巡查

消防员进行"六熟悉"时应对辖区单位的消防水源和消防供水设施进行巡查,掌握它们的工作状态是否符合相关技术要求并采用相应检查方法进行必要测试。

一、巡查内容

(一)消防水源

市政给水管网一般由自来水部门负责维护保养,开展巡查时主要是检查管网内是否有充足的水源、消防车取水是否方便,以及取水设施的分布情况等。

消防水池作为人工水源,巡查的内容主要围绕消防水池周围是否设有消防车道,便于消防车取水,消防水池的容量是否满足消防用水的需求,消防用水与生产、生活用水合并的水池,是否有确保消防用水不得他用的技术措施,以及寒冷地区的消防水池是否采取有效防冻措施等。

天然水源是由地理条件天然形成的,因此巡查的目的主要是掌握水源的位置、水质、容量以及水位等情况,并采取一定的措施,确保消防车能就近停靠取水。

(二)消防供水设施

消防水泵是消防给水系统的重要组成设备,巡查的重点应放在消防水泵的外观是否完好,运转是否正常,水泵的流量和压力是否满足要求,供水管路上的阀门是否处于相应的启闭状态;能否实现现场和远程启、停泵功能,主、备泵启动和相互切换功能是否完好,以及水泵控制柜状态是否正常等。

高位消防水箱主要检查其外观、组件是否完好,水位是否正常,与生产、生活用水合并的水箱,确保消防用水不得他用的设施是否正常,供水管路上的阀门是否处于相应的启闭状态,寒冷地区防冻措施是否有效等。

稳压泵的巡查内容包括外观、组件是否完好,自动启、停泵功能是否正常,主、备泵能否相互切换,进出口管路上的阀门启闭状态是否正常等。

水泵接合器是供消防员操作使用的,因此在巡查时需要检查水泵接合器外观、组件(包括单向阀、安全阀、控制阀等)是否完好,设置位置是否便于消防车接近和使用,所属系统和区域的标志牌是否清晰等。

消防水泵房的巡查内容包括消防水泵房的位置、安全出口设置是否合理,水泵房内应急照明是否符合要求,采暖通风及排水措施是否有效,消防控制柜的安放位置和保护措施是否达到要求等。

二、巡查方法及相应技术要求

(一) 消防水源

认真开展消防水源巡查是做好消防执勤备战工作的一项重要任务,消防中队应当每月对辖区内的消防水源进行检查,每季度和重大节日前进行一次全面检查。此外,消防中队每年都要对辖区内所有消防水源进行实地普查,详细记录消防水源的形式、位置、通路、贮量、管径、压力、水位高度、取水方法等。对于一些管道年久锈蚀,积垢藏污或池塘淤塞的水源,要实地测试其供水能力和使用方法。

市政给水管网的巡查可以向自来水部门及工厂企业等有关单位部门收集资料,了解供水管网形式、管道直径、管网压力、节点分布等情况。应与自来水部门保持沟通,及时掌握重要水源中断、供水不足、管网检修等突发情况,并及时采取措施。

消防重点单位内部的消防水源(如消防水池等),可结合灭火救援预案制定、演练和其他形式实地进行巡查。

天然水源的巡查可以向当地水文测绘部门或其他相关部门收集资料,了解天然水源随季节、时间变化的水位情况等。也可以通过实地测量和观察,查看天然水源是否具备消防车取水条件。

为便于消防水源的使用与管理,还应当制定消防水源手册,在每次巡查水源后,要及时对水源变化情况进行补充记录。

(二) 消防供水设施

1. 消防水泵

由于消防水泵长期闲置,以及水泵房潮湿的环境,容易出现水泵内部泵轴荷叶轮出现锈蚀、锈死、水泵动作不正常等现象。因此,需要对水泵机组进行周期性的巡查,以保持水泵的机械性能和电气性能始终处于良好状态。

消防水泵的巡查有自动巡检和人工巡查两种方式。自动巡检是利用消防水泵自动巡检控制柜的自动巡检功能,定期对消防水泵进行启动、运行状态、主、备泵自动切换、主、备电源自动切换以及消防水泵控制柜一次回路的主要低压器件的工作情况等进行检查。自动巡检过程中,发现故障时,可发出声光报警,并对故障信息进行记录和存储。消防水泵自动巡检控制柜还具有手动巡检功能,操作时将开关置于手动位置,按下巡检按钮,即可实现水泵的低速巡检,按下停止水泵即停止巡检。需要注意的是,当有消防信号时,消防水泵会立即停止巡检并进入消防运行状态。

人工巡查是在消防泵房内对消防水泵进行检查,能全工况地进行消防出水试验,能真实地反映消防泵的状态,对于检查中所发现的问题,能及时解决。操作时,要将消防水泵控制柜运行模式设为"手动"模式,并打开消防水泵测试管路,形成泄水通路,按下消防水泵控制柜上主泵或备泵的启动按钮,使水泵投入运行,观察水泵的运转情况。有的测试管路上测试管路上直接设有压力表、流量计等计量设备,水泵运行时可以通过查看设备读数,实际了解系统运行参数。检查完毕后停泵并对系统进行恢复。

人工巡查除完成正常的水泵启、停检查外,还需要对系统主、备泵启动切换进行测试。操作时,需将将消防水泵控制柜运行模式设为"自动"模式,打开消防水泵测试管路,形成泄水通路,按下消防控制室多线联动控制盘处消防泵启动按钮(也可通过操作室内消火栓箱远程启泵按钮等方式),使主泵自动投入运行,打开消防水泵控制柜柜门,找到并按下主泵热继电保护器,主泵停止运行,主泵运行灯熄灭,故障灯点亮,同时,备泵自动投入运行,备泵运行灯点亮,如图 9-4-1 所示。测试完毕后停泵并关闭测试管路,进行系统恢复操作。

图 9-4-1 主备泵自动切换演示

人工巡查过程中,如发现系统不能正常运转,可以从以下几个方面进行排查:

(1)控制柜缺电

观察其他设备供电正常,消防泵控制柜面板电压表无指示,电源灯不亮,判断控制柜电源开关处于断开状态。打开控制柜箱门,找到电源开关,实施合闸送电,如图 9-4-2 所示。

图 9-4-2 消防水泵控制柜内部

(2)运行方式不当

控制柜运行模式转换开关转至自动或手动位置。

（3）电机反转

利用配合作业法或气流观察法确认消防水泵配用电机运转方向,如发现电机反转,需关闭电源,打开电机接线盒,任意调换两根相线,合上电机接线盒,恢复供电。

配合作业法:由一人操作控制消防水泵启停,另一人在消防水泵启动初期或停止末期,密切观察电机运转方向并与电机外壳标注方向进行比对,如图 9-4-3 所示。

气流观察法:在电机运转期间,通过纸张、烟雾等观察电机风扇处的气流方向,一般情况下,气流由外向内流动代表电机运转方向正确,如图 9-4-4 所示。

图 9-4-3　电机运转方向标识

（a）纸张测试　　　　　　　　　　　（b）烟雾测试

图 9-4-4　电机运转方向检查

（4）供水阀门启闭状态不当

通过分析,开启或关闭相应阀门,形成供水通道。

2. 高位消防水箱

高位消防水箱的水位信息可以通过安装液位控制装置(如液位显示控制仪等)进行远程监控,液位控制装置不仅能够将水箱内的水位信息反馈至消防控制中心或值班室等地点,同时还具有高、低水位报警、消防泵自动控制启动等功能,可以有效保证高位消防水箱内始终保持充足的水量。为了便于就地观察高位消防水箱内的水位情况,通常会在水箱上安装水位计。需要查看水箱内水位时,只需关闭水位计排水阀,同时打开水位计进水阀,待水位计液面稳定后,观察水位计内水柱的高低,即可了解水箱内水位情况。观察完毕后,为了防止水位计碰碎漏水或者冻裂,需将水位计进水阀关闭,并打开排水阀完全排水,如图 9-4-5 所示。对高位消防水箱进行巡查时,不仅要对水箱内的水量进行检查,还需要对供水管路上的阀门启闭情况进行检查,确保供水管路畅通。

(a) 水位计

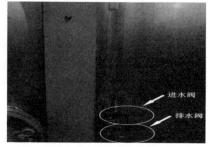
(b) 进水、排水阀门

图 9-4-5　消防水箱水位计

3. 稳压泵

稳压泵巡查时需要对其供电以及手、自动启动情况进行检查,由于稳压泵的自动启停通常由电接点压力表或压力开关进行控制的,所以检查时只需操作增压稳压管路上设置的安全阀或小幅度开启一只室内消火栓等灭火设备手工泄水,观察压力表所示压力持续下降,在此期间,增稳压泵及固定消防泵组应无动作。当压力下降至预增稳压泵预设启泵压力时,增稳压泵自动启动,松开安全阀操作手柄或完全关闭室内消火栓,观察压力表所示压力持续上升,当压力上升至增稳压泵预设停泵压力时,增稳压泵自动停泵。必要时还需要进行主泵故障模拟,查看自动切换备泵情况。一般情况下稳压泵在 1 h 内的启停次数,不应大于 15 次/h,如果发现稳压泵频繁启动,则需对供水管路是否存在泄露进行排查。

4. 消防水泵接合器

消防水泵接合器通常设置在建筑物的周围,便于消防车停靠、使用。因此,巡查时首先要确认消防水泵接合器的位置和数量,明确其所属的系统和区域。其次打开窨井盖,转动手轮查看控制阀及泄水阀启闭状态是否正常。必要时可利用消防车车载消防水泵进行冲水实验,查看系统管网能够承受的最大压力及最不利点的压力、流量,对于高度超过200 m 的建筑,还应当测试消防车最大供水高度,判断接力泵位置。

5. 消防水泵房

消防水泵房巡查主要是通过现场查看确定消防水泵房的位置以及安全出口的位置,观察室内温度和通风情况,查看排水设施,可以通过切断正常照明的方法,查看应急照明的照度和照明时间是否达到相应的规范要求。

第十章

消火栓系统

消火栓系统是最基础的建筑消防设施之一,具有构造简单、使用方便、灭火效果好等优点。在室内消火栓系统处于完好有效状态或系统的管网、消火栓、消防水泵接合器处于完好的情况下,消防员可利用室内消火栓来处置建筑内部火灾。

第一节 消火栓系统概述

消火栓系统由消防水源、管网和消火栓等组成的系统。以建筑物外墙为界可分为室内消火栓系统和室外消火栓系统;按照消防给水管网平时是否充满水可分为湿式消火栓系统和干式消火栓系统两类。

一、室外消火栓系统

室外消火栓系统主要是通过室外消火栓为消防车等消防设备提供消防用水,或通过进户管为室内消防给水设备提供消防用水。室外消火栓系统应满足火灾扑救时各种消防用水设备对水量、水压、水质的基本要求。

(一)系统组成

室外消火栓系统通常是指室外消防给水系统,它是设置在建筑物外墙外的消防给水系统,主要承担城市、集镇、居住区或工矿企业等室外部分的消防给水任务的工程设施。

室外消火栓给水系统由消防水源、消防供水设备、室外消防给水管网和室外消火栓灭火设施组成。室外消防给水管网包括进水管、干管和相应的配件、附件。室外消火栓灭火设施包括室外消火栓、消防水鹤、水带、水枪等。

(二)系统类型

室外消火栓系统的给水管道可采用高压、临时高压和低压管道。城镇、居住区、企事业单位的室外消火栓给水一般均采用低压给水系统,且经常与生产、生活给水管道合并使用。但是高压或临时高压给水管道为确保供水安全,应与生产、生活用水管道分开,设置独立的消防给水管道。

1. 按给水压力

室外消火栓系统按给水压力可分为高压消防给水系统、临时高压消防给水系统、稳高压消防给水系统和低压消防给水系统。

高压消防给水系统能满足室外消火栓直接灭火所需的水量和水压，不需要使用消防车或其他移动式水泵进行加压，而直接由消火栓接出水带、水枪灭火。

临时高压消防给水系统管网内平时不能满足水灭火设施所需的系统工作流量和水压，火灾发生时，通过启动设在泵房内的消防水泵，临时加压使管网内的流量和水压达到消防要求。

稳高压消防给水系统介于高压消防给水系统和临时高压消防给水系统之间，平时通过稳压泵、气压给水设备或变频调速给水设备使管网内保持足够的压力，火灾时仍需启动消防水泵保证管网内的流量和水压。

低压消防给水系统管网内平时水压较低，使用时需经消防车或其他移动式消防水泵进行加压。消防车从低压消防给水系统消火栓取水，一是从消火栓 65 mm 出水口接水带向水罐放水，二是使用消防车水泵吸水管直接从消火栓 100 mm 出水口抽水。为保证消防车用水量的需求，低压消防给水系统最不利点处消火栓的压力不应小于 0.10 MPa。

2. 按充水状态

室外消火栓系统按平时管道内是否充水可分为湿式消火栓系统和干式消火栓系统。

湿式消火栓系统是指平时管网内充满水的消火栓系统。这种系统可以保证消火栓开启后能立即出水灭火，是最为常见的室外消火栓系统。

干式消火栓系统是指平时配水管网内不充水，火灾时向管网充水的消火栓系统。与湿式消火栓系统相比，能有效解决寒冷地区管道冻结问题，但也存在出水滞后的现象。

3. 按服务对象

室外消火栓系统按服务对象可分为市政消火栓系统和建筑室外消火栓系统。

市政消火栓系统是指设置在市政规划道路上的消火栓系统，由市政给水管网供水，主要供消防车取水使用。为保证消防用水需求，其流量应不小于 15 L/s。

建筑室外消火栓系统是指设置在建筑周围的消火栓系统，由地块内室外消防环网（或给水环网共用）供水。当建筑在市政消火栓保护半径以内，且室外消防用水量不大于 15 L/s 时，可不设置室外消火栓系统。

4. 其他类型

室外消火栓系统按用途分可分为生产、生活和消防合用给水系统，生活与消防合用给水系统，生产与消防合用给水系统和消防专用给水系统；按管网形式可分为环状管网消火栓给水系统和枝状管网消火栓给水系统。各系统的特点见第一章消防水源及供水设施中的内容。

（三）系统设置范围

在城市、居住区、工厂、仓库等的规划和建筑设计时，必须同时设计室外消火栓消防给水系统。城市、居住区应设市政消火栓。民用建筑、厂房（仓库）、汽车库、修车库、停车场、可燃气体储罐（区）以及易燃、可燃材料露天、半露天堆场等室外场所均应设室外消火栓给水系统。

但综合考虑建筑性质、规模、火灾危险性和经济条件等因素,对于耐火等级不低于二级,且建筑物体积小于等于 3 000 m³ 的戊类厂房,居住区人数不超过 500 人且建筑物层数不超过两层的居住区,Ⅳ类修车库,耐火等级为一、二级且停车数量不超过 5 辆的汽车库以及停车数不超过 5 辆的停车场可不设置室外消火栓给水系统。

(四) 系统形式选择

市政消火栓和建筑室外消火栓应采用湿式消火栓系统。在寒冷或严寒地区采用湿式消火栓系统应采取防冻措施,如干式地上式室外消火栓或消防水鹤。

严寒、寒冷等冬季结冰地区城市隧道、桥梁及其他室外构筑物要设置消火栓时,由于室外极端温度低于 4 ℃,系统管道可能结冰,所以宜采用干式消火栓系统,当直接接市政给水管道时可采用室外干式消火栓。

室外消火栓系统一般采用市政给水管网供水,给水管网宜为环状管网,但当城镇人口小于 2.5 万人时,可为枝状管网。环状管网的管径不应小于 DN150,枝状管网的管径不宜小于 DN200。当城镇人口小于 2.5 万人时,市政消火栓系统给水管网的管径可适当减少,环状管网的管径不应小于 DN100,枝状管网的管径不宜小于 DN150。工业园区和商务区采用两路消防供水,当其中一条输水干管发生故障时,其余引入管在保证满足 70% 生产生活给水的最大小时设计流量条件下,仍应能满足规定的消防设计流量。

二、室内消火栓系统

室内消火栓系统是处置建筑初起火灾的主要消防给水系统。消防人员到达火场后,可以单独使用室内消火栓系统或与消防装备配合使用进行灭火。

(一) 系统组成

室内消火栓给水系统是由消防给水基础设施、消防给水管网、室内消火栓设备、报警控制设备及系统附件等组成,如图 10-1-1 所示。

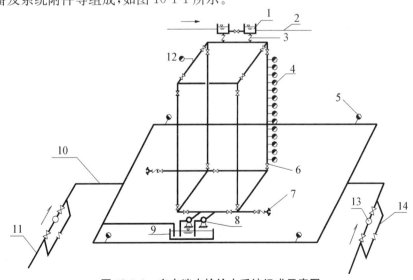

图 10-1-1　室内消火栓给水系统组成示意图

1—消防水箱;2—接生活用水;3—单向阀;4—室内消火栓;5—室外消火栓;6—阀门;7—水泵接合器;8—消防水泵;9—消防水池;10—进户管;11—市政管网;12—屋顶消火栓;13—水表;14—旁通管

其中消防给水基础设施包括市政管网、室外消防给水管网及室外消火栓、消防水池、消防水泵、消防水箱、增压稳压设备、水泵接合器等,主要任务是为系统储存并提供灭火用水。给水管网包括进水管、水平干管、消防竖管等,其任务是向室内消火栓设备输送灭火用水。室内消火栓包括水带、水枪、水喉等,是供消防员灭火使用的主要工具。系统附件包括各种阀门、屋顶消火栓等。报警控制设备用于启动消防水泵。

(二) 系统类型

室内消火栓系统除按充水状态分为湿式和干式两种类型外,还可根据给水压力、服务范围、给水方式等进行分类。

按给水压力分,室内消火栓系统可分为高压消火栓给水系统、稳高压消火栓给水系统和临时高压消火栓给水系统。室内消火栓给水系统不允许采用低压给水的方式。

按服务范围分,室内消火栓系统可分为独立消火栓给水系统、区域或集中消火栓给水系统。独立消火栓给水系统是指在一栋建筑内消火栓给水系统自成体系、独立工作的系统。区域或集中消火栓给水系统是指两栋及两栋以上建筑共用的消火栓给水系统。

按给水方式分,室内消火栓系统可分为不分区给水式消火栓给水系统和分区给水式消火栓给水系统。通常高层建筑会采用分区给水式消火栓给水系统。

(三) 系统给水方式

1. 直接给水方式

直接给水方式是指室内消火栓与室外给水管网直接连接,利用室外给水管网的水压直接供水的给水方式。直接给水方式具有供水可靠、系统简单等特点,适用于建筑物高度不高、室外给水管网水压和流量能完全满足室内消火栓系统的使用和设置要求。

2. 水泵—水箱给水方式

水泵—水箱给水方式是指消防给水从市政管网或消防水池中吸水,向消火栓管网供水,屋顶设高位消防水箱作为消防初期的自动供水设施,是最常见的给水方式。

3. 设水箱增压的给水方式

设水箱增压的给水方式是指当高位消防水箱不能满足设计的需求时,通过在高位设置增压泵和气压水罐来满足室内消火栓系统对水压的要求。消防时仍需启动消防水泵。采取这种方式可以解决高位消防水箱的设置高度问题,但增加了辅助供水设施。

4. 设稳压泵的给水方式

设稳压泵的给水方式是指在消防泵旁设置了稳压泵,使系统的压力处于常高压状态,由于稳压泵主要用于稳定系统水压,流量仍需由消防泵来保证。采取这种方式能有效解决高位消防水箱的设置高度问题,但是对消防设备的维护管理要求较高。

5. 不设高位消防水箱的气压给水方式

不设高位消防水箱的气压给水方式是指在建筑的下部设大型气压水罐,存贮高位消防水箱的全部水量并满足最不利处消火栓的水压要求,消防时需启动消防水泵。采取这种方式可以取消高位消防水箱,但水压波动较大,水泵启动频繁,能源消耗大,且占地面积较大。

6. 分区消防给水方式

分区消防给水方式有减压阀分区、水箱分区、消防泵分区三种形式。可分为串联分区给水方式、并联分区给水方式、水泵并联分区给水方式、水泵串联分区给水方式、水箱减压分区给水方式、减压阀减压分区给水方式等。后面将会详细介绍几种常见的分区消防给水方式的特点。

（四）分区消防给水

高层建筑具有楼层高、结构复杂、人员密集等特点，为了在发生火灾时能有效降低火灾扑救难度，减少人员和经济财产损失，应当根据建筑的实际情况，选择合理的分区供水形式。

1. 分区供水条件

考虑到室内消火栓系统管道承压能力和安全可靠性，当消火栓栓口处最大工作压力大于 1.20 MPa 时，自动水灭火系统报警阀处的工作压力大于 1.60 MPa 或喷头处的工作压力大于 1.20 MPa 时，系统最高压力大于 2.40 MPa 时，消防给水系统应分区供水。

2. 分区供水原则

分区供水应根据系统压力、建筑特征，经技术经济和可靠性比较确定，当建筑物无设备层或避难层时，可采用消防水泵并行或减压阀减压等方式分区供水，当建筑物有设备层或避难层时，可采用消防水泵串联、减压水箱和减压阀减压等方式分区供水，构筑物可采用消防水泵并行、串联或减压阀减压等方式分区供水。

3. 分区供水方法

室内消火栓系统可以采用消防水泵分区并联、消防水泵分区串联、减压阀减压以及减压水箱减压分区四种方法。

（1）消防水泵分区并联

高层建筑消火栓系统采用消防水泵分区并联方式供水示意图如图 10-1-2 所示，高、低区消防给水管网各自成环，两者间无直接关联，且各自拥有配套的消防水泵等供水设施。高、低区消防水泵均设置在建筑下部消防水泵房内，系统标识明显，且高、低区消防水泵选型存在较大差异，向高区供水的消防管道上，无接力供水设施。低区管网的高位消防水箱一般设置在建筑的中间楼层如设备层或避难层中。

（2）消防水泵分区串联

消防水泵串联分区有两种方法：消防水泵转输水箱串联分区（如图 10-1-3 所示）；消防水泵直接串联分区（如图 10-1-4 所示）。采用消防水泵串联分区供水时，宜采用消防水泵转输水箱串联供水方式。

当采用消防水泵转输水箱串联时，高、低区消防给水管网各自成环，低区消防水泵直接与低区管网相连，高区消防水泵不直接与高区管网相连，但接入转输水箱，转输水箱的有效储水容积不应小于 60 m³。高、低区消防水泵设置在建筑下部消防水泵房内，系统标识明显，但高、低区消防水泵选型差异不大，可为同一选型。低区管网的高位消防水箱同时作为高区的转输水箱，水箱间位于建筑的中间楼层如设备层或避难层中，水箱补水来源于高区消防泵，水箱出水管道串接高区接力（串联）消防水泵并与高区消防管网相连。

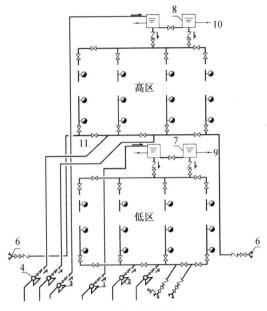

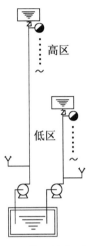

（a）组成示意图　　　　　　　（b）模型简化图

1—低区生活泵；2—低区消防水泵；3—高区生活泵；4—高区
消防水泵；5—低区水泵接合器；6—高区水泵接合器；7—低
区消防水箱；8—高区消防水箱；9—接低区生活水管网；10—
接高区生活水管网

图 10-1-2　消防水泵分区并联供水

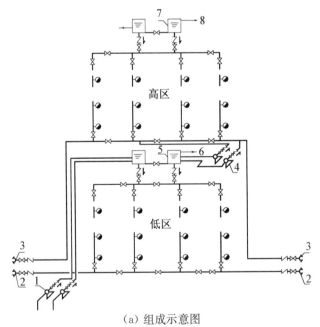

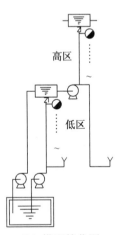

（a）组成示意图　　　　　　　（b）模型简化图

1—底层消防泵；2—低区水泵接合器；3—高区水泵接合器；4—中间接力
消防泵；5—低区消防水箱；6—接低区生活水管网；7—高区消防水箱；
8—接高区生活水管网

图 10-1-3　消防水泵转输水箱串联分区供水

当采用消防水泵直接串联时，高、低区消防给水管网各自成环，两者间无直接关联，且各自拥有配套的消防水泵等供水设施。高、低区消防水泵设置在建筑下部消防水泵房内，系统标识明显，但高、低区消防水泵选型差异不大，可为同一选型，且消防水泵从低区到高区应能依次顺序启动；向高区供水的消防管道上设置有接力（串联）消防水泵，一般设置在低区管网的高位消防水箱间内，该水箱间位于建筑的中间楼层如设备层或避难层中。

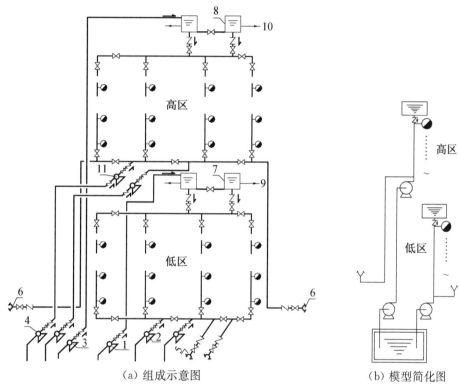

（a）组成示意图　　　　　　　　　　（b）模型简化图

1—低区生活泵；2—低区消防水泵；3—高区生活泵；4—高区消防水泵；5—低区水泵接合器；6—高区水泵接合器；7—低区消防水箱；8—高区消防水箱；9—接低区生活水管网；10—接高区生活水管网；11—高区串联消防泵

图 10-1-4　消防水泵直接串联分区供水方式

（3）减压阀减压分区

减压阀减压分区供水是指室内消火栓系统低区部分的供水由减压阀减压后提供。如图 10-1-5 所示，高、低区消防给水管网各自成环，低区未单独设消防水泵，且无高位消防水箱。高区消防水泵设置在建筑下部消防水泵房内，直接与高区管网相连，低区消防管网通过减压阀与高区消防水泵出水管道相连，采用间接供水方式，减压阀可位于建筑下部消防水泵房出水管道上或建筑中间楼层，体积不大，占用空间较小。

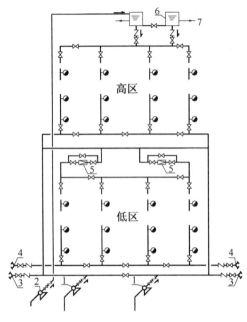

（a）组成示意图　　　　　　　　　　　（b）模型简化图

1—高压消防泵；2—生活水泵；3—高区水泵接合器；

4—低区水泵接合器；5—减压阀；6—高位消防水箱；

7—接生活水管网

图 10-1-5　减压阀减压分区供水方式

采用减压阀减压分区供水时减压阀还应符合下列规定：消防给水所采用的减压阀性能应安全可靠，并应满足消防给水的要求；减压阀应根据消防给水设计流量和压力选择，且设计流量应在减压阀流量压力特性曲线的有效段内，并校核在 150% 设计流量时，减压阀的出口动压不应小于设计值的 70%；每一供水分区应设不少于两个减压阀组；减压阀仅应设置在单向流动的供水管上，不应设置在有双向流动的输水干管上；减压阀宜采用比例式减压阀，当超过 1.20 MPa 时宜采用先导式减压阀；减压阀的阀前阀后压力比值不宜大于 3∶1，当一级减压阀减压不能满足要求时，可采用减压阀串联减压，但串联减压不应大于两级，第二级减压阀宜采用先导式减压阀，阀前后压力差不宜超过 0.40 MPa；减压阀后应设置安全阀，安全阀的开启压力应能满足系统安全，且不应影响系统的供水安全性。

（4）减压水箱减压分区

减压水箱减压分区是指室内消火栓系统的低区部分由减压水箱提供。如图 10-1-6 所示，高、低区消防给水管网各自成环，低区未单独设消防水泵，但设置有高位消防水箱，采用重力自流消防供水方式，该水箱位于建筑的中间楼层如设备层或避难层中，其补水来源于高区消防水泵。高区消防水泵设置在建筑下部消防水泵房内，直接与高区管网相连。

采用减压水箱减压分区供水时减压水箱还应符合下列规定：减压水箱应有两条进、出水管，且每条进、出水管应满足消防给水系统所需消防用水量的要求；减压水箱的有效容积不应小于 18 m³，且宜分为两格；减压水箱进水管的水位控制应可靠，宜采用水位控制阀；减压水箱进水管应设置防冲击和溢水的技术措施，并宜在进水管上设置紧急关闭阀门,溢流水宜回流到消防水池。

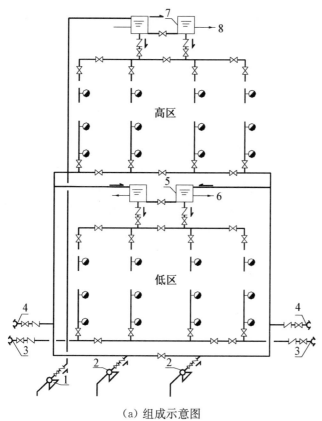

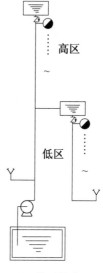

（a）组成示意图 （b）模型简化图

1—生活泵；2—高压消防水泵；3—低区水泵接合器；4—高区水泵接合器；
5—减压水箱（兼作低区高位消防水箱）；6—接低区生活用水管网；7—高
区高位消防水箱；8—接高区生活用水管网

图 10-1-6 减压水箱减压分区供水

（五）系统设置范围

根据我国现行的《建筑设计防火规范》（GB 50016—2014）的规定,建筑占地面积大于 300 m² 的厂房和仓库、高层公共建筑和建筑高度大于 21 m 的住宅建筑、体积大于 5 000 m³ 的车站、码头、机场的候车（船、机）建筑、展览建筑、商店建筑、旅馆建筑、医疗建筑和图书馆建筑等单、多层建筑、特等、甲等剧场,超过 800 个座位的其他等级的剧场和电影院等以及超过 1 200 个座位的礼堂、体育馆等单、多层建筑、建筑高度大于 15 m 或体积大于 10 000 m³ 的办公建筑、教学建筑和其他单、多层民用建筑、国家级文物保护单位的重点砖木或木结构的古建筑应设置室内消火栓系统。

耐火等级为一、二级且可燃物较少的单层、多层丁、戊类厂房（仓库）、耐火等级为三、四级且建筑体积小于等于 3 000 m³ 的丁类厂房和建筑体积小于等于 5 000 m³ 的戊类厂房（仓库）、粮食仓库、金库以及远离城镇且无人值班的独立建筑、存有与水接触能引起燃烧爆炸的物品的建筑物和室内没有生产、生活给水管道,室外消防用水取自储水池且建筑体积小于等于 5 000 m³ 的其他建筑可不设置室内消火栓系统。

（六）系统形式选择

建筑室内环境温度经常低于 4 ℃ 的场所会使消火栓系统管道内充水出现冰冻的危险,高于 70 ℃ 的场所管道内充水会发生汽化,有破坏管道及其附件的危险,所以当室内环境温度不低于,且不高于 70 ℃ 的场所,应采用湿式室内消火栓系统。建筑高度不大于 27 m 的多层住宅建筑设置室内湿式消火栓系统确有困难时,可设置干式消防竖管、SN65 的室内消火栓接口和无止回阀和闸阀的消防水泵接合器。

室内环境温度低于 4 ℃,或高于 70 ℃ 的场所,宜采用干式消火栓系统。干式消火栓系统的充水时间不应大于 5 min,在系统管道的最高处应设置快速排气阀,在进水干管上宜设雨淋阀或电磁阀、电动启动阀等快速启闭装置,当采用电磁阀或电动阀时开启时间不应超过 30 s,当采用雨淋阀时应在消火栓箱设置直接开启雨淋阀的手动按钮。

室内消火栓系统应采用高压或临时高压消防给水系统,且不应与生产生活给水系统合用;但当自动喷水灭火系统局部应用系统和仅设有消防软管卷盘的室内消防给水系统时,可与生产生活给水系统合用。当室内消火栓系统由室外生产生活消防合用系统直接供水时,合用系统除应满足室外消防给水设计流量以及生产和生活最大小时设计流量的要求外,还应满足室内消防给水系统的设计流量和压力要求。

室内消火栓系统管网应布置成环状,当室外消火栓设计流量不大于 20 L/s(但建筑高度超过 50 m 的住宅除外),且室内消火栓不超过 10 个时,可布置成枝状。

第二节　消火栓系统组成与工作原理

消火栓系统的组成包括消防水源、消防供水设施、消防给水管网及消火栓设备等。消防水源、消防供水设施及消防给水管网的相关内容已在第一章中进行了详细介绍,这里主要介绍消火栓设备部分。

一、室外消火栓系统

室外消火栓是一种固定式消防设施,主要供消防车从市政给水管网或室外消防给水管网取水实施灭火,也可以直接连接水带、水枪出水灭火。室外消火栓一般采用地上式室外消火栓,在寒冷地区采用地下式室外消火栓,也可采用干式地上式消火栓或消防水鹤。

（一）室外消火栓组成

室外消火栓主要由阀体、阀瓣、阀杆、阀座、弯管、本体和接口(外螺纹固定接口和吸水管接口)等组成。阀体、弯管、本体等部件一般由灰铸铁材料制成,阀座、阀杆螺母用铸造铜合金材料制成。阀杆用低碳钢材料制造,其表面应镀铬或性能不低于镀铬的其他表面处理的方法。外螺纹固定接口和吸水管接口的本体材料应由铜质材料制造。

室外消火栓的自动排放余水装置,在供水阀处于关闭状态时,会将处于阀体以上的余水放出,以保持阀体以上部位无水。

（二）室外消火栓类型

室外消火栓是设置在建筑物外消防给水管网上的供水设施，是扑救火灾的重要消防设施之一。室外消火栓一般采用地上式室外消火栓，在寒冷地区可采用地下式室外消火栓，也可采用干式地上式室外消火栓或消防水鹤。

1. 地上式室外消火栓

地上式消火栓如图10-2-1所示是一种与供水管路连接，由阀、出水口和栓体等组成，且阀、出水口以及部分壳体露出地面的消防供水装置。具有目标明显，易于寻找，操作方便等优点，但易被汽车撞击而受损。在我国南方温暖地区一般采用地上式消火栓。

室外地上式消火栓应有一个DN150或DN100和两个DN65的栓口，供水管直径为DN150或DN100。

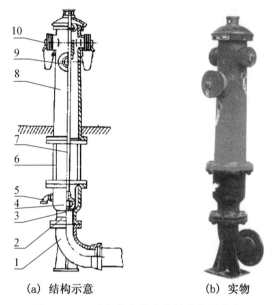

（a）结构示意　　　　（b）实物
图10-2-1　地上式室外消火栓结构及实物
1—弯管；2—阀体；3—阀座；4—阀瓣；5—排水阀；6—法兰接管；7—阀杆；
8—本体；9—DN100或DN150出水口；10—DN65出水口

2. 地下式室外消火栓

地下式消火栓如图10-2-2所示是一种与供水管路连接，由阀、出水口和栓体等组成，且安装在地下的消防供水装置。设置在消火栓井内，具有不冻结、不易损坏、不妨碍交通等优点。但地下消火栓不便操作也不明显，为方便确认地下消火栓，要求在地下消火栓旁设置明显的指示标志。室外地下消火栓在我国北方寒冷地区广泛应用，栓体上有DN 100和DN 65的栓口各一个。

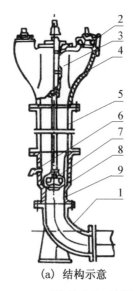 

(a) 结构示意　　　　(b) 实物

图 10-2-2　地下室外消火栓结构及实物

1—弯管;2—DN100 出水口;3—阀杆;4—本体;5—法兰接管;6—
排水口;7—阀瓣;8—阀座;9—阀体

3. 折叠式消火栓

折叠式消火栓如图 10-2-3 所示也称室外直埋伸缩式消火
栓,是一种平时以折叠或伸缩形式安装于地面以下,使用时能
够升至地面以上的消火栓。和地上式相比,避免了碰撞,防冻
效果好;和地下式相比,不需要建地下井室,在地面以上连接,
工作方便。折叠式消火栓的接口可根据接水需要进行 360°旋
转,使用更加方便。

4. 消防水鹤

消防水鹤如图 10-2-4 所示是一种适合北方寒冷地区城市
使用的室外消防给水设施,也称多功能消防给水栓,具有地上
消火栓和给消防车供水的多种功能。消防水鹤在离地面高
1.2 m 左右的位置各有一个 80 型、65 型接口,便于直接连接水
带、水枪灭火;上部设有可任意回转、自由伸缩、上下升降的注

图 10-2-3　折叠式消火栓

水口,直接向消防车水罐注水。它的主要特点是防冻害。在－40 ℃和城市自来水系统压
力 0.4 MPa 的情况下,可正常向消防车供水。注水流量为 5 m³/min。

(三) 室外消火栓设置

室外消火栓的设置在保证出水流量、压力的同时,应满足灭火实际需要,便于寻找,方
便使用。

1. 市政消火栓

市政消火栓宜采用地上式消火栓;在严寒、寒冷等冬季结冰地区宜采用干式地上式消

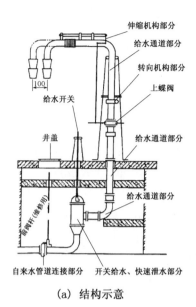

| （a）结构示意 | （b）实物 |

图 10-2-4　消防水鹤结构及实物

火栓。当采用地下式消火栓,且地下式消火栓的取水口在冰冻线以上时,应采取保温措施。市政消火栓宜采用直径 DN150 的室外消火栓。

（1）设置位置。市政消火栓沿道路的一侧设置在消防车易于接近的人行便道、绿地等不妨碍交通的位置,但当市政道路宽度超过 60 m 时,应在道路的两侧交叉错落设置,并靠近十字路口。市政桥桥头和隧道出入口等市政公用设施处,应设置市政消火栓。

（2）设置距离。市政消火栓的保护半径不应超过 150 m,且间距不应大于 120 m。设置位置距路边不宜小于 0.5 m,且不应大于 2 m;距建筑外墙或外墙边缘不宜小于 5 m。

（3）流量压力。设有市政消火栓的给水管网平时运行工作压力不应小于 0.14 MPa,消防时水力最不利消火栓的出流量不应小于 15 L/s,且供水压力从地面算起不应小于 0.10 MPa。

（4）保护措施。市政消火栓应避免设置在机械易撞击的地点,当确有困难时应采取防撞措施。为方便寻找,市政消火栓应有明显的标志,地下式市政消火栓应有明显的永久性标志。

2. 室外消火栓

室外消火栓的设置除应符合市政消火栓有有关设置要求外,还应符合以下要求:

（1）设置位置。室外消火栓宜沿建筑周围均匀布置,且不宜集中布置在建筑一侧;人防工程、地下工程等建筑应在出入口附近设置室外消火栓;停车场的室外消火栓宜沿停车场周边设置;甲、乙、丙类液体储罐区和液化烃罐罐区等构筑物的室外消火栓,应设在防火堤或防护墙外;工艺装置区等采用高压或临时高压消防给水系统的场所,其周围应设置室外消火栓,当工艺装置区宽度大于 120 m 时,宜在该装置区内的路边设置室外消火栓;室外消防给水引入管当设有减压型倒流防止器时,应在减压型倒流防止器前设置一个室外消火栓。

（2）设置数量。建筑室外消火栓的数量应根据室外消火栓设计流量和保护半径经计算确定,每个室外消火栓的出流量宜按 10 L/s～15 L/s 计算。建筑消防扑救面一侧的室外消火栓数量不宜少于 2 个。甲、乙、丙类液体储罐区和液化烃罐罐区等构筑物的室外消火栓数量应根据每个罐的设计流量经计算确定,但距罐壁 15 m 范围内的消火栓,不应计算在该罐可使用的数量内。工艺装置区等采用高压或临时高压消防给水系统的场所,其周围设置室外消火栓的数量应根据设计流量经计算确定。

（3）设置距离。室外消火栓的保护半径不应大于 150 m;距人防工程、地下工程等建筑出入口、水泵接合器的距离不宜小于 5 m,且不宜大于 40 m;停车场的室外消火栓距最近一排汽车的距离不宜小于 7 m,距加油站或油库不宜小于 15 m;工艺装置区等采用高压或临时高压消防给水系统的场所设置的室外消火栓其间距不应大于 60 m。

（4）配件。当工艺装置区、储罐区、堆场等构筑物采用高压或临时高压消防给水系统时,室外消火栓处宜配置消防水带和消防水枪;当工艺装置区、罐区、可燃气体和液体码头等构筑物的面积较大或高度较高,室外消火栓的充实水柱无法完全覆盖时,宜在适当部位设置室外固定消防炮。

3. 消防水鹤

消防水鹤是通过消防车顶部进水孔向罐内注水,设置应符合下列要求:

（1）消防水鹤出水连杆以及出水口的高度应在距地面 3.5～4.0 m 处,同时设置防撞墩,避免设置在电力架空线下方。

（2）设置位置可以是街道的十字路口、人行道沿街位置、排污井旁、人行道树侧等便于消防车接近的部位。

（3）严寒地区在城市主要干道上设置消防水鹤的布置间距宜为 1 000 m,连接消防水鹤的市政给水管的管径不宜小于 DN200。

（4）消防时消防水鹤的出流量不宜低于 30 L/s,且供水压力从地面算起不应小于 0.10 MPa。

二、室内消火栓系统

室内消火栓系统的主要设备包括:消防泵及其控制柜、消防水箱(气压给水装置)、给水管网及阀门、室内消火栓箱、水泵接合器等。除消火栓箱外,其余设备参见第一章。

（一）室内消火栓箱

消火栓箱是指安装在建筑物内的消防给水管路上,由栓箱、室内消火栓、消防接口、水带、水枪、消防软管卷盘及电器设备等消防器材组成的具有给水、灭火、控制、报警等功能的箱状固定式消防装置。其构造如图 10-2-5、图 10-2-6 所示。

1. 消火栓栓箱

消火栓栓箱按安装方式可分为:明装式、暗装式、半暗装式;按箱门型式可分为:左开门式、右开门式、双开门式、前后开门式;按箱门材料可分为:全钢型、钢框镶玻璃型、铝合金框镶玻璃型、其他材料型;按水带安置方式可分为:挂置式、盘卷式、卷置式、托架式。

栓箱的箱体一般由冷轧薄钢板弯制焊接而成。栓箱箱门材料除了全钢型、钢框镶玻

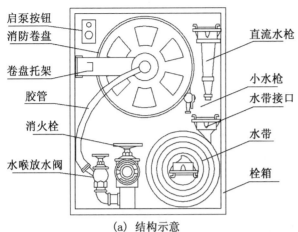

（a）结构示意　　　　　　　　　（b）实物

图 10-2-5　室内消火栓箱构造及实物

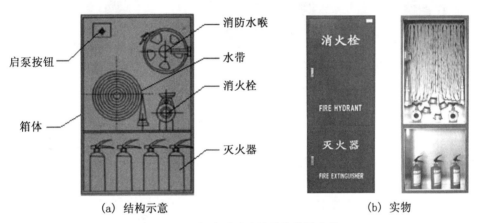

（a）结构示意　　　　　　　　（b）实物

图 10-2-6　组合式消火栓箱构造及实物

璃型、铝合金框镶玻璃型外还可根据消防工程特点,结合室内建筑装饰要求来确定。箱门表面上喷涂有"消火栓"等明显标志。

　　栓箱内配置消防器材的情况为:室内消火栓安装于箱内并与供水管路相连;直流水枪安装在箱内的弹簧卡上,取用应方便;消防水带应根据栓箱的结构型式安装于箱内,并应保证不影响其他消防器材的使用;在箱内的明显部位配有消防按钮和指示灯,消防按钮可向消防控制中心报警并能启动消防水泵,指示灯为红色;消防软管卷盘可用于扑救初起火灾,它由进口阀、卷盘、卷盘轴、支承部分、软管、开关喷嘴、弯管及水路系统零部件组成。

　　2. 室内消火栓

　　室内消火栓是固定式消防给水系统中的主要部件,通常安装在消火栓箱内,与消防水带和水枪等器材配套使用,是应用最早和最普通的消防设施之一,因性能可靠、成本低廉而被广泛采用。

　　（1）室内消火栓的结构

　　室内消火栓主要由阀体、阀盖、阀杆、阀瓣、阀座、手轮、固定接口等部件组成。铸铁阀体外表面涂大红色油漆,内表面涂防锈漆,手轮涂黑色油漆。使用时把消火栓手轮顺开启方向旋开即能出水。

(2) 室内消火栓的分类

建筑内常用的室内消火栓有:

① 标准型室内消火栓(SN 型、SNS 型、SNA 型、SNSS 型)。消火栓是具有内扣式接口的球形阀式龙头,一端与消防给水管相接,另一端与水带连接。有双出口和单出口之分如图 10-2-7 所示,按出口口径分为 DN65 和 DN50 两种,当水枪射流量小于 5 L/S 时,一般选用 DN50 的消火栓,当水枪射流量大于 5 L/S 时,宜选用 DN65 以上的消火栓,对于高层建筑,消火栓的直径应取 DN65。

(a) 单栓阀单出口　　　　　(b) 单栓阀双出口　　　　　(c) 双栓阀双出口

图 10-2-7　双出口和单出口室内消火栓

② 旋转型室内消火栓(SNZ 型)。旋转型室内消火栓即栓体可相对于与进水管路连接的底座水平 360°旋转的室内消火栓。这种型式室内消火栓在结构上的特点是:栓体可相对于与进水管路连接的底座水平 360°旋转,可以在超薄栓箱内安装,解决了由于传统箱体厚占用通道以及薄墙体不能完全实现暗装等问题,并且克服了普通室内消火栓难以改变出水口方向的弊端,使得室内消火栓的安装和使用更加方便,如图 10-2-8 所示。

③ 减压型室内消火栓(SNJ 型)。减压型室内消火栓即通过设置在栓内或栓体进、出水口的节流装置,实现降低栓后出口压力的室内消火栓,如图 10-2-9 所示。

④ 减压稳压型室内消火栓(SNW 型)。减压稳压型室内消火栓即在栓体内或栓体进、出水口设置自动节流装置,依靠介质本身的能量,改变节流装置的节流面积,将规定范围内的进水口压力减至某一需要的出水口压力,并使出水口压力自动保持稳定。减压稳压型室内消火栓的结构有两种形式,一种为节流装置安装在栓体内部,另一种为节流装置安装在栓的出口处,如图 10-2-10 所示。

图 10-2-8　旋转型(SNZ)　　　图 10-2-9　减压型(SNJ)　　　图 10-2-10　减压稳压型(SNW)

除了上述类型室内消火栓外,还有 45°出口型室内消火栓;旋转减压型室内消火栓,即同时具有旋转室内消火栓和减压室内消火栓功能的室内消火栓;旋转减压稳压型室内消火栓,即同时具有旋转室内消火栓和减压稳压室内消火栓功能的室内消火栓。

(3)室内消火栓栓口压力及充实水柱

室内消火栓栓口压力应符合下列规定:高层建筑、厂房、库房和室内净空高度超过 8 m 的民用建筑等场所的消火栓栓口动压,不应小于 0.35 MPa,且消防防水枪充实水柱应按 13 m 计算;其他场所的消火栓栓口动压不应小于 0.25 MPa,且消防水枪充实水柱应按 10 m 计算;消火栓栓口动压力不应大于 0.50 MPa,当大于 0.70 MPa 时必须设置减压设施。

(4)消火栓箱内消火栓的数量

消火栓箱内一般设置 1 个消火栓,但下列场所应设置 2 个消火栓:十八层及十八层以下,每层不超过 8 户、建筑面积不超过 650 m² 的塔式住宅和单元住宅,当设两根消防立管有困难时,设一根竖管时;高层建筑的尽端采用单立管时,必须设置 2 个消火栓的位置。

3. 水带

消防水带可分为无衬里消防水带和有衬里消防水带。无衬里消防水带一般采用植物纤维,如棉、亚麻、麻等材料制造,耐压低且容易霉变,目前已被淘汰。有衬里消防水带由编织物和胶层组成,编织物采用高强度合成纤维制造,胶层采用优质橡胶、乳胶或塑料作衬里,耐压高,使用较普遍。

有衬里消防水带按公称通径可分为 25 mm、40 mm、50 mm、65 mm、80 mm 五种规格;按公称工作压力可分为 0.8 MPa、1.0 MPa、1.3 MPa、1.6 MPa、2.0 MPa、2.5 MPa 六种规格;按长度可分为 15 m、20 m、25 m、30 m、40 m 五种规格。

SN65 的消火栓应配置公称直径 65 mm 有内衬里的消防水带,每根水带的长度不宜超过 25 m,SN25 的消火栓应配置公称直径 25 mm 有内衬里的消防水带,每根水带的长度不宜超过 30 m,消防软管卷盘应配置内径不小于 19 mm 的消防软管,其长度不应超过 30 m。

4. 水枪

消防水枪是由单人或双人携带和操作的以水作为灭火剂的喷射管枪。消防水枪通常由接口、枪体、阀、喷嘴或能形成多种型式的喷射装置组成。

消防水枪的材料一般采用铸造铝合金、铸压铝合金或铸造铜合金制造。其铸造表面应无结疤、裂纹及孔眼,铝铸件表面应进行阳极化处理。同时,应具有一定的抗跌落性能,以防止在使用中因跌落冲撞等情况时断裂损坏。

消火栓水枪的匹配规则是:SN65 的消火栓宜配备当量喷嘴直径 16 mm 或 19 mm 的消防水枪;当消火栓的出水流量为 2.5 mL/s 时,SN65 的消火栓宜配备当量喷嘴直径 11 mm 或 13 mm 的消防水枪;消防软管卷盘应配当量喷嘴直径 6 mm 的消防水枪。

5. 远程启泵按钮

远程启泵按钮是设置在室内消火栓栓箱内或栓箱附近,用于远距离启动消防水泵的设备。根据按钮的工作原理、操作部件组成等不同,分为可复位型和不可复位型两种类型。其中,可复位型按钮在灭火结束后不需要更换任何部件即可恢复原状;不可复位型则需要更换相关已损坏的部件方可恢复原状。有些厂家或型号的远程启泵按钮,还组合设置有消防电话塞孔,用于与消防控制中心的通讯联络。

(a) 可复位型 (b) 不可复位型(击碎玻璃型)

图 10-2-11 消火栓启泵按钮

6. 消防卷盘

消防卷盘是由阀门、输入管路、卷盘软管、喷枪等组成,并能在展开软管的过程中喷射灭火剂的灭火器具,其实物如图 10-2-12 所示。

常用卷盘有盘式和挂式两种。消防水喉可与消火栓一同设在一个消火栓箱内。挂式消防水喉,一般安装在墙上较为宽阔而方便使用的地点。盘式消防水喉,是采用圆盘夹套,中心轴设有滑轮,将软管卷在盘内,常常安装在柱上或安全便于取用的地点。

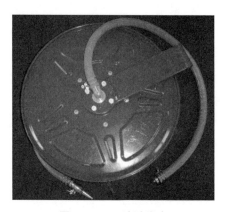

图 10-2-12 消防卷盘

消防卷盘主要供非职业消防人员扑救初期火灾时使用,由于水枪口径小,流量小,所以水枪反作用力小,使用起来方便、安全。

(二) 室内消火栓设置

室内消火栓的布置原则是设置室内消火栓的建筑,包括设备层在内的各层均应设置消火栓。室内消火栓的布置应满足同一平面有 2 支消防水枪的 2 股充实水柱同时达到任何部位的要求,且楼梯间及其休息平台等安全区域可仅与一层视为同一平面。但当建筑高度小于等于 24 m 且体积小于等于 5 000 m³ 的多层仓库,可采用 1 支水枪充实水柱到达室内任何部位。屋顶设有直升机停机坪的建筑,应在停机坪出入口处或非电器设备机房处设置消火栓,且距停机坪机位边缘的距离不应小于 5 m。建筑室内消火栓栓口的安装高度应便于消防水龙带的连接和使用,其距地面高度宜为 1.1 m;其出水方向应便于消防水带的敷设,并宜与设置消火栓的墙面成 90°角或向下。对在大空间场所消火栓安装位置确有困难时,经与当地消防监督机构核准,可设置在便于消防员使用的合适地点。

1. 消火栓的设置位置

室内消火栓应设置在楼梯间及其休息平台和前室、走道等明显易于取用,以及便于火灾扑救的位置。住宅的室内消火栓宜设置在楼梯间及其休息平台。大空间场所的室内消火栓应首先设置在疏散门外附近等便于取用和火灾扑救的位置。汽车库内消火栓的设置不应影响汽车的通行和车位的设置,并应确保消火栓的开启。同一楼梯间及其附近不同层设置的消火栓,其平面位置宜相同。冷库的室内消火栓应设置在常温穿堂或楼梯间内。

设有室内消火栓的建筑应设置带有压力表的试验消火栓,多层和高层建筑应在其屋顶设置,严寒、寒冷等冬季结冰地区可设置在顶层出口处或水箱间内等便于操作和防冻的位置,单层建筑宜设置在水力最不利处,且应靠近出入口。

室内消火栓宜按行走距离计算其布置间距,消火栓按 2 支消防水枪的 2 股充实水柱布置的高层建筑、高架仓库、甲乙类工业厂房等场所,消火栓的布置间距不应大于 30 m;消火栓按 1 支消防水枪的一股充实水柱布置的建筑物,消火栓的布置间距不应大于 50 m。

2. 住宅消火栓设置

7 至 10 层的各类住宅可以根据地区气候、水源等情况设置干式消防竖管,住宅干式消防竖管宜设置在楼梯间休息平台,且仅应配置消火栓栓口。干式消防竖管平时无水,火灾发生后,为便于消防车向室内干式消防竖管供水,应在建筑物的首层便于消防车接近和安全的地点设置消防车供水的接口。为尽快供水灭火,干式消防竖管顶端应设置自动排气阀。

住宅户内宜在生活给水管道上预留一个接 DN20 消防软管的接口或阀门;跃层住宅和商业网点的室内消火栓宜设置在户门附近,并应满足至少有一股充实水柱到达室内任何部位。

3. 消防软管卷盘或轻便消防水龙设置

消防软管卷盘或轻便消防水龙应设置在高层民用建筑;多层建筑中的高级旅馆、重要的办公楼、设有空气调节系统的旅馆和办公楼;人员密集的公共建筑、公共娱乐场所、幼儿园、老年公寓等场所;大于 200 m² 商业网点;超过 1 500 个座位的剧院、会堂其闷顶内安装有面灯部位的马道等场所;普通人员能利用消防软管卷盘扑灭初期小火,避免蔓延发展成为大火。对于一些可不设置室内消火栓系统的建筑或场所,宜设置消防软管卷盘或轻便消防水龙。

4. 城市隧道消火栓设置

城市隧道内宜设置独立的消防给水系统,消火栓的间距不应大于 50 m;管道内的消防供水压力应保证用水量达到最大时,最低压力不应小于 0.30 MPa;当消火栓栓口处的出水压力超过 0.70 MPa 时,应设置减压设施。在隧道出入口处应设置消防水泵接合器和室外消火栓。隧道内允许通行危险化学品的机动车,且隧道长度超过 3 000 m 时,应配置水雾或泡沫消防水枪。

第三节　　消火栓系统操作

消火栓系统的操作主要是利用室外消火栓取水和室内消火栓系统灭火。

一、室外消火栓系统

室外消火栓系统主要承担着向消防车供水的任务,其操作主要针对火场供水。

(一) 操作方法

消防车可通过两种方法从室外消火栓上取水。

1. 地上式消火栓取水操作

(1) 使用水带取水

根据室外地上式消火栓供水压力大小,可用水带由消防车水罐顶部进水口直接注水,也可通过水路附件(集水器、异形接口等)由消防车进水口注水。以 DN65 水带连接消火栓取水为例,其应用方法是:先将集水器与消防车进水口连接好(如果直接向水罐注水,则应先打开水罐顶部进水口),再将两盘 DN65 水带的一端分别与集水器两个接口连接,然后将两盘水带的另一端与消火栓的两个 DN65 出水口相连,利用专用扳手打开消火栓阀门即可取水。

(2) 使用吸水管取水

根据室外地上式消火栓供水压力大小,可用吸水管从消火栓上直接取水或吸水。吸水管的连接方式分为螺纹连接和套式连接,以螺纹连接从消火栓上直接取水为例,其应用方法是:打开消防车进水口闷盖,根据消火栓与消防车进水口距离远近,取出适当数量的吸水管并沿消火栓与消防车进水口呈"一"字摆开;在吸水管与消防车进水口连接好后,依次连接其他吸水管(如只需一节吸水管时,可省略此操作)和消火栓;利用专用扳手打开消火栓阀门即可完成取水任务。

2. 地下式消火栓取水操作

地下式消火栓取水操作与地上式消火栓取水操作基本相同,由于地下式消火栓至于消火栓井内,井口盖有厚重的井盖板,打开时一般由两个人用铁制的专用工具勾起井盖板,露出地下消火栓后再用加长的开关扳手深入到地下,拧开阀门。

3. 消防水鹤取水操作

消防水鹤取水操作方式是:将消防车就近停靠在消防水鹤下方,通过操作伸缩和转向机构,使消防水鹤出水口对准消防车水罐顶部进水口,打开进水口盖板后,通知地面人员开启供水阀门供水,消防车顶部人员根据水罐水位情况及时通知地面人员关阀并排放余水。取水完毕后,操作伸缩和转向机构,使消防水鹤复位。

(二) 注意事项

(1) 消火栓的供水能力与供水管网的供水压力和管径大小有密切关系。多辆消防车集中在一处同时取水时,应充分考虑管网供水压力、管径对供水的影响。

（2）从市政消火栓上取水时,应注意市政给水管网的供水压力,当管网内供水压力大于 0.2 MPa 时,可通过连接水带、吸水管直接取水;当管网内供水压力小于 0.2 MPa 时,可通过吸水管从消火栓上吸水。

（3）水带、吸水管敷设线路上遇有锋利物体时,应采取适当的保护措施。当使用水带从消火栓上取水时,为节约取水时间,可使用两条 DN65 水带在同一消火栓上取水;当使用吸水管从消火栓上吸水时,为避免吸水管与消防车细水口、吸水管之间连接处漏气、漏水,应使用三角支架支撑吸水管。

（4）水带、吸水管、集水器、消防车进水口、消火栓出水口早连接时,应根据连接方式、管径大小等情况选择使用同型或异型接口。为防止消防车吸水时吸入空气,应确保消火栓上其他闷盖保持关闭。

二、室内消火栓系统

室内消火栓系统的操作包括消防供水设施的操作与控制、消火栓操作等内容。消防供水设施的操作方法与注意事项详见本书第一章相关内容。这里需要注意的是,室内消火栓系统采用消防水泵串联分区给水时,消防水泵与串联水泵的启动存在先后顺序。当采用消防水泵直接串联时,消防水泵从低区到高区依次顺序启动;当采用转输水箱串联时,消防水泵从高区到低于依次顺序启动。

（一）操作方法

无论是单位员工还是消防员,室内消火栓箱的使用必须两人配合。

1. 室内消火栓操作

找到消火栓箱后,打开消火栓箱门,取出水枪,拉出水带,一人将水带接口一端与消火栓连接,另一端与水枪连接,并将水带在地面上拉直铺平;另一人打开消火栓并操作远程启泵按钮启动消防水泵后,跑至前方水枪处两人配合射水。射水完毕后,恢复远程启泵按钮,停止水泵运行并关闭消火栓;卸下水带、水枪,排除余水,水带冲洗干净置于阴凉干燥处晾干后,按原来安置方式置于消火栓箱内。

  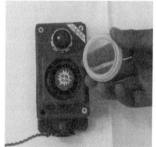

（a）可复位型　　　　　　　　（b）不可复位型（击碎或旋下玻璃压片）

图 10-3-1　远程启泵按钮启泵操作

根据产品类型不同,远程启泵按钮的恢复方法也有所不同,对于可复位型按钮,应使用专用工具进行复位;对于不可复位型按钮,如玻璃压片已被击碎,则需更换同等规格的压片后旋回压盖。

(a) 复位吸盘 　　　　　(b) 复位钥匙

图 10-3-2　复位专用工具

2. 干式消防竖管操作

干式消防竖管的操作有别于常规消火栓。因为平时管网内无水且大多没有配置水带、水枪,所以,使用时需由消防车通过建筑首层外墙接口向室内干式消防竖管供水,消防员用自携水带接驳竖管上的消火栓口进行火灾扑救。使用完毕后,应将竖管内的水放空,防止冬季发生水管冻裂。

(二) 注意事项

(1) 消防员利用建筑室内消火栓进行火灾扑救时,应随身携带水枪、水带、异型转换接口以及必要的破拆、通信、照明等消防器材。

(2) 消防员应由安全的防烟楼梯间或无烟楼梯间上至起火层(或起火楼层的上一层、下一层),如起火楼层较高,消防员可乘坐消防电梯进入起火层(或起火楼层的上一层、下一层)。

(3) 消防员应及时将水枪压力、流量等情况报告给火场指挥员,以便后方选择给水方式。

三、消防水泵直接串联分区供水想定演练

(一) 系统想定

该建筑室内消火栓系统采用消防水泵直接串联分区供水,泵房内设有高、低区消防水泵及生活泵,高、低区消火栓泵控制柜;串联消防水泵、串联消防水泵控制柜设置在建筑设备层,串联泵在吸水管上设有倒流防止器,水泵可通过现场手动、控制室远距离自动及手动方式启动。

(二) 号位设置

如图 10-3-3 所示,班指挥位于消防控制室,1 号员位于消防泵房内高区消火栓泵控制柜处,2 号员位于设备层高区串联消火栓泵控制柜处,3 号员位于高区实验消火栓(最不利点消火栓处)。

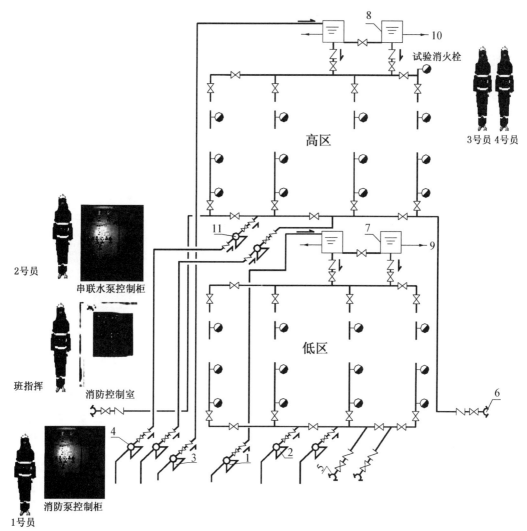

图 10-3-3　消防水泵直接串联分区供水想定演练号位示意图

（三）任务分工

班指挥：演练组织，收集消防控制室报警控制器打印信息及其他号员记录资料

1、2 号员：水泵控制柜操作，观察水泵运行状态，记录水泵各管路的压力数值

3 号员：试验消火栓操作与记录

（四）演练步骤

如图 10-3-4 所示为消防水泵直接串联分区供水演练流程。

（五）注意事项

（1）可参照开展其他分区给水形式供水想定演练。

（2）演练过程中，可开展设备故障的想定：消火栓系统本身处于故障状态；消火栓泵或串联消防泵电机反转；消火栓泵或串联消防泵启动后测试管路上压力表读数没有明显上升；逐渐关闭测试管路控制阀的过程中测试管路压力表读数没有明显上升；关闭测试管路控制阀后开关水枪上压力表没有明显上升。

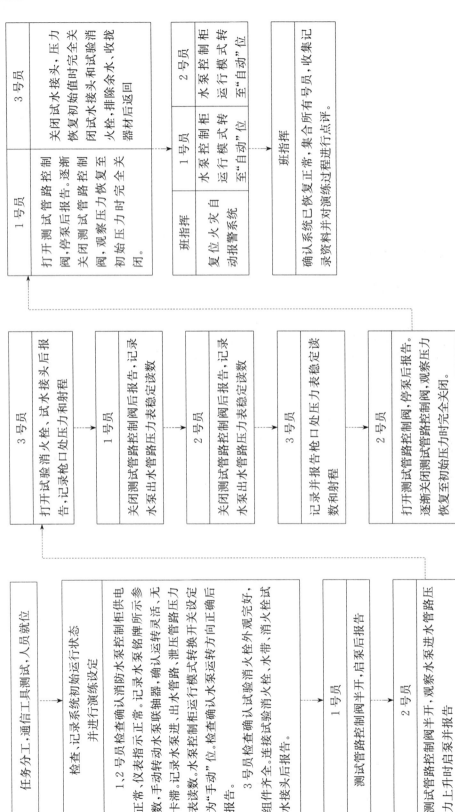

图 10-3-4 消防水泵直接串联分区供水演练流程

四、消防泵直接串联分区高区消防泵故障供水想定演练

(一) 系统想定

某高层建筑采用消防泵串联分区供水形式,高区设置有两台消火栓泵、两台串联消火栓泵;低区设置两台消火栓泵。假设高区消火栓泵损坏导致高区消火栓系统供水中断。

(二) 号位设置

如图 10-3-5 所示,班指挥位于消防控制室,1 号员位于泵房内低区消火栓泵电气控制柜处,驾驶员及消防车位于水泵接合器处,2、3 号员携带手抬机动泵、两盘水带、一个分水器及异型接口位于设备层或避难层内低区试验消火栓处,4、5 号员携带三盘水带、一个测压短管、一个分水器及异型接口位于设备层上一层室内消火栓处,6 号员携带一盘水带、一支消火栓试水接头和一个异型接口位于高区试验消火栓(最不利点消火栓)处。

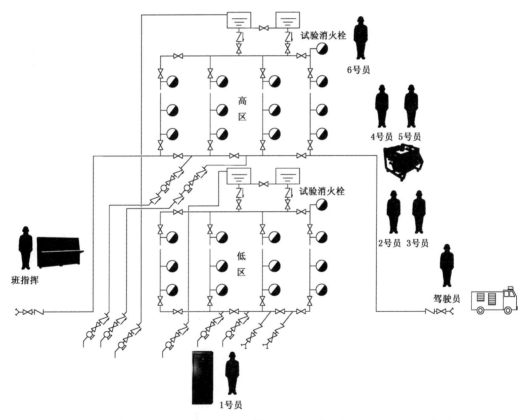

图 10-3-5 消防泵直接串联分区高区消防泵故障供水想定演练号位示意图

(三) 任务分工

班指挥:演练组织,收集消防控制室报警控制器打印信息及其他号员记录资料

1 号员:消防泵控制柜操作,观察水泵运行状态,记录管路参数

2 号员:低区试验消火栓操作

3 号员:分水器及手抬机动泵操作及参数记录

图 10-3-6 消防泵直接串联分区高区消防泵故障供水想定演练流程

任务分工，通信工具测试，人员就位

↓

检查、记录系统初始运行状态并进行演练设定

驾驶检查确认室外消火栓、水泵接合器外观完好，组件齐全。系统与分区室外消火栓连接正确，方向正确。用随车消防吸水管连接室外消火栓与消防车。水泵接合器、水带、异型接口、水泵接合器与消防车水泵连接的顺序连接消防车与水泵接合器。完成后报告。

1号员检查确认消防泵控制柜运行状态良好、消防泵运转灵活，无卡阻，方向正确。记录消防泵组铭牌所示参数，记录进、出水管路压力。控制柜运行模式置于"手动"位。完成后报告。

2,3号员按照低区试验消火栓、异型接口、水带、分水器，手抬机动泵的顺序连接接消火栓与手抬机动泵，关闭分水器开关。完成后报告。

4,5号员按照水带、异型接口的顺序连接手抬机动泵与分水器，测压高区消火栓；将另一条水带引至设备层楼面排水口，并闭分水器。完成后报告。

6号员按照异型接口、水带、消火栓试验消火栓与试水接头，打开消火栓，保持试水接头关闭。完成后报告。

2号员	3号员
打开低区试验消火栓	打开分水器空余接口排出水带内空气，有水流出后关闭，记录并报告手抬机动泵吸水口压力

5号员	6号员
打开高区试验消火栓	打开分水器空余接口排出水带内空气，有水流出后关闭，记录并报告分水器测压短管上压力

6号员
打开试验接头，报告压力和射程情况

1号员	3号员	4号员	6号员
记录泄压管路压力大于试验压力时，打开分水器吸水口开关，测试管路半开并启动消火栓泵	观察手抬机动泵出水口压力上升时报告	机动泵出水压力大于测试短管压力时，打开分水器开关，接通高低区水路	观察并报告压力及射程变化情况

3号员
启动手抬机动泵并报告机动泵出水压力

1号员	3号员	4号员	6号员
关闭测试管路控制阀，记录泵组前后稳定压力	报告机动泵吸水口和出水口处压力	报告测压短路处压力	记录并报告试水接头处稳定压力

5号员
4号员成功实施排水后关闭高区消火栓

1号员	4号员	2号员	6号员
全开测试管路控制阀后停泵	打开分水器排水口	机动泵停止手抬机动泵	逐渐关闭试验水接头，压力恢复正常后，完全关闭水接头后关闭消火栓

1号员	3号员	2号员	6号员
逐渐关闭测试管路试验阀，压力恢复正常时完全关闭	停止手抬机动泵	机动泵停止后关闭低区试验区消火栓	逐渐关闭水接头、压力，恢复正常后，完全关闭水接头后再关闭消火栓。

班指挥

确认系统复位后，命令1号员将水控制柜运行模式转换开关转至"自动"位。集合队员、收拢器材、收集资料并对演练过程进行点评。

4 号员：分水器操作及管路参数记录

5 号员：高区消火栓操作

6 号员：观察记录水枪有关参数及变化及高区试验消火栓操作

（四）演练步骤

如图 10-3-6 所示为消防泵直接串联分区高区消防泵故障供水想定演练流程。

（五）注意事项

（1）可参照开展其他分区给水形式高区（或低区）消防泵损坏情形的想定演练。

（2）演练过程中，可开展设备故障的想定：低区消火栓泵本身处于故障状态；消火栓泵电机反转；消火栓泵启动后测试管路压力没有明显上升；机动泵吸水口及开关水枪压力在消火栓启动后没有明显上升；机动泵运转异常。

第四节　　消火栓系统巡查

消防员进行"六熟悉"时应对辖区单位的消火栓系统进行巡查，掌握其工作状态是否符合相关技术要求并采用相应检查方法进行必要测试。

一、巡查内容

（一）室外消火栓系统

室外消火栓的巡查内容主要包括消火栓外观是否完好，压力是否正常，组件是否完整，阀门有无锈蚀、渗漏等现象，操作是否灵活，是否存在圈占、遮挡等现象，对于地下式消火栓还需查看指示标志是否清晰，井内有无给水或杂物，防冻措施是否完好等。

（二）室内消火栓系统

室内消火栓是供消防员扑救火灾时使用的，因此巡查时主要查看消火栓箱是否有明显标识，消火栓箱组件是否完整好用，有无锈蚀渗漏现象，出水压力、流量是否满足要求，干式消防竖管还应进行现场测试，检查管道是否畅通以及出水时间等内容。

二、巡查方法及相应技术要求

（一）室外消火栓系统

室外消火栓由于处在室外，容易受到自然和人为的损坏，所以应经常进行检查，并定期做好维护保养工作。巡查时可利用专用扳手转动消火栓启动杆，观察其灵活性，必要时可打开消火栓进行排水操作，对水压、水量进行测试。发现栓体表面出现油漆剥落、锈蚀，消火栓出水口闷盖丢失或损坏，消火栓被圈占、埋压、遮挡影响正常使用，消火栓井内存有杂物，配套器材缺失，地下式消火栓指示标志缺损等现象时，应通知相关部门或单位及时进行处理。

消防水鹤巡查时，应检查消防水鹤外观，操作转向、伸缩机构及余水排放阀，检验其灵活性。打开井盖,检查井底是否留有积水,防冻措施是否完好。

(二) 室内消火栓系统

室内消火栓巡查时,应通过实地检查确认消火栓箱体表面永久性铭牌完整,消火栓箱组件齐全完好,箱门应在没有钥匙的情况下开关灵活,且开启角度不应小于 160°,消火栓口出水方向向下或与设置消火栓的墙面成 90°,且栓口不应安装在门轴侧,卷盘式栓箱的水带盘从挂壁上取出应无卡阻,无论消火栓箱采取何种安装形式(明装、暗装、半暗装),均不影响疏散宽度。

启泵按钮作为消火栓箱的重要组件,其外观应完好,有透明罩保护,并配有击碎工具。检查时应通过触发启泵按钮,观察消防水泵启动情况、按钮确认灯和反馈信号显示状态,确认启泵按钮功能完好后应对启泵按钮手动复位,按钮确认灯和反馈信号显示应随之复位。

为确保室内消火栓系统功能正常,还应对消火栓的出水压力和流量进行测试。对消火栓栓口压力进行测试时,可利用消火栓试水接头测量栓口的静压和动压。操作时首先打开消火栓箱门,拉出水带并与消火栓连接,在地面上拉直水带后,再连接消火栓试水接头,连接时注意保持试水接头压力表正面朝上,开启消火栓,小幅度开启试水接头,观察有水流出后,关闭试水接头,观察并记录栓口静水压力;测量动压时,需操作远程启泵按钮启动消防水泵,全开试水接头,观察并记录栓口动压稳定读数。测试完毕后,恢复远程启泵按钮,停止水泵运行并关闭消火栓,同时恢复消火栓箱内设置。

(a) 静压测试　　　　　　　　　　(b) 动压测试

图 10-4-1　消火栓试水接头使用

测试时宜分别选取建筑首层消火栓和楼顶检查试验用消火栓进行,室内消火栓栓口处的静水压力不应大于 1.0 MPa,消防水泵启动后,栓口出水压力不应大于 0.5 MPa,当动压大于 0.7 MPa 时应设置减压装置。高层建筑、厂房、库房和室内净空高度超过 8 m 的民用建筑等场所的消火栓栓口动压,不应小于 0.35 MPa,且消防水枪充实水柱不应小于 13 m,其他场所的消火栓栓口动压不应小于 0.25 MPa,且消防水枪充实水柱不应小于 10 m。

对室内消火栓系统流量进行,可借助超声波流量计进行测量,测量前应选择合适的管路作为测量对象。以消防水泵测试管路作为测量对象,操作时应先开启流量计主机,输入/选择管道外径、内径、管道材质、流体类型、探头安装方式等,清洁测点处管道,探头处涂抹凡士林等耦合剂,按选择的安装方式进行探头安装,并根据流量计主机显示的安装间距调整好探头位置后捆扎牢固,连接探头与主机,连接时注意流体流动方向的上、下游区分与对应,关闭消防水泵出水管路供水总阀,开启测试管路,启动消防水泵,测量并记录流量计稳定读数。测量完毕后停止消防水泵,关闭测试管路,打开消防水泵出水管路供水总阀,并对测量仪器进行清洁并整理。

（a）主机输入/选择

（c）设备连接

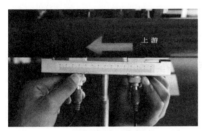

（b）探头安装

（d）测量

图 10-4-2　超声波流量计操作

　　由于生产厂家和产品型式的不同,超声波流量计的使用方法存在一定的差异,操作时应根据其产品说明书进行。

第十一章
自动喷水灭火系统

自动喷水灭火系统是当今世界上公认的扑救建、构筑物内初期火灾最有效的自动灭火设施。自动喷水灭火系统之所以能成为使用最广泛的灭火系统,特别是应用在火灾危险性较大的高层建筑物中,这主要是由于它在保护人身和财产安全方面有着其他系统无可比拟的优点。国内外应用实践表明,该系统具有安全可靠、经济实用、灭火迅速、应用广泛等优点。

第一节　自动喷水灭火系统概述

自动喷水灭火系统是由洒水喷头、报警阀组、水流报警装置(水流指示器或压力开关)等组件以及管道、供水设施等组成,能在发生火灾时喷水的自动灭火系统。

根据所用喷头、报警阀组等的不同,自动喷水灭火系统存在不同的应用类型,通常按照以下四种方法进行分类。

1. 按照喷头的开闭形式分类

自动喷水灭火系统按喷头的开闭形式,可分为闭式系统和开式系统。

闭式系统是采用闭式洒水喷头的自动喷水灭火系统。闭式喷头平时处于常闭状态,它的感温、闭锁装置只有在预定的温度环境下,才会脱落开启喷头。根据所选用的报警阀组不同,闭式自动喷水灭火系统可分为湿式系统、干式系统、预作用系统。

开式系统是采用开式喷头的自动喷水灭火系统。开式喷头不带感温闭锁装置,处于常开状态,在发生火灾时,系统保护区域内的所有开式喷头一起出水灭火。根据采用喷头的不同,开式自动喷水灭火系统可分为雨淋系统、水幕系统等。

表 11-1-1　自动喷水灭火系统分类表

自动喷水灭火系统	闭式系统	湿式系统
		干式系统
		预作用系统
	开式系统	雨淋系统
		水幕系统

2. 按照报警阀组的形式分类

自动喷水灭火系统按报警阀组的形式,可分为湿式系统、干式系统、预作用系统和雨淋系统。

湿式系统的报警阀组是湿式报警阀组。报警阀组两侧管网平时充满带有压力的水,呈现"湿"的状态。

干式系统的报警阀组是干式报警阀组。报警阀组的供水侧管网充有压力水,而系统侧管网充有压缩空气,呈现"干"的状态。

预作用系统的报警阀组是预作用报警阀组。报警阀组的供水侧管网充有压力水,而系统侧充有压缩空气,呈现"干"的状态。与干式系统不同的是,预作用系统可以通过火灾探测及控制系统在火灾初起时打开系统侧管网上安装的快速排气阀将管网中的压缩空气排出,使管网由"干"变为"湿",以提高响应火灾的时间。

雨淋系统的报警阀组是雨淋阀组。报警阀组的供水侧管网充有压力水,系统侧管网则敞开,呈开式状态。

3. 按照喷头结构的形式分类

根据喷头结构的不同可对自动喷水灭火系统进行分类,如采用水幕喷头的水幕系统、采用早期抑制快速响应喷头的早期抑制快速响应喷淋系统。

4. 按照系统的启动方式分类

从系统启动方式来看,可以分为喷头控制启动型自动喷水灭火系统,如湿式、干式系统;火灾探测及联动控制启动型自动喷水灭火系统,如预作用、雨淋、水幕系统;传动管控制启动型自动喷水灭火系统,如雨淋、水幕系统;手动控制启动型自动喷水灭火系统,如雨淋、水幕系统。

第二节　自动喷水灭火系统组成与工作原理

一、自动喷水灭火系统类型

自动喷水灭火系统类型不同,其组成及工作原理也不同。本节主要介绍湿式系统、干式系统、预作用系统、雨淋系统、水幕系统的组成及工作原理。

(一) 湿式系统

湿式系统是一种处于准工作状态时管道内充满用于启动系统的有压水的闭式系统,由于配水管网平时充水,所以只能设置在环境温度不低于 4 ℃且不高于 70 ℃的场所。该系统结构简单,经济实用,是使用时间最长,应用范围最广,控火、灭火效率最高的一种闭式自动喷水灭火系统。

1. 系统组成

湿式系统由闭式喷头、湿式报警阀组、水流指示器、管道、报警控制装置、末端试水装置及供水设施等组成,如图 11-2-1 所示。

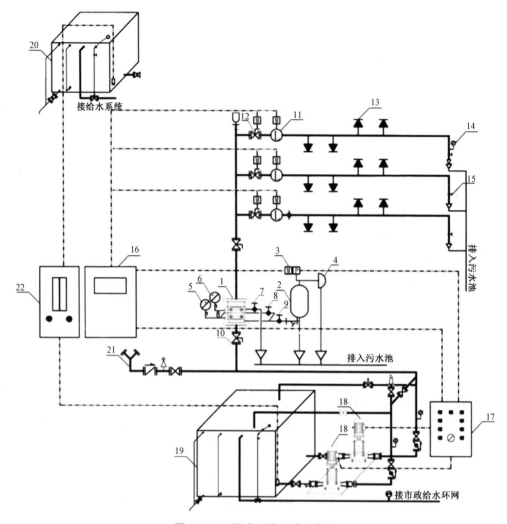

图 11-2-1　湿式系统组成示意图

1—湿式报警阀;2—延迟器;3—压力开关;4—水力警铃;5—阀前压力表;6—阀后压力表;7—系统泄水试验阀;
8—警铃试验阀;9—报警信号管路控制阀;10—供水总阀;11—水流指示器;12—信号蝶阀;13—闭式喷头;14—
末端试水装置;15—末端试验阀;16—报警控制装置;17—喷淋泵控制柜;18—消防水泵;19—消防水池;20—高
位消防水箱;21—水泵接合器;22—液位显示装置

2. 系统工作原理

湿式系统在准工作状态时,湿式报警阀上下腔充满压力相等的水,系统管网内的水应
处于相对静止状态。

当火灾发生时,火源周围环境温度上升,闭式喷头热敏元件达到公称动作温度后动
作,喷头打开喷水灭火。此时,由于管网中压力水的流动,使水流指示器动作送出电信号,
在报警控制器上指示某一区域已在喷水。由于喷头开启泄压,湿式报警阀后的配水管道
内的水压下降,使原来处于关闭状态的湿式报警阀开启,压力水流向配水管网。随着报警
阀的开启,报警信号管路开通,压力水经延时器延时后冲击水力警铃发出声响报警信号,

同时,触发压力开关动作发出相应的电信号,通过消防控制中心自动启动消防水泵向系统加压供水,达到持续自动喷水灭火的目的。其工作原理见图11-2-2。

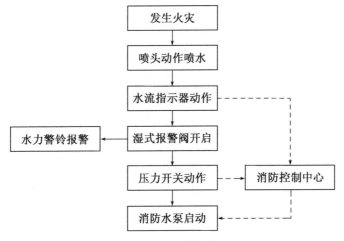

图 11-2-2　湿式系统工作原理图

(二) 干式系统

干式自动系统是在准工作状态时报警阀后的系统配水管道内充有压缩气体的闭式系统,宜设置在环境温度低于 4 ℃或高于 70 ℃的场所。它的使用历史仅次于湿式系统,该系统主要是为了解决某些不适宜采用湿式系统的场所,其灭火效率低于湿式系统,造价也高于湿式系统。

1. 系统组成

干式系统主要由闭式喷头、干式报警阀组、水流指示器、管道、充气设备、报警控制装置、末端试水装置和供水设施组成,如图11-2-3所示。

2. 系统工作原理

干式系统在准工作状态时,配水管网内充注有压气体使干式报警阀上下阀板压力保持平衡,干式报警阀处于关闭状态。当系统管网有轻微漏气时,由空气压缩机进行补气,安装在供气管道上的压力开关监视系统管网的气压变化状况。

当火灾发生时,闭式喷头受热开启,首先排出管网中的压缩空气,于是报警阀后管网压力下降,干式报警阀开启,水流向配水管网,并通过已开启的喷头喷水灭火。在干式报警阀被打开的同时,报警信号管路也被打开,水流推动水力警铃和压力开关发出声响报警信号,并启动消防水泵加压供水。干式系统的主要工作过程与湿式系统无本质区别,只是在喷头动作后有一个排气过程,这在一定程度上会影响灭火的速度和效果。因此,为缩短排气时间,及早喷水灭火,干式系统的配水管道上应设快速排气阀。干式系统的工作原理见图11-2-4。

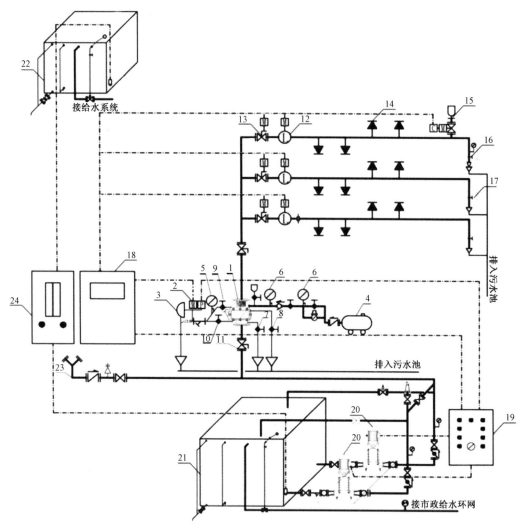

图 11-2-3　干式系统组成示意图

1—干式报警阀;2—压力开关;3—水力警铃;4—空气压缩机;5—供气侧压力表;6—气压表;7—系统泄水阀;8—排凝水阀;9—警铃试验阀;10—报警信号管路控制阀;11—供水总阀;12—水流指示器;13—信号蝶阀;14—闭式喷头;15—排气阀;16—末端试验装置;17—末端试验阀;18—报警控制装置;19—喷淋泵控制柜;20—消防水泵;21—消防水池;22—高位消防水箱;23—水泵接合器;24—液位显示装置;25—排气阀

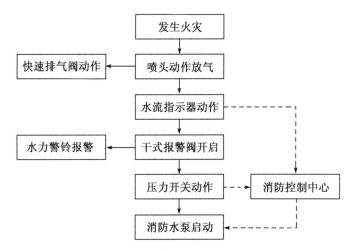

图 11-2-4 干式系统工作原理图

（三）预作用系统

预作用系统是在准工作状态时配水管道内不充水,由火灾探测器、闭式喷头作为探测元件,发生火灾时联动开启预作用装置和启动消防水泵,向配水管道供水的闭式系统。该系统同时具备了干式系统和湿式系统的特点,可以代替干式系统提高灭火速度,也可代替湿式系统避免由于管道和喷头被损坏而产生喷水和漏水所造成的严重水渍损失,多用于对自动喷水灭火系统安全可靠性要求较高的建筑物中。

1. 系统组成

预作用系统主要由闭式喷头、预作用报警阀组或雨淋阀组、管道、充气设备、供水设施、火灾探测器和报警控制装置等组成,如图 11-2-5 所示。

2. 系统工作原理

预作用系统在准工作状态时,配水管道内充以低压气体。

当火灾发生时,保护区内的火灾探测器首先发出火警报警信号,报警控制器在接到报警信号后立即启动电磁阀将预作用阀打开,使压力水迅速充满管道,原来呈干式的系统迅速自动转变成湿式系统,待闭式喷头开启后即刻喷水灭火。

火灾时,即使由于火灾探测器发生故障,导致火灾探测系统不能发出报警信号来启动预作用阀,也能够因闭式喷头在高温作用下自行开启,使配水管道内气压迅速下降,触发压力开关报警,并启动预作用阀供水灭火。因此,对于充气式预作用系统,即使火灾探测器发生故障,预作用系统仍能正常工作。其工作原理如图 11-2-6 所示。

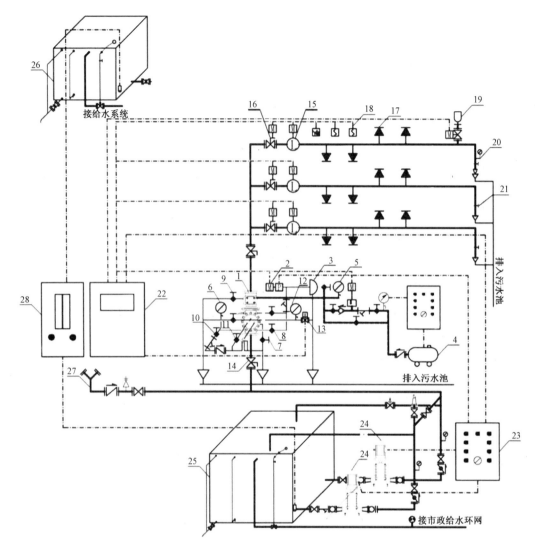

图 11-2-5 预作用系统组成示意图

1—预作用报警阀；2—压力开关；3—水力警铃；4—空气压缩机；5—出水侧压力表；6—供水侧压力表；7—系统泄水阀；8—警铃试验阀；9—排凝水阀；10—压力腔供水阀；11—复位阀；12—压力腔压力表；13—电磁启动阀；14—供水总阀；15—水流指示器；16—信号蝶阀；17—闭式喷头；18—感烟探测器；19—排气阀；20—末端试水装置；21—末端试验阀；22—报警控制装置；23—喷淋泵控制柜；24—消防水泵；25—消防水池；26—高位消防水箱；27—水泵接合器；28—液位显示装置

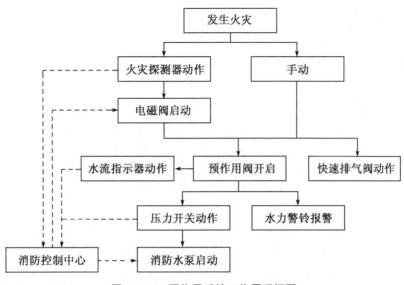

图 11-2-6　预作用系统工作原理框图

(四) 雨淋系统

雨淋系统是由开式洒水喷头、雨淋报警阀组、水流报警装置等组成,发生火灾时由火灾自动报警系统或传动管控制,自动开启雨淋报警阀组和启动消防水泵,用于灭火的开式系统。

雨淋系统适用于燃烧猛烈,蔓延迅速的严重危险级建筑物或场所,如剧院舞台上部、大型演播室、电影摄影棚等。如果在这些建筑物中采用闭式自动喷水灭火系统,发生火灾时,只有火焰直接影响到的喷头才能开启喷水,且闭式喷头开启的速度慢于火灾蔓延的速度,因此不能迅速出水控制火灾。

1. 系统组成

雨淋系统的组成如图 11-2-7 所示。

2. 系统工作原理

在实际应用中,雨淋系统可能有许多不同的组成形式,但其工作原理大致相同,如图 11-2-8 所示。发生火灾时,火灾探测器发出报警信号,当火灾探测器发出火灾确认信号时,控制盘发出启动电磁阀的指令,电磁阀接收到信号后开启放水,控制雨淋阀开启,接通水源和供水管网,喷头出水灭火。由于雨淋系统采用的是开式喷头,所以系统一旦动作,整个保护区域内所有喷头同时喷水。

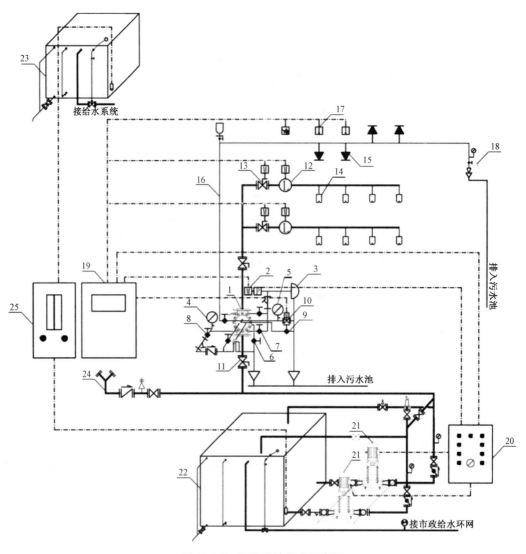

图 11-2-7　雨淋系统组成示意图

1—雨淋报警阀;2—压力开关;3—水力警铃;4—供水侧压力表;5—压力腔压力表;6—系统泄水阀;7—警铃试验阀;8—压力腔供水阀;9—手动快开阀;10—电磁启动阀;11—供水总阀;12—水流指示器;13—信号蝶阀;14—开式喷头;15—闭式喷头;16—传动管;17—感温探测器;18—末端试水装置;19—报警控制装置;20—喷淋泵控制柜;21—消防水泵;22—消防水池;23—高位消防水箱;24—水泵接合器;25—液位显示装置

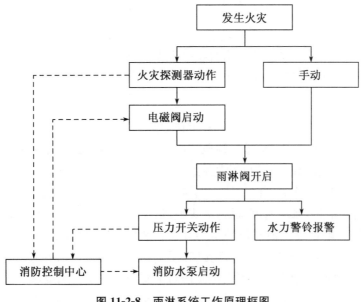

图 11-2-8 雨淋系统工作原理框图

(五) 水幕系统

水幕系统是由开式洒水喷头或水幕喷头、雨淋报警阀组或感温雨淋报警阀、水流报警装置等组成,用于挡烟阻火或冷却分隔物的开式系统。

水幕系统是自动喷水灭火系统中唯一不以灭火为主要目的的系统。水幕系统不直接用来扑灭火灾,而是用作防火隔断或进行防火分区及局部降温保护,一般情况下,多与防火幕或防火卷帘配合使用。在某些大空间,既不能用防火墙作防火隔断,又无法做防火幕和防火卷帘,只能用水幕系统来做防火分隔或进行防火分区。按照用途不同,水幕系统分为防护冷却水幕和防火分隔水幕。防护冷却水幕是用于冷却防火卷帘、防火玻璃墙等防火分隔设施的水幕系统,防火分隔水幕是密集喷洒形成水墙或水帘的水幕系统。

1. 系统组成

水幕系统是由开式洒水喷头或水幕喷头、控制阀(雨淋阀)、火灾探测装置、管道及供水设施等组成。

2. 系统工作原理

水幕系统的控制、启动等与雨淋系统相同,通过控制雨淋阀实现系统的启动。系统处于准工作状态时,由消防水箱或稳压泵、气压给水设备等稳压设施维持管道内充水的压力。当发生火灾时,由火灾探测器或人发现火灾,电动或手动开启控制阀,然后系统通过水幕喷头喷水,进行阻火、隔火或冷却防火隔断物。

(六) 自动喷水—泡沫联用系统

自动喷水—泡沫联用系统是配置供给泡沫混合液的设备后,组成既可喷水又可喷泡沫的自动喷水灭火系统。

按照系统开闭形式分为闭式喷水—泡沫联用系统和开式喷水—泡沫联用系统两种类

型;按照喷水先后分为先喷泡沫后喷水和先喷水后喷泡沫两种类型。

1. 系统组成

自动喷水—泡沫联用系统主要由自动喷水灭火系统、泡沫混合液供给装置、泡沫液输送管网和火灾探测控制装置等部件组成。

2. 系统工作原理

以开式喷水—泡沫联用系统为例,其工作原理是:平时,系统处于关闭状态。当发生火灾时,火灾探测系统将火灾信号反馈至控制中心,控制中心经判断后发出指令,打开雨淋阀控制管路上的电磁阀,雨淋阀压力腔泄压,雨淋阀开启,之后位于其报警管路的水力警铃和压力开关均会动作。同时泡沫比例混合装置上泡沫液控制阀打开,带有压力的泡沫混合液经雨淋阀进入系统管网,通过喷头喷洒灭火。此时由于雨淋阀控制管路上的电磁阀具有自锁功能,所以雨淋阀被锁定为开启状态(无论电磁阀此时是否已断电),灭火后,按下控制面板上泡沫液控制阀关闭按钮,手动将电磁阀复位后,稍后雨淋阀将自行复位。系统可通过消防控制中心的灭火控制器对电磁阀的开关进行转换,则可产生泡沫喷淋—自动喷水交叉灭火的效果。电磁阀常开时系统等同于泡沫喷淋系统,电磁阀常闭时系统等同自动喷水灭火系统。

二、自动喷水灭火系统主要组件

(一) 洒水喷头

1. 按结构形式分类

洒水喷头根据其开闭状态可分为闭式喷头和开式喷头两大类。

闭式喷头是指具有释放机构的洒水喷头。在闭式自动喷水灭火系统中,闭式喷头担负着探测火灾、启动系统和喷水灭火的任务,是自动喷水系统的关键组件,主要应用于湿式、干式和预作用系统中。

开式喷头是指无释放机构的洒水喷头。开式喷头承担着喷水灭火的任务,是开式自动喷水灭火系统的重要组成部分,应用于雨淋系统和水幕系统。

2. 按热敏感元件分类

目前闭式喷头有易熔元件喷头和玻璃球喷头两种,它们的热敏元件分别采用易熔合金焊片和玻璃球。

易熔元件喷头是指通过易熔元件受热熔化而开启的喷头,如图 11-2-9 所示。该喷头的热敏元件由易熔合金焊片与支撑构件焊在一起,其易熔合金焊片的熔点较低,是易熔元件喷头的关键部分。火灾时,在火焰或高温烟气的作用下,易熔合金片在预定温度下熔化,感温元件失去支撑强度,喷头开启灭火。

玻璃球喷头是指通过玻璃球内充装的液体受热膨胀使玻璃球爆破而开启的喷头,如图 11-2-10 所示。玻璃球内装有高膨胀率的液体,当液体受热温度达到公称动作温度时,玻璃球内的压力陡升,使玻璃球爆破炸裂成碎片,喷水口密封垫失去支撑,压力水喷出灭火。常见玻璃球颜色与动作温度对照见表 11-2-1。

图 11-2-9　易熔元件洒水喷头

图 11-2-10　玻璃球洒水喷头

表 11-2-1　玻璃球颜色与动作温度对照表

玻璃球颜色	橙	红	黄	绿
动作温度/℃	57	68	79	93

3. 按溅水盘形状分类

溅水盘的作用是使闭式喷头按设计要求进行均匀布水,不同溅水盘的闭式喷头,其喷水分布状态也不同。根据溅水盘形状不同,喷头分为通用型、下垂型、直立型以及边墙型。

通用型喷头既可直立安装亦可下垂安装,如图 11-2-11 所示,溅水盘为盘型,盘面上开有小孔,将水呈球状分布向下喷洒并向上方喷洒。

下垂型喷头安装时溅水盘朝下,悬吊在供水支管上,如图 11-2-12 所示,喷头溅水盘呈平板状,洒水形状为抛物状,喷水时 80% 以上的水量喷向下方,具有较高的灭火效率。适用于安装于各种保护场所,是应用最为普遍的一种喷头。

直立型喷头安装时溅水盘朝上,直立安装在供水管路上,如图 11-2-13 所示,这种喷头的溅水盘呈平板或略有弧状,喷出的水流呈抛物线曲面状,其 80% 以上的水量通过溅水盘的反溅后向下方喷洒,其余水量向上喷洒保护吊顶。其适合于安装在无吊顶的场所或管路下面经常存在装卸或移动物体的场所,可以避免发生碰撞喷头的事故。

图 11-2-11　通用型

图 11-2-12　下垂型

图 11-2-13　直立型

图 11-2-14　边墙型

边墙型喷头可安装在侧墙上,如图 11-2-14 所示,这种喷头带有定向的溅水盘,喷出的水呈半抛物状,将 85% 的水量喷向喷头的前方,其余的喷向喷头后面的墙上。边墙型喷头又可分为立式边墙型喷头和水平边墙型喷头。

4．按喷头灵敏度分类

洒水喷头按照响应时间指数不同可分为快速响应喷头、特殊响应喷头、标准响应喷头。

快速响应喷头是响应时间指数 RTI≤50(m·s)$^{0.5}$的闭式喷头。

特殊响应喷头是平均响应时间指数 50＜RTI≤80(m·s)$^{0.5}$的闭式喷头。

标准响应喷头是响应时间指数满足 80＜RTI≤350(m·s)$^{0.5}$的闭式喷头。

5．其他分类

喷头按其性能特点可分为隐蔽型喷头、早期抑制快速响应喷头、带防水罩喷头等，如图 11-2-15 所示。

隐蔽式喷头是指带有装饰盖板的嵌入式喷头。盖盘被易熔合金焊接在调节护架上，当火灾发生后，盖盘受热，易熔元件熔化，盖盘先行脱落，喷头的溅水盘和玻璃球露出，随着室内温度继续升高，玻璃球炸裂，喷水灭火。该喷头是一种装饰型喷头，因此，适用于建筑美观要求较高的场所，如宾馆、饭店、剧院等。

早期抑制快速响应喷头响应时间 RTI≤28±8(m·s)$^{0.5}$，用于保护高堆垛和高架仓库的闭式洒水喷头。

带防水罩喷头是指带有固定于热敏感元件上方的防水罩，可防止安装于高处的喷头将水喷洒在热敏感元件上的喷头。通常应用于货架或开放网架。

(a) 隐蔽型喷头　　　(b) 早期抑制快速响应喷头　　　(c) 带防水罩喷头

图 11-2-15　其他类型喷头

（二）报警阀组

报警阀组是自动喷水灭火系统中的重要组成，其担负着接通或切断水源、启动系统、启动水流报警装置等任务。按照适用系统的不同可分为湿式报警阀组、干式报警阀组、预作用报警阀组及雨淋报警阀组等。

1．湿式报警阀组

湿式报警阀组主要由湿式报警阀、延时器、水力警铃、压力开关等组成，如图 11-2-16 所示。

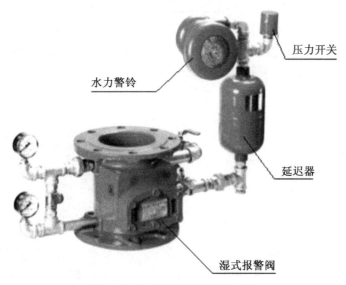

图 11-2-16　湿式报警阀组构成图

（1）湿式报警阀

湿式报警阀是只允许水流入湿式灭火系统并在规定压力、流量下驱动配套部件报警的一种单向阀。

湿式报警阀垂直安装在管路中，在系统动作前，供水侧和系统侧充满水，报警管道无水流通过，此时报警阀关闭。当系统工作时，由于系统侧水压下降，阀前（供水侧）压力大于阀后（系统侧）压力，阀瓣顶起使湿式报警阀自动开启，接通水源和配水管网，向喷头供水灭火，如图 11-2-17 所示。

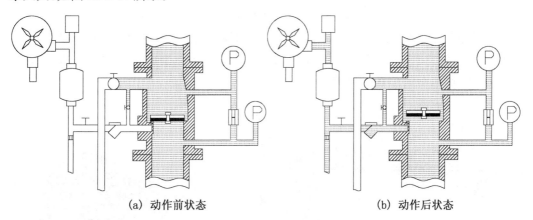

(a) 动作前状态　　　　　　　　　　　(b) 动作后状态

图 11-2-17　湿式报警阀动作示意图

（2）延迟器

延迟器是可最大限度地减少因水源压力波动或冲击而造成误报警的一种容积式装置，结构如图 11-2-18 所示。

延迟器安装在湿式报警阀和水力警铃之间的信号管道上，其罐体上设有连接湿式报警阀的进水口、通往水力警铃的出水口、口径较小的排水口。当报警阀由于水压波动瞬间开启时,水首先进入延迟器,由于此时进入延迟器的水量很少,很快由延迟器底部的排水管排出,不会马上驱动水力警铃和压力开关报警,从而起到防止误报警的作用。只有当水连续通过报警阀,使其完全开启时,由于进水口径大于排水口径,水才能很快充满延迟器,并由顶部的出水口流到水力警铃,发出报警声响。

延迟器的容量一般为 6 L~10 L,延迟时间为 5 s~90 s。

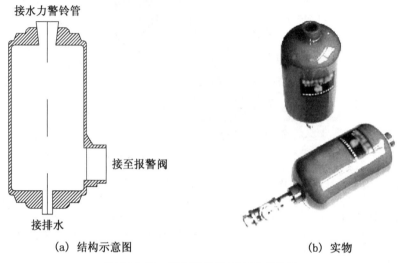

（a）结构示意图 　　　　　　　　（b）实物

图 11-2-18　延迟器结构示意及实物图

（3）水力警铃

水力警铃是一种能发出声响的水力驱动报警装置,由警铃、铃锤、转轴、输水管等组成,位于报警信号管路末端,安装在延迟器的上部,其结构如图 11-2-19 所示。

当报警阀开启后,水流迅速通过信号管道进入水力警铃的水轮机室,推动涡轮,旋转击铃轴甩锤击打警铃,发出连续不断的击铃声。为保证水力警铃发出警报的位置和声强,要求水力警铃应安装在人员经常通过的走道附近,其工作压力不应小于 0.05 MPa,能够发出在 3 m 远处不低于 70 dB 的声响。

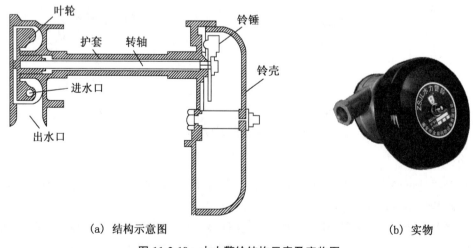

（a）结构示意图 　　　　　　　　（b）实物

图 11-2-19　水力警铃结构示意及实物图

（4）压力开关

压力开关是报警阀组的重要组件,垂直安装在延迟器与水力警铃之间的信号管道上,用来向消防控制室和水泵控制柜发出报警信号和启泵命令。结构如图 11-2-20 所示。

平时由于报警阀关闭,水力报警信号管路呈无压状态,当湿式报警阀阀瓣开启后,其中一部分压力水流通过信号管道进入安装于水力警铃前的压力开关的阀体内,开关膜片受压后,触点闭合,向报警控制箱和水泵控制柜发送电信号,自动开启消防水泵。

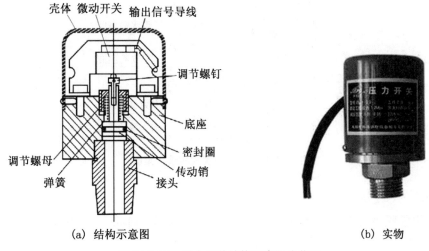

(a) 结构示意图　　　　　　　　　　　(b) 实物

图 11-2-20　压力开关结构示意及实物图

2. 干式报警阀组

干式报警阀组主要由干式报警阀、报警信号管路、报警测试管路、排水管路和相关部件组成,如图 11-2-21 所示。

图 11-2-21　干式报警阀组构成图

干式报警阀是在出口侧充以压缩气体,当气压低于某一定值时能使水自动流入喷水系统并进行报警的单向阀,结构如图 11-2-22 所示。

干式报警阀主要用在干式系统中,阀瓣用于隔开喷水管网中的空气和供水管道中的压力水,使喷水管网始终保持干管状态,当喷头开启时,管网空气压力下降,干式阀阀瓣开启,水通过报警阀进入喷水管网,同时部分水流通过报警阀的环型槽进入信号设施进行报警。

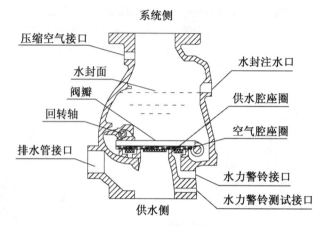

图 11-2-22 干式报警阀构造示意图

3. 雨淋报警阀组

雨淋报警阀组由雨淋报警阀、控制腔供水管路、控制腔启动管路、报警信号管路、报警测试管路、排水管路和相关部件组成,如图 11-2-23 所示。

图 11-2-23 雨淋报警阀组构成图

雨淋报警阀是通过电动、机械或其他方式开启,使水能够自动单方面流入喷水系统,同时进行报警的一种单向阀,是雨淋系统、水幕系统等各类开式系统和预作用系统的关键部件。

雨淋阀内部分为 A、B、C 三室,如图 11-2-24 所示。A 室与供水管网相通,B 室与系统侧管网相接,C室与传动管网相连。上阀板是一个与阀体相连的夹布橡胶隔膜,隔膜将B、C两室完全隔开,即使在阀门开启时,B、C室也不相通。雨淋阀平时处于关闭状态,当防护区发生火灾时,通过传动设备自动地将传动管网中的水压释放,即C室的水快速排出,由于水压骤然降低,雨淋阀在供水管水压的推动下自动开启,使A、B、C三室连通,压力水迅速流向整个管网。

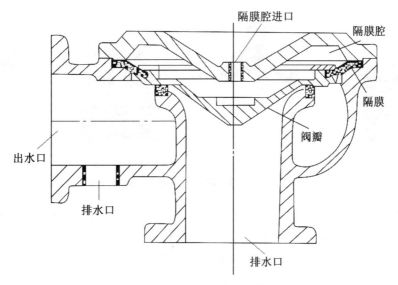

图 11-2-24　雨淋阀内部结构图

4. 预作用报警阀组

预作用报警阀组是由雨淋阀和湿式报警阀上下串接而成,雨淋阀位于供水侧,湿式报警阀位于系统侧而成为预作用阀组。系统由预作用阀、水力警铃、压力开关、空压机、空气维护装置等组成,如图 11-2-25 所示。

图 11-2-25　预作用报警阀组构成图

（三）水流指示器

水流指示器是用于自动喷水灭火系统中将水流信号转换成电信号的一种报警装置。作用是监测管网内的水流情况，准确、及时报告发生火灾的部位。

水流指示器按与管道的连接方式不同，分为法兰式、马鞍式、沟槽式、丝口式等，如图11-2-26 所示；按其是否带延迟功能分为延迟型和非延迟型水流指示器两种类型。

(a) 法兰式　　　　(b) 马鞍式　　　　(c) 沟槽式　　　　(d) 丝口式

图 11-2-26　水流指示器实物图

水流指示器通常竖直安装在系统配水管网的水平管路上或各分区的分支管上，当发生火灾时，喷头动作开启喷水，当有大于预定流量的水流通过管网时，流动的水推动叶片动作，带动信号输出组件的触点闭合，使电接点接通，将水流信号转换为电信号，输出电动报警信号到消防控制中心，指示开启喷头所在的位置分区。有时也可设在消防水箱的出水管上，一旦系统开启，消防水箱水被动用，水流指示器可以发出信号通知消防控制室或直接启动水泵供水灭火，如图11-2-27 所示。

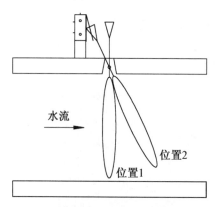

水流

位置2

位置1

图 11-2-27　水流指示器工作原理示意图

为了防止因水压瞬间波动而引起的误报警，一般水流指示器需经15～20 s 延时后才报警。水流指示器的工作电压一般为24 V。

（四）末端试水装置

末端试水装置由试水阀、压力表以及试水接头组成，如图11-2-28 所示。该装置安装在自动喷水灭火系统每个报警阀组控制的最不利点喷头处，其他防火分区、楼层均应设直径为25 mm 的试水阀。

末端试水装置用于监测自动喷水灭火系统末端压力,测试系统能否在开启一只喷头的最不利条件下可靠报警并正常启动,水流指示器、报警阀、压力开关、水力警铃的动作是否正常,配水管道是否畅通,最不利点处的喷头压力等。

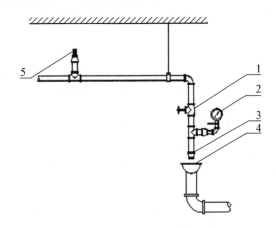

图 11-2-28　末端试水装置示意图

1—截止阀;2—压力表;3—试水接头;4—排水漏斗;5—最不利点喷头

第三节　自动喷水灭火系统操作

根据所采用报警阀组的不同,自动喷水灭火系统具有不同的启动控制方式。湿式系统、干式系统在喷头动作后,由压力开关直接连锁自动启动供水泵。预作用系统、雨淋系统及自动控制的水幕系统同时具备自动、消防控制盘手动远控、水泵房现场应急操作三种控制方式。

一、自动控制

在火灾危险性较大、作用面积较大、需要及时启动喷水灭火的场所应采用自动控制装置。预作用系统及雨淋系统中常用的火灾探测传动控制方式主要有:带易熔锁封的钢丝绳传动控制方式,带闭式喷头的传动管控制方式,火灾探测器电动控制方式等。在实际应用中,不论设置何种自动控制方式,或将几种方式联合使用,都必须同时设置手动控制装置。

(一) 带易熔锁封的钢丝绳装置控制方式

带易熔锁封的钢丝绳传动控制系统安装在防护区的天花板下方,由传动管网、传动阀门、钢丝绳、易熔锁封、拉紧弹簧等组成,如图 11-3-1 所示。

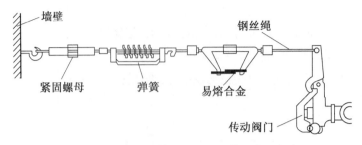

图 11-3-1　带易熔锁封的钢丝绳装置控制方式

传动管内充以与供水管网相同压力的水用拉紧弹簧和拉紧连接器使钢丝绳保持 25 kg 的拉力，从而使传动的阀门保持密闭的状态。当发生火灾，室内温度上升到一定值时，易熔锁封融化断开，传动阀门开启放水，于是传动管网水压骤降，雨淋阀自动开启，所有开式喷头向被保护的整个范围喷水灭火。

易熔锁封传动管网中可以充水也可以充气。充水传动管网的末端或最高处应设放气阀，以防止传动管中积存空气，延误传动时间。

（二）带闭式喷头的传动管控制方式

带闭式喷头的传动管控制方式用闭式喷头作为探测火灾的感温元件，如图 11-3-2 所示。

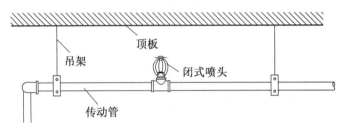

图 11-3-2　带闭式喷头的传动管控制方式

当防护区发生火灾，室内温度上升到一定值时，其闭式喷头的闭锁装置自动脱落，放水泄压，使得传动管网的水压降低，雨淋阀在压差作用下自动开启。在保护区域内任何一个喷头的开启，都能自动开启雨淋阀。

使用闭式喷头的传动控制系统的灵敏度与易熔锁封式的相似，安装位置也一样，但使用闭式喷头时，系统安装维护管理比较方便，投资也较易熔锁封式节省 50％左右。

（三）带火灾探测器的电动控制方式

带火灾探测器的电动控制方式是依靠火灾探测器发出火警信号到消防控制室，控制室确认后发出指令直接开启传动管上的电磁阀，使传动管网泄水泄压，雨淋阀便自动开启。

为了提高电动探测系统的可靠性，预作用系统应由同一报警区域内两只及以上独立的感烟火灾探测器或一只感烟探测器与一只手动火灾报警按钮控制。雨淋系统应由同一报警区域内两只及以上独立的感温火灾探测器或一只感温探测器与一只手动火灾报警按钮控制。自动控制的水幕系统用于防火卷帘的保护时，应由防火卷帘下落到楼板面的动作信号与本报警区域内任一火灾探测器或手动火灾报警按钮控制;仅用水幕系统作为防火分隔时,应由该报警区域内两只独立的感温探测器控制。

二、消防控制室手动远控

消防控制室手动远控是指当系统自动启动方式失效时或根据现场控制要求,利用点击控制盘手动控制按钮的方式远程启动雨淋阀传动管网上的电磁阀,从而使传动管网泄水,启动雨淋阀。

三、现场应急操作

水泵房现场应急操作是指当自动控制方式和消防控制室手动远控方式全部失效时,或在其他火灾探测传动控制系统动作前,有人发现了火灾,可打开雨淋阀传动管网上的紧急手动控制装置保护盒,手动拧开放水球阀,从而启动系统的方式。手动旋塞开关,旋转90°即可放水泄压,因而可以快速放水启动雨淋系统灭火。如图 11-3-3 所示。

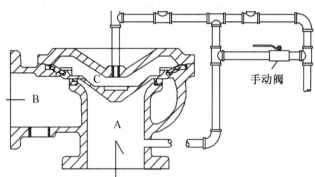

图 11-3-3　雨淋阀紧急手动控制装置

四、湿式自动喷水灭火系统固定喷淋泵供水演练

(一) 系统概况

实训室内设有湿式自动喷水灭火系统和火灾自动报警系统各 1 套。其中,湿式自动喷水灭火系统由供水设施、湿式报警阀组、供水管路、闭式喷头和末端试水装置组成,末端试水装置设置在喷头演示间内。

(二) 号位设置

如图 11-3-4 所示,班指挥位于消防控制室,1 号员位于泵房内喷淋泵电气控制柜处,2 号员位于末端试水装置处,3 号员位于湿式报警阀组处。

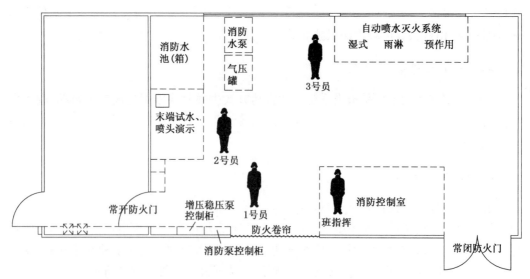

图 11-3-4　湿式自动喷水灭火系统固定喷淋泵供水演练号位示意图

(三) 任务分工

班指挥:演练组织

1号员:喷淋泵控制柜操作,供水设施检查与运行情况记录

2号员:末端试水装置操作,系统运行情况检查

3号员:湿式报警阀组运行状态检查与记录,阀组操作

(四) 演练步骤

如图 11-3-5 所示为湿式自动喷水灭火系统固定喷淋泵供水演练流程。

(五) 注意事项

(1) 演练开始前,班指挥应了解自动喷水灭火系统运行状况,将消防联动控制器设定在手动方式并开启打印机。

(2) 当出现下列情况之一时,应立即停止演练:

① 自动喷水灭火系统本身处于故障状态;

② 喷淋泵电机反转或泵组运转过程中有异常声响或震动;

③ 喷淋泵启动后湿式报警阀组、末端试水装置等处压力没有明显上升;

④ 湿式报警阀组件损坏或产生误动作;

⑤ 管路阀门无法启闭。

(3) 对于设置的多台喷淋泵,应分别按上述程序进行演练。

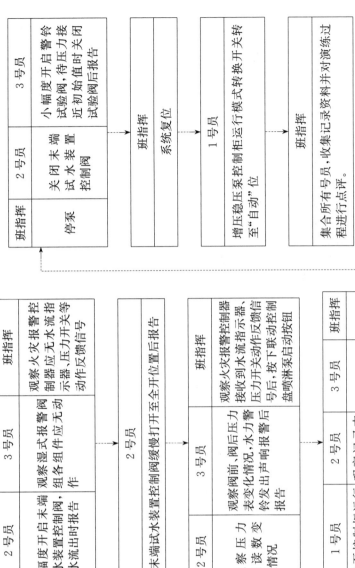

图 11-3-5 湿式自动喷水灭火系统固定喷淋泵供水演练流程图

第四节　　自动喷水灭火系统巡查

消防员开展"六熟悉"时应对辖区单位的自动喷水灭火系统进行巡查,掌握其工作状态是否符合相关技术要求并采用相应检查方法进行必要测试。

一、巡查内容

自动喷水灭火系统巡查内容主要包括:喷头、报警阀组、水流指示器、末端试水装置的安装位置、外观、控制阀门的启闭状态及功能;充气设备、排气装置及其控制装置、火灾探测传动、液(气)动传动及其控制装置、现场手动控制装置等的运行情况及压力监测情况;系统用电设备的电源及其供电情况;排水设施畅通情况等。

二、巡查方法及相应技术要求

采用目测观察的方法,检查系统及其组件外观、阀门启闭状态、用电设备及其控制装置工作状态和压力监测装置(压力表、压力开关)的工作情况。开始检查前,应先查看系统的控制方式是否符合要求,然后再检查系统组件。湿式、干式、预作用系统应设置在自动控制状态。

(一) 系统组件检查

1. 喷头

检查喷头应无明显磕碰伤痕或者损坏,无喷头漏水或者被拆除等情况。检查喷头应与保护区域环境相匹配,保护区域内没有影响喷头正常使用的吊顶装修,或者新增装饰物、隔断、高大家具以及其他障碍物。

2. 报警阀组

(1) 外观

检查报警阀组各组件应组装正确、完整、无渗漏,配件功能完好,阀组四周无影响操作的障碍物。报警阀组应注明系统名称,保护区域的标志牌、压力表显示应符合设定值。报警阀之后的喷淋管网不可连接其他任何非喷淋用水器具,如水龙头、消火栓箱等,否则,将造成报警阀误报警而启动喷淋泵。

(2) 控制阀门

火场应用时,如果条件允许,应逐一排查确认系统管路阀门的启闭状态是否正确,阀门开度是否符合要求等。以下是湿式报警阀组的阀门检查示例。

① 分区供水管路控制阀

该阀位于报警阀前供水管道上,通常采用信号蝶阀,如图 11-4-1 所示。

图 11-4-1 报警阀前供水管路控制阀

分区供水管路控制阀应保持常开,在管道及系统组件需要检修时关闭,减小水流损失或减少受影响的保护区域范围。当阀门被关闭时,能够向消防控制室发出信号,提醒值班人员注意。当该阀开启幅度不足所在管道截面积的 3/4 时,视作阀门关闭,直接影响系统管网的输水能力。若分区供水管路控制阀被关闭,会导致水流指示器、水力警铃不报警,压力开关不动作,喷淋泵不能自动启动。

② 报警信号管路控制阀

该阀位于报警阀与水力警铃之间的信号管路上,如图 11-4-2 所示。

图 11-4-2 报警信号管路控制阀

报警信号管路控制阀应保持常开。如果此阀门处于常闭状态,火灾时,即使由于喷头开启灭火,造成报警阀瓣在前后压差作用下打开,水流也不能流向水力警铃、压力开关等组件,喷淋泵无法实现自动启动,消防供水不能得到有效保障。

③ 放水试验阀

该阀位于报警阀阀后,其出水直接接入排水,如图 11-4-3 所示。

图 11-4-3　放水试验阀

放水试验阀应保持常闭。在放水试验时打开，试验完毕后关闭。当该阀门被误开时，报警阀会在前后压差作用下打开，造成水力警铃长响，压力开关动作，固定喷淋泵自动启动的后果。

④ 警铃试验阀

该阀位于报警阀阀前与报警信号管路的旁通管路上，如图 11-4-4 所示。

图 11-4-4　警铃试验阀

警铃试验阀应保持常闭。在警铃试验时打开，试验完毕后关闭。当该阀门被误开时，会造成水力警铃长响，压力开关动作，固定喷淋泵自动启动的后果。

⑤ 分区配水管路控制阀

该阀通常位于建筑各楼层/防火分区的分区配水管路前端，其后管路上依次安装水流指示器和闭式喷头，如图 11-4-5 所示。

图 11-4-5 分区配水管路控制阀

分区配水管路控制阀应保持常开。阀后分区配水管或喷头检修时可以临时关闭,检修完毕后应及时打开。如果该阀被误关闭,即使喷头受热开启,也不会产生水流指示器报警、喷淋泵自动启动供水的结果。如果该阀开启幅度不足,则直接影响配水管道的输水能力。因此,该阀门一般采用信号蝶阀,以防止被误关闭并保证阀门开度符合要求。若分区配水管路控制阀被关闭,湿式报警阀前、后压力表有显示且达到规定值,但水流指示器、水力警铃不报警,压力开关不动作,喷淋泵不启动。

（3）水力警铃

如图 11-4-6 所示,在对水力警铃进行测试时应当首先确认系统各管路阀门处于正常启闭状态。打开警铃试验阀,同时按下秒表开始计时,待警铃响起时,停止秒表,通过秒表显示核查延迟时间,带延迟器的水力警铃在 5～90 s 内发出报警铃声,不带延迟器的水力警铃应在 15 s 内发出报警铃声。在距离水力警铃 3 m 处,采用声级计测量水力警铃声强值,不得低于 70 dB。测试完毕后将警铃试验阀关闭,系统复位。

图 11-4-6 水力警铃测试

3. 水流指示器

在对水流指示器进行测试时应当首先确认水流指示器前信号阀完全开启,打开末端试水装置和楼层试水阀,查看消防控制设备显示的水流指示器动作信号。测试完毕后关闭末端试水装置和楼层试水阀,查看消防控制设备显示的水流指示器复位信号。

(二)系统功能测试

1. 湿式系统

现场确认系统各管路阀门处于正常启闭状态,喷淋泵控制柜运行模式转换开关处于"自动"位。

开启末端试水装置控制阀,观察试水接头处水流情况,观察压力表指针变化情况,待压力表指针晃动平稳后,读取并记录压力表数值。

开启末端试水装置 1 min 后,其出水压力不得低于 0.05 MPa。按照水力警铃的要求,测试延迟器延迟时间,并用声级计测量水力警铃声强值。测量自开启末端试水装置至消防水泵投入运行的时间,水泵应在 5 min 内自动启动。消防控制室查看水流指示器、压力开关和喷淋泵的动作情况及信号反馈情况。关闭末端试水装置控制阀,系统复位。

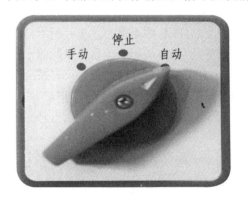

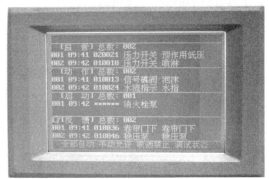

图 11-4-7　湿式系统功能测试

2. 干式系统

现场确认系统各管路阀门处于正常启闭状态,喷淋泵控制柜运行模式转换开关处于"自动"位。

缓慢开启气压控制装置试验阀,小流量排气;待空气压缩机启动后关闭试验阀,查看空气压缩机的运行情况、核对启停压力,空气压缩机和气压控制装置状态应正常。

开启末端试水装置控制阀,同上查看并记录压力表数值。按照水力警铃要求,测量水力警铃声强值。测量自开启末端试水装置至消防水泵投入运行的时间,水泵应在 5 min

内自动启动。消防控制室查看水流指示器、压力开关、喷淋泵、排气阀入口的电动阀等动作及其信号反馈情况，以及排气阀的排气情况。关闭末端试水装置控制阀，系统复位。

3. 预作用系统

现场确认系统各管路阀门处于正常启闭状态，喷淋泵控制柜运行模式转换开关处于"自动"位。

按照干式系统的检测操作步骤，测试预作用系统的空气压缩机和气压控制装置工作情况。模拟火灾探测报警，先后触发同一报警区域内两只及以上独立的感烟火灾探测器或一只感烟探测器与一只手动火灾报警按钮。

开启末端试水装置控制阀，待火灾报警控制器确认火灾 2 min 后，查看并记录压力表数值。按照水力警铃要求，测量水力警铃声强值。测量自开启末端试水装置至消防水泵投入运行的时间，水泵应在 5 min 内自动启动。消防控制室逐一检查预作用系统电磁阀、电动阀、水流指示器、压力开关和喷淋泵的动作情况及反馈信号，以及排气阀的排气情况。关闭末端试水装置控制阀，系统复位。

4. 雨淋系统

现场确认系统各管路阀门处于正常启闭状态，喷淋泵控制柜运行模式转换开关处于"自动"位。分别对现场控制设备和消防控制室的消防控制设备进行检查，查看雨淋系统的控制方式。不宜进行实际喷水的场所，应在试验前关严雨淋阀出口控制阀。

对于传动管控制的雨淋系统，按照干式系统的检测操作步骤对气压传动管的供气装置和气压控制装置进行检测。查看并读取传动管压力数值，核对传动管压力设定值，对传动管进行泄压操作，逐一查看报警阀、电磁阀、压力开关和消防水泵等动作情况。

对于火灾探测器控制的雨淋系统，先后触发同一报警区域内两只及以上独立的感温火灾探测器或一只感温探测器与一只手动火灾报警按钮，逐一查看报警阀、电磁阀、压力开关和消防水泵等动作情况。并联设置多台雨淋报警阀时，按照前两项步骤，在不同防护区域进行测试，观察各个防护区域对应的雨淋报警阀组及其组件的动作情况。

按照水力警铃要求，测量水力警铃声强值。测量自开启末端试水装置至消防水泵投入运行的时间，水泵应在 5 min 内自动启动。消防控制室逐一检查现场对应各个组件的动作情况及反馈信号，系统复位。

第十二章
气体灭火系统

大型计算机房、邮电通信机房、广播电视通信机房、资料档案库、图书馆珍藏库、博物馆保管库、金融机构保管库等场所发生火灾,只能使用不导电、挥发快、灭火后无残留物的气体灭火剂。二氧化碳消防车作为唯一以喷射气体灭火剂作为灭火手段的特种消防车辆并没有被广泛装备。鉴于此,国家工程建设消防技术规范要求上述场所安装气体灭火系统。因此,消防人员有必要了解并掌握气体灭火系统组成、工作原理、操作方法等相关知识。

第一节　　气体灭火系统概述

气体灭火系统是以某些在常温、常压下呈现气态的物质作为灭火介质,通过这些气体在整个防护区内或保护对象周围的局部区域建立起灭火浓度实现灭火。由于其特有的性能特点,主要用于保护某些特定场合,是建筑物内安装的灭火设施中的一种重要形式。

一、气体灭火系统的类型

为满足各种保护对象的需要,最大限度地降低火灾损失,可根据其充装灭火剂、系统结构特点、灭火应用方式、增压方式等进行分类。

(一) 按充装的灭火剂分类

1. 二氧化碳灭火系统

二氧化碳灭火系统是以二氧化碳作为灭火介质的气体灭火系统。二氧化碳灭火剂不污染火场环境,对保护区内的被保护物不产生腐蚀和破坏作用,可以扑救 A 类(表面火)、B 类、C 类及电气火灾,在高浓度下还能扑救 A 类深位火灾。它主要是通过稀释氧浓度、窒息燃烧和冷却等物理作用灭火。二氧化碳灭火剂可以较快地将有焰燃烧扑灭,但所需的灭火剂浓度高,二氧化碳在空气中含量达到 15％以上时能使人窒息死亡,达到 30％～35％时,能使一般可燃物质的燃烧逐渐窒息,达到 43.6％时能抑制汽油蒸气及其他易燃气体的爆炸。由于灭火剂浓度太高,能使未能从防护区安全撤离的人员发生窒息死亡,不适宜用于保护经常有人停留或工作的场所。根据药剂储存的压力和温度的不同,可分为高压二氧化碳、低压二氧化碳灭火系统,如图 12-1-1 所示。

高压储存容器中二氧化碳的温度与储存地点的环境温度有关。因此,容器必须能够承受最高预期温度所产生的压力。储存容器中的压力还受二氧化碳灭火剂充装密度的影响。在最高储存温度下的充装密度要注意控制,充装密度过大,会在环境温度升高时因液体膨胀造成保护膜片破裂而自动释放灭火剂。

利用保温和制冷手段,低压系统储存容器内二氧化碳灭火剂温度被控制在$-18\ ℃\sim$ $-20\ ℃$之间。典型的低压储存装置是压力容器外包一个密封的金属壳,壳内有隔热材料,在储存容器一端安装一个标准的制冷装置,它的冷却蛇管装于储存容器内。

(a) 高压二氧化碳灭火系统　　　　　(b) 低压二氧化碳灭火系统

图 12-1-1　二氧化碳灭火系统

2. 卤代烃类灭火系统

卤代烃类灭火系统是以卤代烃类气体作为灭火介质的灭火系统,根据卤代烃气体的不同,可分为卤代烷 1301(三氟一溴甲烷)、1211(二氟一氯一溴甲烷)灭火系统、七氟丙烷灭火系统、三氟甲烷灭火系统、六氟丙烷灭火系统等。目前比较常用的是七氟丙烷灭火系统,如图 12-1-2 所示。

卤代烷(俗称哈龙)1301(三氟一溴甲烷)及 1211(二氟一氯一溴甲烷)气体灭火剂,其灭火机理主要是通过溴和氟等卤素氢化物的化学催化作用和化学净化作用大量捕捉、消耗火焰中的自由基,抑制燃烧的链式反应,迅速将火焰扑灭。这两种灭火剂具有灭火浓度低、不导电、挥发快、灭火后无残留物、安全洁净等优点,从 20 世纪 70 年代开始到 80 年代末,曾经在航空业和工业与民用建筑等场合得到比较广泛的应用。但由于它们对地球大气臭氧层有破坏作用,并危及人类生存的环境。按照《中国消耗臭氧层物质逐步淘汰国家方案》的安排,我国已于 2005 年停止生产哈龙 1211 灭火剂,2010 年停止生产哈龙 1301 灭火剂。

七氟丙烷的商业名称是 FM-200,化学名称是 HFC-227ea,化学分子式为 CF_3CHFCF_3。该灭火剂无色无味、不导电、其密度大约是空气密度的 6 倍,灭火浓度(8%~10%)低,臭氧层损耗能力(ODP)为 0,全球温室效应潜能值(GWP)很小,不破坏大气臭氧层,在常温下可加压液化,在常温、常压条件下能全部挥发,七氟丙烷灭火剂为洁净药剂,释放后不含有粒子或油状残余物,且不会污染环境和被保护的精密设备,是一种较为理想的哈龙替代物。可扑救 A 类(表面火)、B 类、C 类和电气火灾,但七氟丙烷灭火

剂及其分解产物对人有毒性危害,使用时应引起重视。

七氟丙烷灭火剂的灭火机理与卤代烷系列灭火剂的灭火机理相似,属于化学灭火的范畴,七氟丙烷灭火剂是以液态的形式喷射到保护区内的,在喷出喷头时,液态灭火剂迅速转变成气态需要吸收大量的热量,降低了保护区和火焰周围的温度;另一方面,七氟丙烷灭火剂是由大分子组成的,灭火时分子中的一部分键断裂需要吸收热量;保护区内灭火剂的喷射和火焰的存在降低了氧气的浓度,从而降低燃烧速度。

3. 惰性气体灭火系统

惰性气体灭火系统,包括:IG01(氩气)灭火系统、IG100(氮气)灭火系统、IG55(氩气、氮气)灭火系统、IG541(氩气、氮气、二氧化碳)灭火系统。由于惰性气体纯粹来自自然,是一种无毒、无色、无味、惰性及不导电的纯"绿色"压缩气体,故又称之为洁净气体灭火系统。

其中 IG-01 由 100% 的氩气(Ar)组成,IG-100 由 100% 的氮气(N_2)组成,IG-55 是一种氮气、氩气组成的混合气体(其中含 50% 的 N_2、50% 的 Ar),IG-541 是一种氮气、氩气、CO_2 气体组成的混合气体(其中含 52% 的 N_2、40% 的 Ar、8% 的 CO_2)。其中氮、氩、CO_2 混合气体应用较为广泛。

IG-541 灭火剂又称烟烙尽,如图 12-1-3 所示。烟烙尽无色无味,不破坏大气臭氧层,也不会加剧地球的"温室效应",更不会产生具有长久影响大气的化学物质,对环境无任何不利影响,不导电、灭火过程洁净,灭火后不留痕迹。从环保的角度看,是一种较为理想的灭火剂。适用于扑救 A 类(表面火)、B 类、C 类及电气火灾,可用于保护经常有人场所。其灭火机理是降低燃烧区中氧浓度到维持燃烧所需最低氧浓度值以下,通过窒息作用消灭火灾,是物理灭火方式。灭火剂喷放后,防护区空气中的气体成分大体变为:氮气 68%、氧气 12.0%、氩气 16%、二氧化碳 4%。由于此时氧气浓度已大大低于一般可燃物燃烧所需的最低氧浓度(15%),使燃烧熄灭。

4. 热气溶胶灭火系统

热气溶胶灭火系统是以固态化学混合物(热气溶胶发生剂)经化学反应生成具有灭火性质的气溶胶作为灭火介质的灭火系统。按气溶胶发生剂的主要化学组成可分为 S 型热气溶胶、K 型热气溶胶和其他热气溶胶,如图 12-1-4 所示。

K 型热气溶胶是以硝酸钾为主氧化剂的固体气溶胶发生剂经化学反应所产生的灭火气溶胶;S 型热气溶胶是以硝酸锶[$Sr(NO_3)_2$]和硝酸钾(KNO_3)复合氧化剂的固体气溶胶发生剂经化学反应所产生的灭火气溶胶;其他型热气溶胶是非 K 型和 S 型的其他盐类热气溶胶。

热气溶胶以负催化、窒息等原理灭火。适用于变配电间、发电机房、电缆夹层、电缆井、电缆沟等无人、相对封闭、空间较小的场所,用于扑救柴油(-35 号柴油除外)、重油、润滑油等丙类可燃液体的火灾和可燃固体物质表面火灾。其中,S 型热气溶胶可用于扑救电气火灾;K 型及其他型热气溶胶不宜用于扑救电气火灾。当然,由于热气溶胶释放时温度较高且以烟雾方式弥散,所以不能用于保护人员密集场所、有爆炸危险性的场所及有超净要求的场所。

图 12-1-2　七氟丙烷灭火系统　　图 12-1-3　惰性气体灭火系统　　图 12-1-4　热气溶胶灭火系统

(二) 按系统的结构特点分类

1. 无管网灭火系统

无管网灭火系统是指按一定的应用条件,将灭火剂储存装置和喷放组件等预先设计、组装成套且具有联动控制功能的灭火系统,又称预制灭火系统。该系统又分为柜式气体灭火装置和悬挂式气体灭火装置两种类型,如图 12-1-5 所示,其适用于较小的、无特殊要求的防护区。

（a）柜式预制气体灭火系统　　　　　（b）悬挂式预制气体灭火系统

图 12-1-5　预制灭火系统

2. 管网灭火系统

管网灭火系统是指按一定的应用条件进行计算,将灭火剂从储存装置经由干管、支管输送至喷放组件实施喷放的灭火系统,可分为组合分配系统和单元独立系统。见图 12-1-6。

图 12-1-6 管网灭火系统

组合分配系统是指用一套灭火系统储存装置同时保护两个或两个以上防护区或保护对象的气体灭火系统。组合分配系统的灭火剂设计用量是按最大的一个防护区或保护对象来确定的,如组合中某个防护区需要灭火,则通过选择阀、容器阀等控制,定向释放灭火剂。这种灭火系统的优点使储存容器数和灭火剂用量可以大幅度减少,有较高应用价值。如图 12-1-7 所示。

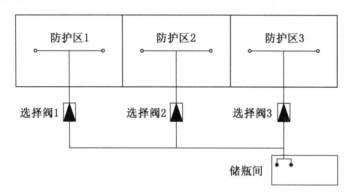

图 12-1-7 组合分配灭火系统示意图

单元独立系统是指用一套灭火剂储存装置保护一个防护区的灭火系统。一般说来,用单元独立系统保护的防护区在位置上是单独的,离其他防护区较远不便于组合,或是两个防护区相邻,但有同时失火的可能。对于一个防护区包括两个以上封闭空间也可以用一个单元独立系统来保护,但设计时必须做到系统储存的灭火剂能够满足这几个封闭空间同时灭火的需要,并能同时供给它们各自所需的灭火剂量。当两个防护区需要灭火剂量较多时,也可采用两套或数套单元独立系统保护一个防护区,但设计时必须做到这些系统同步工作。如图 12-1-8 所示。

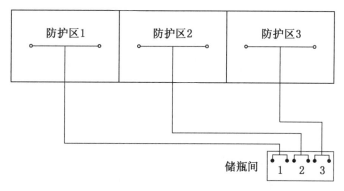

图 12-1-8 单元独立灭火系统示意图

（三）按灭火应用方式分类

1. 全淹没灭火系统

全淹没灭火系统是指在规定的时间内,向防护区喷射一定浓度的气体灭火剂,并使其均匀地充满整个防护区的灭火系统。全淹没灭火系统的喷头均匀布置在防护区的顶部,火灾发生时,喷射的灭火剂与空气的混合气体,迅速在此空间内建立有效扑灭火灾的灭火浓度,并将灭火剂浓度保持一段所需要的时间,即通过灭火剂气体将封闭空间淹没实施灭火。如图 12-1-9 所示。

图 12-1-9 全淹没气体灭火系统示意图

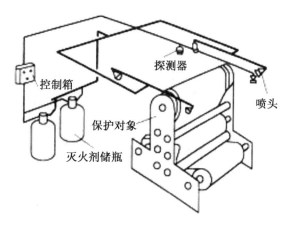

图 12-1-10 局部应用气体灭火系统示意图

2. 局部应用灭火系统

局部应用灭火系统指在规定的时间内向保护对象以设计喷射率直接喷射气体,在保护对象周围形成局部高浓度,并持续一定时间的灭火系统。如图 12-1-10 所示。局部应用灭火系统的喷头均匀布置在保护对象的四周,火灾发生时,将灭火剂直接而集中地喷射到保护对象上,使其笼罩整个保护对象外表面,即在保护对象周围局部范围内达到较高的灭火剂气体浓度实施灭火。

（四）按加压方式分类

1. 自压式气体灭火系统

自压式气体灭火系统是指灭火剂无须加压而是依靠自身饱和蒸气压力进行输送的灭火系统。

2. 内储压式气体灭火系统

内储压式气体灭火系统是指灭火剂在瓶组内用惰性气体进行加压储存，系统动作时灭火剂靠瓶组内的充压气体进行输送的灭火系统。

3. 外储压式气体灭火系统

外储压式气体灭火系统是指系统动作时灭火剂由专设的充压气体瓶组按设计压力对其进行充压的灭火系统。

二、气体灭火系统的特点

相对于传统的水灭火系统，气体灭火系统具有明显的优点，但也存在着一些难以克服的缺点，这些缺点导致气体灭火系统不能取代水灭火系统，只能作为水灭火系统的补充。

（一）气体灭火系统的优点

1. 灭火效率高

气体灭火系统启动后，达到灭火浓度的气体灭火剂将充满整个空间，对房间内各处的立体火均有很好的灭火作用，使得气体灭火系统的灭火效率高。特别是卤代烷灭火系统，在较低的气体灭火剂浓度下，对火灾就有非常强的抑制作用。

2. 灭火速度快

气体灭火系统的另一个特点是灭火速度快。灭火速度快体现在两个方面：一是气体灭火系统多为自动控制，探测、启动及时；二是对火的抑制速度快，可以快速将火灾控制在初期。实验证明，气体灭火系统长则几分钟、短则几秒钟就可将火扑灭，极大地避免恶性火灾事故的发生。

3. 适用范围广

从可以扑救的火灾类别看，气体灭火系统可以有效地扑救固体火灾、液体火灾、气体火灾，而且由于灭火剂不导电，可以利用其扑救电气设备火灾，因此，灭火范围较广。

4. 对被保护物不造成二次污损

气体灭火剂是一种清洁灭火剂，灭火后灭火剂很快挥发，对保护对象无任何污损，不存在二次污染。火灾和实验说明，气体灭火系统在灭火的同时或火灾扑灭以后，计算机和其他的电气设备可继续运行，对磁盘、胶卷等储存的信息无影响。气体灭火系统的"清洁"是其他灭火系统不可比拟的。

（二）气体灭火系统的缺点

1. 系统一次投资较大

与建筑物设置的其他固体灭火系统相比较，气体灭火系统一次投资较大，因此是否设置要考虑造价与受益的关系。

2. 对大气环境的影响

气体灭火系统对环境有较大的影响,会破坏大气臭氧层,而且会产生温室效应。特别是卤代烷 1301 和 1211 灭火剂对大气臭氧层的破坏作用非常显著,现已被其他灭火剂替代物取代。

3. 不能扑灭固体物质深位火灾

气体灭火系统的冷却效果差,而且灭火剂设计浓度不易维持太长的时间。

4. 被保护对象限制条件多

气体灭火系统的灭火成败,不仅取决于气体灭火系统本身,防护区或保护对象能否满足要求,也起着关键的作用,因此,要求气体灭火系统的防护区或保护对象符合规定的条件。

三、气体灭火系统适用的火灾类别及场所

气体灭火系统具有灭火效率高,灭火速度快,对扑救固体火灾、液体火灾、气体火灾均有效,且可灭电气设备火灾,灭火后不会残留在所保护的对象表面或内部(除热气溶胶灭火装置外),对保护对象无污损等特点。因此,适用的火灾类别及场所较其他灭火系统更广。

(一)气体灭火系统适用的火灾类别

气体灭火系统适用于扑救下列火灾:电气火灾、固体表面火灾、液体火灾、灭火前能切断气源的气体火灾。除电缆隧道(夹层、井)及自备发电机房外,K 型和其他型热气溶胶预制灭火系统不宜用于扑救电气火灾。

气体灭火系统不适用于扑救下列火灾:硝化纤维、硝酸钠等氧化剂或含氧化剂的化学制品火灾;钾、镁、钠、钛、锆、铀等活泼金属火灾;氢化钾、氢化钠等金属氢化物火灾;过氧化氢、联胺等能自行分解的化学物质火灾;可燃固体物质的深位火灾;能发生自燃的物质火灾,如白磷、某些金属有机化合物等。

(二)气体灭火系统适用的场所

气体灭火系统适用于下列场所:贵重电气、电子、通信设备室;国家保护文物中的金属、纸、绢质制品;重要音像、资料档案库。热气溶胶预制灭火系统不应设置在人员密集场所、有爆炸危险性的场所及有超净要求的场所。K 型及其他型热气溶胶预制灭火系统不得用于电子计算机房、通信机房等场所。

四、防护区要求

气体灭火系统是依靠在防护区内或保护对象周围建立一定的灭火剂浓度来实现灭火的,因此,对防护区有着较高要求。

(一)防护区的划分

防护区以单个封闭空间划分,同一区间的吊顶层和地板下需同时保护时,可合为一个

防护区;管网灭火系统的一个防护区面积不宜大于 800 m^2,且容积不宜大于 3 600 m^3;预制灭火系统的一个防护区面积不宜大于 500 m^2,且容积不宜大于 1 600 m^3。

(二) 防护区的安全设置

防护区内应设火灾声报警器;防护区入口处应设灭火系统防护标志和灭火剂喷放指示灯;防护区应有能在 30 s 内使该区域人员疏散完毕的走道与出口;防护区的门应向疏散方向开启,并能自行关闭;设有气体灭火系统的建筑物应配备专用的空气呼吸器或氧气呼吸器;地下防护区和无窗或固定窗的地上防护区,应设机械排风装置。

(三) 防护区耐火性能

为防止防护区结构因火灾或内部压力增加而损坏,要求防护区围护结构及门窗的耐火极限均不宜低于 0.5 h;吊顶的耐火极限不宜低于 0.25 h。全淹没灭火系统防护区建筑物构件耐火时间(一般为 30 min)包括:探测火灾时间、延时时间、释放灭火剂时间及保持灭火剂设计浓度的浸渍时间。延时时间为 30 s,释放灭火剂时间对于扑救表面火灾应不大于 1 min,对于扑救固体深位火灾不应大于 7 min。

(四) 防护区耐压性能

在全封闭空间释放灭火剂时,空间内压强会迅速增加,如超过建筑构件承受压能力,防护区就会遭到破坏,从而造成灭火剂流失、灭火失败和火灾蔓延等严重后果。防护区围护结构承受内压的允许压强,不宜低于 1 200 Pa。

(五) 防护区泄压口的设置

防护区应设置泄压口,七氟丙烷、二氧化碳灭火系统的泄压口应位于防护区净高的 2/3 以上;当防护区设有防爆泄压孔时或防护区门窗缝隙未设密封条的,可不单独设置泄压口;防护区设置的泄压口,宜设在外墙上;泄压口面积按相应气体灭火系统设计规定计算。

(六) 防护区开口的设置

为防止灭火剂流失,防护区的围护构件上不宜设置敞开孔洞。当必须设置敞开孔洞时,应设置能手动和自动关闭装置。喷放灭火剂前,防护区内除泄压口外的开口应能自行关闭。采用全淹没二氧化碳灭火系统扑救气体、液体、电气火灾和固体表面火灾时,在喷放二氧化碳前不能自动关闭的开口,其面积不应大于防护区总内表面积的 3%,且开口不应设在底面;启动释放气体灭火剂之前或同时,必须切断可燃、助燃气体的气源。

(七) 局部应用二氧化碳灭火系统设置要求

采用局部应用灭火系统的保护对象,应符合下列规定:保护对象周围的空气流动速度不宜大于 3 m/s,必要时,应采取挡风措施;在喷头与保护对象之间,喷头喷射角范围内不应有遮挡物;当保护对象为可燃液体时,液面至容器缘口的距离不得小于 150 mm。

(八) 防护区温度

防护区的最低环境温度不应低于 −10 ℃。

第二节　气体灭火系统组成与工作原理

气体灭火系统一般由灭火剂储存装置、启动分配装置、输送释放装置、监控装置等部件组成。不同的气体灭火系统其结构形式和组成部件的数量不完全相同。本节主要介绍管网及无管网气体灭火系统组件及其工作原理。

一、管网气体灭火系统

(一) 管网气体灭火系统组成

管网气体灭火系统按一套灭火剂贮存装置保护的区域多少可分为组合分配型和单元独立型,两者的区别是组合分配型有选择阀而单元独立型没有。

管网气体灭火系统一般由灭火剂贮存容器、驱动气体贮存容器、容器阀、单向阀、选择阀、驱动装置、集流管、连接管、喷嘴、信号反馈装置、安全泄放装置、控制盘、检漏装置、管路管件及吊钩支架等部件构成,如图 12-2-1、图 12-2-2 所示。

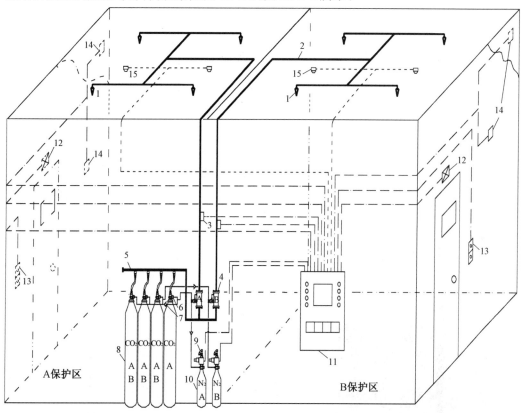

图 12-2-1　管网气体灭火系统(组合分配)组成示意图

1—喷嘴;2—管道;3—压力信号器;4—选择阀;5—集流管;6—容器阀;7—单向阀;8—储存容器;9—启动装置;
10—氮气瓶;11—火灾报警控制器;12—放气指示灯;13—紧急启停按钮;14—声光报警器;15—火灾探测器

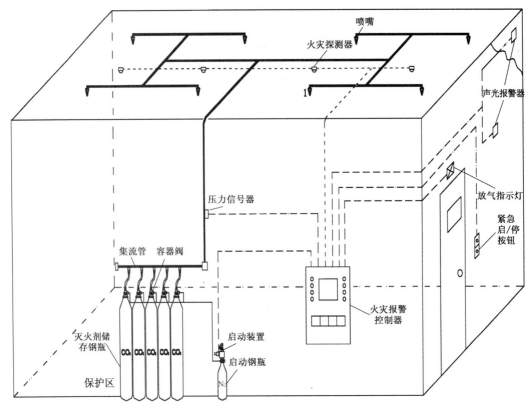

图 12-2-2　管网气体灭火系统(单元独立)组成示意图

1. 瓶组

瓶组按用途分为灭火剂瓶组、驱动气体瓶组,如图 12-2-3、图 12-2-4 所示。其中,灭火剂瓶组储存有适用于被保护场所的灭火剂,为便于人员识别、使用、充装和维护,瓶组上应

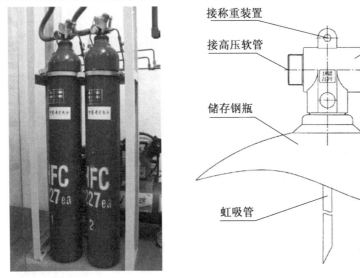

图 12-2-3　灭火剂瓶组

设永久性铭牌，灭火剂瓶组铭牌上应标明有关灭火剂类型、充灌时间、充灌压力（质量）、有效期等信息。驱动气体瓶组储存有驱动有关阀门动作以完成灭火剂释放的驱动气体，一般为氮气（N_2），瓶组铭牌上应标明气体名称、充装量和贮存压力等，此外每个瓶组应标有瓶组的编号。

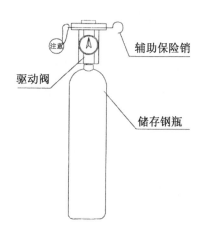

图 12-2-4　驱动气体瓶组

2. 容器阀（又称瓶头阀）

容器阀安装在灭火剂或驱动气体储存钢瓶上，具有封存、释放、充装等功能，部分厂家或型式的容器阀能在储存气体超压时自动泄放，防止瓶体爆炸。灭火剂瓶组容器阀安装在灭火剂贮存容器上，通常采用组合型容器阀。较为常见的组合型容器阀有：气动、手动启动活塞密封容器阀，电动、手动启动膜片密封容器阀以及气动、手动启动膜片密封容器阀等。驱动气体瓶组容器阀通常采用电磁瓶头阀。

（1）气动、手动启动活塞密封容器阀

气动、手动启动活塞密封容器阀构造如图 12-2-5 所示，其工作原理是：平时活塞在压紧螺钉的作用下和阀体密封面紧密接触，通道 A 的介质（灭火剂等）不会进入通道 B。当驱动汽缸通入启动气体后，启动腔内的活塞推动，连接在活塞上的顶杆将转臂打开，释放压臂，活塞在介质的压力下被推离阀体密封面，A 通道与 B 通道连通。当需要手动时，则取下转臂保险套，扳动转臂，释放压臂，此时介质经通孔 A 通道流入 B 通道。

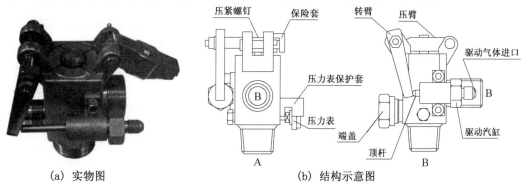

(a) 实物图　　　(b) 结构示意图

图 12-2-5　气动、手动启动活塞容器阀

（2）电动、手动启动膜片密封容器阀

电动、手动启动膜片密封容器阀构造如图 12-2-6 所示，其工作原理是：火灾时，控制器发出灭火指令，激发电磁瓶头阀内的电磁铁，推动阀内闸刀，戳破密封膜片，打开电磁瓶头阀，容器中灭火剂依靠自身压力释放出来。当需要手动时，则取下手柄的开口销，向上抬起手柄使阀内闸刀戳破密封膜片，将容器中灭火剂释放出来。

（a）实物图

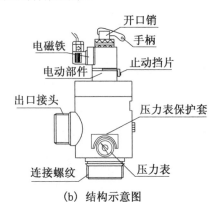
（b）结构示意图

图 12-2-6　电动、手动启动膜片密封容器阀

（3）气动、手动启动膜片密封容器阀

气动、手动启动膜片密封容器阀构造如图 12-2-7 所示，其工作原理是：A 为介质入口，B 为容器阀出口。平时密封膜片在固定套的预紧力作用下使 A、B 之间的通道关闭。当驱动气体进入阀体活塞腔后，将活塞刀压下切开膜片，使介质从 A 流到 B。当需要手动时，则取下手柄的开口销，向上抬起手柄使阀内闸刀戳破密封膜片，使介质从 A 流到 B。

3. 选择阀（又称分配阀）

选择阀（图 12-2-8）安装在组合分配系统管路上，选择阀关闭（开启）时，能截断（打开）与之相连

图 12-2-7　气动、手动启动膜片密封容器阀

接的灭火剂释放管路，从而实现控制灭火剂流向的功能。一般每个防护区对应一个选择阀。位置宜靠近储存容器，并应便于手动操作，方便检查维护，选择阀上应设有标明防护区的铭牌。其工作原理是：火灾发生时，驱动气体进入选择阀驱动缸，推动缸内活塞，通过连杆机构动作，使选择阀压臂敞开，从而打开选择阀，系统启动时，选择阀应在容器阀动作之前或同时打开。

4. 喷嘴

喷嘴（图 12-2-9）安装在防护区内或保护对象附近，可将灭火剂按一定的流速均匀释放到防护区内或保护对象周围，对于液态灭火剂喷嘴还起到使灭火剂雾化喷射的作用，对于局部应用喷嘴还起到定向喷射的作用。

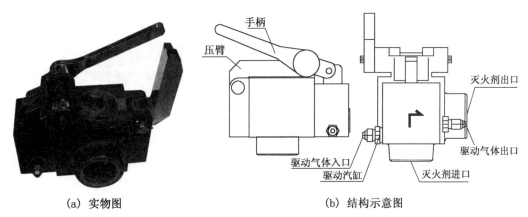

(a) 实物图   (b) 结构示意图

图 12-2-8　气动活塞型选择阀

(a) 径射型喷嘴   (b) 槽边型喷嘴

图 12-2-9　喷嘴

5. 单向阀

单向阀按安装在管路中的位置可分为灭火剂流通管路单向阀(图 12-2-10)和驱动气体控制管路单向阀(图 12-2-11)。其中,灭火剂流通管路单向阀装于连接管与集流管之间,防止灭火剂从集流管向灭火剂瓶组返流,驱动气体控制管路单向阀装于启动管路上,用来控制气体流动方向,启动特定的阀门,可控制火灾时受控打开的灭火剂储存容器数量。

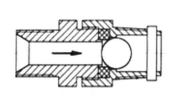  

(a) 内部结构   (b) 实物图   (c) 流向标识

图 12-2-10　球型密封灭火剂流通管路单向阀

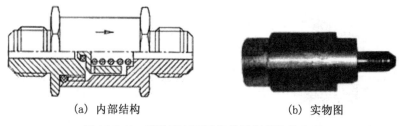

(a) 内部结构   (b) 实物图

图 12-2-11 滑块密封驱动气体控制管路单向阀

6. 集流管

集流管是将多个灭火剂瓶组的灭火剂汇集一起再分配到各防护区的汇流管路,如图 12-2-12 所示。集流管采用无缝钢管制造,且具备一定的强度和密封要求,耐腐蚀。对具有主、从气瓶组的集流管的要求为当从动瓶组容器阀利用集流管内压力驱动时,在集流管上应安装自动排气阀。

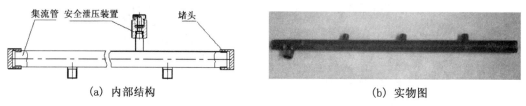

(a) 内部结构   (b) 实物图

图 12-2-12 集流管

7. 连接管

连接管可分为容器阀与集流管间连接管和控制管路连接管。其中,容器阀与集流管间连接管按材料分为高压橡胶连接管和高压不锈钢连接管。高压不锈钢连接管构造如图 12-2-13 所示。

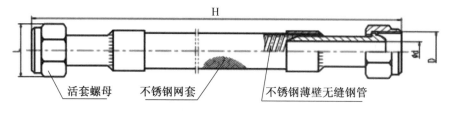

图 12-2-13 高压不锈钢连接管构造示意图

8. 安全泄放装置

安全泄放装置可分为灭火剂瓶组安全泄放装置、驱动气体瓶组安全泄放装置和集流管安全泄放装置。其中,安装于瓶组和集流管上安全泄放装置,能防止瓶组和灭火剂管道非正常受压时发生的爆炸。安全泄放装置的结构如图 12-2-14 所示。

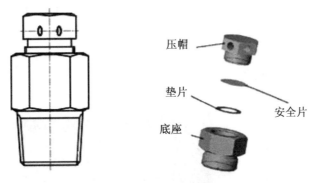

图 12-2-14　安全泄放装置

9. 驱动装置

驱动装置分为气动型驱动器、电磁型驱动装置（图 12-2-15）、燃气型驱动器（图 12-2-16）等几种。其中，气动型驱动装置由电磁瓶头阀和驱动气体钢瓶组成，其主要作用是驱动容器阀、选择阀使其动作。电磁瓶头阀安装在启动钢瓶上，用以密封启动瓶内的启动气体。火灾时，控制器发出灭火指令，激发电磁瓶头阀内的电磁铁，推动阀内闸刀，戳破密封膜片，打开电磁瓶头阀，释放启动气体，启动气体通过启动管路打开相应的选择阀和瓶头阀，释放灭火剂，实施灭火。

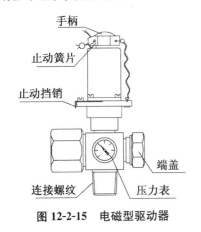

图 12-2-15　电磁型驱动器

图 12-2-16　燃气型驱动器

10. 控制盘

用于气体灭火系统的远程控制及运行状态的指示（显示）设备。气体灭火系统控制盘（如图 12-2-17 所示，面板局部放大见图 12-2-18）在接收到火灾自动报警系统发出的启动命令后，能自动控制驱动装置动作，进而启动灭火系统。它的主要功能是：具有自动、手动启动灭火系统功能，自动状态、手动状态可相互转换且无论控制盘处于自动或手动状态，手动操作启动必须始终有效；有延迟启动功能，延迟时间 0 s～30 s 连续可调；控制盘上设置有避免人员误触及的"紧急启动"按键、"紧急中断"按键，按键置于易操作部位；能显示灭火系统启动后的灭火剂喷洒情况；能提供控制外部设备的接线端子；能接收火灾探测器和火警触发器件来的火警信号，发出声光报警信号。不同厂家和型式的气体灭火系统控制盘,其外观组成存在一定的差异,但基本功能大致相同。气体灭火控制盘一般位于消防控制室。

图 12-2-17　气体灭火系统控制盘实物

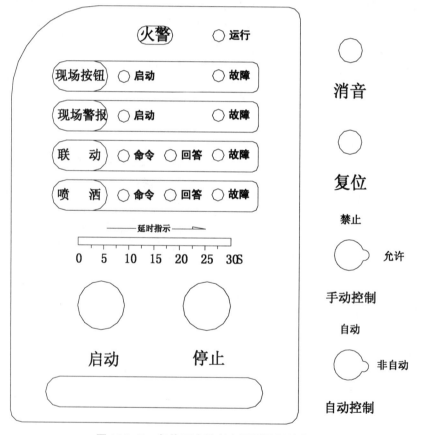

图 12-2-18　气体灭火控制盘面板局部放大图

11. 外围控制和显示设备

为了实现系统控制及显示功能,系统还有一些重要的、必不可少的外围设备:现场紧急启动/停止按钮、气体喷放指示灯及声光报警器,如图 12-2-19 所示。

紧急启动/停止按钮,一般设置于防护区门外,明显且便于操作的地方,可用于系统运行模式的手(自)动转换、现场紧急启(停)操作、系统当前工作状态指示等。供人们在发现火灾后紧急启动灭火系统用;经确认是假火警后,在系统尚未喷气之前,人们也可按下紧急停止按钮迫使系统终止灭火操作。

　　气体喷放指示灯,一般设置于防护区入口处门框以上墙面,在系统信号反馈装置反馈回气体已释放的信号后,由控制盘控制点亮,用来警示人们不要擅自进入防护区。

　　声光报警器,一般设置于防护区内、外墙面上,由灭火控制盘在收到火灾报警控制器启动信号后启动,发出有别于环境声、光的报警信号。作用是提示防护区内有关人员尽快撤离。

(a) 现场紧急启停按钮　　　　(b) 气体喷放指示灯　　　　(c) 声光报警器

图 12-2-19　气体灭火系统外围控制及显示设备

12. 气体检漏装置

　　检漏装置(图 12-2-20)起到监测瓶组内介质的压力或质量损失的作用。当损失超过规定限值时,即使灭火剂能释放,也会因为无法建立起灭火浓度而造成灭火失败,因此,应及时予以补充。瓶组的检漏方法根据瓶组内的充装介质特点一般采用压力方法、称重方法、液位方法等。一般情况下在瓶组内介质质量损失 5% 或压力损失 10% 时就应进行补压或对介质进行补充。

(a) 压力表　　　　　　(b) 称重装置　　　　　　(c) 泄漏报警装置

图 12-2-20　气体检漏装置

13. 背压阀

　　背压阀(图 12-2-21)也称低通高阻阀,是为了防止系统由于驱动气体泄漏的累积而引起系统的误动作而在管路中设置的阀门。安装在系统每个分区的启动管路中,正常情况下处于开启状态,只有进口压力达到设定压力时才关闭。当启动装置有微量泄漏时(管道中压力≤0.1 MPa),泄漏的气体从 A 端口排出,避免气体在管道中积聚升压。

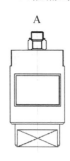

图 12-2-21　背压阀

14. 信号反馈装置

信号反馈装置是安装在灭火剂释放管路或选择阀上,将灭火剂释放的压力或流量信号转换为电信号,并反馈到控制中心。常见的是把压力信号转换为电信号的信号反馈装置,一般也称为压力开关,如图 12-2-22 所示。

（二）管网气体灭火系统工作原理

以组合分配型为例,当保护区发生火灾时,七氟丙烷、高压二氧化碳和惰性气体等贮存压力较高的管网气体灭火系统应设自动、手动、机械应急三种启动方式。

1. 自动启动

图 12-2-22　信号反馈装置

自动启动是指系统从火灾探测报警到关闭联动设备和释放灭火剂,均由系统自动完成,不需人员介入的操作与控制方式。

将灭火控制器上的控制方式选择键拨至"自动"位置,气体灭火系统则处于自动控制状态。当保护区发生火情时,产生烟雾、高温和光辐射使感烟、感温、感光等探测器探测到火灾信号,探测器将火灾信号转变成电信号传送到报警控制器,经报警控制器确认后,灭火控制器即发出声、光报警信号,同时发出联动指令,关闭联动设备,经过一段延时时间(视情况确定),发出系统启动信号,打开驱动气体瓶组上的电磁瓶头阀释放启动气体,启动气体通过启动管路打开相应的选择阀和瓶头阀,各瓶组的灭火剂经连接管汇集到集流管,通过选择阀到达安装在防护区内的喷嘴进行喷放灭火,同时安装在管路上的信号反馈装置动作,信号传送到控制器,由灭火控制器启动防护区外的释放警示灯和警铃。自动控制启动流程框图如图 12-2-23 所示。

2. 手动启动

手动启动是指人员发现起火或接到火灾自动报警信号并经确认后,启动手动控制按钮,通过灭火控制器操作联动设备和释放灭火剂的操作与控制方式。

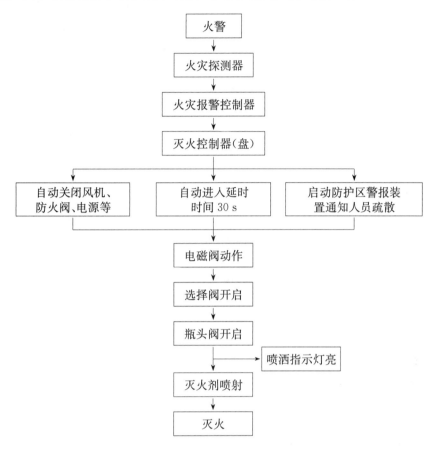

图 12-2-23　气体灭火系统自动控制启动流程框图

　　将灭火控制器(盘)控制方式置于"手动"位置时,整个灭火系统处于手动控制状态,当防护区发生火情时,由火灾探测器探测并向灭火控制器(或火灾报警控制器)发出信号,灭火控制器(或火灾报警控制器通过灭火控制盘)控制声光报警盒,发出撤离报警信号。经现场人员确认后,按下灭火控制器(控制盘)上的"启动"按钮或设置在保护区附近墙面上的"紧急启动/停止"按钮上的启动键,发出联动指令,关闭联动设备,经过一段延时时间(视情况确定),发出系统启动信号,打开驱动气体瓶组上的电磁瓶头阀释放启动气体,启动气体通过启动管路打开相应的选择阀和瓶头阀,各瓶组的灭火剂经连接管汇集到集流管,通过选择阀到达安装在防护区内的喷嘴进行喷放灭火,同时安装在管路上的信号反馈装置动作,信号传送到控制器,由灭火控制器启动防护区外的释放警示灯和警铃。其手动控制启动流程框图如图 12-2-24 所示。一般灭火控制器(盘)都有手动优先的功能,即在自动状态下,人员发现火情后,按下手动控制盒上的启动按钮就能启动灭火系统实施灭火。在自动或电气手动状态下,如在延时时间内,发现不需启动灭火系统,可按下手动盒上的停止按钮,即可阻止控制盘灭火指令的发出。

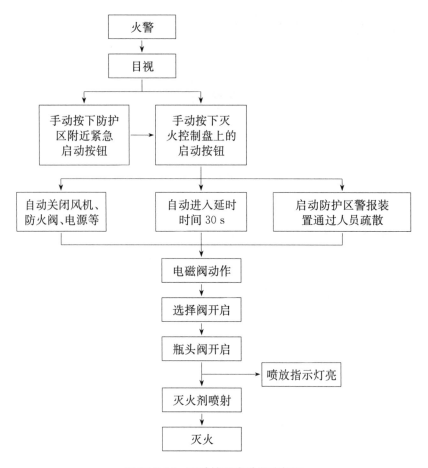

图 12-2-24 手动控制启动程序框图

3. 机械应急启动

机械应急启动是指系统在自动与手动操作均失灵时,人员用系统所设的机械式启动机构,释放灭火剂的操作与控制方式,在实施前必须关闭相应的联动设备。

当保护区发生火情且灭火控制器不能有效的发出灭火指令时,应立即通知有关人员迅速撤离现场,关闭联动设备,然后拔除相应保护区电磁瓶头阀上的止动簧片,压下圆头把手打开电磁阀,释放启动气体。启动气体打开相应的选择阀、瓶头阀,释放灭火剂,实施灭火。如此时遇上电磁瓶头阀维修或启动气体储瓶充换氮气或其他原因不能开启相应的选择阀、容器阀时,机械应急操作启动程序框图如图 12-2-25 所示。

如果此时遇上电磁阀维修或启动钢瓶充换启动气体,应立即按图中虚线框内注明的程序操作:先手动压下相应保护区的选择阀手柄,敞开压臂,打开选择阀。然后,再扳动相应瓶头阀上的手柄,打开瓶头阀,释放灭火剂,实施灭火。

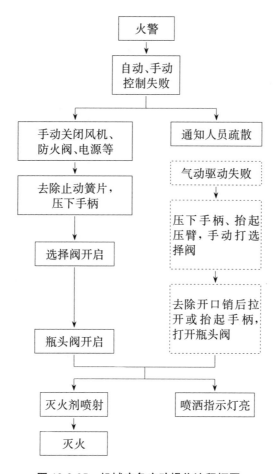

图 12-2-25　机械应急启动操作流程框图

二、无管网气体灭火系统

（一）无管网气体灭火系统组成

无管网气体灭火系统的组成因其安装方式而不同。

1. 柜式无管网气体灭火装置

一般由灭火剂瓶组、驱动气体瓶组（可选）、容器阀、减压装置、驱动装置、集流管（只限多瓶组）、连接管、喷嘴、信号反馈装置、安全泄放装置、控制盘、检漏装置、管路管件等部件构成，如图 12-2-26 所示。

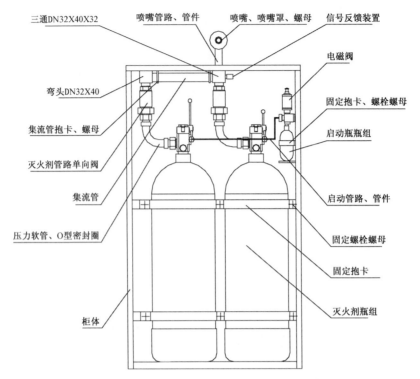

图 12-2-26　预制气体灭火系统（柜式）组成示意图

2. 悬挂式气体灭火装置

一般由灭火剂贮存容器、启动释放组件、悬挂支架（座）等组成，如图 12-2-27 所示。

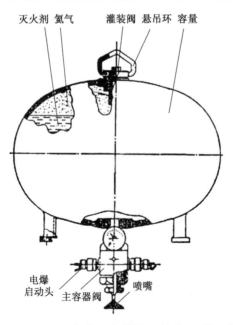

图 12-2-27　预制气体灭火装置（悬挂式）组成示意图

3. 气溶胶灭火装置

气溶胶灭火装置通常由引发器、气溶胶发生剂、发生器、冷却装置（剂）、反馈元件、外壳及与之配套的火灾探测装置和控制装置组成，如图 12-2-28 所示。

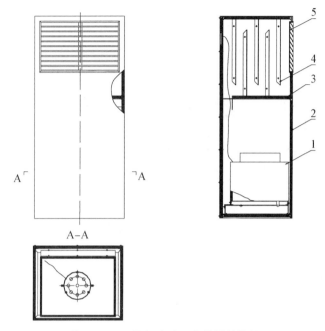

图 12-2-28　热气溶胶灭火装置结构图

1—气溶胶发生器（包括气溶胶发生剂和引发器）；2—灭火装置外壳；3—冷却装置；4—导流板；5—喷口

　　热气溶胶灭火装置的启动使用引发器。引发器主要有电引发器和热引发器。电引发器包括电点火头、电阻丝等，目前，常用的是电点火头，如图 12-2-29 所示，它是将电能转化为热能的一种引发装置。电点火头只有在特定电压（工作电压）和特定电流（启动电流）条件下才能启动发火。热引发器，主要是受到一定的温度（燃点温度）后能够引燃启动。例如，导火索属于热引发器其中的一种类型。

（二）无管网气体灭火系统工作原理

无管网气体灭火系统的工作原理因其安装方式而不同。

图 12-2-29　电点火头

1. 柜式无管网气体灭火装置

柜式无管网气体灭火装置放在防护区内，当发生火灾探测器探测到火灾信号并将火灾信号转变成电信号传送到报警控制器，控制器自动发出声光报警并经逻辑判断后，发出系统启动信号，启动驱动气体瓶组上的容器阀释放驱动气体，打开灭火剂瓶组的容器阀（驱动器直接安装在灭火剂瓶组上时，直接打开此容器阀），灭火剂经装置上的喷嘴进行喷放灭火，同时安装在管路上的信号反馈装置动作，信号传送到控制器，由控制器启动防护区外的释放警示灯和警铃。

2. 悬挂式气体灭火装置

悬挂式气体灭火装置安装在防护区内,当发生火灾探测器探测到火灾信号并将火灾信号转变成电信号传送到报警控制器,控制器自动发出声光报警并经逻辑判断后,发出启动信号,启动释放组件释放贮存容器内的灭火剂。自带探测的悬挂式灭火装置,当防护区内发生火灾时,探测元件探测到火灾信号后启动释放组件释放贮存容器内的灭火剂。

3. 气溶胶灭火装置

当控制装置发出灭火信号后,引发器启动引燃气溶胶发生剂,气溶胶发生剂在燃烧过程中产生的气溶胶通过冷却装置(剂)冷却降温后从装置喷口喷出,同时反馈元件将装置的启动信号传输给火灾报警控制器,火灾报警控制器发出报警信号通知用户,说明装置已经启动实施灭火动作。

第三节　气体灭火系统操作

对于设有气体灭火系统保护的建筑物或场所,当发生火灾时,如果气体灭火系统各部件均完好有效,运行模式为"自动"时,系统可自动完成探测火灾、启动系统、喷射灭火的全过程。当系统自动功能失效时,需要根据现场实际情况,灵活采取现场手动控制和机械应急操作来实现系统启动和灭火剂喷射的目的。因此,首先要开展认知训练,在其基础上,消防人员还应掌握系统以及各个组件的操作方法和程序,以便火灾发生时能够根据现场设备的运行状态,及时采取有效的控制方式,启动系统实施灭火。

一、防护区与驱动气体钢瓶、灭火剂钢瓶对应关系

对于组合分配系统,驱动气体钢瓶、灭火剂钢瓶与防护区间存在一定的对应关系。灭火应用时如果开启不当,将导致灭火剂无效喷放、防护区灭火失败以及无关区域人员伤亡的严重后果。因此,应注意做好对应关系核查的灭火准备工作。

(一) 分区标识

选择阀、驱动气体钢瓶和灭火剂钢瓶上通常以汉字、数字或英文字母标识相关的防护分区信息,如图 12-3-1 所示。

(a) 选择阀标识　　　　　(b) 驱动气体钢瓶标识　　　　　(c) 灭火剂钢瓶标识

图 12-3-1　分区标识

（二）对应关系核查

对应关系的核查分为两步完成，如图 12-3-2 所示，一是核查驱动气体钢瓶与选择阀、与灭火剂钢瓶的对应关系与分区标识是否一致。方法是沿驱动气体流通管路，结合单向阀的设置，分析驱动气体流经范围。此范围内连接的灭火剂钢瓶即与该驱动气体钢瓶对应。二是核查选择阀后的灭火剂输送管路是否与防护分区对应。由于灭火剂输送管路一般不采用明敷方式，此步核查往往难以实现。当试喷条件具备时，可在单位建筑消防设施维护管理人员的配合下，按规定要求进行喷放测试，以确定系统功能是否正常，选择阀与防护区对应关系是否正确等。

（a）钢瓶间实景

（b）各部位对应关系

（c）驱动气体管路单向阀

图 12-3-2　对应关系核查

二、系统运行状态

系统运行状态可通过灭火控制盘的运行状态指示（显示）（图 12-3-3）、系统运行模式（图 12-3-4）、灭火剂储存压力指示（图 12-3-6）、灭火剂重量指示（图 12-3-7）、各保险部件状态（图 12-3-8）等综合进行识别判定。

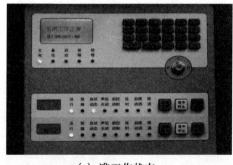
（a）准工作状态

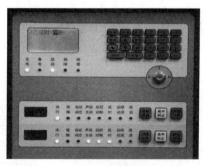
（b）工作状态

图 12-3-3　灭火控制盘运行状态

1. 灭火控制盘运行状态

（1）准工作状态：系统供电正常。没有火警或故障时，灭火控制盘处于正常监视状态。

（2）工作状态：系统供电正常。当防护区发生火灾时，灭火控制盘发出火灾报警信号指示该区火灾，并实现联动，经过启动时间倒计时后输出喷放控制信号，并接收反馈信号，指示喷放动作状态。

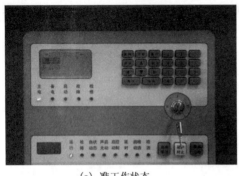

(a) 准工作状态　　　　　　　　　　　　(b) 工作状态

图 12-3-4　灭火控制盘运行模式

2. 系统运行模式

（1）灭火控制盘处

以组合分配系统为例：

当运行模式处于"手动"时，某防护区发生火灾，在火灾自动报警系统探测到火灾后，气体灭火系统不能自动完成启动及释放的全过程，需要操作人员手工按下灭火控制盘上对应该防护区的"启动"按钮。

当运行模式处于"自动"时，某防护区发生火灾，在火灾自动报警系统探测到火灾后，气体灭火系统可自动完成启动及释放的全过程。在火灾自动报警系统尚未探测到火灾时，也可通过操作人员手工按下灭火控制盘上对应该防护区的"启动"按钮，以实现系统动作。

简而言之，无论系统处于"自动"还是"手动"运行模式，手动控制均具有优先级别。

（2）现场紧急启停按钮处

有些厂家和型式的现场启动/停止按钮也具有运行模式转换功能，其功能描述同上，如图 12-3-5 所示。

(a) 不具备运行模式转换功能　　　　(b) 具备运行模式转换功能

图 12-3-5　现场紧急启动/停止按钮

3. 压力指示

一般情况下，当压力表指示显示当前储存压力已下降超过 10％时，应当及时补充灭火剂。

(a) 充装压力标识

(b) 当前压力表指示

图 12-3-6　压力指示

4. 重量指示

一般情况下，当称重指示显示当前质量已下降超过 5％时，应当及时补充灭火剂。

(a) 充装质量标识

(b) 当前称重指示

图 12-3-7　重量指示

5. 保险部件状态

当保险部件处于不当的位置时，可能会造成系统不（误）动作。因此，在火灾应用时，应注意核查有关保险部件是否处于应有状态。

搬运、安装、调试状态

准工作状态

(a) 灭火剂储存容器瓶头阀保险帽

搬运、安装、调试及准工作状态时保持　　　　　手动操作时移除

（b）　驱动装置电磁瓶头阀手柄保险销

搬运、安装、调试状态　　　　　　　　准工作状态

（止动位，推入并固定）　　　　　　　（常态位，拔出并固定）

（c）　驱动装置电磁瓶头阀止动挡销

图 12-3-8　保险部件状态

三、现场紧急启停按钮的操作

1. 启动、停止

对于如图 12-3-9 所示的紧急启停按钮，应按以下程序进行操作：

（1）将专用钥匙插入紧急启停按钮保护盖开启孔；

（2）转动钥匙以打开保护盖；

（3）按下启动按钮，系统经过不大于 30 s 的延时后，自动完成开启驱动装置、选择阀、灭火剂瓶组瓶头阀等后续步骤；

（4）如不需要利用气体灭火系统实施灭火，则可在延时时间内按下停止按钮，终止系统启动程序的执行。

注意：通过气体灭火系统控制盘倒计时指示可把握延迟进程。

 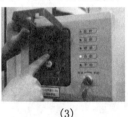 

（1）　　　　　　　（2）　　　　　　　（3）　　　　　　　（4）

图 12-3-9　现场紧急启停按钮的启动步骤

2. 复位

对于如图 12-3-10 所示的紧急启停按钮，应按以下程序进行复位：

（1）将专用钥匙插入复位孔；

（2）转动钥匙，启动按钮弹起复位；

（3）拔出钥匙盖上保护盖；

（4）气体灭火系统控制盘处按下复位按钮，确保系统恢复正常状态。

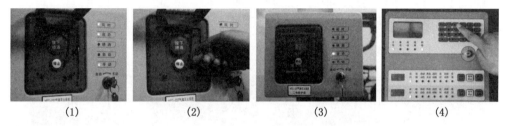

（1）　　　　　　　（2）　　　　　　　（3）　　　　　　　（4）

图 12-3-10　现场紧急启停按钮的复位步骤

其他厂家和型式的现场紧急启停按钮，其复位操作按照该产品说明书进行。

四、灭火控制盘启停按钮的操作

除现场紧急启动外，也可在气体灭火系统灭火控制盘处实施远距离启动（停止）。其操作方法与现场紧急启停按钮操作大体相似，方法较为简单，在此不做赘述。值得注意的是：在实施操作时，一定要认准按钮与防护区的对应关系，防止灭火剂误喷至与火灾无关的防护区。对于设定有延时启动的系统，在误操作以后，可在延时时间内手动予以停止。

五、驱动装置电磁瓶头阀的操作

当远距离手动启动失效时，应当果断采取机械应急操作，如图 12-3-11 所示，以启动气体灭火系统。

（1）找到与发生火灾的防护区相对应的驱动装置；

（2）检查确认压力表指针处于绿区（工作区）；

（3）确保止动挡销处于抽出状态（即常态位）并固定；

（4）拔掉保险插销；

（5）向下压手柄至满行程（有的电磁瓶头阀向上推动手柄至满行程），系统自动完成后续步骤。

（1）　　　　　　　（2）　　　　　　　（3）　　　　　　　（4）

图 12-3-11　驱动装置电磁瓶头阀操作步骤

六、选择阀的操作

当驱动装置因故失效时,应按照先开启选择阀,后开启灭火剂瓶组瓶头阀的顺序予以手动操作,如图12-3-12所示。

(1) 找到与发生火灾的防护区相对应的选择阀;

(2) 压下选择阀手柄并予以保持;

(3) 另一只手抬起压臂并翻转使之与转轴脱离;

(4) 松开手柄。

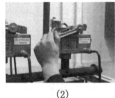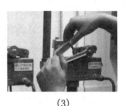

(1)　　　　　(2)　　　　　(3)　　　　　(4)

图 12-3-12　选择阀操作步骤

七、灭火剂储存容器瓶头阀的操作

选择阀手动开启后,应按以下步骤开启,火剂储存容器瓶头阀,如图12-3-13所示。

(1) 检查确认相关瓶组压力处于工作区;

(2) 确认瓶头阀保险帽处于摘除状态;

(3) 沿驱动汽缸推杆运动方向用力拉(敲)动手柄;

(4) 释放压臂。

(1)　　　　　　(2)　　　　　　(3)

图 12-3-13　灭火剂储存容器瓶头阀操作步骤

对于处于运行状态下的气体灭火系统,在完成上述前三个步骤之后,在气体灭火剂的压力下,活塞杆顶起,压臂被推开。灭火应用时,若保护一个防护区的灭火剂储存容器较多,必须确保所有瓶头阀一次性开启。可用钢丝绳将所有瓶头阀手柄串联在一起(图12-3-14),使劲拉动钢丝绳即可。

八、组合分配气体灭火系统现场手动控制应用演练

消防员应熟悉组合分配气体灭火系统现场手动控制演练程序,提高协同作业能力,掌握操作系统组件的要领和方法。

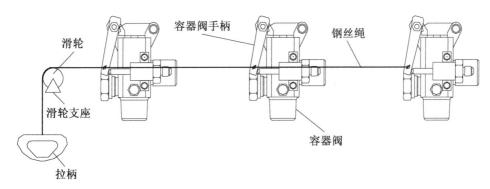

图 12-3-14 多个灭火剂储存容器同时打开操作示意图

（一）系统概况

实训室设有组合分配型气体灭火系统 1 套，模拟防护区 2 个，2 个防护区门外均设有现场紧急启停按钮、气体喷放指示灯、声光报警器，防护区顶部设有烟感和温感探测器。系统共用钢瓶间 1 间，1 号防护区对应灭火剂和驱动气体钢瓶各 1 个，2 号防护区对应灭火剂钢瓶 2 个、驱动气体钢瓶 1 个，为满足日常教学需要，驱动气体和灭火剂均采用压缩空气代替，可通过空气压缩机随时进行补充。灭火系统控制盘设置于钢瓶间外墙壁上，安装高度距地面 1.4 m。该系统具备自动、手动、机械应急三种控制方式。

（二）号位设置

如图 12-3-15 所示，班指挥位于气体灭火控制盘处，1、2 号员位于钢瓶间内，3 号员位于气灭一区门口紧急启停按钮处。其中，1 号员应携带万用表 1 只、螺丝刀 1 把。

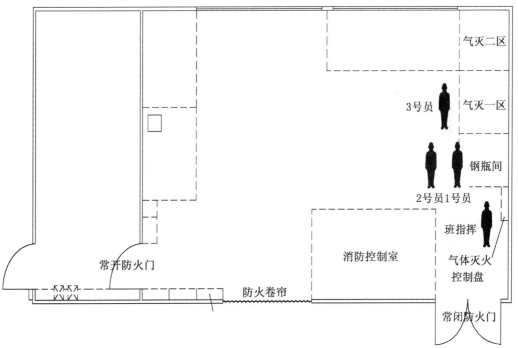

图 12-3-15 组合分配气体灭火系统现场手动控制应用演练号位示意图

(三) 任务分工

班指挥:演练组织,系统运行状态检查,气体灭火系统控制盘操作

1、2 号员:系统运行状态检查,驱动装置操作

3 号员:系统运行状态检查,紧急启停按钮操作

(四) 演练步骤

本次演练共包括两部分内容,前半部分为紧急启动、紧急停止的演练,后半部分为紧急启动、模拟喷放的演练。如图 12-3-16 所示为组合分配气体灭火系统现场手动控制应用演练流程图。

(五) 注意事项

(1) 演练开始前,班指挥应先了解气体灭火系统运行状况,将消防联动控制器设定在手动方式并开启打印机。

(2) 由于场地限制,演练过程中仅需做出模拟使用通信工具的动作即可。

(3) 如延迟即将结束前,3 号员未能及时按下紧急停止按钮,班指挥可直接按下灭火控制盘上停止按钮终止指令执行。

(4) 遇有下列情况之一,班指挥应立即命令停止演练:

① 气体灭火系统本身处于故障状态;

② 延迟结束后,钢瓶间内相关阀门无法自动打开;

③ 现场紧急启停按钮无法复位。

(5) 可参照开展灭火控制盘远程启动气体灭火系统的应用演练。

九、组合分配气体灭火系统机械应急操作想定演练

消防员应熟悉组合分配气体灭火系统机械应急操作演练程序,培养开展想定作业的能力。

(一) 系统想定

该场所设置组合分配气体灭火系统 1 套,共保护 A、B 2 个防护区。2 个防护区门外均设有现场紧急启停按钮、气体喷放指示灯和声光报警器,防护区顶部设有烟感和温感探测器。系统共用钢瓶间 1 间,其中,A 防护区对应灭火剂钢瓶 4 个、驱动气体钢瓶 1 个,B 防护区对应灭火剂钢瓶 3 个、驱动气体钢瓶 1 个。灭火系统控制盘设置于消防控制室内。该系统具备自动、手动、机械应急三种控制方式。

假定 B 防护区发生火灾,气体灭火系统自动、手动控制均已失灵。

(二) 号位设置

如图 12-3-17 所示,班指挥位于消防控制室(防护区)灭火控制盘处,1～2 号员位于钢瓶间驱动装置处,3 号员位于 B 防护区紧急启动/停止按钮处。所有号员应携带通信工具,其中,1、2 号员应各携带一把腰斧。

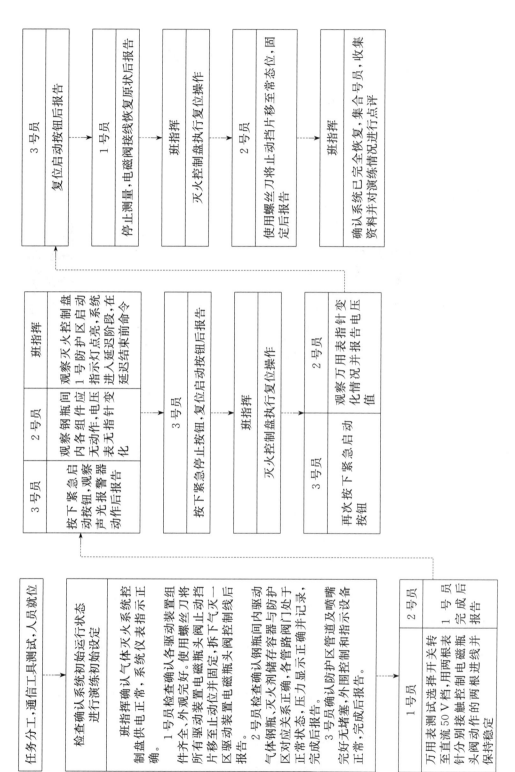

图 12-3-16　组合分配气体灭火系统现场手动控制应用演练流程

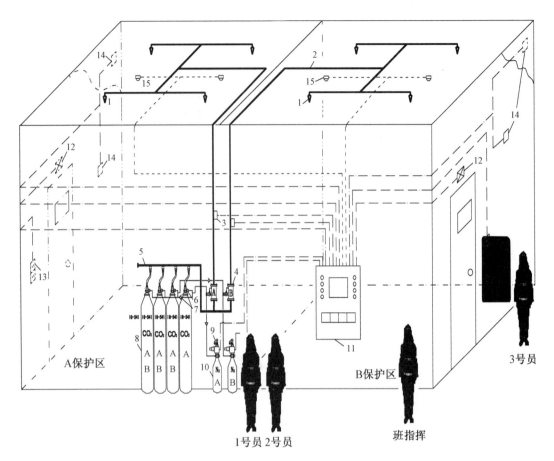

A保护区

B保护区

3号员

1号员 2号员

班指挥

图 12-3-17 组合分配气体灭火系统机械应急操作想定演练号位示意图

（三）任务分工

班指挥：演练组织

1号员：驱动装置与防护区对应关系统检查，驱动装置操作与运行状态检查，警戒

2号员：灭火剂储存容器与驱动装置对应关系检查，灭火剂储存容器运行状态检查，开口部位操作

3号员：人员疏散，开口部位操作，紧急启停按钮操作，系统运行状态检查

（四）演练步骤

如图12-3-18所示为组合分配气体灭火系统机械应急操作想定演练流程。

（五）注意事项

（1）演练期间，应保持气体灭火系统钢瓶间的门敞开，进入防护区时，应佩戴空气呼吸器，做好个人防护。

（2）演练过程中，可开展设备故障的想定：

① B区驱动装置止动挡片处于止动位，且无法移动；

② B区驱动气体压力不足；

③ 驱动装置启动后，B区选择阀未自动打开，对应的灭火剂储存容器容器阀未自动

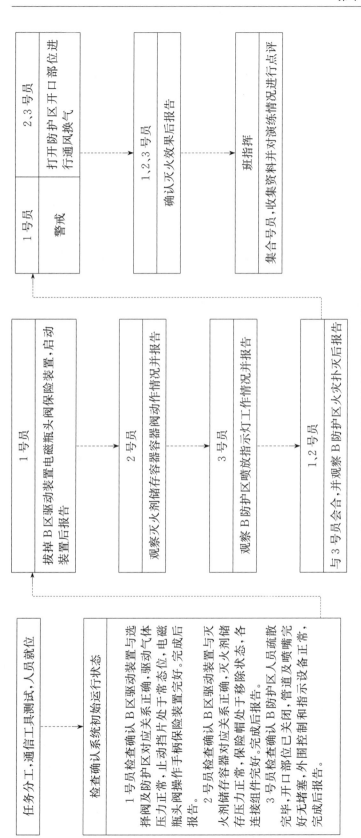

图 12-3-18 组合分配气体灭火系统机械应急操作想定演练流程

打开；

④ 防护区、驱动装置、灭火剂储存容器对应关系混乱。

第四节　　气体灭火系统巡查

消防员开展"六熟悉"时应对辖区单位的气体灭火系统进行巡查,掌握其工作状态是否符合相关技术要求并采用相应检查方法进行必要测试。

一、巡查内容

气体灭火控制器工作状态,储瓶间环境,气体瓶组或储罐外观,选择阀、驱动装置等组件外观,紧急启/停按钮外观,气体喷放指示灯及报警器外观,喷嘴外观,防护区状况。

二、巡查方法及相应技术要求

(一) 系统主要部件

1. 贮存容器

检查贮存容器的外观是否完好、表面是否有变形,手动操作装置有无铅封;用卷尺测量同一系统的贮存容器高度,高度差不应超过 20 mm;查看压力表有无明显机械损伤,压力表显示是否正常;查看贮存容器正面是否喷有贮存灭火剂名称的字样;查看是否有编号、充装压力、充装日期等永久性记录;晃动瓶架,观察是否牢固,且做防腐处理。

2. 单向阀

查看单向阀的安装是否与灭火剂流动方向一致。

3. 选择阀

查看选择阀的外观有无碰撞损伤,铭牌是否齐全;查看选择阀上是否有防护区名称或编号的永久性标志牌,是否固定在操作手柄附近且便于识别的地方。

4. 气体驱动装置

检查气体驱动装置的外观、压力表、名称编号。贮存容器无明显碰撞变形,手动按钮上有完整铅封;气动驱动装置的气体贮存容器规格应一致,其高度差不宜超过 10 mm;压力表上的指示压力应符合设计要求,压力表的正面朝向操作面;气体驱动装置的正面应标定驱动介质名称,如 N_2,在该名称下方标明对应防护区名称的编号;气体驱动装置应可靠地固定在支架上。

5. 喷嘴

查看喷嘴的外观。喷嘴上应有型号、规格标记;喷口方向正确;喷嘴表面无划痕等缺陷,内外表面无脏物;安装在吊顶下的不带装饰罩的喷嘴,其连接管管端螺纹不应露出吊顶,安装在吊顶下的带装饰罩的喷嘴,其装饰罩应紧贴吊顶;防护区平面上的任何部位都在喷嘴的覆盖面积之内;喷嘴与连接管之间应采用密封材料。

6. 气体灭火控制器

对面板上所有指示灯、显示器和音响器件进行功能自检。将控制方式设定在手动,然后转换为自动,分别查看控制器的显示。自动、手动转换功能应正常,无论装置处于自动或手动状态,手动操作启动均应有效。切断主电源,查看备用直流电源的自动投入和主、备电源的状态显示情况。在备用直流电源供电状态下,模拟下列故障并查看控制器的显示:火灾探测器断路;启动钢瓶的启动信号线断路;故障报警期间,采用发烟装置或温度不低于 54 ℃ 的热源,先后向同一回路中两个探测器施放烟气或加热,查看火灾报警控制器的显示和记录,用万用表测量联动输出信号;断路状态下,查看继电器输出触点,并用万用表测量触点"C"与"NC"间、"C"与"NO"间的电压。检查完毕后全部复位,恢复到正常状态。

7. 称重装置

对二氧化碳灭火系统,按灭火剂储瓶内二氧化碳的设计储存量,设定允许的最大损失量。采用拉力计,向储瓶施加与最大允许损失量相等的向上拉力,查看捡漏装置能否发出报警信号。对低压二氧化碳储罐,查看制冷装置及温度计,低压二氧化碳储罐的制冷装置应正常运行,控制的温度和压力应符合设定值。

(二)贮瓶间

在贮瓶间测两点室温和湿度取平均值,用照度计测量贮瓶间照度和容器阀处照度,室内温度应为 0～50 ℃,湿度不应大于 85%RH,贮瓶间照明灯光照度不得低于 80 lx,容器阀处照度不得低于 100 lx。

(三)系统功能

1. 系统功能检查

查看防护区内的声光报警装置,入口处的安全标志、声光报警装置,以及紧急启、停按钮是否正常。系统设定在自动控制状态,拆开该防护区启动钢瓶的启动信号线、并与万用表连接。将万用表调节至直流电压档位,触发该防护区的紧急启动按钮并用秒表开始计时,测量延时启动时间是否符合设定值,查看防护区内声光报警装置、通风设施以及入口处声光报警装置等的动作情况,查看气体灭火控制器与消防控制室显示的反馈信号。完成试验后将系统恢复至警戒状态。先后触发防护区内两个火灾探测器,查看气体灭火控制器的显示。在延时启动时间内,触发紧急停止按钮,达到延时启动时间后查看万用表的显示及相关联动设备。完成试验后将系统恢复至警戒状态。当进行喷气试验时,应符合《气体灭火系统施工及验收规范》(GB 50263—2007)第 7.4.2 条要求。

2. 手动模拟启动试验

按下手动启动按钮,观察相关动作信号及联动设备动作是否正常(如发出声、光报警,启动输出端的负载响应,关闭通风空调、防火阀等);人工使压力信号反馈装置动作,观察相关防护区门外的气体喷放指示灯是否正常。

3. 自动模拟启动试验

先将灭火控制器的启动输出端与灭火系统相应防护区驱动装置连接,驱动装置与阀门的动作机构脱离。也可以用 1 个启动电压、电流与驱动装置的启动电压、电流相同的负载代替。然后人工模拟火警使防护区内任意 1 个火灾探测器动作,观察单一火警信号输出后,相关报警设备动作是否正常(如警铃、蜂鸣器发出报警声等)。最后再人工模拟火警使该防护区内另一个火灾探测器动作,观察复合火警信号输出后,相关动作信号及联动设备动作是否正常(如发出声、光报警,启动输出端的负载响应,关闭通风空调、防火阀等)。

三、注意事项

(1)气体灭火系统消防巡查并不是非常简单的工作,它不仅非常系统化,而且较为复杂,技术性要求比较高,需要对多方面的因素进行全面的考虑。检查前应做好充分准备。查看被检查对象的系统竣工图纸,收集设计文件中相关技术要求,了解系统整体框架,掌握关键设备的操作方法及注意事项,最好能制定一份检查方案。

(2)测试前,需将报警系统的启动命令信号线与气体灭火系统之间进行断开处理,避免误报造成人员恐慌和影响办公区域工作人员正常办公。

(3)为了避免测试过程中设备误动作造成人身伤亡及经济损失,必须做好防止误喷或误报发生的各项措施。以气体作为驱动的气体灭火系统,测试前应将驱动气体管道拆掉,使驱动气体释放的驱动管道处于断开状态;将驱动气体释放电磁阀电源回路拆除,使其处于断开状态;检查所有驱动气体释放的驱动管道及电源回路是否处于断开状态。

(4)为提高巡查效率,气体灭火系统组件及功能的检查可合并进行。

(5)系统组件或系统测试完成后,应使控制器及相关组件、受控设备复位。

(6)对巡查过程中发现的问题,应及时督促有关单位予以整改。

第十三章
泡沫灭火系统

泡沫灭火系统由于泡沫具有优良的抗烧性、流动性及封闭性能,而被广泛应用在甲、乙、丙类液体的生产、加工、储存、运输和使用场所,现已成为甲、乙、丙类液体储罐区及石油化工装置区等场所的必备灭火设施。

第一节　泡沫灭火系统概述

不同类型的泡沫灭火剂,其应用范围有较大差异。不同应用方式的泡沫灭火系统,其工作原理、组成也不尽相同。因此,在实际应用时,应予以注意。

一、泡沫灭火剂

与水混溶,可通过机械方法或化学反应产生灭火泡沫的灭火剂称为泡沫灭火剂。它基本是以浓缩液形式存在。泡沫灭火剂在灭火时,首先必须按比例与水混合,形成泡沫与水的混合溶液后才能产生灭火泡沫。

(一) 泡沫灭火剂的组成

泡沫灭火剂由发泡剂、稳泡剂、耐液添加剂等组成。其中发泡剂的作用是使泡沫灭火剂的水溶液易发泡。稳泡剂的作用是增强泡沫的稳定性。耐液添加剂的作用是使泡沫具有良好的耐燃料破坏性。助溶剂与抗冻剂及其他添加剂等的作用是使泡沫灭火剂体系稳定、泡沫均匀、抗冻性好。

(二) 泡沫灭火剂的分类

1. 按产生泡沫的方法

泡沫灭火剂按产生泡沫的方法分为:化学泡沫灭火剂和机械泡沫灭火剂。

(1) 化学泡沫灭火剂是指两种盐溶液混合发生化学反应产生的灭火泡沫,泡沫中所含气体一般为二氧化碳。该药剂因使用的灭火设备造价高,结构复杂,灭火效果差,已淘汰使用。

(2) 机械泡沫灭火剂是指由泡沫液与水的混合液在经过末端喷射设备时吸入空气而生成的泡沫,泡沫中气体一般为空气。由于泡沫是靠机械混合形成,因而称为空气机械泡

沫,通常称空气泡沫。

2. 按发泡倍数

泡沫灭火剂按发泡倍数分为低倍数、中倍数及高倍数泡沫三类。

(1)低倍数泡沫灭火剂是指发泡倍数在 20 倍以下的泡沫灭火剂,泡沫直径约为 1 mm,泡沫膜厚度约为 5×10^{-2} mm。低倍数泡沫灭火剂分为普通泡沫灭火剂和抗溶泡沫灭火剂。普通泡沫灭火剂主要适用于扑救非水溶性甲、乙、丙类液体火灾,它主要包括蛋白泡沫灭火剂、氟蛋白泡沫灭火剂、水成膜泡沫灭火剂等;抗溶性泡沫灭火剂主要适用于扑救醇、酯、醛、酮等水溶性甲、乙、丙液体火灾,它主要有抗溶氟蛋白泡沫灭火剂、抗溶水成膜泡沫灭火剂等。

(2)中倍数泡沫灭火剂是指发泡倍数在 21~200 倍的泡沫灭火剂,泡沫直径约为 2 mm,泡沫膜厚度约为 1.5×10^{-3} mm。

(3)高倍数泡沫灭火剂是指发泡倍数在 201~1 000 倍的泡沫灭火剂,泡沫直径约为 5 mm,泡沫膜厚度约为 2×10^{-3} mm。高倍数泡沫灭火剂与中倍数泡沫灭火剂一般共用,它是一种合成型泡沫灭火剂,按其适用水源情况分为耐海水型和不耐海水型;按其发泡所适用的空气状况分为耐烟型和不耐烟型。

(三) 空气泡沫灭火机理

空气泡沫的相对密度约为 0.001~0.5,小于易燃和可燃液体的相对密度,因此能够浮在油品液面上并自由展开,强韧地覆盖在燃烧液面上,隔断油品液面与空气的接触;同时,有较长时间的稳定性,能耐火焰和高温;当泡沫覆盖层由于机械的作用受到破坏时,有再覆盖的能力,能有效扑灭烃类火灾。其灭火的主要机理是:

(1)隔绝作用。空气泡沫喷射在燃烧液体表面形成一定厚度的泡沫层,可使燃烧液体表面与空气隔绝。

(2)隔辐射作用。空气泡沫层封闭了燃烧液体表面,可以隔断火焰的辐射热,阻止燃烧液体的受热蒸发,当泡沫层厚为 5 cm 时,汽油蒸发速度可降至 30%~40%,迫使燃烧停止。

(3)冷却作用。泡沫中水的成分占 94%以上,所以灭火过程中产生的水蒸气会吸收大量热量,起到冷却液体温度,降低燃烧液体蒸发的作用。

(4)稀释作用。泡沫受热产生的水蒸气可以降低燃烧液体周围氧的浓度,起到稀释作用。

另外,高倍数泡沫灭火机理是通过密集状态的大量高倍数泡沫封闭火灾区域,以阻断新空气的流入达到窒息灭火。由于中倍数泡沫的灭火机理取决于其发泡倍数和使用方式,当以较低的倍数用于扑救甲、乙、丙类液体流淌火灾时,其灭火机理与低倍数泡沫相同;当以较高的倍数用于全淹没方式灭火时,其灭火机理与高倍数泡沫相同。

(四) 泡沫灭火剂特点及适用范围

常用的泡沫灭火剂主要有蛋白、氟蛋白、水成膜等泡沫灭火剂。除蛋白泡沫灭火剂外,其他泡沫灭火剂还有抗溶型泡沫灭火剂。它们的特点以及适用范围存在一定差异。

1. 蛋白泡沫灭火剂(P)

蛋白泡沫灭火剂是由动、植物蛋白质水解产物为基料制成的泡沫灭火剂,有效期约两年,一年应检验一次泡沫液性能指标是否达到规定要求。

蛋白泡沫灭火剂主要用于扑救石油及石油产品类的火灾和一般可燃固体材料(如木材等)火灾,但不能用于扑救水溶性醇类、酮类、醚类等有机溶剂易燃液体火灾;与水起急剧反应的物质如金属钾、钠、镁等火灾;管沟、容器、管道接口漏油处的火灾及大面积易燃物质的火灾;气体火灾;电气设备火灾。

蛋白泡沫灭火剂使用时应注意:不能与干粉灭火剂联用;不适用于液下喷射泡沫系统;可使用淡水和海水,按6∶94或3∶97的比例配比;不得有油类、醇类等各种杂质混入,并防止水流入,以防止变质失效;储存温度在−5℃～40℃范围内,置于干燥阴凉之处,切勿露天储存。

2. 氟蛋白泡沫灭火剂(FP)

氟蛋白泡沫灭火剂是以蛋白泡沫灭火剂为基料加适量的氟碳表面活性剂制成的灭火剂。在蛋白泡沫灭火剂中加入少量氟表面活性剂("6201"液,又称FCS溶液,是氟碳表面活性剂、异丙醇和水按3∶3∶4的质量比配制而成),可提高泡沫的流动性并克服被油污染的缺点。氟蛋白泡沫灭火剂具有流动性能好、灭火速度快、疏油能力强及与干粉灭火剂相溶性能好等优点,是常规储备的一类泡沫灭火剂。其适用范围同蛋白泡沫灭火剂。

3. 抗溶氟蛋白泡沫灭火剂(FP/AR)

抗溶氟蛋白泡沫灭火剂是在氟蛋白泡沫灭火剂的基础上添加了高分子多糖和其他添加剂等制成的。主要应用于扑救水溶性甲、乙、丙类液体火灾,同时,也可用于扑救非水溶性甲、乙、丙类液体火灾和A类火灾。

4. 水成膜泡沫灭火剂(AFFF)

水成膜泡沫灭火剂是以氟碳表面活性剂和碳氢表面活性剂为基料制成的。水成膜泡沫灭火剂与蛋白类泡沫灭火剂相比,灭火性能好,但抗烧性能较差;由于它是合成原料制成的,其储存期较长,可储存12～15年。适用于液下喷射泡沫系统,还适用于非吸气型泡沫喷射装置。

水成膜泡沫灭火剂主要适用于扑灭汽油、煤油、柴油、苯等非水溶性甲、乙、丙类液体火灾,由于其渗透性强,对于A类火灾它比纯水的灭火效率高,所以也适用于扑灭木材、织物、纸张等A类火灾。

5. 抗溶水成膜泡沫灭火剂(AFFF/AR)

抗溶水成膜泡沫灭火剂是在普通水成膜泡沫灭火剂的基础上,添加一种抗醇的高分子化合物制成的,它主要用于扑救水溶性甲、乙、丙类液体火灾,也可用于扑救非水溶性甲、乙、丙类液体火灾和A类火灾。

二、泡沫灭火系统的分类

泡沫灭火系统由于其保护对象储存或生产使用的甲、乙、丙类液体的特性或储罐形式的特殊要求,其分类有多种形式。

(一)按喷射方式分为液上喷射、液下喷射

1. 液上喷射系统

泡沫从液面上喷入被保护储罐内的灭火系统,如图 13-1-1 所示。与液下喷射灭火系统相比较,这种系统有泡沫不易受油的污染,可以使用廉价的普通蛋白泡沫等优点。它有固定式、半固定式、移动式三种应用形式。

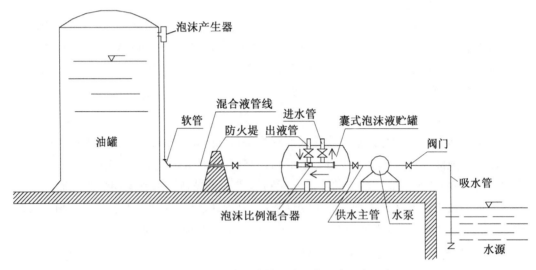

图 13-1-1 固定式液上喷射泡沫灭火系统组成示意图

2. 液下喷射系统

泡沫从液面下喷入被保护储罐内的灭火系统。泡沫在注入液体燃烧层下部之后,上升至液体表面并扩散开,形成一个泡沫层的灭火系统,如图 13-1-2 所示。液下用的泡沫液必须是氟蛋白泡沫灭火液或是水成膜泡沫液。该系统通常设计为固定式和半固定式两种。

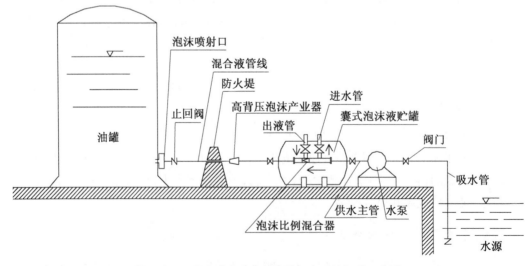

图 13-1-2 固定式液下喷射泡沫灭火系统组成示意图

（二）按系统结构分为固定式、半固定式和移动式

1. 固定式系统

固定式泡沫灭火系统适用于独立的甲、乙、丙类液体储罐区和机动消防设施不足的企业附属甲、乙、丙类液体储罐区。多数设计为手动控制系统，也有靠火灾报警及联动控制系统自动启动消防泵及相关阀门，向储罐区排放泡沫实施灭火。

2. 半固定式系统

半固定式泡沫灭火系统适用于机动消防设施较强的企业附属甲、乙、丙类液体储罐区，如图 13-1-3、图 13-1-4 所示。

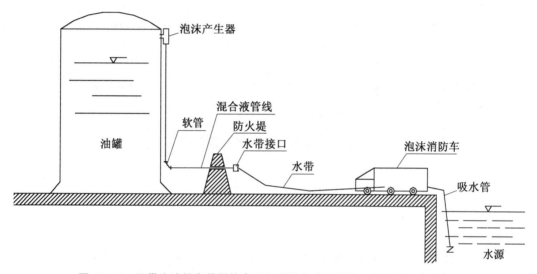

图 13-1-3　不带泡沫储存装置的半固定式液上喷射泡沫灭火系统组成示意图

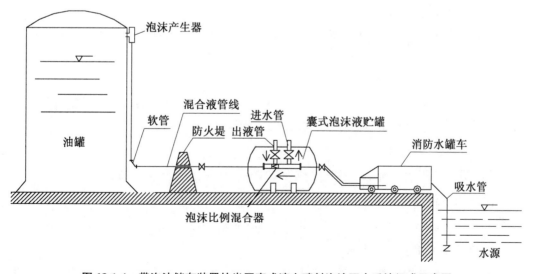

图 13-1-4　带泡沫储存装置的半固定式液上喷射泡沫灭火系统组成示意图

3.移动式系统

移动式泡沫灭火系统适用于总储量不大于 500 m³、单罐储量不大于 200 m³、且罐高不大于 7 m 的地上非水溶性甲、乙、丙类液体立式储罐;总储量小于 200 m³、单罐储量不大于 100 m³、且罐高不大于 5 m 的地上水溶性甲、乙、丙类液体立式储罐;卧式储罐区;甲、乙、丙类液体装卸区易于泄漏的场所。由消防车或机动消防泵、泡沫比例混合器、移动式泡沫产(发)生装置,用水带临时连接组成的灭火系统,如图 13-1-5 所示。

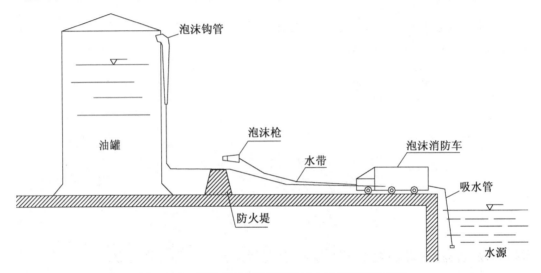

图 13-1-5 移动式液上喷射泡沫灭火系统组成示意图

(三) 按发泡倍数分为低倍数泡沫灭火系统、中倍数泡沫灭火系统、高倍数泡沫灭火系统

1.低倍数泡沫灭火系统

低倍数泡沫灭火系统是指发泡倍数小于 20 的泡沫灭火系统。该系统是甲、乙、丙类液体储罐及石油化工装置区等场所的首选灭火系统。

2.中倍数泡沫灭火系统

中倍数泡沫灭火系统是指发泡倍数为 21～200 的泡沫灭火系统。中倍数泡沫灭火系统在实际工程中应用较少,且多用作辅助灭火设施。

3.高倍数泡沫灭火系统

高倍数泡沫灭火系统是指发泡倍数为 201～1 000 的泡沫灭火系统。

(四) 按系统形式分为全淹没式、局部应用式、移动式、泡沫—水喷淋系统和泡沫喷雾系统

1.全淹没式泡沫灭火系统

全淹没系统是指用管道输送高倍数泡沫液和水,发泡后连续地将高倍数泡沫施放并按规定的高度充满被保护区域,并将泡沫保持到规定的时间,进行控火或灭火的固定灭火系统。

2. 局部应用式泡沫灭火系统

局部应用系统是指向局部空间喷放高倍数泡沫或中倍数泡沫,进行控火或灭火的固定、半固定灭火系统。

3. 移动式泡沫灭火系统

移动式泡沫灭火系统是指车载式或便携式系统,移动式高倍数灭火系统可作为固定系统的辅助设施,也可作为独立系统用于某些场所。移动式中倍数泡沫灭火系统适用于发生火灾部位难以接近的较小火灾场所、流淌面积不超过 100 m^2 的液体流淌火灾场所。

4. 泡沫—水喷淋系统、泡沫喷雾系统

是指在自动喷水灭火系统中配置供给泡沫液的设备,形成既可喷水又可喷泡沫混合液的自动喷水与泡沫联用系统,采用水雾喷头时形成水喷雾与泡沫联用系统。此类系统使用水成膜、成膜氟蛋白等成膜类泡沫液,可采用洒水喷头或水雾喷头,具备灭火、冷却双功效,并且系统安装方便、造价低。

三、泡沫灭火系统的选择

泡沫灭火系统主要适用于提炼、加工生产甲、乙、丙类液体的炼油厂、化工厂、油田、油库,为铁路油槽车装卸油品的鹤管栈桥、码头、飞机库、机场及燃油锅炉房、大型汽车库等。在火灾危险性大的甲、乙、丙类液体储罐区和其他危险场所,灭火优越性非常明显。泡沫灭火系统的选用,应符合《泡沫灭火系统设计规范》(GB 50151—2010)的相关规定。

(一)系统选择基本要求

(1)甲、乙、丙类液体储罐区宜选用低倍数泡沫灭火系统;单罐容量不大于 5 000 m^3 的甲、乙类固定顶与内浮顶油罐和单罐容量不大于 10 000 m^3 的丙类固定顶与内浮顶油罐,可选用中倍数泡沫系统。

(2)甲、乙、丙类液体储罐区固定式、半固定式或移动式泡沫灭火系统的选择应符合下列规定:低倍数泡沫灭火系统,应符合相关现行国家标准的规定;油罐中倍数泡沫灭火系统宜为固定式。

(3)全淹没式、局部应用式和移动式中倍数、高倍数泡沫灭火系统的选择,应根据防护区的总体布局、火灾的危害程度、火灾的种类和扑救条件等因素,经综合技术经济比较后确定。

(4)储罐区泡沫灭火系统的选择,应符合下列规定:烃类液体固定顶储罐,可选用液上喷射、液下喷射;水溶性甲、乙、丙液体的固定顶储罐,应选用液上喷射;外浮顶和内浮顶储罐应选用液上喷射泡沫系统;烃类液体外浮顶储罐、内浮顶储罐、直径大于 18 m 的固定顶储罐以及水溶性液体的立式储罐,不得选用泡沫炮作为主要灭火设施;高度大于 7 m、直径大于 9 m 的固定顶储罐,不得选用泡沫枪作为主要灭火设施;油罐中倍数泡沫系统,应选液上喷射泡沫系统。

（二）系统适用场所

1. 全淹没式高倍数、中倍数泡沫灭火系统

适用于:(1) 封闭空间场所;

(2) 设有阻止泡沫流失的固定围墙或其他围挡设施的场所。

2. 局部应用式高倍数泡沫灭火系统

适用于:(1) 不完全封闭的 A 类可燃物火灾与甲、乙、丙类液体火灾场所;

(2) 天然气液化站与接收站的集液池或储罐围堰区。

3. 局部应用式中倍数泡沫灭火系统

适用于:(1) 不完全封闭的 A 类可燃物火灾场所;

(2) 限定位置的甲、乙、丙类液体流散火灾;

(3) 固定位置面积不大于 100 m² 的甲、乙、丙类液体流淌火灾场所。

4. 移动式高倍数泡沫灭火系统

适用于:(1) 发生火灾的部位难以确定或人员难以接近的火灾场所;

(2) 甲、乙、丙类液体流淌火灾场所;

(3) 发生火灾时需要排烟、降温或排除有害气体的封闭空间。

5. 移动式中倍数泡沫灭火系统

适用于:(1) 发生火灾的部位难以确定或人员难以接近的较小火灾场所;

(2) 甲、乙、丙类液体流散火灾场所;

(3) 不大于 100 m² 的甲、乙、丙类液体流淌火灾场所。

6. 泡沫—水喷淋系统

适用于:(1) 具有烃类液体泄漏火灾危险的室内场所;

(2) 单位面积存放量不超过 25 L/m² 或超过 25 L/m² 但有缓冲物的水溶性甲、乙、丙类液体室内场所;

(3) 汽车槽车或火车槽车的甲、乙、丙类液体装卸栈台;

(4) 设有围堰的甲、乙、丙类液体室外流淌火灾区域。

7. 泡沫炮系统

适用于:(1) 室外烃类液体流淌火灾区域;

(2) 大空间室内烃类液体流淌火灾场所;

(3) 汽车槽车或火车槽车的甲、乙、丙类液体装卸栈台;

(4) 烃类液体卧式储罐与小型烃类液体固定顶储罐。

8. 泡沫枪系统

适用于:(1) 小型烃类液体卧式与立式储罐;

(2) 甲、乙、丙类液体储罐区流散火灾;

(3) 小面积甲、乙、丙类液体流淌火灾。

9．泡沫喷雾系统

适用于：保护面积不大于 200 m² 的烃类液体室内场所、独立变电站的油浸电力变压器。

<h2>第二节　泡沫灭火系统组成与工作原理</h2>

泡沫灭火系统喷射泡沫的倍数与选用的泡沫产生器密切相关，并由此带来系统组成及工作原理方面存在区别。

一、低倍数泡沫灭火系统组成、工作原理及泡沫液选择

低倍数泡沫灭火系统根据设备安装方式分为固定、半固定及移动三种应用方式。

（一）固定式低倍数泡沫灭火系统

1．固定式液上喷射泡沫灭火系统

（1）系统组成。固定式液上喷射泡沫灭火系统由固定的泡沫混合液泵、单向阀、闸阀、泡沫比例混合器、胶囊式泡沫液贮罐、泡沫混合液管线、泡沫产生器以及水源和动力源组成，如图 13-1-1 所示。

（2）工作原理。油罐起火后，自动或手动启动水泵，打开进水管控制阀，使部分压力水进入囊式泡沫液罐，待罐内压力升至规定值时，打开出液管上控制阀门输出泡沫液，泡沫液与水经泡沫比例混合器混合形成泡沫混合液，泡沫混合液流经泡沫产生器时，与泡沫产生器吸入的空气混合形成低倍数空气泡沫，经罐内泡沫产生器弧板反射导流，沿罐内壁流下覆盖燃烧液面实施灭火。

（3）泡沫液选择。油罐采用液上喷射时，可选用普通蛋白泡沫液、氟蛋白泡沫液或水成膜泡沫液。

2．固定式液下喷射泡沫灭火系统

（1）系统组成。固定式液下喷射泡沫灭火系统由泡沫混合液泵、泡沫比例混合器、高背压泡沫产生器、泡沫喷射口、泡沫混合液管线、闸阀、单向阀、囊式泡沫液储罐以及水源和动力源组成，如图 13-1-2 所示。

（2）工作原理。油罐起火后，自动或手动启动水泵，打开进水管控制阀，使部分压力水进入囊式泡沫液罐，待罐内压力升至规定值时，打开出液管上控制阀门输出泡沫液，泡沫液与水经泡沫比例混合器混合形成泡沫混合液，混合液经管道输至高背压泡沫产生器，与吸入的空气混合后形成低倍数空气泡沫，泡沫经止回阀、管路、泡沫喷射口进入贮罐底部油层，再依靠自身浮力上升至燃烧液体表面并将液面覆盖。

（3）泡沫液选择。采用液下喷射时，应选用氟蛋白泡沫液或水成膜泡沫液；水溶性可燃液体选用抗溶性泡沫液。

（二）半固定式泡沫灭火系统

1. 半固定式液上喷射泡沫灭火系统

（1）系统组成。由水源、消防水池或室外消火栓、泡沫消防车、水带、水带接口、泡沫混合液管线和空气泡沫产生器等组成，如图 13-1-3、图 13-1-4 所示。

（2）工作原理。如图 13-1-3 所示，泡沫消防车驶抵起火油罐后，用水带连接泡沫混合液管路接口与消防车，用吸水管连接消防车泵吸水口与水源，启动消防车泵，自动配比后泡沫混合液经水带、泡沫混合液管路进入空气泡沫产生器，与泡沫产生器吸入的空气混合，形成低倍数空气泡沫，再经罐内泡沫产生器弧板反射导流，沿罐内壁流下覆盖燃烧液面进行灭火。

图 13-1-4 中消防水罐车提供的压力水流经囊式泡沫液贮罐、泡沫比例混合器后，与泡沫液混合形成泡沫混合液，混合液与泡沫产生器吸入的空气混合产生低倍数空气泡沫，再经罐内泡沫产生器弧板反射导流，沿罐内壁流下覆盖燃烧液面进行灭火。采用这种系统是因为保护对象所需的泡沫灭火剂较为特殊，且储备量少。

2. 半固定式液下喷射泡沫灭火系统

半固定式液下喷射泡沫灭火系统除泡沫产生器必须采用高背压泡沫产生器，并在高背压泡沫产生器与油罐之间设置止回阀和闸阀外，其系统组成、工作原理和半固定液上喷射泡沫灭火系统相同。

3. 泡沫液的选择

半固定式泡沫灭火系统泡沫液的选择与固定泡沫灭火系统相同。

（三）移动式液上喷射泡沫灭火系统

移动式液上喷射泡沫灭火系统由水源、泡沫消防车、水带、泡沫钩管、泡沫枪或泡沫管架等设备组成，其工作原理和半固定液上喷射泡沫灭火系统相同，如图 13-1-5 所示。

（四）泡沫喷淋系统

泡沫喷淋系统是喷洒一定时间的泡沫灭火，再喷洒水冷却以防复燃的联用系统，现已有闭式泡沫—水喷淋联用系统和开式泡沫—水雨淋联用系统等应用形式。

1. 系统组成

泡沫喷淋系统由固定消防水泵、泡沫比例混合器、泡沫液贮罐、报警阀组、过滤装置、泡沫混合液管线、吸气型或非吸气型泡沫喷头（或闭式喷头）、水源、动力源、阀门、火灾自动报警装置和联动控制设备等组成。泡沫—水雨淋联用灭火系统组成示意图如图 13-2-1 所示，泡沫—水喷淋联用灭火系统的组成示意图如图 13-2-2 所示，实物如图 13-2-3。

2. 工作原理

以泡沫—水雨淋联用灭火系统为例，被保护场所发生火灾时，火灾自动报警系统及联动控制设备动作，启动消防水泵或泡沫混合液泵，打开雨淋阀，泡沫比例混合器按设定比例产生泡沫混合液，通过泡沫混合液管线至泡沫喷头，泡沫喷淋到被保护物的表面，冷却降温，阻挡辐射热并覆盖窒息灭火。

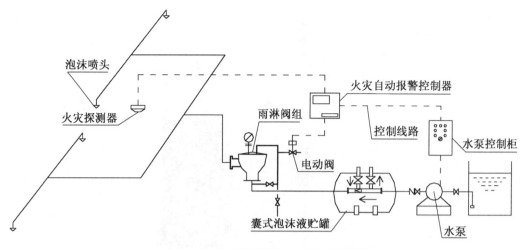

图 13-2-1　泡沫喷淋灭火系统组成示意图

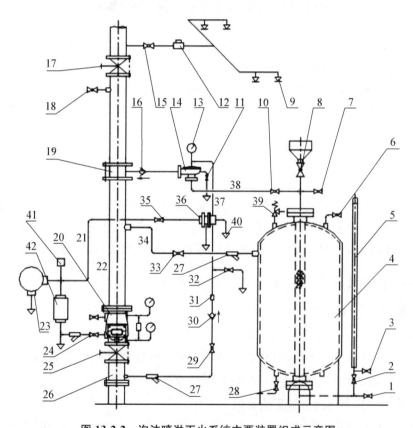

图 13-2-2　泡沫喷淋灭火系统主要装置组成示意图

1—充液/排液阀；2—液位截止阀；3—液位排液阀；4—泡沫液储罐；5—液位管；6—罐内排气阀；7—囊内排气阀；8—充液/排气阀；9—闭式洒水喷头；10—泡沫截止阀；11—排液阀；12—水流指示器；13—压力表；14—泡沫液控制阀；15—区域阀；16—单向阀；17—检修闸阀；18—泡沫液测试阀；19—泡沫比例混合器；20—湿式报警阀；21—报警泄压管路；22—主管路；23—水力警铃；24—报警截止阀；25—供水控制阀；26—供水管；27—过滤器；28—充水/排水阀；29—控制管路进水阀；30—单向阀；31—节流接头；32—手动泄压阀；33—泡沫罐供水阀；34—泡沫罐供水管路；35—压力泄放阀的供水阀；36—压力泄放阀；37—控制管路向泡沫液控制阀上腔供水；38—泡沫液供给管路；39—安全阀；40—压力泄放阀泄放口；41—压力开关；42—延迟器。

图 13-2-3　泡沫喷淋灭火系统主要装置实物图

3. 泡沫液的选择

泡沫喷淋系统泡沫液的选择应注意：

（1）系统用蛋白类泡沫液时，出口喷头需采用吸气型喷头。

（2）系统采用水成膜类泡沫液或成膜氟蛋白类泡沫液时，出口喷头采用非吸气型喷头。

（五）泡沫炮系统

泡沫炮系统是一种以泡沫炮为泡沫产生与喷射装置的低倍泡沫系统，有固定式和移动式两种。固定式泡沫炮系统一般分手动泡沫炮系统和远控泡沫炮系统。手动泡沫炮系统一般由泡沫炮、炮架、泡沫比例混合装置、消防泵组等组成；远控泡沫炮系统一般由电控泡沫炮、消防炮塔、动力源、控制装置、泡沫比例混合装置、消防泵组等组成。

二、高、中倍数泡沫灭火系统组成及工作原理

高、中倍数泡沫灭火系统适用于固体物资仓库、易燃液体仓库、有火灾危险的工业厂房、地下建筑工程；各种船舶机舱、泵舱、贵重仪器设备和物品；可燃液体和液化石油气、天然气的流淌火灾等场所。其中，高倍数泡沫灭火系统可分为全淹没式、局部应用式和移动式三种类型。中倍数泡沫灭火系统分为局部应用式和移动式。

（一）全淹没式高倍数泡沫灭火系统

全淹没式高倍数泡沫灭火系统要求防护区相对封闭，以便在防护区形成较高的泡沫堆积厚度，从而消灭火灾。

1. 系统组成

全淹没高倍数泡沫灭火一般由水泵、泡沫液泵、水源、泡沫贮液罐、比例混合器、压力开关、过滤器、控制箱、高倍数泡沫产生器、阀门、导泡筒、管道及其附件等组成，如图 13-2-4 所示。

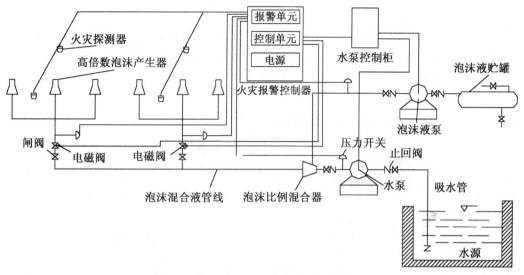

图 13-2-4 固定式全淹没泡沫灭火系统组成示意图

2. 工作原理

防护区发生火灾后,火灾自动报警系统和联动控制装置动作,发出声、光报警信号。在经常有人工作的防护区,经一定延迟时间后,防护区内的门、窗关闭,排气口开启,切断非消防电源。启动水泵和泡沫液泵,同时打开该防护区电磁阀,具有一定压力的水和泡沫液进入泡沫比例混合器,按所需比例(3％或6％)混合,经泡沫混合液管线至高倍数泡沫产生器,产生泡沫并淹没防护区扑灭火灾。自动控制系统必须同时设置手动控制装置。高倍数泡沫灭火系统也可采用手动控制系统,上述程序由手动操作完成。

(二)局部应用式高、中倍数泡沫灭火系统

局部应用式高、中倍数泡沫灭火系统要求防护对象周围设有一定高度的泡沫围堰,以便泡沫堆积,从而消灭火灾。系统可设置成固定式和半固定式,以半固定式为例。

1. 系统组成

局部应用高、中倍数泡沫灭火系统由供水系统、水带、比例混合器、泡沫液桶、高(中)倍数泡沫发生器、管道等组成。供水系统可以是消火栓、消防车等,如图13-2-5 所示。

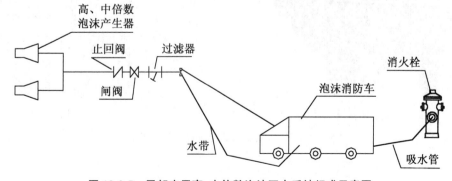

图 13-2-5 局部应用高、中倍数泡沫灭火系统组成示意图

2. 工作原理

发生火灾时,用水带连接泡沫消防车与系统水带,用吸水管连接室外消火栓与泡沫消防车吸水口,启动泡沫消防车,按设定比例混合而成的泡沫混合液经水带、系统接口、管路等输送至高、中倍数泡沫产生器,产生器在水力驱动下产生高、中倍数泡沫,充满泡沫围堰,淹没保护对象灭火。

(三) 移动式高、中倍数泡沫灭火系统

该系统可单独设置或作为全淹没式高倍数泡沫灭火系统、局部应用式高、中倍数泡沫灭火系统的补充使用,由水罐消防车、管线式比例混合器、泡沫液桶、高(中)倍数泡沫产生器、水带等组成,见图 13-2-6。该系统的工作原理同局部应用式高、中倍数泡沫灭火系统。

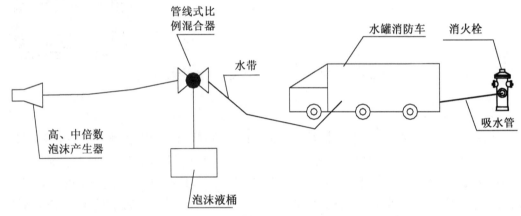

图 13-2-6 移动应用高、中倍数泡沫灭火系统组成示意图

三、系统常见组件

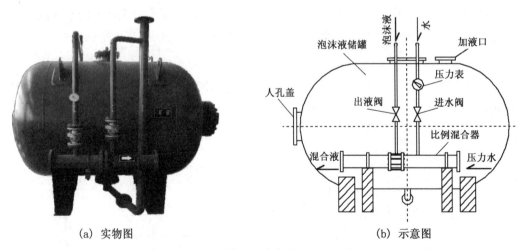

(a) 实物图   (b) 示意图

图 13-2-7 储罐压力式泡沫比例混合装置

（一）储罐压力式泡沫比例混合装置

该装置有成套产品，主要包括泡沫液储罐和泡沫比例混合装置两个部分。用于储存泡沫液，并能将泡沫液与水以一定比例混合形成泡沫混合液。

（二）管线式负压泡沫比例混合器

管线式负压泡沫比例混合器将泡沫液与水以一定比例混合形成泡沫混合液，主要用于移动式系统中。

图 13-2-8　管线式负压泡沫比例混合器　　　图 13-2-9　液上空气泡沫产生器

（三）液上空气泡沫产生器

液上空气泡沫产生器吸入空气并与泡沫混合液混合形成空气泡沫，应用于液上喷射泡沫灭火系统。

图 13-2-10　高背压泡沫产生器

（四）液下空气泡沫产生器（高背压泡沫产生器）

液下空气泡沫产生器吸入空气并与泡沫混合液混合形成空气泡沫，应用于液下喷射泡沫灭火系统。

（五）吸气式泡沫喷头

吸气式泡沫喷头吸入空气并与泡沫混合液混合形成空气泡沫，应用于泡沫喷淋灭火系统。

图 13-2-11　吸气式泡沫喷头

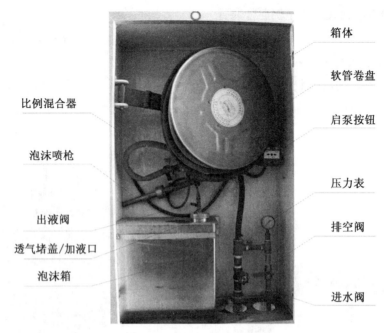

图 13-2-12　泡沫消火栓箱

（六）泡沫消火栓箱

当压力水以很高的速度流过泡沫消火栓箱的管道及比例混合器时，由于负压作用使泡沫液储罐内的泡沫液通过吸液管进入混合器，与压力水混合，最终达到一定比例的混合液，当具有一定压力的混合液流到喷枪时使泡沫混合液发泡形成泡沫。

（a）隔膜式雨淋报警阀组实物图

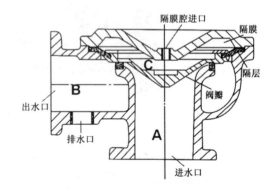

（b）隔膜式雨淋报警阀示意图

图 13-2-13　隔膜式雨淋阀组

（七）隔膜式雨淋阀组

火灾时能自动或手动打开隔膜式雨淋报警阀控制腔（图中 C）泄压管路泄压，接通进口（图中 A）与出口（图中 B），形成泡沫混合液等灭火介质输送通道，主要应用于泡沫喷淋灭火系统中。

第三节　　泡沫灭火系统操作

不同形式的泡沫灭火系统中,隔膜式雨淋阀组、储罐压力式泡沫比例混合装置、泡沫消火栓、液上(下)泡沫产生装置、泡沫喷头等为固定设施,前三者在火灾处置中根据情况有时需要手动操作,因此作为本科目训练的重点。泡沫消防车、管线式泡沫比例混合器、泡沫枪、泡沫钩管等为移动装备的训练科目,本书中不做赘述。

①电磁阀

②手动泄压阀

图 13-3-1　隔膜式雨淋阀组组件

一、隔膜式雨淋阀操作

(一) 开启方法

隔膜式雨淋阀的开启方式分自动和手动两种。

1. 自动开启方式

如图 13-3-1 所示,图中①为电磁阀,当接收到火灾报警系统发出的控制信号后,电磁阀打开,雨淋阀控制腔泄压管路开放,在进口灭火介质压力作用下,控制腔隔膜上移,接通进口与出口,形成泡沫混合液等灭火介质输送通道。

使用自动开启方式,可采用激发与泡沫灭火系统配套的火灾报警探测装置的方法。对于点型烟感探测器,使用发烟杆或其他简易烟雾产生装置施加烟气,探测器上火灾确认灯点亮即可;对于点型温感探测器,可采用电吹风加热的方法,探测器上火灾确认灯点亮即可;对于手动报警按钮,根据按钮的类型的不同,采用按下或击碎玻璃的方法,确认灯点亮即可。当采用电磁阀受控开启的方式时,火灾自动报警系统联动控制应设置为“自动有效”。

2. 手动开启方式

图中②为手动泄压阀,一般采用球阀,按开启方向打开控制阀后,雨淋阀控制腔泄压管路开放,进口与出口接通,形成泡沫混合液等灭火介质输送通道。

（二）复位方法

（1）电磁阀一般为自锁式,复位需采用手工操作方式,如图,拉出电磁阀的复位杆并保持2～3 s,电磁阀即可复位,雨淋阀随后自动关闭复位。

图 13-3-2　手动泄压阀

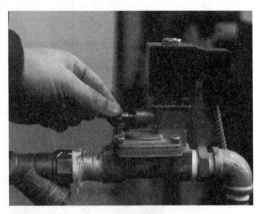

图 13-3-3　电磁阀复位杆

（2）对于手动开启方式,在灭火结束后,关闭手动控制阀,雨淋阀随后自动关闭复位。

二、储罐压力式泡沫比例混合装置操作

储罐压力式泡沫比例混合装置的操作按以下程序进行:
（1）启动消防水泵,当供水压力达到所需压力时,打开泡沫罐进水阀;

图 13-3-4　进水阀、出液阀关闭状态

图 13-3-5　进水阀开启状态

（2）再打开泡沫液出液阀,泡沫混合液按规定混合比输出;
（3）开启泡沫喷射管路;
（4）使用结束后,关闭泡沫液进水阀、泡沫罐出液阀;
（5）清洗管路,关闭消防水泵;
（6）关闭泡沫喷射管路;
（7）按要求重新灌装泡沫液,使装置恢复到使用状态。

三、泡沫消火栓箱操作

泡沫消火栓箱的操作按以下程序进行：

（a）开启箱门

（b）启动水泵

（c）拉出软管

（d）打开透气堵盖

（e）打开进水阀

（f）打开出液阀

（g）喷射泡沫

（h）关闭出液阀

（i）关闭进水阀

（j）打开排空阀

（k）关闭排空阀

（l）补充泡沫液，拧上堵盖

图 13-3-6　泡沫消火栓箱操作

（1）打开箱门，使用远程启泵按钮启动消防水泵；

（2）拿起泡沫喷枪，打开泡沫液箱透气堵盖，开启进水阀，观察压力达到所需压力时，打开泡沫吸液管控制阀（出液阀），泡沫混合液按规定混合比输出；

（3）喷射软管拉至适当长度，打开泡沫喷枪，对准目标喷射泡沫灭火；

（4）开关泡沫喷枪实现断续喷射；

（5）使用结束后，关闭泡沫吸液管控制阀，继续喷水以清洗软管内泡沫液残液；

（6）关闭进水阀，排空管路余水后关闭泡沫喷枪并收拢喷射软管；

（7）按要求重新灌装泡沫液，使装置恢复到使用状态。

四、一般性故障排除

（一）水力警铃不能发出声响

雨淋阀动作后，观察判断进、出口已接通，灭火介质能顺畅流动，而水力警铃不能发出声响，分析判断可能有以下四种原因：

（1）雨淋阀报警信号管路控制阀处于关闭状态，此时，手动打开控制阀即可；

（2）水力警铃铃锤旋转轴卡滞。此时，可利用警铃背面开孔找到铃锤，轻轻拨动后，铃锤一般能恢复正常旋转。如背面不便操作，可卸下警铃正面铃壳固定螺栓，移走铃壳，手工拨动铃锤，观察铃锤正常旋转后装上铃壳，旋回固定螺栓；

（3）铃壳安装过紧，铃锤受压使其不能在水力驱动下旋转。在这种情况下，需要调整铃壳固定螺栓松紧度，使其既要保证铃壳不至松脱，又能保证铃锤能正常旋转击打铃壳，声音强度应符合规定要求；

（4）压力、水流不足。在泵已启动的情况下，由于雨淋阀供水前端某处阀门开启未到位，会造成进入雨淋阀的灭火介质压力不足或水流过小，进而无法驱动水力警铃发出声响。此时，需要对供水前端阀门逐一排查，保证全部开启到位。

信号管路控制阀

图 13-3-7　雨淋阀报警信号管路控制阀（开启状态）

（a）背面拨动铃锤　　　　　　（b）正面拨动铃锤　　　　　　（c）调整螺栓松紧度

图 13-3-8　水力警铃操作

（二）储罐压力式泡沫比例混合装置泡沫液胶囊破损

泡沫液胶囊破损时，一般会伴随以下现象：

（1）准工作状态下泡沫液储罐各连接管道阀门处有变质泡沫液渗漏和腐蚀现象；

（2）启动消防泵并打开泡沫液储罐进水阀，但未开启泡沫液出液阀时，喷射口有变质泡沫液流出；

（3）开启泡沫液出液阀后，比例混合器一直无法正确配比，喷射口处无法发泡，观察混合液变质严重等。

确认泡沫液胶囊破损时，应放弃使用该装置。

如果在上次使用后未及时对管道进行清洗或清洗不彻底，也可能会出现上述表征，此时，应注意观察和分析辨明。

图 13-3-9　有泡沫液渗漏的阀门

（三）泡沫消火栓无泡沫产生或发泡质量不高

（1）泡沫液箱透气堵盖未打开时可能会造成泡沫液吸取困难，因此，在使用泡沫消火栓时，应打开泡沫液箱透气堵盖。

（2）供水压力不足，检查消防泵是否开启，检查供水前端各管路阀门开度。

（3）使用过程中应随时观察泡沫液储量，不足时应立即补充。

五、泡沫喷淋灭火系统应用演练

消防员熟悉泡沫喷淋灭火系统演练程序，提高协同作业能力，掌握操作系统组件的要领和方法，收集系统运行参数。

（一）系统概况

实训室设有 1 套泡沫喷淋灭火系统，该系统由消防供水设施、储罐压力式泡沫比例混合装置、雨淋阀组、吸气式泡沫喷头组成。其中，吸气式泡沫喷头位于喷头演示间内，可实地进行喷射。

（二）号位设置

如图 13-3-10 所示，班指挥位于消防水泵控制柜处，1 号员位于储罐压力式泡沫比例混合装置处,2号员位于雨淋报警阀组处,3号员位于泡沫喷淋区外,4号员位于消防水泵处。

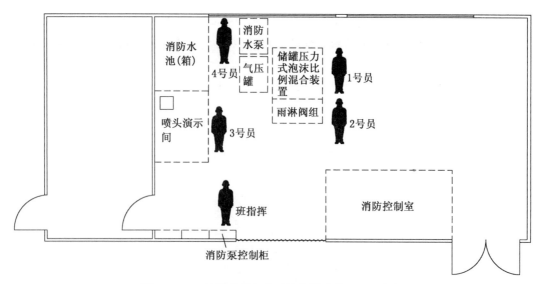

图 13-3-10   泡沫喷淋灭火系统应用演练号位示意图

(三) 任务分工

班指挥:演练组织,消防水泵控制柜操作,系统初始状态记录

1、2号员:阀门操作,系统初始及运行状态记录

3号员:检查泡沫喷头外观,观察泡沫喷射情况并记录

4号员:消防泵初始检查,运行参数记录,运转方向核查,系统运行状态记录

(四) 演练步骤

如图 13-3-11 所示为泡沫喷淋灭火系统应用演练流程。

(五) 注意事项

(1)演练开始前,班指挥应先了解泡沫喷淋灭火系统运行状况,将消防联动控制器设定在手动方式并开启打印机;

(2)演练操作严格按程序进行,结束后做好管路清洗和系统恢复工作;

(3)遇泡沫灭火系统本身处于故障状态、泵组异常震动或声响、电机反转、阀门无法启闭或渗漏严重、无泡沫产生等情况,应立即停止演练;

(4)由于场地限制,在演练过程中仅需做出模拟使用通信工具的动作即可;

(5)可参照开展雨淋阀自动启动方式的演练。

六、固定式液上泡沫灭火系统想定演练

(一) 系统想定

该泡沫灭火系统为固定液上喷射泡沫灭火系统,一套系统保护两个浮顶储罐。系统有两大部分组成:泡沫灭火系统和冷却系统。其中,泡沫灭火系统由消防泵及电气控制

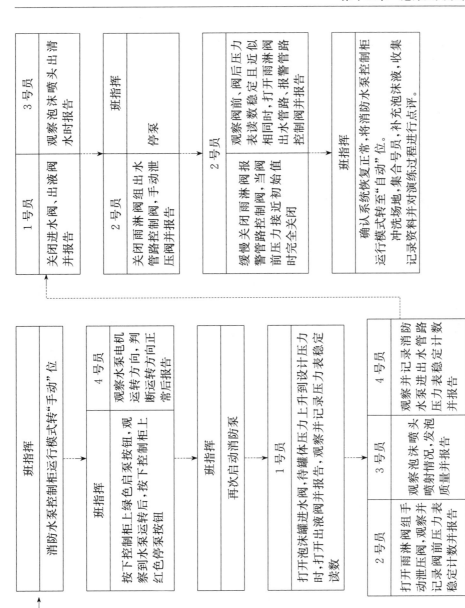

图 13-3-11 泡沫喷淋灭火系统应用演练流程

柜、消防配电、水源、储罐压力式比例混合装置、管路、阀门、泡沫产生器、泡沫消火栓等组成;冷却系统由消防冷却水泵、电气控制柜及消防配电、管路、阀门、冷却环管等组成。保护区设有消防控制室。

(二) 号位设置

如图 13-3-12 所示,班指挥位于消防控制室,1 号员位于储罐压力式泡沫比例混合装置处,2 号员位于消防水泵房,3 号员位于泡沫混合液流通管路总控制阀处,4 号员位于罐区泡沫管路控制阀处,5 号员位于罐区冷却管路控制阀处,6 号员位于 A 罐罐顶泡沫产生器处,7 号员位于防火堤泡沫产生器处,8 号员位于泡沫消火栓处。

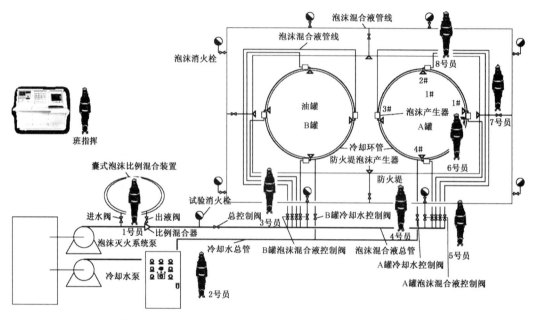

图 13-3-12　固定式液上泡沫灭火系统想定演练号位示意图

(三) 任务分工

班指挥:演练组织

1 号员:储罐压力式泡沫比例混合装置操作

2 号员:消防泵、冷却水泵操作,系统运行状态记录

3 号员:混合液流通管路总控制阀操作

4 号员:罐区泡沫管路控制阀操作

5 号员:罐区冷却管路控制阀操作

6 号员:观察罐顶泡沫产生器动作情况及泡沫产生质量

7 号员:防火堤泡沫产生器操作,观察泡沫产生质量

8 号员:泡沫消火栓操作,观察泡沫产生质量

图 13-3-13　防火堤泡沫产生器

（四）演练步骤

如图 13-3-14 所示为固定式液上泡沫灭火系统应用演练流程。

（五）注意事项

（1）可参照开展其他形式的泡沫灭火系统想定演练。

（2）演练过程中，可开展设备故障的想定：

① 泡沫灭火系统本身处于故障状态；

② 泵组异常震动或声响；

③ 电机反转；

④ 阀门无法启闭或渗漏严重；

⑤ 无泡沫产生；

⑥ 罐顶排水设施损坏。

第四节　　泡沫灭火系统巡查

消防人员开展"六熟悉"时应对辖区单位的泡沫灭火系统进行巡查，掌握其工作状态是否符合相关技术要求并采用相应检查方法进行必要测试。

一、巡查内容

泡沫灭火系统的巡查内容主要包括泡沫喷头外观、泡沫消火栓外观、泡沫炮外观、泡沫产生器外观、泡沫液贮罐间环境、泡沫液贮罐外观、泡沫液储量、有效期、泡沫比例混合器外观、泡沫泵工作状态、泡沫混合液管线外观、控制阀门外观及启闭状态等。泡沫系统供水设施及消防冷却水系统的巡查内容可参见第一章和第三章的相关内容。

图13-3-14 固定式液上泡沫灭火系统应用演练流程

任务分工,通信工具测试,人员就位

检查、记录系统初始运行状态,并进行演练设定

各号位记录系统初始运行状态,并分别在完成以下工作后报告。

1号员设定储罐压力式泡沫比例混合装置进水阀、出液阀处于常闭状态。

2号员确认管路阀门处于正常电启闭状态,确认各水泵运转灵活、正常,且运转方向正确,确认运行模式转换开关设定为向正动"位。

3号员设定混合液通管路流量总控制阀处于关闭状态。

4、5号员分别设定A、B两罐泡沫处于关闭阀和冷却管路所有控制阀处于关闭状态。

6号员检查设施处于完好状态。

7号员设定防火堤泡沫泡沫产生器处于完好状态,排水阀处于完好状态。

8号员检查泡沫消火栓处于完好待用状态。

2号员	1号员
启动消防泵和冷却水泵,记录水泵出水管压力并报告。	打开泡沫液罐进水阀,待罐体压力上升到设计压力时打开出液阀并报告。

3号员	4号员	5号员
完全打开总控制阀待命。	打开A罐1#泡沫产生器所在混合液管路控制阀并报告。	打开A罐冷却管路控制阀并报告。

6号员	7号员	8号员
观察1#泡沫产生器动作情况及发泡质量并报告。	打开所在位置防火堤泡沫产生器,观察报告发泡质量。	打开所在位置消火栓,泡沫消火堤产生,观察报告发泡质量。

1号员	2号员	6号员
关闭泡沫罐进水阀,出液阀并报告。	停止冷却水泵并报告。	泡沫产生器出清水时报告。

7号员	8号员
泡沫产生器出清水时报告。	泡沫消火栓出清水时报告。

2号员	5号员
停止消防泵并报告。	冷却管路不出水后关闭控制阀并报告。

6号员	7号员	8号员
泡沫产生器不再出水后报告。	泡沫产生器不再出水后报告。	泡沫消火栓不再出水后报告。

4号员
关闭1#泡沫产生器混合液管路控制阀,打开底端排空阀排出剩余清水后报告。

7号员	8号员
关闭防火堤泡沫产生器控制阀。	关闭泡沫消火栓。

班指挥
确认系统完全复位后,命令各号员恢复系统初始运行状态。集合各号员,补充泡沫液、收集记录资料并对演练过程进行点评。

二、巡查方法及相应技术要求

1. 泡沫液贮罐

查看罐体或铭牌、标志牌,核对泡沫液型号和储量,核实配比浓度和泡沫液的有效日期;查看储罐的配件,核实液位计、呼吸阀、安全阀及压力表所处状态。

泡沫液贮罐应满足:罐体或铭牌、标志牌上应清晰注明泡沫液的型号、配比浓度、泡沫液的有效日期和储量;储罐的配件应齐全完好,液位计、呼吸阀、安全阀及压力表状态应正常。

2. 泡沫比例混合器

查看比例混合器上标的注液流方向,对照设计资料进行核实;手动转动阀门,试验启闭性能;查看压力表状态。

比例混合器应符合设计选型,液流方向应正确;阀门启闭应灵活,压力表应正常。

3. 泡沫产生器

查看泡沫产生器的铭牌,核对其型号;查看吸气孔、发泡网及暴露的泡沫喷射口周围状况。

泡沫产生器应符合设计选型;吸气孔、发泡网及暴露的泡沫喷射口,不得有杂物进入或堵塞;泡沫出口附近不得有阻挡泡沫喷射及泡沫流淌的障碍物。

4. 泡沫栓

查看外观,用消火栓扳手开闭阀门。泡沫栓的控制阀门启闭应灵活。

5. 泡沫喷头

查看吸气孔、发泡网。泡沫喷头应符合设计选型;吸气孔、发泡网不应堵塞。

6. 泡沫混合液管线及阀门

查看泡沫混合液管线敷设及维护情况;查看阀门所处启闭状态并核实;试验阀门的启闭性能。

7. 系统功能

按设定的控制方式启动泡沫消防泵,查看泡沫消防泵、比例混合器、泡沫栓、泡沫产生器的压力表显示以及泡沫枪、泡沫产生器的发泡情况。不宜实际喷泡沫的系统,在试验泡沫栓上连接泡沫枪或泡沫产生器、打开试验泡沫栓后,按设定的控制方式启动泡沫消防泵,查看泡沫消防泵、比例混合器、泡沫栓、泡沫产生器的压力表显示以及泡沫枪、泡沫产生器的发泡情况。冲洗设备和管道后,将系统复位。泡沫灭火系统应能按设定的控制方式正常启动泡沫消防泵,比例混合器、泡沫产生器、泡沫枪,以及喷发的泡沫应正常。

三、泡沫灭火系统常见问题

运行良好的泡沫灭火系统能快速压制火灾。但如有以下情况,泡沫灭火系统灭火能力可能降低,甚至丧失:

(1) 为防止因系统误动作将泡沫喷入储罐而污染储品,泡沫灭火系统的管理人员通常将消防泵(泡沫泵)、混合液管路电动控制阀设置在"手动"状态。

(2) 泡沫储罐内泡沫存量不足或泡沫变质且未及时置换。

(3) 设置在罐顶部位的泡沫产生器遭受破坏(尤其罐体爆炸),致使泡沫混合液在尚未形成空气泡沫的情况下,直接喷入罐内,从而导致灭火失败。

(4) 操作失误或控制阀门关闭不严,导致泡沫混合液未流至着火罐区。

(5) 未及时关闭已损坏泡沫产生器的混合液管路控制阀,致使罐内燃烧液面提升,形成"瀑火"现象,进而导致防火堤内其他储罐起火。

虽然泡沫灭火系统存在上述问题,但并不表示,火灾时,此系统已不具备灭火应用价值。在消防队泡沫灭火装备、灭火药剂(水、泡沫)存量有限的情况下,正确使用泡沫灭火系统成为消灭储罐火灾的关键。

第十四章
防烟排烟系统

建筑内设置防烟系统的目的是将烟气控制在某一特定区域内,防止和延缓烟气扩散,确保消防疏散通道不受烟气侵害;而排烟系统则是将火灾时产生的高温有毒烟气及时排除,确保建筑物内人员顺利疏散、安全避难。因此,消防人员在利用固定设施灭火的同时,也应利用建筑防烟排烟系统,及时排除有害烟气,减缓火势的蔓延,为人员安全疏散和火灾扑救创造有利条件。

第一节　　防烟排烟系统概述

一、烟气的危害

火灾过程所产生的气体,剩余空气和悬浮在气体中的微粒的总和称为火灾烟气。烟气是大部分火灾中造成人员伤亡的主要因素,火灾中烟气的危害主要表现在烟气具有毒害性、减光性和恐怖性。

(一) 毒害性

烟气中含有各种有毒气体,其浓度往往超过人们生理正常所允许的最高浓度,造成人们中毒死亡。缺氧是烟气毒性的特殊情况。烟气中的无毒气体也会妨害人的呼吸,降低空气中氧的浓度,造成人体缺氧而死。人们生理正常所需要的氧浓度应大于16%,而烟气中含氧量往往低于此数值。有关试验表明:当空气中含氧量降低到15%时,人的肌肉活动能力下降;降到10%～14%时,人就四肢无力,智力混乱,辨不清方向;降到6%～10%时,人就会晕倒;低于6%时,人接触短时间就会死亡。据测定,在实际的着火房间中氧的最低浓度可达到3%左右,建筑内的人员如不及时逃离是很危险的。

烟气中的悬浮微粒是有害的。危害最大的是颗粒直径小于10 μm的飘尘,它们肉眼看不见,能长期漂浮在大气中,少则数小时,长则数年。颗粒直径小于5 μm的飘尘由于气体扩散作用,能进入人体肺部,黏附并聚集在肺泡壁上,引起呼吸道疾病和增大心脏病死亡率,对人造成直接危害。

火灾烟气的高温会对人产生不良的影响。在着火房间内,烟气温度可高达数百度;在地下建筑中,火灾烟气温度可高达1 000 ℃以上,这样的高温对人的危害是绝对致命的。

人们对高温烟气的忍耐性是有限的。在 65 ℃时,可短时忍受;在 120 ℃时,15 min 内将产生不可恢复的损伤;烟气温度进一步提高,产生损伤的时间更短。

(二) 减光性

火灾烟气中烟粒子粒径一般为几微米到几十微米,而可见光波的波长为 0.4~0.7 μm,即烟粒子的粒径大于可见光的波长,这些烟粒子对可见光是不透明的,即对可见光有完全的遮蔽作用。当烟气弥漫时,可见光因受到烟粒子的遮蔽而大大减弱,会严重影响火场的能见度,这就是烟气的减光性。同时,烟气中一些气体对人的眼睛有强烈的刺激作用,大大降低了人们在疏散过程中的行进速度。

普通人视力所能达到的范围称为能见距离或视程或能见度,当发生火灾时,疏散通道的能见距离在整个疏散过程中都必须给予保障,这个保证安全疏散的最大能见度距离称为极限视程,该极限视程随着对建筑物的熟悉程度不同而不同,当熟悉建筑情况时,极限视程为 5 m;当不熟悉建筑情况时,其极限视程为 30 m。

(三) 恐怖性

发生火灾时,特别是轰燃出现后,火焰和烟气冲出门窗和孔洞,浓烟滚滚,人们呼喊哭泣,使人感到十分恐惧。所以火灾现场往往使人感到惊慌失措,秩序混乱,严重影响人们的迅速疏散,重则导致伤亡,轻则影响人们身心健康。

二、烟气的流动特性

(一) 扩散方向

火灾烟气存在水平和垂直两个扩散方向。由于火灾烟气温度较高,其密度比周围空气密度小,故产生使烟气上升的浮力。烟气上升过程中遇到水平楼板或顶棚后,改为沿水平方向继续流动,这就形成了烟气的水平扩散;当烟气进入管道井、楼梯间时,烟气在"烟囱效应"的作用下,迅速向上传播,形成了烟气的垂直扩散。

图 14-1-1 为一相对封闭的空间(如地下室、无窗建筑等)发生火灾后,烟气的扩散情形。火灾烟气在浮力和膨胀力等的作用下向顶棚扩散;上升至顶棚后,由于受阻,进而沿顶棚水平扩散;水平扩散的烟气遇到边墙后又折回。整个过程中,受到不断卷吸进的低温空气冷却以及通过建筑结构向外导热和烟气高温辐射等作用,空间上部的烟气温度会降低,密度增大,进而沿房间的边墙下降,充满房间上部空间。

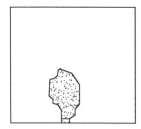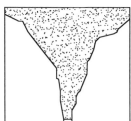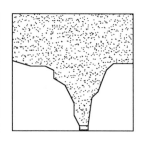

图 14-1-1 封闭空间烟气扩散示意图

图 14-1-2 为在狭长空间内烟气蔓延的情形。对于公路与铁路隧道、电缆沟、人防通道走廊等狭长空间,烟气在水平方向上将蔓延很长的距离。在隧道火灾中,机车所带的燃油燃烧产生巨大的热量,而燃烧的热量又难以散发,导致在火源附近,烟气温度非常高;而随着烟气离开着火点距离的增加,其温度将逐渐降低。当空气的浮力不再能维持烟颗粒的自身重力,这时,烟气就容易发生弥散性沉降。

图 14-1-2　狭长空间烟气扩散示意图

图 14-1-3 为烟气沿垂直方向蔓延的情形。高层建筑中,如果裙房或者中庭内的小房间起火,火灾烟气将会首先充填起火房间,当烟气层的高度下降到房间开口的上沿时,则会从房间中溢出到中庭内,沿垂直方向扩散至中庭顶部并蔓延进与中庭相连通的楼层。

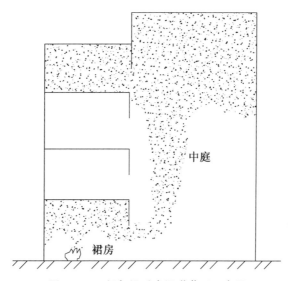

图 14-1-3　烟气沿垂直通道蔓延示意图

（二）扩散速度

烟气扩散流动速度与烟气温度和流动方向有关。水平扩散时的动力主要由烟气的浮力转化而来,因而水平方向的扩散流动速度较小,在火灾初期为 0.1～0.3 m/s,在火灾中期为 0.5～0.8 m/s。在垂直通道中,烟气在"烟囱效应"产生的抽力作用下,使得上升的流动速度很大,可达 6～8 m/s,甚至更高。烟气温度越高,则浮力越大,"烟囱效应"愈加显著,因而流动速度越大。

（三）扩散路线

当建筑发生火灾时,烟气在其内部的流动扩散路线一般有四条:

1. 着火房间→室外

2. 着火房间→相邻上层房间→室外

3. 着火房间→各种竖向管道→上部各房间→室外

4. 着火房间→走廊→楼梯间→上部各楼层→室外

图 14-1-4 为烟气沿着火房间向室外扩散情形。房间着火后,窗户玻璃受高温、气体膨胀力的作用往往会炸裂。室内高温烟气从炸裂窗户的上部窜至室外,室外低温空气则从炸裂窗户下部流入室内。流入室内的低温空气会加剧室内物品燃烧,甚至引发轰燃。

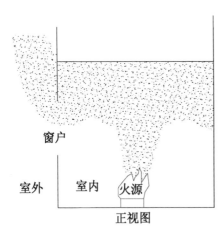

图 14-1-4 烟气沿着火房间向室外蔓延示意图　　**图 14-1-5 高层建筑烟气扩散路线示意图**

图 14-1-5 为高层建筑发生火灾时典型的烟气扩散线路。房间着火后,室内温度急剧上升,室内空气迅速膨胀,导致门窗破裂,烟气通过门窗孔洞窜出,向室外和走廊中蔓延扩散。与此同时,着火房间的烟气还通过各种管道穿越楼板处的缝隙向相邻的上层房间扩散。从着火房间流到走廊的高温烟气遇到顶棚后改为水平方向流动,这时烟气只在走廊的上部流动,走廊下部仍为低温空气层。当烟气通过走廊流入楼梯间、电梯间及管井等垂直通道时,迅速上升,很快到达建筑物的最顶层,使顶层的上部充满烟气,然后通过外窗流到室外。向着火层相邻上层房间扩散的烟气也将充满整个楼层,并通过外窗流到室外。

（四）影响烟气扩散的因素

1. 烟气温度

火灾时,可燃物不断燃烧,生成大量的烟和热,并形成炽热的热气流,由于高温烟气容重小于周围常温空气,从而产生浮力使烟气在室内向上蔓延。与此同时,在火灾高温作用下,烟气体积增大、容重变小,其在空气中的浮力也在增大。试验表明:烟气温度越高,烟气流动速度越快,和周围空气的混合作用减弱;温度越低,流动速度越慢,和周围空气的混合就会加剧。

2. 中性层位置

高层建筑沿垂直方向存在一个室内、室外空气压力相等的中性层。中性层的位置随着上、下区间开口面积大小、烟气温度高低而变化。

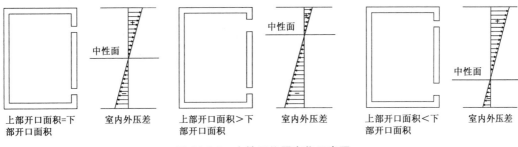

| 上部开口面积=下部开口面积 | 室内外压差 | 上部开口面积>下部开口面积 | 室内外压差 | 上部开口面积<下部开口面积 | 室内外压差 |

图 14-1-6 中性层位置变化示意图

如图 14-1-6 所示:当底部开口面积增大时,中性层下移;相反,当顶部开口面积增大时,中性层上移。当垂直通道中的烟气温度提高时,中性层下移;当烟气温度降低时,中性层上移。

3. 正热压作用

当建筑物内部气温高于室外温度时,由于浮力作用,在建筑物的各种垂直通道中存在上升的气流,这种情况称为正热压作用。

对于正热压作用,垂直通道内的压差在中性层以上为正值,在中性层以下为负值。

在正热压作用下,如果火灾发生在中性层之上,烟气将随建筑物中的空气流入竖井。烟气流入竖井后使竖井内气温升高,产生的浮力作用增大,竖井内上升气流加强。当烟气在竖井内上升到中性层以上时,烟气流出竖井进入建筑物上部各楼层。如果楼层上下之间无渗漏状况时,那么,着火层所产生的烟气将向上渗漏,在中性层以下的楼层中进烟后,烟气将随着空气流入竖井向上流动;在中性层以上楼层中进烟后,烟气将随着空气排至室外,如图 14-1-7(a)所示。如果火灾发生在中性层之上,着火房间中的烟气将随着建筑物中的气流通过外墙开口排至室外,如图 14-1-7(b)所示。

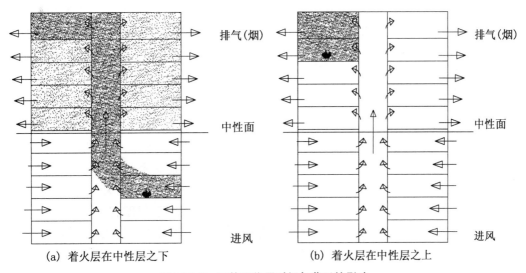

(a) 着火层在中性层之下   (b) 着火层在中性层之上

图 14-1-7 正热压作用对烟气蔓延的影响

4. 反热压作用

当建筑物内部的气温低于外界空气温度时,在建筑物的各种垂直通道中,则往往存在一股下降气流,这种情况称为反热压作用。一般情况下反热压作用发生在夏季,特别是在设有空调系统的建筑中。

对于反热压作用,垂直通道内的压差在中性层以上为负值,在中性层以下为正值。

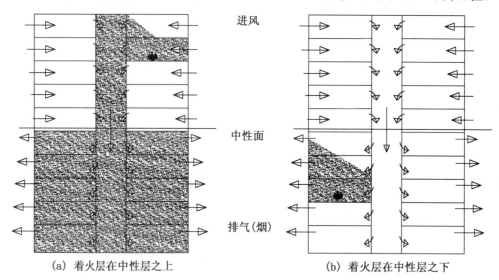

（a）着火层在中性层之上　　　　　（b）着火层在中性层之下

图 14-1-8　负热压作用对烟气蔓延的影响

在反热压作用下,如果火灾发生在中性层之上,且烟气温度较低时,烟气将随着建筑物中的空气流入竖井,烟气流入竖井后虽然使井内的气温有所升高,但仍然低于外界空气温度,使竖井内气流方向朝下,烟气被带到中性层以下,随后流入各楼层中,如图 14-1-8(a)所示。如果火灾产生的烟气温度较高,烟气进入竖井后导致竖井内气温高于室外气温,这时,一般条件下的反热压作用转变为火灾条件下的热压作用,烟气在竖井内转为上升流动。如火灾发生在中性层之下且烟气温度较低时,着火层中的烟气将随着空气排至室外,如图 14-1-8(b)所示。同样,如果火灾产生的烟气温度较高时,也将转变为正热压作用。

5. "烟气层化"作用

所谓"烟气层化"是指建筑物较高而火灾初期温度较低（一般火灾初期温度为 $50\sim60\ ℃$）,或在热烟气上升过程中受到冷却（例如空调的影响）使其密度加大,当烟气流到与其密度相等的空气高度时,便折转成水平方向扩散而不再上升,致使高大空间沿顶棚向地面方向出现空气、烟气分层现象。高度在 12 m 以上的高大空间（剧院、会所等）发生火灾,容易出现"烟气层化"现象,这样一来,在"层化"高度以上采用自然排烟就失去作用。

6. 建筑顶棚、屋顶形状及高度的影响

建筑顶棚、屋顶形状以及顶棚高度对烟气的蔓延有着重要影响。烟气扩散到顶棚后,受突出梁的阻碍,先充填满梁间区域,待烟气层厚度超过突出梁下沿后才能向两侧梁间区域蔓延。锯齿形屋顶建筑发生火灾,烟气会汇聚到屋脊处。烟气在顶棚处的扩散半径随

着顶棚高度增高而变大。

三、防烟排烟系统的分类

（一）防烟方式

防烟方式主要包括非燃化防烟、密闭防烟、阻碍防烟和机械防烟。

1. 非燃化防烟

非燃化是指建筑材料、内部装修材料等由非燃烧材料或难燃材料制成。非燃烧材料的特点是不容易发烟，即不燃烧且发烟量很少，可使火灾时产生的烟气量大大减少，烟气光学浓度大大降低。

2. 密闭防烟

密闭防烟的原理是采用密封性能很好的墙壁等将房间封闭起来，并对进出房间的气流加以控制。当房间起火时，一般可杜绝新鲜的空气流入，使着火房间内的燃烧因缺氧而自行熄灭，从而达到防烟灭火的目的。

3. 阻碍防烟

在烟气扩散流动的路线上设置各种阻碍，以防止烟气继续扩散的方式称为阻碍防烟。这种方式常常用在烟气控制区域的交界处，有时在同一区域内也采用。防烟卷帘、防火门、防火阀、防烟垂壁等都是阻碍防烟结构。

4. 机械加压送风防烟

机械加压送风是在建筑物发生火灾时，对着火区以外的有关区域进行送风加压，使其保持一定正压，以防止烟气侵入的防烟方式。这种方式的优点是能有效地防止烟气侵入所控制的区域，并且由于送入大量的新鲜空气，特别适用于疏散通道的楼梯间、电梯间及前室的防烟。

为保证疏散通道不受烟气侵害使人员安全疏散，发生火灾时，从安全性的角度出发，高层建筑内可分为四个安全区：第一类安全区为防烟楼梯间、避难层；第二类安全区为防烟楼梯间前室、消防电梯间前室或合用前室；第三类安全区为走道；第四类安全区为房间。依据上述原则，加压送风时应使防烟楼梯间压力＞前室压力＞走道压力＞房间压力，同时还要保证各部分之间的压差不要过大，以免造成开门困难影响疏散。

加压送风防烟系统有两种实现手段：走道排烟、前室加压送风、楼梯间加压送风，如图14-1-9（a）所示；走道排烟、前室加压送风、楼梯间排烟送风，如图14-1-9（b）所示。

（二）排烟方式

排烟方式主要有两种：一是充分利用建筑物的结构进行自然排烟；二是利用机械排烟装置进行排烟。

1. 自然排烟

自然排烟是利用火灾产生的烟气流的浮力和外部风力作用，通过建筑物的对外开口把烟气排至室外的排烟方式。其实质是热烟气和冷空气的对流运动。

在自然排烟中，必须有冷空气的进口和热烟气的排出口。烟气排出口可以是建筑物

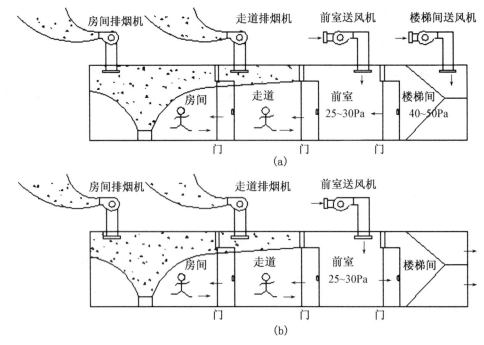

图 14-1-9　加压送风防烟示意图

的外窗,也可以是专门设置在侧墙上部的排烟口。

自然排烟的方式主要有:利用可开启的门窗进行自然排烟、利用阳台或凹廊进行排烟、利用排烟竖井排烟等几种方式。自然排烟方式具有设施经济简单、易操作,不需使用动力及专用设备等优点。

2. 机械排烟

机械排烟有负压机械排烟、全面通风排烟及机械送风正压排烟等几种方式,在具体应用时,每种方式又有局部排烟和集中排烟两种形式。局部排烟方式是在每个需要排烟的部位设置独立的排烟风机,直接进行排烟;集中排烟方式是将建筑划分为若干个区,在每个区内设置一台大型排烟风机,通过排烟风道将烟气直接排出室外。

(1) 机械负压排烟

机械负压排烟是利用排烟机把着火房间中产生的烟气通过排烟口排到室外的排烟方式,如图 14-1-10 所示。在火灾发展初期,这种排烟方式能使着火房间内压力下降,造成负压,烟气不会向其他区域扩散。但火灾猛烈发展阶段,由于烟气大量产生,排烟机如来不及把其完全排除,烟气就可能扩散到其他区域中去。另外排烟机要求能承受高温烟气,而且还需要设防火阀,在超温时自动关闭停止排烟。

(2) 全面通风机械排烟

在对房间利用排烟机进行机械排烟的同时,利用送风机进行机械送风,这种方式称为全面通风排烟,如图 14-1-11 所示。由于这种机械排烟方式给控制区送入了大量的新鲜空气,为避免产生助燃的影响,它不适用于着火区,可用于非着火的有烟区。系统运行时可使系统的送风量稍大于排烟量,使控制区显微正压。这种方式的优点是防烟排烟效果

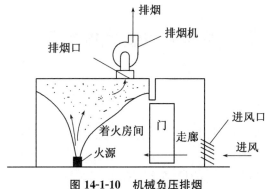

图 14-1-10 机械负压排烟

好,而且稳定,不受任何气象条件的影响从而确保控制区域的安全。

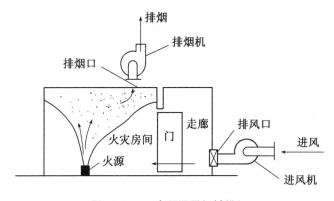

图 14-1-11 全面通风机械排烟

(3)机械送风正压排烟

机械送风正压排烟方式是指用送风机给走廊、楼梯间前室和楼梯间等部位送新鲜空气,使这些部位的压力相对着火房间要高一些,而着火房间的烟气经专设排烟口或外窗以自然排烟的方式排烟,如图 14-1-12 所示。

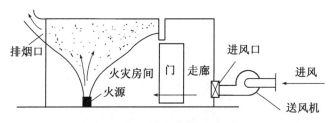

图 14-1-12 机械送风正压排烟

第二节 防烟排烟系统组成与工作原理

一、自然排烟系统

自然排烟系统主要由自然排烟口等组成。自然排烟口包括固定排烟窗、手动可开启外窗、自动排烟窗。

自动排烟窗应设置在储烟仓的顶部或外墙上,当设置在外墙上时,其底边设置高度不应低于储烟仓的下沿,且应沿着火灾气流方向开启。自动排烟窗必须具备在任何紧急情况下都能正常工作的防失效保护功能,保证在发生故障时能够自动打开并处于全开位置;具备与火灾自动报警系统联动功能;具备手动开启功能及远程控制开启和关闭功能。

二、机械排烟系统

(一)系统组成

机械排烟系统是由挡烟壁(活动式或固定式挡烟垂壁,或挡烟隔墙、挡烟梁)、排烟口(或带有排烟阀的排烟口)、排烟防火阀、排烟道、排烟风机、排烟出口和排烟机控制柜等组成,如图 14-2-1 所示。

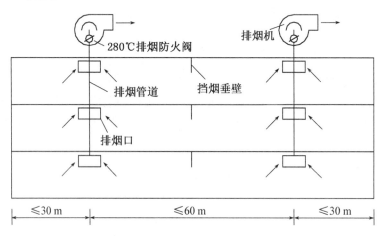

图 14-2-1 竖向布置的排烟系统

目前常见的有机械排烟与自然补风组合、机械排烟与机械补风组合、机械排烟与排风合用、机械排烟与通风空调系统合用等形式。在现代建筑中,从节约工程造价、充分发挥设备作用的角度出发,采用机械排烟和排风合用系统,如图 14-2-2 所示,排风机可以省略,两套系统合用一台排烟机。平时,排烟机处于低速运行状态用于排风;火灾时,排烟机可自动或通过人工方式切换成高速运行状态,用于排烟。

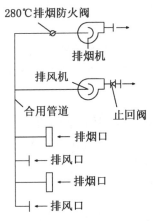

图 14-2-2　机械排烟和排风合用系统示意图

1. 排烟风机

排烟风机位于机械排烟系统的顶部,是排烟系统的重要设备之一,用于将火灾时产生的高温有毒烟气及时排出或加以稀释,防止烟气向防烟分区以外扩散。为满足在 280 ℃时连续运行 30 min 的要求,排烟风机需要具备一定的耐高温性能。根据气流状态的不同,排烟风机分为轴流、离心和混流三种。

(1) 轴流风机

轴流式风机的叶轮上的叶片为斜面形状,当叶轮由电动机带动而旋转时,气体受到叶片的推挤而升压,使风机中的气流沿着轴向流动。轴流式风机的体积较小,效率一般较高,调节性能较好。

实物如图 14-2-3 所示,风机配用消防风机专用电机,风机电机为全封闭内置,直联传动,并设有专门的电机冷却系统,保证电机在高温状态下正常安全地使用。常以水平、垂直、吊装等安装形式设置于建筑物的排烟机房内。

图 14-2-3　轴流排烟机

(2) 离心风机

离心式风机的机壳与进风口及排气口连成一体,当叶轮在机壳中旋转时,叶轮叶片间隙的气体被带动旋转而获得了离心力,气体由于离心力的作用被径向地甩到机壳的边缘至排气口排出,叶轮中由于气体被甩离而形成负压,使气体从进风口被吸入,形成气体被连续吸入、加压、排出的流动过程。离心式风机的风压较高,耐热性能优于轴流式风机。

图 14-2-4　柜式离心排烟机

实物如图 14-2-4 所示,风机电动机安装在箱体外,经耐高温试验,其在烟气温度大于 280 ℃的高温情况下,能连续运行 40 min 以上。当配用双速电机后,低速时用作平时通风换气,火灾时可高速运转用于排烟。常以吊装、落地等方式安装于宾馆、饭店、礼堂、影剧院、地下室、厂矿企业、办公楼等需要消防排烟及通风换气的场合。

（3）排烟用混流风机

实物如图 14-2-5 所示，它具有 HTF 系列排烟轴流风机的特性，同时兼具混流风机的大流量、高压力的优点。常以水平、垂直、吊装等安装形式设置于建筑物的排烟机房内。

2. 排烟防火阀

排烟防火阀是指安装在机械排烟系统的管道上，平时呈开启状态，火灾时当排烟管道内烟气温度达到 280 ℃时关闭，并在一定时间内能满足漏烟量和耐火完整性要求，起隔烟阻火作用的阀门，如图 14-2-6 所示。

图 14-2-5　混流排烟机

图 14-2-6　排烟防火阀

排烟防火阀一般由阀体、叶片、执行机构和温感器等部分组成，结构如图 14-2-7 所示。

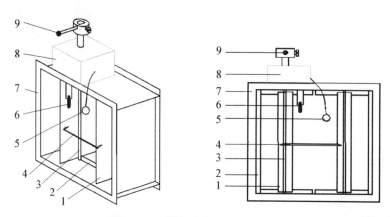

图 14-2-7　排烟防火阀结构示意图

1—叶片；2—挡板；3—转轴；4—连杆；5—拉环；6—温感器；7—阀体；8—执行机构；9—手柄

排烟防火阀用于探测管道内气流温度的感温器主要有三种：易熔管、玻璃球和易熔片，实物见图 14-2-8。

(a) 易熔管　　　　　　　(b) 感温玻璃球　　　　　　　(c) 易熔片

图 14-2-8　排烟防火阀所用温感器

3. 排烟阀（口）

排烟阀是指安装在机械排烟系统各支管端部（烟气吸入口）处,平时呈常闭状态并满足漏风量要求,火灾或需要排烟时手动或电动打开,起排烟作用的阀门。带有装饰口或进行过装饰处理的阀门称为排烟口。

根据阀内叶片数量及结构特征,排烟阀（口）分为板式和多叶两类,实物见图 14-2-9。

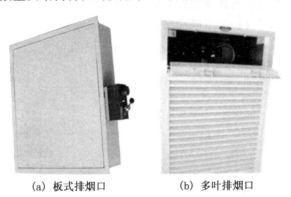

(a) 板式排烟口　　　　　　　(b) 多叶排烟口

图 14-2-9　排烟阀（口）

(1) 板式排烟阀（口）

板式排烟阀（口）常用于走廊或房间的排烟,安装在建筑物的墙面或顶板上,其手动方式为远距离操作。板式排烟阀（口）基本结构及安装示意图见图 14-2-10,其远程控制盒基本结构见图 14-2-11。

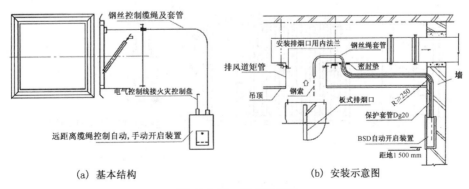

(a) 基本结构　　　　　　　　　　　(b) 安装示意图

图 14-2-10　板式排烟阀

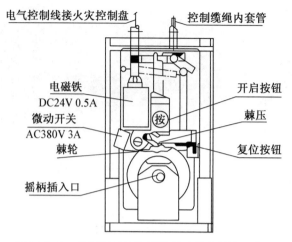

图 14-2-11　排烟阀(口)远程控制盒基本结构示意图

（2）多叶排烟阀(口)

多叶排烟阀(口)的安装方式与板式排烟口相同,其手动开启方式为就地操作和远距离操作两种。多叶排烟阀(口)基本结构如图 14-2-12 所示。

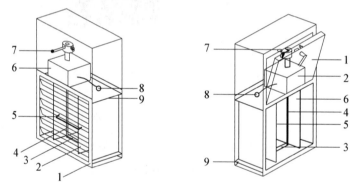

（a）具有现场手动开启功能的多叶排烟阀(口)

1—装饰口;2—叶片;3—挡板;4—转轴;5—连杆;6—执行机构;7—手柄;8—拉环;9—阀体

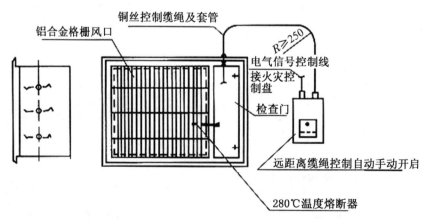

（b）具有远程控制盒的多叶排烟阀(口)

图 14-2-12　多叶排烟阀(口)基本结构示意图

排烟阀的工作原理与排烟防火阀相似,但动作方向相反,即排烟阀是动作开启而不是关闭。

4. 挡烟垂壁

挡烟垂壁是用于分隔防烟分区的装置或设施,可分为固定式或活动式,如图 14-2-13 所示。

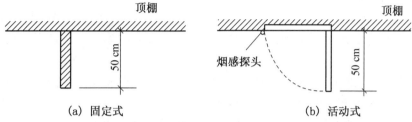

图 14-2-13　挡烟垂壁

固定式挡烟垂壁可采用隔墙、楼板下不小于 500 mm 的梁或吊顶下凸出不小于500 mm 的不燃烧体。当建筑物净空较高时,可采用固定式,将挡烟垂壁长期固定在顶棚上。

活动式挡烟垂壁本体采用不燃烧体制作,平时隐藏于吊顶内或卷缩在装置内,当其所在部位温度升高,或消防控制中心发出火警信号或直接接收烟感信号后,置于吊顶上方的挡烟垂壁迅速垂落至设定高度,限制烟气流动以形成"储烟仓",便于排烟系统将高温烟气迅速排出室外。当建筑物净空较低时,宜采用活动式,由感烟探测器或受消防控制中心控制,或与排烟口联动,但同时应能就地手动控制。

当吊顶为非燃材料时,挡烟垂壁紧贴吊顶便可,而吊顶为可燃吊顶或格栅吊顶时,则挡烟垂壁应穿过吊顶面并紧贴非燃烧体楼板或顶板。

(二) 系统工作原理

当建筑物内发生火灾,由同一防烟分区内的两只独立的火灾探测器将火灾信号传递给火灾报警控制器,火灾自动报警系统联动开启同一区域的排烟阀(口)、排烟窗、挡烟垂壁等,启动排烟风机,并自动关闭与排烟无关的通风、空调系统防止烟气蔓延到其他区域。当排烟管道中的烟气温度达到 280 ℃时,排烟防火阀自动关闭并直接联动排烟风机停止。系统的工作原理如图 14-2-14 所示。

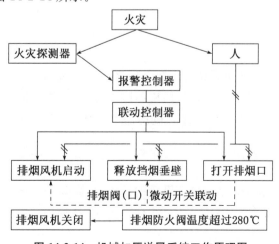

图 14-2-14　机械加压送风系统工作原理图

三、机械加压送风系统

(一) 系统组成

机械加压送风系统由加压送风机、风道、送风口以及风机控制柜等组成。该系统的风源必须来源于室外,且不应受到烟气的污染。一般情况该系统与排烟系统共同存在,组成全面通风排烟-防烟系统,其系统示意如图 14-2-15 所示,送风口、排烟口平面设置位置示意见图 14-2-16。

系统的运行方式有两种。一种是在火灾时投入运行,在平时则处于停止运行,此时称之为单级;另一种是正常时处于低速运行作通风设备用,当火灾时,运行在加压水平,此时称之为双级。在单级系统中选用单速风机,在双级系统中,选用双速风机。

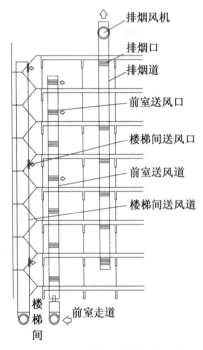

图 14-2-15 机械加压送风系统示意图

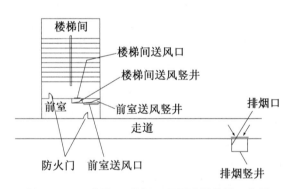

图 14-2-16 送风口、排烟口平面设置位置示意图

1. 防烟(送)风机

防烟风机是机械加压送风系统的重要设备之一,能够在需要采取防烟措施的部位形成一定的正压,阻止烟气流入。和排烟风机不同的是,由于输送的是低温空气,所以防烟风机不需要具备耐高温特性,但两种风机均需电机驱动,并有相应的控制柜和消防配电柜。

2. 防火阀

防火阀是指安装在通风、空气调节系统的送、回风管道上,平时呈开启状态,火灾时当排烟管道内烟气温度达到 70 ℃时关闭,并在一定时间内能满足漏烟量和耐火完整性要求,起隔烟阻火作用的阀门。

防火阀和排烟防火阀的结构基本是一致的，区别在于防火阀的温感器动作温度为 70 ℃，排烟防火阀的温感器动作温度为 280 ℃。

3. 加压送风口

加压送风口通常设置在防烟前室和楼梯间内，分为常开式、常闭式和自垂百叶式，实物如图 14-2-17 所示。常开式即普通的固定叶片式百叶风口；常闭式采用手动或与火灾自动报警系统联动开启，常用于前室或合用前室，设置在靠近地面的墙面上，每层设置一个；自垂百叶式平时靠百叶重力自行关闭，加压时自行开启，常用于防烟楼梯间，一般每隔二至三层设置一个。

图 14-2-17　正压送风口

（二）系统工作原理

当建筑内发生火灾，先由加压送风口所在防火分区内的两只独立的火灾探测器或一只火灾探测器与一只手动火灾报警按钮将火灾信号传递给火灾报警控制器，联动开启该防火分区内的加压送风口及其送风机。系统的工作原理见图 14-2-18。

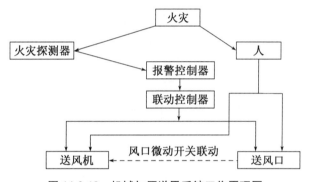

图 14-2-18　机械加压送风系统工作原理图

四、通风空调系统

通风空调系统通过复杂的管道网络将楼层与楼层、房间与房间连接在一起。这些管道网络若没有完善的防火防烟措施，必将成为火势、烟气传播的渠道，使火灾迅速蔓延到管道系统所经过的区域。在过去的火灾案例中，风道成为火势蔓延、烟气扩散通道的情况经常发生。

通风空调系统的阻火隔烟主要从两个方面着手：一是管道网络所用材料不燃化；二是设置必要的防火阀门。为防止火势蔓延和烟气扩散，通常在通风空调系统管道网络的以下部位设置防火阀：管道穿越防火分区的隔墙处；穿越通风、空气调节机房及重要的或火灾危险性大的房间隔墙和楼板处；垂直风管与每层水平风管交接处的水平管段上。如图 14-2-19 所示。当火灾中温度达到 70 ℃（或 72 ℃）时上述部位的防火阀自动关闭。

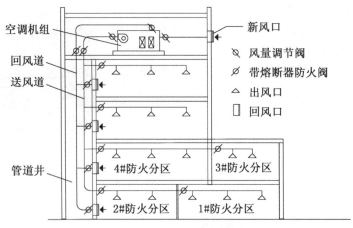

图 14-2-19 空调系统安装防火阀示例

第三节　　防烟排烟系统操作

消防队装备的排烟设备如排烟车、水力驱动排烟机、燃油发电机驱动排烟机等，受排烟量小、排烟距离短、连续工作时间短、操作场地要求高等因素影响，很难在处置建筑火灾时发挥作用，而火灾烟气又极大地威胁着被困人员及参战消防人员的生命安全并严重影响火灾扑救。这就要求消防员在平时要通过"六熟悉"等手段，摸清辖区建筑内防烟排烟系统设置位置、操作方法，制定相关预案并组织演练，提高利用防烟排烟系统帮助处置火灾的能力。

一、机械排烟系统

（一）排烟风机操作

排烟风机的启动有四种方式：风机控制柜面板按钮启动、排烟阀（口）微动开关连锁启动、消防控制中心自动和多线联动盘手动远距离启动。值得注意的是，它应在确认排烟口（排烟阀）已打开的前提下再启动。当无法自动连锁启动排烟机时，消防人员可进入排烟风机房，手动强制启动排烟机。

排烟风机应待联动控制系统复位及排烟阀（口）处的微动开关复位后方可在现场手动停止。

1. 风机控制柜面板手动控制

（1）风机控制柜运行状态识别

准工作状态：控制柜电源指示灯点亮。对于设置有电压、电流表的控制柜，电压表指示当前供电电压，电流表指示为零。

工作状态：控制柜电源指示灯点亮，风机运行指示灯点亮。对于设置有电压、电流表的控制柜，电压表指示当前供电电压，电流表指示当前工作电流。

（a）准工作状态 （b）工作状态

图 14-3-1 风机控制柜面板运行状态对比

（2）手（自）动转换操作

找到风机控制柜运行模式转换开关，按需要转至相应位置即可。由于生产厂家和产品型号的不同，有些风机控制柜运行模式转换开关手（自）动位与图 14-3-2 标识不一致。此时，应通过观察标签标识或询问单位消防设施维护管理人员，了解相关信息，掌握各号位代表的运行模式。

（a）手动模式 （b）自动模式

图 14-3-2 运行模式转换开关

（3）风机启（停）操作

风机控制柜运行模式置于手动位，按下绿色启动按钮启动风机，按下红色停止按钮停止风机运行，观察运行指示灯点亮和熄灭情况，如图 14-3-3 所示。

风机控制柜运行模式置于自动位，控制柜面板手动控制失效。

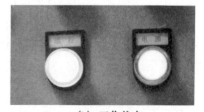

（a）准工作状态 （b）工作状态

图 14-3-3 运行指示灯对比

2. 排烟口微动开关连锁控制

风机控制柜运行模式置于自动位，观察排烟口微动开关连锁启动风机的有效性。

风机控制柜运行模式置于手动位，排烟口微动开关连锁启动风机控制失效。

3．消防控制室远程手动控制

风机控制柜运行模式置于自动位，按下消防控制室风机启动按钮，启动（命令）信号灯应点亮，风机启动后，反馈信号灯应点亮。按下（复位）消防控制室风机停止（启动）按钮，有关信号灯应熄灭，如图 14-3-4 所示。

风机控制柜运行模式置于手动位，消防控制室远程手动控制失效。

| (a) 按下启动按钮 | (b) 启动信号指示 | (c) 反馈信号指示 |

图 14-3-4　消防控制室远程手动控制

4．消防控制室自动控制

风机控制柜运行模式置于自动位，消防控制室联动控制设定为"自动允许"或"自动有效"，模拟火灾报警，观察风机自动启动的有效性。

风机控制柜运行模式置于手动位，消防控制室自动控制失效。

5．注意事项

进入风机房启动排烟机时，应注意以下事项：

（1）风机运转方向是否正常。防止风机反转将新风送入火场，进而加速火势发展，甚至造成全面燃烧。

（2）风机运转声音是否正常。防止排烟道内杂物被吸进风机膛内，导致风机损坏。

（3）建筑物如果设有补风系统，在排烟机工作时，应同时开启补风机及补风口。

（二）排烟阀（口）操作

火场应用时，由于建筑内烟气的流动特性，烟气并不一定仅仅集中在着火层附近。因此，打开机械排烟口的位置应根据火灾自动报警系统显示的报警信息或者火情侦察的结果来确定。同时，为保证排烟效果，应保证该排烟区域已有效建立起防烟分区，同一防烟分区的所有排烟口应全部开启，其他无关排烟口应处于关闭状态。

1．排烟阀（口）开启

（1）现场手动开启

打开排烟口盖板后，手动拉动排烟口执行器如图 14-3-5 所示，即能开启排烟口。

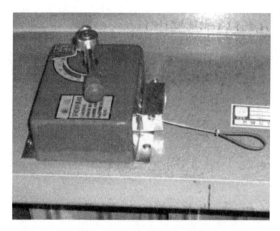

图 14-3-5 排烟口执行器

对于设有远程控制盒的排烟口,其操作方法是:按下图中按钮,排烟口即打开,如图14-3-6 所示。

（a）排烟口开启前　　　　　（b）操作按钮　　　　　（c）排烟口开启后

图 14-3-6 利用远程控制盒操作

（2）消防控制室远程手动开启

按下消防控制室排烟口启动按钮,启动（命令）信号灯应点亮,排烟口开启后,反馈信号灯应点亮。

（3）自动开启

触发相应区域内的火灾探测装置,同一分区内设置的数个排烟口应能同时打开。

（4）破拆开启

火灾状态下,在以上各种开启方式均无效时,消防人员可使用破拆工具将之打开。

2. 排烟阀（口）复位

（1）排烟口执行机构手工复位

握住执行机构手柄,按标识方向推动手柄至阀体完全复位即可,如图 14-3-7 所示。

（2）远程控制盒手工复位

对于图 14-3-8 所示的远程控制盒,应使用专用内六角工具,按以下程序执行复位操作:

图 14-3-7　排烟口执行机构操作手柄

① 将专用工具插入"复位Ⅰ"插孔,按箭头所示方向轻轻转动,听到"咔嗒"搭扣声后,拔出工具;

② 将专用工具插入"复位Ⅱ"插孔,按箭头所示方向用力转动,观察排烟口完全关闭时,拔出工具。

其他厂家和型式的远程控制盒,应参照其产品说明书进行手工复位操作。

(a) 复位1　　　　　　　　(b) 复位2　　　　　　　　(c) 排烟口关闭

图 14-3-8　远程控制盒复位

(3) 消防控制室远程复位

对于具备电控复位功能的排烟口,可利用消防控制室实现远程复位。采用自动开启方式的排烟口在复位前应首先应进行火灾报警系统的复位操作。

(三) 排烟防火阀操作

1. 排烟防火阀关闭

(1) 现场手动关闭

对于图 14-3-9 所示的排烟防火阀,按下手动关闭按钮,排烟防火阀即可关闭,同时排烟风机应能连锁停止运行。

(2) 自动关闭

排烟防火阀设计、制造标准为烟气温度超过 280 ℃时自动关闭,此过程无须人工干预。对于具备电控关闭功能的排烟防火阀,可利用消防控制室实现远程关闭操作。

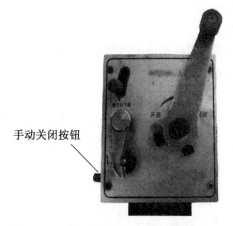

手动关闭按钮

图 14-3-9 排烟防火阀执行机构(开启状态)

2. 复位

对于图 14-3-10 所示的排烟防火阀,需要双手配合操作复位。一只手将复位销由图示①位扳至②位并予以保持,另一只手操作手柄由图示③位扳至④位,锁紧后松开双手即可完成操作。对于其他厂家和型式的排烟防烟阀,其手动关闭和复位方法参见该产品操作说明书。

如果排烟防火阀是烟气温度超过 280 ℃ 自动关闭的,复位时需要首先更换感温熔断器,然后方可执行复位操作。

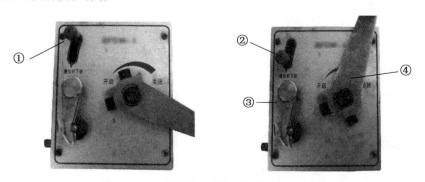

图 14-3-10 排烟防火阀执行机构(关闭状态)

二、机械加压送风系统

(一) 防烟(送)风机操作

防烟风机的启动操作同排烟风机,也有四种方式:风机控制柜面板按钮启动、送风口微动开关连锁启动、消防控制中心自动和多线联动控制盘手动远距离启动。

1. 风机控制柜面板手动控制

(1) 风机控制柜运行状态识别

识别方法参见排烟风机。

(2) 手(自)动转换操作

转换操作参见排烟风机。

（3）风机启（停）操作

防烟风机可以通过风机控制柜现场手动控制、消防控制室远程手动控制和自动控制实现启（停），具体操作参见排烟风机。

2．排烟口微动开关连锁控制

风机控制柜运行模式置于自动位，观察送风口微动开关连锁启动风机的有效性。

风机控制柜运行模式置于手动位，送风口微动开关连锁启动风机控制失效。

3．消防控制室远程手动控制

操作方法参见排烟风机。

4．消防控制室自动控制

操作方法参见排烟风机。

5．注意事项

机械加压送风系统如果采用自垂式百叶送风口，则消防人员可在风机房内，在确定风机供电正常的情况下，手动启动风机；如果送风口是手动、远距离电控型，则需在确认风口已打开的情况下，再启动防烟风机；对于常闭式送风口，也应在先开启送风口后，方可进行防烟风机的启动操作。

进入风机房启动防烟风机时，应注意以下事项：

（1）风机运转方向是否正常。防止风机反转将送风部位抽成负压而导致烟气入侵。

（2）风机运转声音是否正常。防止进风道内杂物被吸进风机腔内，导致风机损坏。

（3）防烟风机的停止操作应待联动控制系统复位及送风口处的微动开关复位后方可在现场手动停止。

（二）送风口操作

1．送风口开启

（1）现场手动开启

打开盖板后，手动拉动送风口执行器，即能打开送风口。

在现场手动操作钢丝绳拉环开启风口时，如果释放拉环后，风口自动关闭，则可通过使用管形工具穿过拉环，拉动管形工具使阀板处于开启状态，然后将管形工具固定于送风口外罩上予以保持。

（2）消防控制室远程手动开启

操作方法参见排烟阀（口）。

（3）自动开启

触发相应区域内的火灾探测装置，常闭式送风口可通过火灾自动报警系统联动开启，自垂百叶式在加压时自行开启。

2．送风口复位

（1）送风口执行机构手工复位

顺时针推动执行机构手柄，即可使送风口复位。

（2）消防控制室远程复位

操作方法参见排烟阀（口）。

3．注意事项

根据正压送风防烟设施设置部位的不同，送风口启动的顺序也有所不同。

（1）设置在前室的正压送风设施，送风口的开启遵循以下原则：

① 二层及二层以上的楼层发生火灾，应先打开着火层及其相邻的上下层；

② 首层发生火灾，应先打开本层、二层及底下层；

③ 地下室发生火灾，应先打开地下各层及首层；

④ 含多个防火分区的单层建筑应先打开着火的防火分区及其相邻的防火分区。

（2）设置在防烟楼梯间的正压送风设施，当其送风口采用自垂式百叶风口时，在开启正压送风机后，自垂式百叶送风口在风压作用下即可自行开启向楼梯间送风，达到防烟功能。当其送风口为手动或电动控制方式时，可按以下原则开启：

① 打开着火层或相邻上下层的送风口；

② 距离其最近的上、下送风口。

（三）防火阀操作

1．防火阀关闭

（1）现场手动关闭

操作方法参见排烟防火阀。

（2）自动关闭

防火阀设计、制造标准为烟气温度超过 70 ℃时自动关闭，此过程无须人工干预。对于具备电控关闭功能的防火阀，可利用消防控制室实现远程关闭操作。

2．复位

操作方法参见排烟防火阀。如果防火阀是在烟气温度超过 70 ℃时自动关闭的，复位时需要首先更换感温熔断器，方可执行复位操作。

三、其他防烟排烟方式

（一）自然排烟方式防烟

当采用可开启外窗的自然排烟方式防烟时，消防员在保证自身安全的前提下，在开展灭火救援的同时，可手动或借助破拆工具打开位于着火层及相邻的上下层防烟楼梯间、防烟楼梯间前室或合用前室的可开启外窗，将进入防烟楼梯间、防烟楼梯间前室或合用前室的火灾烟气排出，达到防烟功能。

当采用敞开的阳台、凹廊进行防烟时，消防员在开展灭火救援的同时，可手动关闭位于着火层及相邻的上下层防烟楼梯间与防烟楼梯间前室或合用前室的防火门，阻止火灾烟气进入楼梯间；手动关闭位于防烟楼梯间前室或合用前室与走道之间的防火门，阻止火灾烟气进入前室。

（二）自然排烟方式排烟

由于使用、管理的需要，用于防烟、排烟的可开启外窗往往处于关闭状态。因此，消防员在灭火救援时,在保证自身安全的前提下,可手动或借助破拆工具从建筑内或在建筑外打开火灾烟气聚集区域内的可开启外窗、排烟窗,将烟气排出。

打开时,应注意以下事项:

(1) 所打开的外窗排烟净面积应满足:防烟楼梯间、消防电梯间前室,不应小于 2.0 m²;合用前室,不应小于 3.0 m²;靠外墙的防烟楼梯间,每 5 层内可开启排烟窗的总面积不应小于 2.0 m²;中庭、剧场舞台,不应小于该中庭、剧场舞台楼地面面积的 5%;其他场所,宜取该场所建筑面积的 2%~5%。

(2) 玻璃的敲击应由外而内,当由内而外时,应通知室外人员远离玻璃碎片可能散落的区域。

(3) 从外面敲击玻璃时,人应位于窗户的侧面或下面;当打开中庭排烟窗时,人应位于排烟窗的一侧。

四、机械排烟系统应用演练

(一) 系统概况

实训室设有机械排烟系统。其中,板式排烟口安装在房间上部,可通过远控执行器控制,远控执行器安装在距地面 1.4 m 的墙面上。排烟机设在排烟管道上,可通过现场手动、消防控制控制室远距离自动及手动、排烟阀(口)微动开关联锁启动。风机控制柜设置在实训室内。

(二) 号位设置

如图 14-3-11 所示,班指挥位于消防控制室;1 号员位于排烟机控制柜处;2 号员位于板式排烟口远控执行器处。

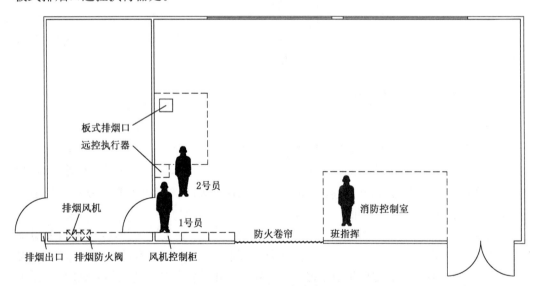

图 14-3-11 机械排烟系统应用演练号位示意图

（三）任务分工

班指挥：演练组织，火灾自动报警系统操作

1号员：排烟风机控制柜操作，风机参数记录

2号员：远控执行器操作，排烟口运行状态检查，风速测量记录

（四）演练步骤

如图14-3-12所示为机械排烟系统应用演练流程。

（五）注意事项

（1）演练开始前，班指挥应先了解排烟系统运行状况，将消防联动控制器设定在手动方式并开启打印机。

（2）由于场地限制，演练过程中仅需做出模拟使用通信工具的动作即可。

（3）遇有下列情况之一，班指挥应立即命令停止演练：

① 系统本身处于故障状态；

② 风机电机反转；

③ 风机运转时有异常震动或声响；

④ 风机运转后，观察排烟口无进风。

（4）可参照开展消防控制室远程控制排烟风机的演练，但应注意排烟口的开启应于排烟风机启动前完成。

五、机械加压送风防烟系统想定演练

（一）系统想定

该建筑在楼梯间设置有正压送风防烟系统，楼梯间送风口按每3层设置1个，风口距地坪1.5 m，工作时靠风压自动开启；送风机设在地下室风机房，可通过现场手动、控制室远距离自动及手动方式启动。

楼梯间前室也设有正压送风防烟系统，风口每层设1个，其底边距地坪20 cm，可以通过手动、远程电控方式开启，不具备送风口微动开关联动启动风机功能；送风机设在地下室风机房，可通过现场手动、控制室远距离自动及手动方式启动，不具备风口微动开关联动启动功能。

（二）号位设置

如图14-3-13所示，班指挥位于消防控制室；1号员位于地下室风机房内；2号员位于地下室风机房内；3号员位于前室；4号员位于楼梯间。其中，3、4号员应分别持风速仪1部。

（三）任务分工

班指挥：演练组织，火灾自动报警系统操作

1号员：楼梯间送风机控制柜操作，风机参数记录

2号员：前室送风机控制柜操作，风机参数记录

3号员：某楼层前室送风口操作与运行状态检查，风速测量记录

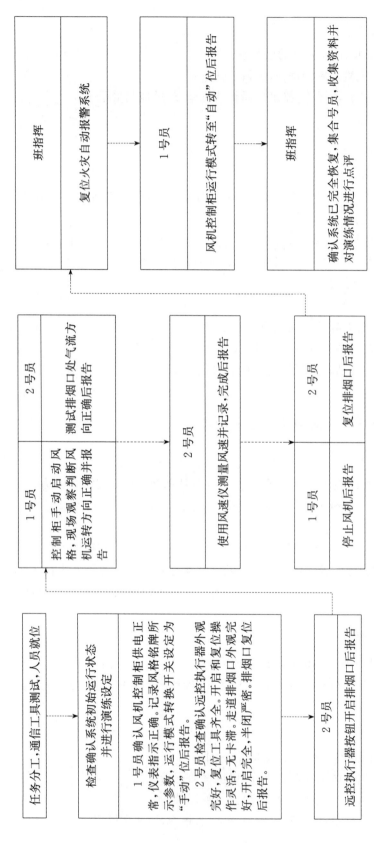

图 14-3-12　机械排烟系统应用演练流程图

4 号员:某楼层楼梯间送风口运行状态检查,风速测量记录

(四) 演练步骤

如图 14-3-14 所示机械加压送风防烟系统想定演练流程。

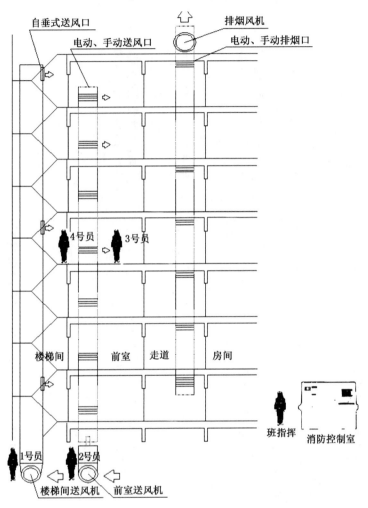

图 14-3-13 机械加压送风防烟系统想定演练号位示意图

(五) 注意事项

(1) 可参照开展消防控制室远程控制送风口、防烟风机的想定演练。

(2) 演练过程中,可开展设备故障的想定:

① 系统本身处于故障状态;

② 风机电机反转;

③ 风机运转时有异常震动或声响;

④ 风机运转后,观察送风口无送风。

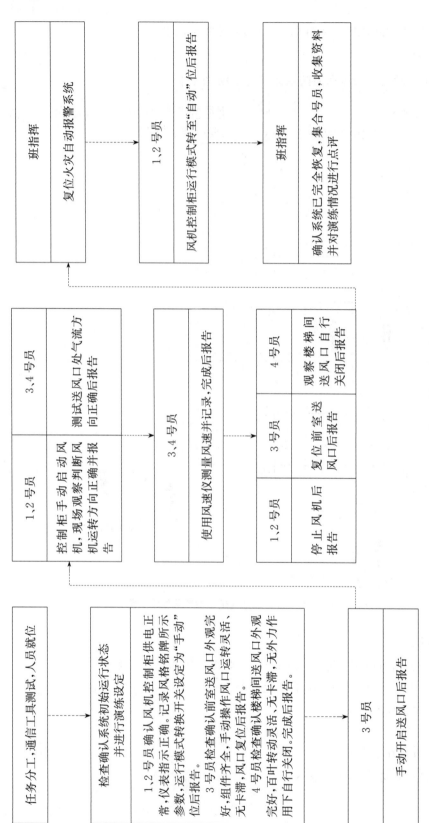

图 14-3-13　机械加压送风防烟系统想定演练流程

防烟排烟系统巡查

消防员开展"六熟悉"时应对辖区单位的防烟排烟系统进行巡查,掌握其工作状态是否符合相关技术要求并采用相应检查方法进行必要测试。

一、巡查内容

防烟排烟系统巡查内容主要包括:防排烟风机、排烟阀、排烟防火阀、送风阀、自然排烟窗、电动排烟窗、挡烟垂壁的外观、启闭状态、运行及信号反馈情况;防排烟风机控制柜的工作状态及运行情况;送风、排烟机房的环境情况。

二、巡查方法及相应技术要求

(一)系统组件检查

1. 风机控制柜

查看机械加压送风系统、机械排烟系统控制柜的标志、仪表、指示灯、开关和控制按钮,应有注明系统名称和编号的标志;用按钮启停每台风机,控制柜仪表、指示灯显示应正常,开关及控制按钮应灵活可靠;控制柜应有手动、自动切换装置。

观察其他设备供电正常,而风机控制柜面板无电源指示,判断控制柜电源开关处于断开状态。先把控制柜运行模式转换开关转至"手动"位,然后打开控制柜箱门,找到电源开关,合闸送电后关闭柜门(注意:一般应推至常用电供电状态,如图14-4-1所示)。如消防控制中心已发送自动或多线联动控制盘手动远距离启动信号,则把转换开关转至"自动"位,风机应能自动启动。否则,应现场手动予以启动。

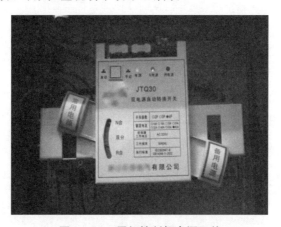

图14-4-1　风机控制柜电源开关

在供电正常而控制柜转换开关处于"手动"位时,风机不会响应除控制柜面板手动启动以外的其他控制方式,这种情况下,可将转换开关转至"自动"位或是手动按下控制柜风

机启动按钮,并核查风机运转是否正常。

2. 排烟(防烟)风机

查看机械加压送风系统、机械排烟系统的风机应有注明系统名称和编号的标志;风机传动皮带的防护罩、新风入口的防护网应完好,风机启动运转平稳,叶轮旋转方向正确,无异常振动与声响;在控制室远程手动启、停风机,运行及信号反馈情况应正确。

3. 其他组件

查看送风阀、排烟阀、排烟防火阀、电动排烟窗应安装牢固;手动、电动开启,手动复位,开启与复位操作应灵活可靠,关闭时应严密,反馈信号应正确。

(二) 系统功能测试

1. 机械排烟系统

在自动控制方式下,分别触发同一防烟分区内的两个独立的火灾探测器,查看相应区域电动排烟窗、排烟口、排烟阀的动作和信号反馈情况。系统应能自动和手动启动相应区域的排烟阀、排烟风机,并向火灾报警控制器反馈信号;设有补风的系统,应在启动排烟风机的同时启动送风机;当通风与排烟合用系统时,风机应能自动切换到高速运行状态。

2. 加压送风防烟系统

在自动控制方式下,分别触发加压送风口所在防火分区内的两只独立的火灾探测器或一只火灾探测器与一只手动火灾报警按钮,查看相应送风阀、送风机的动作和信号反馈情况;分别触发同一防烟分区内且位于电动挡烟垂壁附近的两只独立的火灾探测器,查看电动挡烟垂壁的动作情况。系统应能自动和手动启动相应区域的送风阀、送风机,并向火灾报警控制器反馈信号;系统应联动控制电动挡烟垂壁的降落。

第十五章
火灾自动报警系统

火灾自动报警系统一般设置在工业及民用建筑内部和其他可对生命和财产造成危害的火灾危险场所,与防排烟系统、自动灭火系统以及防火分隔设施等其他建筑消防设施一同构成完整的建筑消防系统。火灾自动报警系统可以实现早期预警、探测火灾初期阶段生成的烟、辐射热、光等参数,发出报警信号,给出启、停消防设备的控制命令,进而实现疏散人员和消灭、控制火灾等功能。从灭火救援的角度看,它可为火情侦察提供帮助,可为指挥员部署战斗提供帮助,可为指挥员确定进攻路线提供帮助等。

第一节　火灾自动报警系统概述

建筑物所使用的火灾自动报警系统因建筑规模、生产厂家、生产年代等原因而千差万别。但不管是谁生产、产于什么年代或保护什么样的建筑,火灾自动报警系统的组成、应用形式及保护对象都应满足国家有关标准的要求。

一、火灾自动报警系统的作用

火灾自动报警系统是火灾探测报警与消防联动控制系统的简称,是探测火灾早期特征、发出火灾报警信号,为人员疏散、防止火灾蔓延和启动自动灭火设备提供控制与指示的消防系统。

火灾自动报警系统在发生火灾的两个阶段发挥着重要作用:一是报警阶段。火灾初期,往往伴随着烟雾、高温等现象,通过安装在现场的火灾探测器、手动报警按钮,以自动或人为方式向监控中心传递火警信息,达到及早发现火情、通报火灾的目的;二是灭火阶段。通过控制器及现场接口模块,控制建筑物内的广播、电梯等公共设备以及排烟机、消防泵等专用灭火设备,有效实施救人、灭火,达到减少损失的目的。

二、火灾自动报警系统的适用范围

火灾自动报警系统可用于人员居住和经常有人滞留的场所、存放重要物资或燃烧后产生严重污染需要及时报警的场所。火灾自动报警系统的基本应用形式有三种:区域报警系统、集中报警系统和控制中心报警系统。分别适用于不同的保护对象。

（一）区域报警系统

区域报警系统应由火灾探测器、手动火灾报警按钮、火灾声光警报器及火灾报警控制器等组成，系统中可以包括消防控制室图形显示装置和指示楼层的区域显示器，功能简单，适用于仅需要报警，不需要联动自动消防设备的保护对象。火灾报警控制器应设置在有人值班的场所，系统设置消防控制室图形显示装置时，该装置应具有传输火灾报警、建筑消防设施运行状态及消防安全管理等有关信息的功能；系统未设置消防控制室图形显示装置时，应设置火警传输设备。系统组成如图15-1-1所示。

火灾探测器

火灾报警按钮

区域火灾报警
控制器

电源

火灾警报装置

图 15-1-1 区域报警系统组成示意图

（二）集中报警系统

集中报警系统应由火灾探测器、手动火灾报警按钮、火灾声光警报器、消防应急广播、消防专用电话、消防控制室图形显示装置、火灾报警控制器、消防联动控制器等组成。功能较复杂，适用于不仅需要报警，同时需要联动自动消防设备，且只设置一台具有集中控制功能的火灾报警控制器和消防联动控制器的保护对象。此系统应设置一个消防控制室，系统中的火灾报警控制器、消防联动控制器和消防控制室图形显示装置、消防应急广播的控制装置、消防专用电话总机等起集中控制作用的消防设备应设置在消防控制室内。系统设置的消防控制室图形显示装置应具有传输火灾报警、建筑消防设施运行状态及消防安全管理等有关信息的功能。系统的组成如图15-1-2所示。

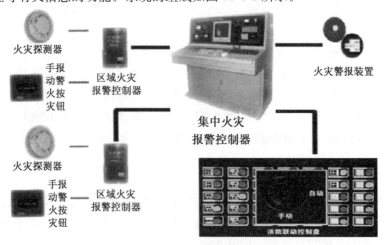

火灾探测器

手
动 报
警 火
按 灾
钮

区域火灾
报警控制器

火灾探测器

手
动 报
警 火
按 灾
钮

区域火灾
报警控制器

集中火灾
报警控制器

火灾警报装置

自动

手动

消防联动控制盘

图 15-1-2 集中报警系统组成示意图

(三) 控制中心报警系统

控制中心报警系统由火灾探测器、手动火灾报警按钮、火灾声光警报器、消防应急广播、消防专用电话、消防控制室图形显示装置、火灾报警控制器、消防联动控制器等组成，功能复杂。适用于设置两个及以上消防控制室，或已设置两个及以上集中报警系统的建筑群或体量很大的保护对象。应确定一个主消防控制室；主消防控制室与分消防控制室必须信息相通，并应能显示所有火灾报警信号和联动控制状态信号，并应能控制消防泵、喷淋泵等需中央直控的重要消防设备，但不应控制其他消防控制室控制的设备，如正压送风机、排烟风机、消防电梯、防火门、防火卷帘等；各分消防控制室内消防设备之间可以互相传输、显示状态信息，但不应互相控制；系统设置的消防控制室图形显示装置应具有传输火灾报警、建筑消防设施运行状态及消防安全管理等有关信息的功能。系统的组成如图15-1-3 所示。

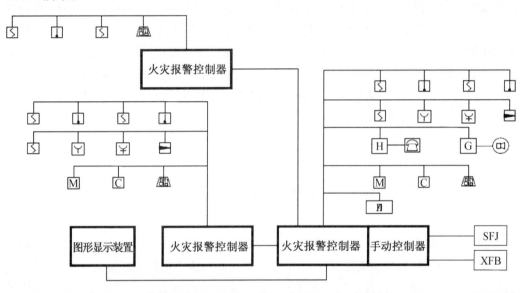

序号	图例	名称	备注	序号	图例	名称	备注
1		感烟火灾探测器		10	FI	火灾显示盘	
2		感温火灾探测器		11	SFJ	送风机	
3		烟温复合探测器		12	XFB	消防泵	
4		火灾声光警报器		13		可燃气体探测器	
5		线型光束探测器		14	M	输入模块	GST-LD-8300
6		手动报警按钮		15	C	控制模块	GST-LD-8301
7		消火栓报警按钮		16	H	电话模块	GST-LD-8304
8		报警电话		17	G	广播模块	GST-LD-8305
9		吸顶式音箱		18			

图 15-1-3　控制中心报警系统组成示意图

三、可燃气体探测报警系统

可燃气体探测报警系统能够在保护区域内泄露可燃气体的浓度低于爆炸下限的条件下提前报警,警示人员采取相应的处置措施,从而预防由于可燃气体泄漏引发的火灾、爆炸及中毒事故的发生。适用于使用、生产或聚集可燃气体或可燃液体蒸汽场所可燃气体浓度探测。现有可燃气体探测器主要有测量范围为 $0 \sim 100\%$ LEL 的点型可燃气体探测器、独立式可燃气体探测器、便携式可燃气体探测器;测量人工煤气的点型可燃气体探测器、独立式可燃气体探测器、便携式可燃气体探测器;线型可燃气体探测器。

四、电气火灾监控系统

电气火灾监控系统可在产生一定电气火灾隐患的条件下发出报警信号,提醒专业人员排除电气火灾隐患,实现电气火灾的早期预防,避免电气或是电路火灾的发生,避免损失。电气火灾监控系统适用于具有电气火灾危险场所,尤其是变电站、石油石化、冶金等不能中断供电的重要供电场所的电气故障探测。电气火灾监控探测器按工作方式可分为独立式和非独立式,独立式即可以自成系统,不需要配接电气火灾监控设备,非独立式即自身不具备报警功能,需要配接电气火灾监控设备组成的系统;按工作原理可分为剩余电流保护式电气火灾监控探测器、测温式(过热保护式)电气火灾监控探测器及故障电弧式电气火灾监控探测器。

第二节　火灾自动报警系统组成与工作原理

根据现行国家标准《火灾自动报警系统设计规范》规定,火灾自动报警系统应根据不同的保护对象选择相应的应用形式,火灾自动报警系统由火灾探测报警系统、消防联动控制系统、可燃气体探测报警系统及电气火灾监控系统等的部分或全部组成。电气火灾监控系统和可燃气体探测报警系统又被称为火灾预警探测报警系统。火灾自动报警系统的组成如图 15-2-1 所示。

一、火灾探测报警系统

火灾探测报警系统能及时、准确地探测被保护对象的初起火灾,并做出报警响应,从而使建筑物中的人员有足够的时间在火灾尚未发展蔓延到危害生命安全的程度时疏散至安全地带,是保障人民生命安全最基本的建筑消防系统。

(一)火灾探测报警系统的组成

火灾探测报警系统由火灾探测器、手动报警按钮、火灾报警控制器、火灾警报装置及电源组成。火灾探测报警系统的构成如图 15-2-2 所示。

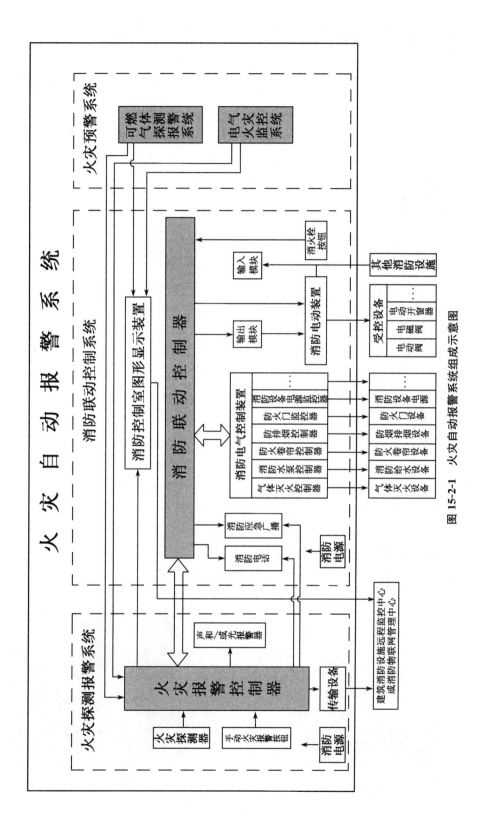

图 15-2-1　火灾自动报警系统组成示意图

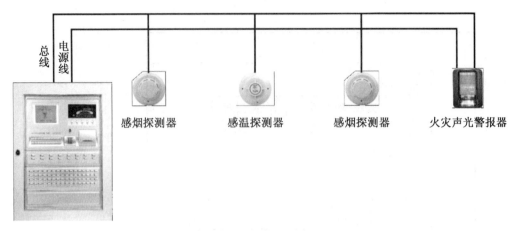

图 15-2-2　火灾探测报警系统组成示意图

1. 触发器件

　　在火灾自动报警系统中,自动或手动产生火灾报警信号的器件称为触发器件,主要包括火灾探测器和手动火灾报警按钮。火灾探测器是能对火灾参数(如烟、温度、火焰辐射、气体浓度等)响应,并自动产生火灾报警信号的器件。手动火灾报警按钮是手动方式产生火灾报警信号、启动火灾自动报警系统的器件。

　　建筑中常用的火灾探测器主要是感烟探测器、感温探测器、感光探测器、可燃气体探测器及复合探测器等。感烟火灾探测器是对悬浮在大气中的燃烧和/或热解产生的固体或液体微粒敏感的火灾探测器,主要用来探测阴燃阶段的烟雾,从而做到早期报警。一般设置在建筑内部需要探测火灾的部位上方,如吊顶、楼板处。如图 15-2-3 所示。对于相对湿度经常大于 95%、气流速度大于 5 m/s、有大量粉尘、水雾滞留、可能产生蒸汽和油雾、在正常情况下有烟滞留、产生醇类、醚类、酮类等有机物质等场所,不适合使用感烟火灾探测器。具有高速气流的场所,点型感烟、感温火灾探测器不适宜的大空间、舞台上方、建筑高度超过 12 m 或有特殊要求的场所,低温场所,需要进行隐蔽探测的场所,需要进行火灾早期探测的重要场所,人员不宜进入的场所宜选择吸气式感烟火灾探测器。无遮挡的大空间或有特殊要求的房间,宜选择线型光束感烟火灾探测器。

(a) 点型光电感烟探测器

(b) 线型光电感烟探测器

图 15-2-3　感烟探测器

感温火灾探测器是对温度和/或升温速率和/或温度变化响应的火灾探测器。如图15-2-4所示。点型感温火灾探测器在火灾探测器总使用量中虽只占10%～20%左右的比例，但在许多场所仍是不可取代的。对火灾发展迅速，可产生大量热，温度急剧上升的场所，以及对于相对湿度经常大于95%、有大量粉尘、水雾、烟滞留或厨房、锅炉房、发电机房、烘干车间、吸烟室等不宜安装感烟探测器的场所，其他无人滞留、且不适合安装感烟火灾探测器，但发生火灾时需要及时报警的场所宜选择点型感温探测器。可能产生阴燃火或发生火灾不及时报警将造成重大损失的场所不宜选择点型感温探测器。温度在0℃以下的场所，不宜选择定温探测器；温度变化较大的场所，不宜选择具有差温特性的探测器。

(a) 感温探测器 (b) 感温元件特写

图 15-2-4 点型感温探测器

感光火灾探测器又称火焰探测器，它是用于响应火灾的光学特性即辐射光的波长和火焰的闪烁频率。感光火灾探测器对火灾的响应速度比感烟、感温火灾探测器快，其传感元件在接受辐射光后几毫秒，甚至几微秒内就能发出信号，特别适用于突然起火而无烟雾的易燃易爆场所。由于它不受气流扰动的影响，是唯一能在室外使用的火灾探测器。点型红外火焰探测器是对火焰中波长大于850 nm的红外光辐射响应的火焰探测器，点型紫外火焰探测器是对火焰中波长小于300 nm的紫外光辐射响应的火焰探测器。如图15-2-5所示。火焰探测器特别适用于大的空间如仓库、飞机库、户外场合如化工厂、炼油设备、地铁、隧道等，在这些危险场所中火灾形成前一般会有火焰出现。探测区域内正常情况下有高温物体的场所，不宜选择单波段红外火焰探测器。紫外火焰探测器的干扰源较多，电弧焊、闪电发出的极强的紫外辐射以及用于无损金属检验设备的X射线以及放射性材料易引起紫外火焰探测器误报，因此不适用于存在上述干扰源的场所及在正常情况下有阳光、明火作业的场所。

(a) 红外火焰探测器 (b) 紫外火焰探测器

图 15-2-5 火焰探测器

可燃气体探测器是探测空气中可燃性气体浓度的一种探测装置。其报警动作值是探测器发出报警信号时的可燃气体浓度值,一般用爆炸下限(LEL)或体积分数表示。爆炸下限即可燃气体在空气中爆炸需要的最低浓度。可燃气体探测器基本分为点型可燃气体探测器、独立式可燃气体探测器、便携式可燃气体探测器(实物如图 15-2-6 所示)和线型可燃气体探测器。点型可燃气体探测器多为防爆型,一般通过与可燃气体报警控制器组成系统在室外使用。独立式可燃气体探测器是指依靠市电或电池供电,具备报警指示功能,在家庭厨房中普遍使用。便携式可燃气体探测器可随身携带,一般依靠电池供电,分为主动吸气式和扩散式,用于安全检查。

(a) 点型　　　　　　　(b) 独立式　　　　　　　(c) 便携式

图 15-2-6　可燃气体探测器

由于火灾因素的复杂性和火灾探测器适用范围的局限性,在火灾探测报警的实践中,仅使用某种单一的传感器的火灾探测器在某些情况下,迅速准确地探测火灾是困难的。具有两种或两种以上传感器的复合火灾探测器能够弥补使用单一传感器的火灾探测器的不足,从而提高火灾探测器的响应均衡度,适应性和防误报能力也会得到提高。从探测火灾的角度讲,只要技术上可行,可任意将探测功能复合,如感烟与感温、感烟与感光、感温与感光、感烟与可燃气体等。较为常见的复合探测器有:光电感烟和感温复合火灾探测器(实物如图 15-2-7 所示);光电感烟、离子感烟和感温复合火灾探测器;感烟、感温和 CO 复合火灾探测器;红外、紫外复合火灾探测器等。

**图 15-2-7　光电感烟和感温
复合探测器**

吸气式感烟火灾探测器主动通过 PVC 塑料管(或特制的薄壁铝合金管)采集保护区域的空气,在控制主机中利用先进的激光侦测技术,对空气中的烟雾粒子进行计数,当烟雾粒子的个数达到一定值时就发出报警信号,因此比传统火灾探测器灵敏度高,能实现极早期火灾报警,为人员的疏散和处置事故赢得更多的时间。实物如图 15-2-8 所示。吸气式感烟火灾探测器适用于具有高速气流的场所;点型感烟、感温火灾探测器不适宜的大空间、舞台上方、建筑高度超过 12 m 或有特殊要求的场所;低温场所;需要进行隐蔽探测的场所;需要进行火灾早期探测的重要场所;人员不宜进入的场所。由于其是通过 PVC 管抽取空气,因此位于保护区域的探测部分是无电源和无信号线的,更适用于防爆和强电磁干扰的场所。对于灰尘比较大的场所,不应选择没有过滤网和管路自清洗功能的管路采样式吸气感烟火灾探测器。

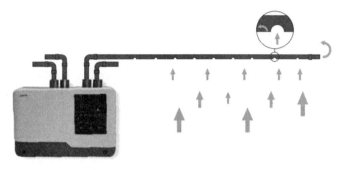

图 15-2-8 吸气式感烟火灾探测器

手动火灾报警按钮是火灾自动报警系统中不可缺少的一种非自动触发器件,它通过手动操作报警按钮的启动机构向火灾报警控制器发出火灾报警信号。设置在楼梯、走道等人员便于接近和使用的地点,一般位于距地面 1.3 m～1.5 m 的墙面上。实物如图 15-2-9 所示。

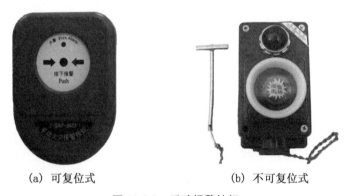

(a) 可复位式   (b) 不可复位式

图 15-2-9 手动报警按钮

2. 火灾报警装置

在火灾自动报警系统中,用以接收、显示和传递火灾报警信号,并能发出控制信号和具有其他辅助功能的控制指示设备称为火灾报警装置。火灾报警控制器就是其中最基本的一种。火灾报警控制器担负着为火灾探测器提供稳定的工作电源;监视探测器及系统自身的工作状态;接收、转换、处理火灾探测器输出的报警信号;进行声光报警;指示报警的具体部位及时间;同时执行相应辅助控制等诸多任务。火灾报警控制器设置在消防控制室等有人值班的场所。火灾报警控制器按结构形式分为:壁挂式、柜式、台式三种,分别如图 15-2-10(a)、(b)、(c)所示。

火灾显示盘(如图 15-2-11 所示)是火灾自动报警系统中报警和故障信息的现场分显设备,用来指示所辖区域内现场报警触发设备/模块的报警和故障信息,向该区域发出火灾报警警报信号,从而使火灾报警信息能够迅速地通报到发生火灾危险的现场。火灾显示盘按显示信息的方式分为:液晶汉字显示、图形显示、表格显示三种,分别如图 15-2-11

(a) 壁挂式　　　　　(b) 柜式　　　　　(c) 台式

图 15-2-10　火灾报警控制器实物图

(a)、(b)、(c)所示。火灾显示盘通常设置于经常有人员存在或活动、而没有设置火灾报警控制器的现场区域;特别是在高(多)层、大跨度空间、连体建筑群和内部复杂构造的建筑等火灾报警信息通报受限的场所,火灾显示盘已经成为必不可少的重要设备。每个报警区域宜设置一台区域显示器(火灾显示盘);宾馆、饭店等场所应在每个报警区域设置一台区域显示器。当一个报警区域包括多个楼层时,宜在每个楼层设置一台仅显示本楼层的区域显示器。区域显示器应设置在出入口等明显和便于操作的部位。当安装在墙上时,其底边距地面高度宜为 1.3~1.5 m。

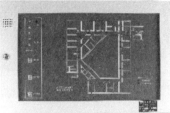

(a) 液晶汉字显示式　　　　(b) 图形显示式　　　　(c) 表格显示式

图 15-2-11　火灾显示盘

3. 火灾警报装置

火灾警报装置是指在火灾情况下能够发出区别于环境声、光的火灾警报信号,以警示人们迅速采取安全疏散,以及进行灭火救灾措施的装置称为火灾警报装置,如图 15-2-12 所示。火灾声和/或光警报器按用途分为:火灾声警报器、火灾光警报器、火灾声光警报器,分别如图 15-2-12(a)、(b)、(c)所示。火灾警报装置与火灾报警控制器分开设置,主要安装在人员比较密集的场所和区域,重要的消防设施所在地。每个防火分区应至少设有一个火灾警报装置,其位置宜设在各楼层走道靠近楼梯出口处。

4. 电源

火灾自动报警系统属于消防用电设备,其主电源应当采用消防电源,备用电源可采用蓄电池、消防应急电源柜及自备发电机组(如图 15-2-13 所示)。备用消防电源装置安装

(a) 火灾声警报器　　　　(b) 火灾光警报器　　　(c)火灾声光警报器

图15-2-12　火灾警报装置

在建筑物内消防设备附近。如消防控制室、消防泵房、楼层强电井等部位,为火灾自动报警系统、联动灭火系统、消防通信、火灾广播、消防电梯、消防水泵、水喷淋泵、防排烟设施、应急照明、疏散指示标志和电动的防火门、窗、卷帘、阀门等消防用电设备提供应急备用电源。主、备电控制开关及供电状态指示如图15-2-14所示。

(a) 蓄电池　　　　　　(b) 消防应急电源柜　　　　(c) 自备发电机组

图15-2-13　备用电源

(a) 控制柜内部　　　　　　(b) 控制柜面板指示

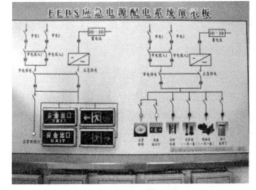

(c) 主、备电互换示意

图15-2-14　主、备电控制开关及供电状态指示

（二）火灾探测报警系统的工作原理

火灾发生时,安装在保护区域现场的火灾探测器,将火灾产生的烟雾、热量和光辐射等火灾特征参数转变为电信号,经数据处理后,将火灾特征参数信息传输至火灾报警控制器;或直接由火灾探测器做出火灾报警判断,将报警信息传输到火灾报警控制器。火灾报警控制器在接收到探测器的火灾特征参数信息或报警信息后,经报警确认判断,显示报警探测器的部位,记录探测器火灾报警的时间。处于火灾现场的人员,在发现火灾后可立即触动安装在现场的手动火灾报警按钮,手动报警按钮便将报警信息传输到火灾报警控制器,火灾报警控制器在接收到手动火灾报警按钮的报警信息后,经报警确认判断,显示动作的手动报警按钮的部位,记录手动火灾报警按钮报警的时间。火灾报警控制器在确认火灾探测器和手动火灾报警按钮的报警信息后,驱动安装在被保护区域现场的火灾警报装置,发出火灾警报,向处于被保护区域内的人员警示火灾的发生。火灾探测报警系统的工作原理如图 15-2-15 所示。

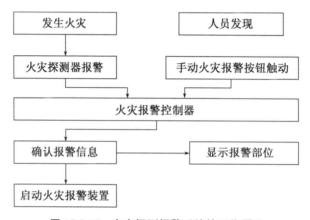

图 15-2-15　火灾探测报警系统的工作原理

二、消防联动控制系统

在火灾发生时,消防联动控制系统完成对灭火系统、疏散指示系统、防排烟系统及防火卷帘等其他消防有关设备的控制功能。当消防设备动作后将动作信号反馈给消防控制室并显示,实现对建筑消防设施的状态监视功能,即接收来自消防联动现场设备以及火灾自动报警系统以外的其他系统的火灾信息或其他信息的触发和输入功能。

（一）消防联动控制系统的组成

消防联动控制系统由消防联动控制器、消防控制室图形显示装置、消防电气控制装置(防火卷帘控制器、气体灭火控制器等)、消防电动装置、消防联动模块、消火栓按钮、消防应急广播设备、消防电话等设备和组件组成。消防联动控制系统的构成如图 15-2-16 所示。

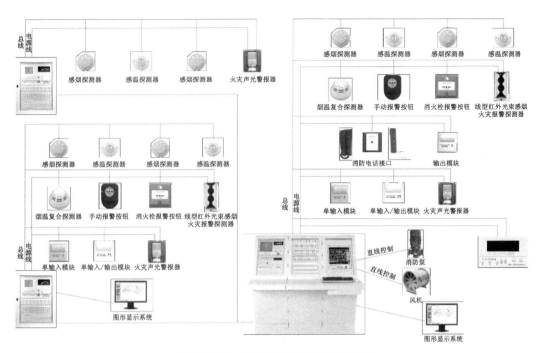

图 15-2-16　消防联动控制系统示意图

1. 消防联动控制器

消防联动控制器是消防联动控制系统的核心组件,是接收火灾报警控制器发出的火灾报警信号,根据设定的控制逻辑发出控制信号,控制各类消防设备实现相应功能的控制设备。消防联动控制器可直接发出控制信号,通过驱动装置控制现场的受控设备;对于控制逻辑复杂且在消防联动控制器上不便实现直接控制的情况,可通过消防电气控制装置(如防火卷帘控制器、气体灭火控制器等)间接控制受控设备,同时接收自动消防系统(设施)动作的反馈信号。按控制方式可分为总线制、多线制,如图 15-2-17(a)、(b)所示。其中,总线控制盘主要用于控制一般消防设备,多线控制盘主要用于控制重要的消防设备如消防泵、防排烟风机、消防电梯等。消防联动控制器通常与火灾报警控制器拼装在一起,设置于消防控制室内。

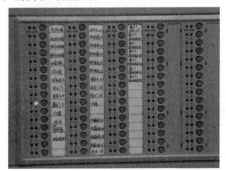

（a）总线控制盘

（b）多线控制盘

图 15-2-17　联动控制装置

2. 消防控制室图形显示装置

消防控制室图形显示装置(如图 15-2-18 所示)用于接收并显示保护区域内的火灾探测报警及联动控制系统、消火栓系统、自动灭火系统、防烟排烟系统、防火门及卷帘系统、电梯、消防电源、消防应急照明和疏散指示系统、消防通信等各类消防系统及系统中的各类消防设备(设施)运行的动态信息和消防管理信息,同时还具有信息传输和记录功能,一般设置在消防控制室内。不具有图形显示装置的消防控制室,应在其内部张贴报警平面图,标识火灾探测器的点位信息。

图 15-2-18　消防控制室图形显示装置

3. 消防电气控制装置

消防电气控制装置的功能是用于控制各类消防电气设备,它一般通过手动或自动的工作方式来控制各类消防泵、防烟排烟风机、防火卷帘、电动阀等各类电动消防设施的控制装置及双电源互换装置,并将相应设备的工作状态反馈给消防联动控制器进行显示。

4. 消防电动装置

消防电动装置的功能是电动消防设施的电气驱动或释放,它包括电动防火门窗、电动防火阀、电动防烟排烟阀、气体驱动器等电动消防设施的电气驱动或释放装置。

5. 消防联动模块

消防联动模块是用于消防联动控制器和其所连接的受控设备或部件之间信号传输的设备,包括输入模块、输出模块和输入输出模块。输入模块的功能是接收受控设备或部件的信号反馈并将信号输入到消防联动控制器中进行显示,输出模块的功能是接收消防联动控制器的输出信号并发送到受控设备或部件,输入输出模块则同时具备输入模块和输出模块的功能。

6. 消火栓按钮

消火栓按钮(如图 15-2-19 所示)是手动启动消火栓系统的控制按钮。设置在室内消火栓栓箱内或栓箱附近,用于远距离直启消防水泵的设备。根据按钮的工作原理、操作部件组成等不同,分为可复位型和不可复位型两种类型。

(a) 可复位型　　　　　　　　(b) 不可复位型(击碎玻璃型)

图 15-2-19　消火栓按钮

7. 消防应急广播设备

消防应急广播设备由控制和指示装置、声频功率放大器、传声器、扬声器、广播分配装置、电源装置等部分组成,是在火灾或意外事故发生时通过控制功率放大器和扬声器进行应急广播的设备,它的主要功能是向现场人员通报火灾发生,指挥并引导现场人员疏散。

8. 消防电话

消防电话是用于消防控制室与建筑物中各部位之间通话的电话系统。由消防电话总机、消防电话分机、消防电话插孔构成,如图 15-2-20(a)、(b)、(c)所示。消防电话是与普通电话分开的专用独立系统,一般采用集中式对讲电话,消防电话的总机设在消防控制室,分机分设在其他各个部位。其中消防电话总机是消防电话的重要组成部分,能够与消防电话分机进行全双工语音通信。消防电话分机设置在建筑物中各关键部位,能够与消防电话总机进行全双工语音通信;消防电话插孔安装在建筑物各处,插上电话手柄就可以和消防电话总机通信。

(a) 消防电话总机　　　　(b) 消防电话分机　　　　(c) 消防电话插孔

图 15-2-20　自检操作

(二) 消防联动控制系统的工作原理

火灾发生时,火灾探测器和手动火灾报警按钮的报警信号等联动触发信号传输至消防联动控制器,消防联动控制器按照预设的逻辑关系对接收到的触发信号进行识别判断,在满足逻辑关系条件时,消防联动控制器按照预设的控制时序启动相应自动消防系统(设施),实现预设的消防功能;消防控制室的消防管理人员也可以通过操作消防联动控制器的手动控制盘直接启动相应的消防系统（设施），从而实现相应消防系统（设施）预设的消防功能。消防联动控制接收并显示消防系统（设施）动作的反馈信息。工作原理如图15-2-21所示。

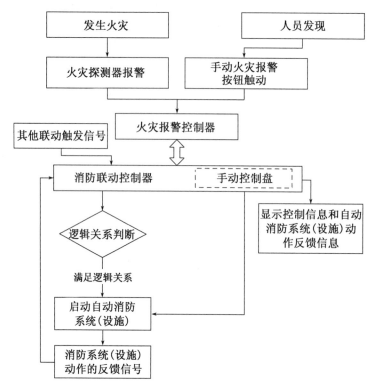

图15-2-21　消防联动控制系统的工作原理

三、可燃气体探测报警系统

可燃气体探测报警系统是火灾自动报警系统的独立子系统，属于火灾预警系统，能够在保护区域内泄露可燃气体的浓度低于爆炸下限的条件下提前报警，从而预防由于可燃气体泄漏引发的火灾和爆炸事故的发生。

（一）可燃气体探测报警系统的组成

可燃气体探测报警系统由可燃气体报警控制器、可燃气体探测器和火灾声警报器组成，系统构成如图15-2-22所示。

1. 可燃气体报警控制器

可燃气体报警控制器用于为所连接的可燃气体探测器的供电，接收来自可燃气体探测器的报警信号，发出声、光报警信号和控制信号，指示报警部位，记录并保存报警信息的装置。

2. 可燃气体探测器

可燃气体探测器是能对泄漏可燃气体响应，自动产生报警信号并向可燃气体报警控制器传输报警信号及泄漏可燃气体浓度信息的器件。

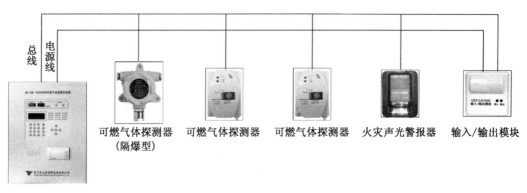

图 15-2-22　可燃气体探测报警系统示意图

(二) 可燃气体探测报警系统的工作原理

发生可燃气体泄漏时,安装在保护区域现场的可燃气体探测器,将泄漏可燃气体的浓度参数转变为电信号,经数据处理后,将可燃气体浓度参数信息传输至可燃气体报警控制器;或直接由可燃气体探测器做出泄漏可燃气体浓度超限报警判断,将报警信息传输到可燃气体报警控制器。可燃气体报警控制器在接收到探测器的可燃气体浓度参数信息或报警信息后,经报警确认判断,显示泄漏报警探测器的部位并发出泄漏可燃气体浓度信息,记录探测器报警的时间,同时驱动安装在保护区域现场的声光警报装置,发出声光警报,警示人员采取相应的处置措施;必要时可以控制并关断燃气的阀门,防止燃气的进一步泄漏。可燃气体探测报警系统的工作原理如图 15-2-23 所示。

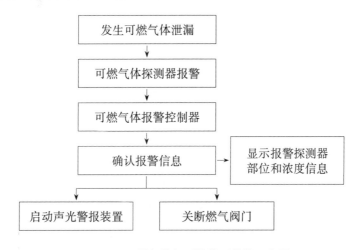

图 15-2-23　可燃气体探测报警系统的工作原理

四、电气火灾监控系统

电气火灾监控系统是火灾自动报警系统的独立子系统,属于火灾预警系统。能在发生电气故障,产生一定电气火灾隐患的条件下发出报警,提醒专业人员排除电气火灾隐患,实现电气火灾的早期预防,避免电气火灾的发生。

(一)电气火灾监控系统的组成

电气火灾监控系统由电气火灾监控器、电气火灾监控探测器组成,电气火灾监控系统构成如图 15-2-24 所示。

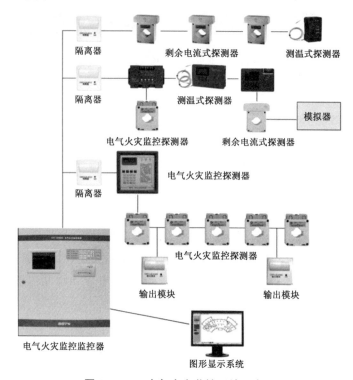

图 15-2-24　电气火灾监控系统示意图

1.电气火灾监控器

电气火灾监控器用于为所连接的电气火灾监控探测器的供电,能接收来自电气火灾监控探测器的报警信号,发出声、光报警信号和控制信号,指示报警部位,记录并保存报警信息的装置。

2.电气火灾监控探测器

电气火灾监控探测器是能够对保护线路中的剩余电流、温度等电气故障参数响应,自动产生报警信号并向电气火灾监控器传输报警信号的器件。

(二)电气火灾监控系统的工作原理

发生电气故障时,电气火灾监控探测器将保护线路中的剩余电流、温度等电气故障参数信息转变为电信号,经数据处理后,探测器做出报警判断,将报警信息传输到电气火灾监控器。电气火灾监控器在接收到探测器的报警信息后,经报警确认判断,显示电气故障报警探测器的部位信息,记录探测器报警的时间,同时驱动安装在保护区域现场的声光警报装置,发出声光警报,警示人员采取相应的处置措施,排除电气故障、消除电气火灾隐患,防止电气火灾的发生。电气火灾监控系统的工作原理如图 15-2-25 所示。

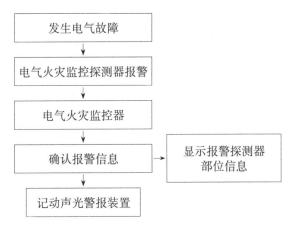

图 15-2-25 电气火灾监控系统的工作原理

第三节 火灾自动报警系统操作

发生火灾时,全面准确的火情侦察是做出行动部署的重要前提。与外部观察、内部侦察、询问知情人等方法相比,利用火灾自动报警系统开展火情侦察具有信息准确全面、对火灾发展态势响应及时、表现方法直观易读等优点。同时,消防控制室是建筑内部各相关消防设施的信息汇总中心与操作调度中心,为此,本节基本操作训练的内容重点围绕消防控制室内相关设备进行。

一、系统运行状态识别

(一)报警控制器状态

(a) 液晶面板显示

(b) 信号指示面板显示

图 15-3-1 系统正常状态

系统正常状态:如图 15-3-1 所示,系统正常通电运行,无火灾报警、故障报警、屏蔽、监管等信息输入,报警控制器液晶显示面板上显示"系统运行正常",信号指示面板所有指示灯为正常状态,无报警声响发出。

(a) 液晶面板显示

(b) 信号指示面板显示

(c) 打印机打印信息

图 15-3-2 有信息输入状态

有信息输入状态：以某型产品为例，如图 15-3-2 所示，液晶面板按信息输入的类别，自上而下划分为 5 个显示区。

最上部为火灾报警信息显示区，显示当前火警部位总数、设备类型、报警时间、类型编码等。火灾报警的首地址固定在第一行，后续报警信息依序显示在首地址下方，如后续信息较多，无法一次性地显示完全，则采用自动翻页或滚动显示的方式。信号指示面板中"火警"指示灯点亮，指示灯为红色。火灾报警控制器、声光报警器发出类似于"消防车"的警笛声，可通过"消音""声光报警器消音"等按钮实现消除报警声响的操作，在新的火灾报警信息输入时，火灾报警控制器、声光报警器能再次发出声响警报。

第二区为故障报警信息显示区，显示当前故障部位总数、故障报警序号、报警时间、类型编码等；信号指示面板故障灯点亮，指示灯为黄色。火灾报警控制器发出类似于"救护车"的警笛声，可通过"消音"按钮消除报警声响，故障排除后，故障显示与指示信息自动消除。

第三区为联动设备启动（命令）信息显示区，显示有关设备的启动命令发出情况，信号指示面板启动灯点亮，指示灯为红色。

第四区为联动设备反馈信息显示区，显示联动设备动作情况，信号指示面板反馈灯点亮，指示灯为红色。

液晶面板最下部第五区为系统运行方式指示，上图中信息显示当前系统处于"自动允许""手动允许"状态，表明系统既可按预先设置的动作程序完成自动控制操作，也可通过联动控制盘完成手动控制操作。"允许/禁止"转换可通过信号指示面板下方的键盘操作实现。

提示：火警信息的光指示信号不能通过"消音"操作消除，而只能通过手动复位火灾报警控制器的方式；打印机开启后，会按照信息产生先后进行顺序打印；不同厂家和型式的产品，其显示区块划分与操作方法可能与上述不一致，需要对照产品说明书或在单位消防设施维护管理人员的指导下进行操作。

（a）手动允许状态　　　　　（b）手动禁止状态

图 15-3-3　联动控制盘手动允许/禁止转换开关

（二）联动控制盘状态

（1）如图 15-3-3 所示，火灾报警控制器运行方式处于"自动允许"时，在火灾自动报警系统探测到火灾后，系统可按照预先设置的动作程序输出自动控制指令启动相关设备动作。

（2）火灾报警控制器运行方式处于"自动禁止""手动允许"时，在火灾自动报警系统探测到火灾后，系统不能自动完成启动及释放的全过程，需要操作人员实施手动干预，此时：

① 联动控制盘转换开关处于"手动禁止"时，控制盘上所有按键处于锁止状态，手动操作无效；

② 联动控制盘转换开关处于"手动允许"时，控制盘上所有按键处于解锁状态，手动操作有效。

（3）火灾报警控制器处于"自动禁止""手动禁止"时，应先改变其中之一或全部为"允许"状态，再视情采取进一步的操作。

表 15-3-1　系统运行方式与操作有效性对照表

火灾报警控制器运行方式		联动控制盘转换开关	操作有效性	
自动允许/禁止	手动允许/禁止	手动允许/禁止	自动操作	手动操作
√	—	—	√	—
×	—	—	×	—
—	√	√	—	√
—	√	×	—	×
—	×	—	—	×
×	×	—	×	×

（4）自动或手动控制指令发出后，联动控制盘上对应设备的"命令"或"启动"指示灯点亮；未接收到设备动作反馈信号时，该灯转入间歇闪灭状态；设备受控动作后，联动控制盘上对应设备的"反馈"指示灯应点亮，如图 15-3-4 所示。

（a）指令发出　　　　　　　　　（b）动作反馈

图 15-3-4　联动控制盘信号指示

提示：火场应用时，当观察消防控制室对应设备的控制指令已发出，但未观察到设备动作反馈信号时，应立即查看相关设备的现场控制装置运行模式转换开关是否处于"手动或"停止"，当现场控制装置运行模式转换开关是否处于"手动"或"停止"时，设备无法响应远控信号自动启动。

（三）电源工作状态

（a）正常状态　　　　　　（b）主电故障状态　　　　　　（c）备电故障状态

图 15-3-5　电源状态

正常状态：主电供电，主电指示灯点亮，显示当前供电电压和电流。

主电故障：备电供电，备电指示灯点亮，显示当前供电电压和电流。电源故障指示灯点亮，发出"故障"报警声，可按下"消音"键消除报警声响。

备电故障、备电欠压：主电供电，主电指示灯点亮，显示当前供电电压和电流。电源故障指示灯点亮，发出"故障"报警声，可按下"消音"键消除报警声响。

（四）点型探测器工作状态

1. 巡检状态

探测器处于巡检状态时，探测器外壳上巡检/火警确认指示灯（红色）每隔几秒钟闪烁一次，如图 15-3-6(a)所示。

2. 火警状态

探测器报警时，巡检/火警确认指示灯常亮，火灾报警控制器液晶面板显示相关报警信息，信号指示面板"火警"指示灯（红色）点亮，系统发出火灾报警声，如图 15-3-6(b)所示。

(a) 巡检状态指示灯间隔闪烁

(b) 火警状态红色指示灯常亮

图 15-3-6　探测器工作状态

二、火灾自动报警显示(指示)信息识别与分析

如图 15-3-7 所示,根据有关显示(指示),可得到以下信息:当前共有火警 1 个,故障 4 个,联动启动设备 8 个,反馈 1 个,当前系统处于"自动允许""手动允许"状态。

进一步分析结果:火灾部位为展示板紫外火焰探测器区域,该信息固定显示在火警信息显示区第一行;气体区消防电话等 4 个设备有故障显示;消防广播、电磁阀等设备启动命令已发出,但未接到动作反馈信号,防火卷帘门下降并反馈。

提示:在火场应用时,由于火灾探测器触发的先后顺序一般与烟火蔓延的过程相吻合,此时,通过报警控制器液晶显示面板、CRT 图形显示装置或报警平面图,可以方便地获取火势范围、火灾发展趋势等信息。

(a) 液晶面板显示

(b) 信号指示面板显示

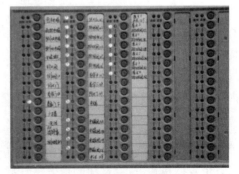
(c) 联动控制盘显示

图 15-3-7　火警与联动信息显示(指示)

三、火灾报警控制器操作

(一) 开、关机

火灾报警控制器的开机顺序为：先打开主电开关；再打开备电开关；最后打开控制器工作开关。

(a)

(b)

(c)

图 15-3-8　火灾报警控制器开机顺序

火灾报警控制器的关机顺序正好与开机顺序相反，即先关闭控制器工作开关，再关闭备电开关，最后关闭主电开关。

(二) 自检、消音与复位

1. 自检

自检操作的目的是对火灾报警控制器的音响器件、面板指示灯及液晶显示面板等进行检查。

(a) 自检前

(b) 按下自检按键

(c) 自检中

图 15-3-9　自检操作

对于图 15-3-9 所示的产品，实施自检操作前，系统应处于"系统运行正常"状态，按下自检按键，系统即进入自检过程，自检指示灯点亮（黄色）。当液晶面板显示有信息输入时，自检功能无效，此时，应通过复位操作，在系统完成初始化并显示"系统运行正常"的短时间内，按下自检按键。

2. 消音

消音一般指报警控制器消音，消音操作有两个目的：一是消除当前接收到的火灾、故障或监管报警的报警声，当有新的报警信号输入时，声响器件能够重新发出报警声，引起值班人员注意；二是通过消音，使值班人员能够摒除其他因素的干扰，冷静地实行调度、指挥与操作。

实行消音操作后,液晶面板显示内容不变,报警指示灯不变,控制器停止发出声响,控制器消音指示灯点亮(黄色)。

（a）控制器消音按键

（b）声光报警器消音/启动按键

图 15-3-10　消音操作

对于图 15-3-10(b)所示的声光报警器消音/启动按键,当此键按下时,指示灯点亮(黄色),系统外接声光报警器停止发出声响警报;再次按下声光报警器消音/启动按键时,指示灯熄灭,外接声光报警器重新发出声响警报。

提示:控制器消音按键与声光报警器消音/启动按键的影响范围存在显著的不同,在火场应用时,对后者的操作应慎用。

3. 复位

复位操作的目的是消除当前所有的显示信息、指示和控制信号,使火灾自动报警系统或系统内各组成部分恢复到正常监视状态。需要注意的是:故障信息不能通过复位操作消除,送风或排烟口等设备需要到现场手工复位。

（a）按下复位键

（b）输入密码

（c）按下确认键

图 15-3-11　复位操作

提示:对于其他厂家和型式的火灾报警控制器,其自检、消音和复位操作的方法略有不同,应按照该产品说明书进行操作。

(三) 信息记录查询

该操作的目的是查询火灾自动报警控制器存储的各类信息并专屏显示,消除由于液晶面板显示区域有限所造成的影响。在火场应用时,可以通过查询操作方便快捷地了解大面积火场的报警信息。

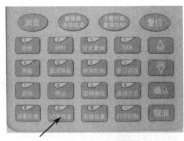

(a) 按下查询键

(b) 选择查询类别

(c) 信息记录显示

图 15-3-12 信息记录查询操作

(四) 系统运行方式设置

1. 报警控制器自动允许/禁止设置

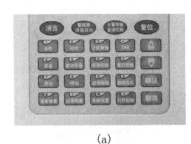

(a)

(b)

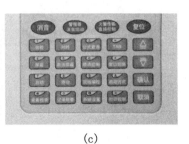

(c)

图 15-3-13 报警控制器手动允许/禁止设置

2. 报警控制器手动允许/禁止设置

手动允许/禁止的设置参照图 15-3-13 所示步骤进行。

3. 联动控制盘手动允许/禁止设置

联动控制盘手动操作模式转换,根据产品型式的不同,可采用专用钥匙或磁卡完成,如图 15-3-14 所示。

图 15-3-14　联动控制盘手动操作模式转换

四、常见火警触发装置操作

(一) 感烟探测器

1. 火警模拟

用专业烟枪或 PVC 管进行吹烟测试,巡检/火警确认灯点亮,10 s 内即可发出火警报警信号,此信号可通过火灾报警控制器复位消除。

2. 故障模拟

旋下探测器探测部件,100 s 内即可发出故障报警信号,此信号不可通过火灾报警控制器复位消除,旋回后报警信号自动消除。

(a) 火警模拟　　　　　　　　　　　(b) 故障模拟

图 15-3-15　感烟探测器测试

(二) 感温探测器

1. 火警模拟

用专业温枪或电吹风进行加温测试,巡检/火警确认灯点亮,10 s 内即可发出火警报警信号,此信号可通过火灾报警控制器复位消除。

2. 故障模拟

旋下探测器探测部件,100 s 内即可发出故障报警信号,此信号不可通过火灾报警控制器复位消除,旋回后报警信号自动消除。

(a) 火警模拟

(b) 故障模拟

图 15-3-16　感温探测器测试

（三）手动报警按钮

(a) 按下按片报警

(b) 火警指示灯常亮

(c) 专用复位工具

图 15-3-17　可复位型手动报警按钮操作使用

1. 可复位型

对于其他厂家和型式的可复位型手动报警按钮，参照其产品说明书进行操作。

(a) 旋下玻璃片报警

(b) 火警指示灯常亮

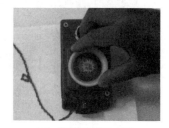

(c) 旋回玻璃片复位

图 15-3-18　不可复位型手动报警按钮操作使用

2. 不可复位型

火场应用时，对于不可复位型手动报警按钮，直接采用击碎玻璃片的方式启动按钮，灭火结束后更换玻璃片予以复位。

五、消防电话操作

消防专用电话是为处置火灾、疏散人员而专门设置的电话。在建筑内部重要的消防设备用房和场所，如消防水泵房、防排烟机房、消防电梯机房及轿箱等，一般均设置有专用的消防电话分机。在手动报警按钮（如图 15-3-21 所示）、消火栓远程启泵按钮等处宜设置电话塞孔，以方便火灾时各部位间与消防控制中心的通信联络。

以下操作方法针对某特定产品。对于其他厂家和型式的产品，请参照该产品说明书进行。

图 15-3-19　消防电话主机

（一）主机呼叫分机

1. 摘下主机话筒

将话筒从话筒支架上摘下，系统自动进入呼叫准备。

2. 拨号

按下需要进行通话的分机按钮，对应分机指示灯闪亮，该分机振铃。

3. 通话

在对应分机摘机后，即自动进入双向通话过程。此时主机面板上对应的分机指示灯由闪亮转为常亮，录音指示灯点亮，液晶面板显示通话分机和该段录音序号等信息。

4. 结束通话

当分机挂机/主机按挂断键/主机面板再次按下对应的分机按钮，主机将停止与该分机通话，对应分机指示灯灭，录音机停机。

（二）分机呼叫主机

分机摘机时，可从听筒中听到回铃声，此时主机面板上对应的分机指示灯闪亮，主机发出振铃声响。

摘下主机话筒，主机与分机即进入双向通话过程，分机显示灯变为常亮，声报警停止，通话期间，有新的分机呼叫时，主机面板上该分机对应指示灯闪亮，但无振铃声响信号。

(a) 摘下话筒

(b) 拨号

(c) 分机摘机

(d) 通话中主机面板指示/显示

图 15-3-20　主机呼叫分机

（三）插孔电话的使用

将插孔电话的插头插入电话插孔（电话插孔一般与手动报警按钮、远程启泵按钮等组合设置在一起或安装在附近的墙面上），即相当于摘下消防电话分机，其后续操作及表征与分机呼叫主机基本一致。

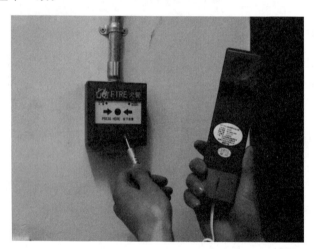

图 15-3-21　插孔电话

六、消防广播操作

为便于火灾时人员疏散的有序调度与指挥，设有控制中心报警系统的建筑应设置消防广播系统。必要情况下，灭火指挥人员也可使用消防广播系统发布作战指令。

以下操作方法针对某特定产品。对于其他厂家和型式的产品，请参照该产品说明书进行。

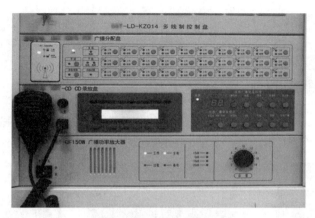

图 15-3-22　消防广播组成

(一) 自动控制

火灾报警控制器运行模式处于"自动允许"时,可通过联动控制装置自动启动广播系统,进行消防自动广播。

(二) 手动控制

当火灾报警控制器运行模式处于"自动禁止""手动允许"时,按以下程序进行消防广播的操作:

1. 解锁广播分配盘

使用专用工具解锁广播分配盘。

2. 选择播音范围

为避免由于错时疏散而导致的在疏散通道和出口处出现人员拥堵现象,同时,也为了保障建筑内部人员对于火灾情况的知情权,《火灾自动报警系统设计规范》(GB 50116－2013)中明确要求在确认火灾后同时向整个建筑进行应急广播。

3. 开启广播录放盘

一般情况下,当选择播音范围后,广播录放盘上"应急广播"即自动开启,对应指示灯(红色)点亮,消防广播按预先录制的信息进行播音;"应急广播"未自动开启时,可手动按下对应按钮,指示灯(红色)点亮,消防广播按预先录制的信息进行播音。

4. 调整功放输出音量

确认消防广播功率放大器电源开关处于打开状态,保持与广播区域内消防员的通信联络,调整功放输出音量旋钮至现场音量适中。

5. 适时调整播音内容

当预先录制的播音内容不适应现场需求时,应当及时改用话筒实施临机广播。使用话筒时,应将话筒插头插入正确地插入插座,待话筒工作指示灯亮后,切换"应急广播"状态为"话筒播音"状态,此时,"应急广播"指示灯熄灭,"话筒播音"指示灯(红色)点亮,自动录音功能打开,录放盘液晶显示当前段话筒录音的序号。话筒播音时,应注意下列事项:

(a) 解锁广播分配盘

(b) 选择播音范围

(c) 开启录放盘

(d) 播放指示

(e) 打开功放开关

(f) 调整输出音量

(g) 插入话筒

(h) 切换播音方式

(i) 播放指示

图 15-3-23　消防广播操作

（1）单次语音播放时间宜为 10 s～30 s，应与火灾声警报器分时交替工作，可采取 1 次火灾声警报器播放，1 次或 2 次消防应急广播交替的工作方式；

（2）广播时应尽量使用普通话，保持语速中等，单调平缓，指令清晰、果断；

（3）涉外场所应使用普通话、英语等两种及以上语言进行轮流广播；

（4）广播内容中涉及具体的地点、人员、装置等，应确保地点的标识准确、清晰，人员已经到位，装置完好有效等，引导的人员疏散路线与消防员进攻路线应尽量避免交叉，防止互相干扰；

（5）广播的同时，应密切注意火灾报警控制器，如有新的报警部位显示，则应根据情况对播送内容做出适当调整；

（6）如果发现无法实现消防控制中心广播，则应根据消防装备情况，使用手持扩音机，按照相关顺序进行广播或及时采取其他手段引导人员疏散。

第四节　火灾自动报警系统巡查

消防员开展"六熟悉"时应对辖区单位的火灾自动报警系统进行巡查,掌握其工作状态是否符合相关技术要求并对相应检查方法进行必要测试。

一、巡查内容

系统组件,包括火灾探测器、手动火灾报警按钮、火灾报警控制器、火灾显示盘、火灾警报装置、主备电源的安装位置、外观、工作状态及其功能,消防联动控制器的自检、故障报警、远程控制功能,消防广播、消防电话、消防电梯等设备受控及运行情况,系统自动联动功能。

二、巡查方法及相应技术要求

(一) 系统组件

1. 火灾探测器

根据被探测区域火灾参数的不同,查看火灾探测器选型是否正确;检查火灾探测器与边、墙、通风口、遮挡物的间距,查看探测区域是否均被有效保护;查看火灾探测器外观是否有损,保护罩是否未拆除,如图 15-4-1(a)所示;检查火灾探测器是否处于正常监控状态,指示灯显示是否正常,如图 15-4-1(b)所示;

(a) 查看外观

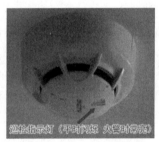
(b) 查看指示灯显示

(c) 感烟探测器测试

(d) 感温探测器测试

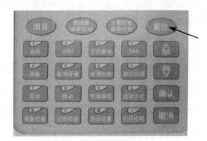
(e) 火灾报警控制器复位

图 15-4-1　火灾探测器巡查

用加烟器向点型感烟火灾探测器施加烟气,如图 15-4-1(c)所示,或用热风机向点型感温火灾探测器的感温元件加热,如图 15-4-1(d)所示,观察点型火灾探测器的红色报警确认灯是否点亮并保持,核查报警信息是否正确,现场排除火情,并在消防控制中心手动复位火灾报警控制器,如图 15-4-1(e)所示,观察点型火灾探测器的报警确认灯是否复位正常。

2. 手动火灾报警按钮

检查手动火灾报警按钮是否安装在明显和便于操作的部位,其底边距地面是否为 1.3~1.5 m,如图 15-4-2(a)所示;检查手动火灾报警按钮外观是否完好,是否处于正常监控状态,指示灯显示是否正常。

按下手动火灾报警按钮的启动键,观察手动火灾报警按钮的红色报警认灯是否点亮并保持,如图 15-4-2(b)所示,核查报警信息是否正确,更换或复位手动火灾报警按钮的启动零件,并在消防控制中心手动复位后,观察观察手动火灾报警按钮的报警确认灯是否复位正常。

距地面1.3~1.5 m

(a) 手动火灾报警按钮安装高度

(b) 火警指示灯常亮

图 15-4-2 手动火灾报警按钮巡查

3. 火灾报警控制器

查看火灾报警控制器的安装位置是否便于检查、操作和维护,周边间距是否符合规范要求;查看控制面板上的各种按钮、开关、指示灯等外观和结构是否完好,标识是否清晰;查看火灾报警控制器是否处于正常监控状态,指示灯显示是否正常。

按下火灾报警控制器面板上自检功能键[图 15-4-3(a)],观察火灾报警控制器是否对火灾报警控制器的音响器件、面板上的所有指示灯、显示器、打印功能[图 15-4-3(b)]进行检查。

触发火灾探测器[图 15-4-3(c)]或手动报警按钮[图 15-4-3(d)],观察火灾探测器或手动火灾报警按钮是否输出火警信号,报警红色确认灯是否闪亮并保持至复位,在消防控制中心观察火灾报警控制器能否接收来自触发器件的火警信号,声光报警是否实现,按下消音键[图 15-4-3(e)],观察声报警信号是否消除,当再次有火警信号输入时是否再次启动;查看火灾报警控制器上液晶显示屏是否准确显示或记录火灾发生的部位及时间,打印机是否准确打印,有图形显示器的观察其是否准确显示火警及其报警部位[图 15-4-3(f)]、时间,现场消除火情或复位手动报警按钮,在消防控制中心按下复位键,观察系统是否恢复正常。

拆下一只探测器[图 15-4-3(g)]，观察火灾报警控制器是否在 100 s 内发出与火灾报警信号有明显区别的故障声，黄色故障指示灯点亮[图 15-4-3(h)]，按下消音键，观察故障声信号是否消除，再有故障信号输入时是否再次启动；查看火灾报警控制器上液晶显示屏是否准确显示或记录故障发生的部位、时间[图 15-4-3(i)]，图形显示器是否准确显示故障警及其故障部位、时间，现场排除故障后，在消防控制中心观察系统是否恢复正常。

在故障状态下，使任意一火灾触发器件处于火灾报警状态，观察火灾报警控制器是否接收到火警信号[图 15-4-3(j)]，发出声光报警信号，指示火灾发生部位并予以保持，再使其他火灾触发器件发出火灾报警信号，观察火灾报警控制器是否再次报警。

按下火灾报警控制器面板上记录检查键[图 15-4-3(k)]，通过液晶显示屏查看是否储存有火警、故障及相关联动设备动作信号的历史记录[图 15-4-3(l)]。

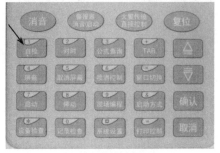

（a）自检功能键

（b）打印自检信息

（c）触发火灾探测器

（d）按下按片报警

（e）按下消音键

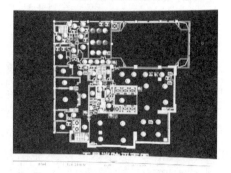

（f）图形显示器显示信息

(g) 故障模拟

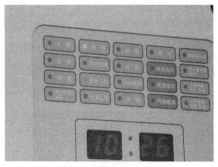

(h) 故障指示灯点亮

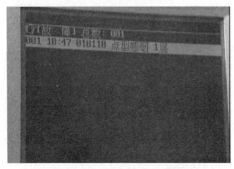

(i) 液晶显示屏显示故障信息

(j) 故障、火警指示灯同时点亮

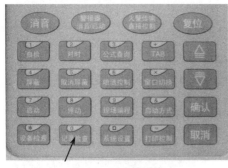

(k) 按下记录检查键

(l) 历史记录显示

图 15-4-3　火灾报警控制器巡查

4. 火灾显示盘

检查火灾显示盘是否安装在明显且便于操作的部位,其底边距地面高度是否为1.3～1.5 m[图 15-4-4(a)];查看显示盘外观是否完好,是否处于正常监控状态,指示灯显示是否正常[图 15-4-4(b)];按下自检功能键,查看火灾显示盘声光及液晶显示是否正常;

通过火灾报警触发器件使火灾报警控制器发出火灾报警信号,观察火灾显示盘是否发出声光报警信号,显示火灾发生部位并保持[图 15-4-4(c)]。按下消音键[图 15-4-4(d)],观察声报警信号是否消除,现场排除火情并在消防控制中心手动复位后观察火灾显示盘是否复位正常。

(a) 火灾显示盘安装高度

(b) 正常监控状态

(c) 液晶显示屏显示

(d) 消音指示灯点亮

图 15-4-4　火灾显示盘巡查

5. 消防联动控制器

查看消防联动控制器总线控制盘、多线控制盘面板上的各种按键、开关、指示灯等外观和结构等是否完好、标识是否清晰,查看消防联动控制器是否处于正常监控状态,信号指示灯显示是否正常,开关旋转是否灵活,消防广播功放、分配盘、消防电话主机、图形显示装置等是否完好并处于正常工作状态。

按下消防联动控制器面板上自检功能键,观察消防联动控制器是否对其音响器件、面板所有指示灯、显示器进行检查。观察在执行自检功能期间其数控设备是否动作。

将与消防联动控制器相连的某个负载断开[图 15-4-5(a)],观察消防联动控制器是否在 100 s 内发出故障声光报警信号,按下消音键,观察故障声信号是否消除。再有故障信号输入时是否再次启动,查看故障光信号是否保持至故障排除,控制设备是否准确显示或记录故障部位和类型,排除故障,观察系统是否恢复正常。

在消防控制中心将消防联动程序置于手动状态[图 15-4-5(b)],根据检查需要按下消防联动控制盘上消火栓泵或喷淋泵、正压送风风机、排烟风机、防火卷帘等相应联动设备的启动[图 15-4-5(c)]、停止控制按钮,观察相应联动设备是否被远程控制启动或停止,运行设备的指示灯是否点亮,观察联动设备动作后,联动控制盘上是否接收到反馈信号[图 15-4-5(d)],查看液晶显示屏上是否显示相关设备动作状态[图 15-4-5(e)],打印机是否准确打印[图 15-4-5(f)]。现场查看相应联动设备是否按照指令动作,取消操作命令后,现场将动作设备复位,查看系统是否恢复正常。

(a) 断开某负载

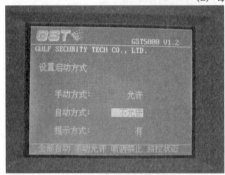

(b) 手动允许设置

(c) 启动总线联动控制盘设备

(d) 反馈灯点亮

(e) 液晶显示屏显示

(f) 打印机打印信息

图 15-4-5　消防联动控制器巡查

6. 消防应急广播系统

查看扬声器外观是否完好,设置是否符合规范要求,在消防控制中心拿起话筒,按下应急广播键,手动启动应急广播并选择播音区域,查看应急广播启动后应急广播指示灯是否点亮,播音区域是否正确,音质是否清晰,消防广播主机的录音功能是否正常,对于环境噪音较大的场所,用声级计测试其噪音,当噪音大于 60 dB 时,火灾应急广播扬声器播放范围内最远点的声压级应高于背景噪声 15 dB;按下应急广播紧急启动按钮,测试预录信息的播放功能。

在火灾自动报警系统置于自动状态下,模拟火灾报警,检查广播控制器是否在接收广播联动信号后按照预设逻辑选择播音区域并启动应急广播,同时查看火灾报警控制器面板上应急广播灯是否点亮,液晶屏是否显示应急广播状态和选择的播音区域[图 15-4-6(a)],打印机打印相关信息[图 15-4-6(b)]。现场排除火情,观察系统是否恢复正常。

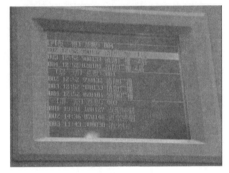

(a) 液晶显示屏显示

(b) 打印相关信息

图 15-4-6　消防应急广播系统巡查

7. 消防电话设备

检查消防电话分机或电话插孔外观是否完好,设置在墙面上的消防电话分机或电话插口其底边距地面高度是否为 1.3～1.5 m,拿起消防电话分机或将手柄接入电话插孔,查看消防控制室的电话主机是否振铃,拿起消防电话主机,辨别通话音质是否清晰,拿起消防电话主机手柄,选择并接入电话分机,查看相应的消防电话分机是否接通,通话音质是否清晰。测试消防电话通话质量的同时,观察、测试电话主机的录音功能。

8. 消防电梯

在消防控制中心对消防电梯进行远程控制测试,查看相关消防电梯是否下降首层并打开电梯门,同时反馈信号至控制中心;按下首层的消防电梯专用按钮,查看消防电梯是否下降至首层并发出反馈信号,此时只能在轿厢内控制电梯,在其他任意楼层均无法控制消防电梯的运行。

在火灾自动报警系统置于自动状态下模拟火灾报警,查看消防电梯是否自动迫降至首层并打开电梯门,同时反馈信号至消防控制中心(图 15-4-7)。用轿厢内专用电话查看能否与消防控制室或电梯机房通话。查看从首层至顶层的运行时间是否在 60 s 以内;查看消防电梯的井底排水设施。

图 15-4-7　消防电梯信号反馈灯点亮

9. 火灾警报装置

查看每个防火防区是否设置不少于 1 个火灾警报装置,查看火灾警报装置外观是否完好,模拟火警,观察火灾警报装置是否发出声或光警报信号,在其正前方 3 m 水平处,用声压计测试,观察其音量是否在 75 dB～115 dB 范围内(图 15-4-8),用照度仪测试光信号,在 11 lx～500 lx 环境光线下,距火灾警报装置 10 m 处,观察光信号是否清晰可见。

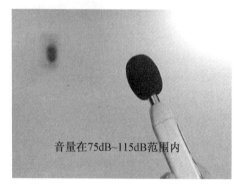

图 15-4-8　声压计测试音量

10. 电源功能

查看系统的主电源、备电源,自动切换装置外观[图 15-4-9(a)]是否完好,状态指示灯是否正常[图 15-4-9(b)],主备电源标识是否清晰,开关操作是否灵活;查看系统主电源的保护开关是否采用漏电保护开关,控制器主电源引入线是否与消防电源直接连接[图 15-4-9(c)]。

在主备电源均处于工作状态情况下[图 15-4-9(d)],切断火灾报警控制器的主电源开关[图 15-4-9(e)],观察火灾报警控制器主电源故障指示灯是否点亮,备用电源是否供电[图 15-4-9(f)]。再恢复主电源,观察火灾报警控制器是否恢复正常供电,指示灯显示是否正常。

(a) 查看电源自动切换装置

(b) 查看电源指示灯

(c) 查看控制器主电源引入线

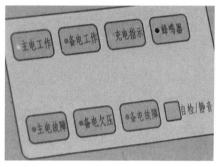

(d) 正常工作状态

(e) 切断主电源开关

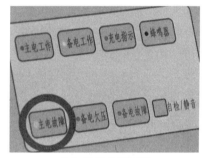

(f) 备用电源工作

图 15-4-9 电源功能巡查

（二）系统自动联动功能

　　将火灾自动报警系统联动方式置于自动状态如图 15-4-10 所示,在模拟确认火警的情况下进行自动联动功能的检查,观察着火层及相邻楼层声光警报装置、消防应急广播是否启动,防火卷帘是否动作,消防电梯及普通电梯是否迫降首层并自动打开,着火层非消防电源是否被切断,应急照明和疏散标志灯是否亮起,有关部位的空调送风机是否被停止,有关部位的防烟和排烟风机是否被启动,上述联动设备动作后,是否有信号反馈到控制中心。排除火情,控制中心复位,各联动设备停止运行复位后,观察系统是否恢复正常。

图 15-4-10　报警控制器自动允许设置

三、注意事项

（1）检查前应做好充分准备。查看被检查对象的系统竣工图纸，收集设计文件中相关技术要求，了解系统整体框架，掌握关键设备的操作方法及注意事项，最好能制订一份检查方案。

（2）检查过程中应注意安全。在火灾自动报警系统组件功能检查测试时，应将消防联动控制器设置为手动方式；在火灾自动报警系统自动联动功能检查测试前，应视情况告知被检查单位；在对联动设备检查测试过程中，消防控制中心应保持与受控设备现场，如消防泵房、风机房等的通信联络，现场受控设备如需长时间运行时应严格按照操作规程进行，防止设备、管道及管线等出现损坏，部分消防联动设备，如风阀、防火卷帘等须在现场复位。

（3）为提高巡查效率，火灾自动报警系统组件功能的检查可合并进行。

（4）系统组件或系统测试完成后，应使控制器及相关组件、受控设备复位，正压送风机、排烟风机、消火栓泵、喷淋泵等联动设备电气控制柜转换开关恢复"自动"状态。

（5）对巡查过程中发现的问题，应及时督促有关单位予以整改。

第十六章
城市消防远程监控系统

城市消防远程监控系统是对现有火灾自动报警系统等建筑消防设施的拓展和延伸,实现了消防监管部门对建筑物内各种建筑消防设施运行状态监控的规模化、区域化管理,将火灾探测报警、消防设施监管、消防通信指挥和灭火应急救援有机结合起来,最大限度地减少火灾造成的人民生命和财产损失。

为了能够给现代消防警务勤务机制提供有力支撑,全面提升社会火灾防控能力、灭火应急救援能力和队伍管理水平,在城市消防远程监控系统的基础上,仍然需要持续加快推进"智慧消防"建设,构建立体化、全覆盖的社会火灾防控体系,从"传统消防"向"现代消防"转变。

第一节　城市消防远程监控系统概述

城市消防远程监控系统能够对联网用户的建筑消防设施进行实时状态监测,实现对联网用户的火灾报警信息、建筑消防设施运行状态以及消防安全管理信息的接收、查询和管理,并为联网用户提供信息服务。

一、城市消防远程监控系统的分类

(一) 根据信息传输方式不同进行分类

(1) 有线城市消防远程监控系统

(2) 无线城市消防远程监控系统

(3) 有线/无线兼容城市消防远程监控系统

(二) 根据报警传输网络形式不同进行分类

(1) 基于公用通信网的城市消防远程监控系统

(2) 基于专用通信网的城市消防远程监控系统

(3) 基于公用/专用兼容通信网的城市消防远程监控系统

二、城市消防远程监控系统的设计原则

城市消防远程监控系统的设计应根据消防安全监督管理的应用需求,结合建筑消防

设施的实际情况,按照国家标准《城市消防远程监控系统技术规范》(GB 50440-2007)及现行有关国家标准的规定进行,同时应与城市消防通信指挥系统和公共通信网络等城市基础设施建设发展相协调。

城市消防远程监控系统的设计应能保证系统具有实时性、适用性、安全性和可扩展性。

(一)实时性

通过对建筑物火灾自动报警系统等建筑消防设施运行情况的监控,及时准确地将报警监控信息传送到监控中心,经监控中心确认后将火警信息传送到消防通信指挥中心,将故障信息等其他报警监控信息发送到相关部门。在处理报警信息过程中,应体现火警优先的原则。

(二)适用性

系统提供翔实的入网单位及其建筑消防设施信息,为消防部门防火及灭火救援提供有效服务。系统对用户实施主动巡检,及时发现设备故障,通知有关单位和消防部门。系统可以为城市消防通信指挥系统、重点单位信息管理系统提供联网单位的动态数据。

(三)安全性

系统必须在合理的访问控制机制下运行。用户对系统资源的访问,必须进行身份认证和授权,用户的权限分配应遵循最小授权原则并做到角色分离。对系统的用户活动等安全相关事件做好日记录并定期进行系统检查工作。

(四)可扩展性

远程监控系统的联网用户容量和监控中心的通信传输信道容量、信息存储能力等,应留有一定的余量,具备可扩展性。

三、城市消防远程监控系统的功能与性能要求

城市消防远程监控系统通过对各建筑物内火灾自动报警系统等建筑消防设施的运行实施远程监控,能够及时发现问题,实现快速处置,从而确保建筑消防设施正常运行,使其能够在火灾防控方面发挥重要作用。

(一)主要功能

能接收联网用户的火灾报警信息,向城市消防通信指挥中心或其他接处警中心传送经确认的火灾报警信息;能接收联网用户发送的建筑消防设施运行状态信息;能为公安机关消防机构提供查询联网用户的火灾报警信息、建筑消防设施运行状态信息及消防安全管理信息;能为联网用户提供自身的火灾报警信息、建筑消防设施运行状态信息查询和消防安全管理信息服务;能根据联网用户发送的建筑消防设施运行状态和消防安全管理信息进行数据实时更新。

(二)主要性能要求

监控中心能同时接收和处理不少于3个联网用户的火灾报警信息。从用户信息传输装置获取火灾报警信息到监控中心接收显示的响应时间不大于10 s。监控中心向城市消

防通信指挥中心或其他接处警中心转发经确认的火灾报警信息的时间不大于 3 s。监控中心与用户信息传输装置之间通信巡检周期不大于 2 h，并能够动态设置巡检方式和时间。监控中心的火灾报警信息、建筑消防设施运行状态信息等记录应备份，其保存周期不少于 1 年。按年度进行统计处理后，保存至光盘、磁带等存储介质上。录音文件的保存周期不少于 6 个月。远程监控系统具有统一的时钟管理，累计误差不大于 5 s。

四、系统设置与设备配置

城市消防远程监控系统的设置，地级及以上城市应设置一个或多个远程监控系统，并且单个远程监控系统的联网用户数量不宜大于 5 000 个。县级城市宜设置远程监控系统，或与地级及以上城市远程监控系统合用。监控中心设置在耐火等级为一、二级的建筑中，且宜设置在比较安全的部位；监控中心不能布置在电磁场干扰较强处或其他影响监控中心正常工作的设备用房周围。用户信息传输装置一般设置在联网用户的消防控制室内。联网用户未设置消防控制室时，用户信息传输装置宜设置在有人员值班的场所。

五、系统的电源要求

监控中心的电源应按所在建筑物的最高负荷等级配置，且不低于二级负荷，并应保证不间断供电。用户信息传输装置的主电源应有明显标识，并应直接与消防电源连接，不应使用电源插头；其他外接备用电源也应直接连接。

用户信息传输装置应有主电源与备用电源之间的自动切换装置。当主电源断电时，能自动切换到备用电源上；当主电源恢复时，也能自动切换到主电源上。主电源与备电源的切换不应使传输装置产生误动作。备用电源的电池容量应能提供传输装置在正常监视状态下至少工作 8 h。

六、系统的安全性要求

(一) 网络安全要求

各类系统接入远程监控系统时，能保证网络连接安全。对远程监控系统资源的访问要有身份认证和授权。建立网管系统，设置防火墙，对计算机病毒进行实时监控和报警。

(二) 应用安全要求

数据库服务器有备份功能。监控中心有火灾报警信息的备份应急接收功能。有防止修改火灾报警信息、建筑消防设施运行状态信息等原始数据的功能。有系统运行记录。

第二节　城市消防远程监控系统的组成

城市消防远程监控系统的主要设备包括：用户信息传输装置、报警受理系统、信息查询系统、用户服务系统和火警信息终端和通信服务器等。如图 16-2-1 所示。

用户信息传输装置作为城市消防远程监控系统的前端设备，设置在联网用户端，对联网用户内 400 的建筑消防设施运行状态进行实时监测,并能通过报警传输网络,与监控中心进行信息传输。报警传输网络是联网用户和监控中心之间的数据通信网络,一般依托公用通信网或专用通信网,进行联网用户的火灾报警信息、建筑消防设施运行状态信息和消防安全管理信息的传输。监控中心作为城市消防远程监控系统的核心,是对远程监控系统中的各类信息进行集中管理的节点。火警信息终端设置在城市消防通信指挥中心或其他接处警中心,用于接收并显示监控中心发送的火灾报警信息。

监控中心的主要功能在于能够为城市消防通信指挥中心或其他接处警中心的火警信息终端提供经确认的火灾报警信息,同时为公安消防部门提供火灾报警信息、建筑消防设施运行状态信息及消防安全管理信息查询服务,也能为联网用户提供各单位自身的火灾报警信息、建筑消防设施运行状态信息查询和消防安全管理信息服务。

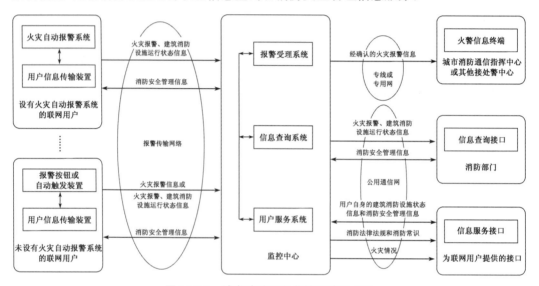

图 16-2-1　城市消防远程监控系统组成图

一、系统的工作原理

城市消防远程监控系统能够对系统内各联网用户的火灾自动报警信息和建筑消防设施运行状态等信息进行数据采集、传输、接收、显示和处理,并能为公安机关消防机构和联网用户提供信息查询和信息服务。同时,城市消防远程监控系统也能提供联网用户消防值班人员的远程查岗功能。

(一) 数据的采集和传输

城市消防远程监控系统通过设置在联网用户端的用户信息传输装置,实现火灾自动报警信息和建筑消防设施运行状态等信息的采集和传输。通过连接建筑消防设施的状态输出通信接口或开关量状态输出接口,用户信息传输装置实时监测所连接的火灾自动报警系统等建筑消防设施的输出数据和状态,通过数据解析和状态识别,准确获取建筑消防设施的运行工作状态。一旦建筑消防设施发出火警提示或设施运行状态发生改变,用户信息传输装置能够立即进行现场声光提示或信息指示,并按照规定的协议方式,对采集到的建筑消防设施运行状态信息进行信息协议编码,立即向监控中心传输数据。在实际应用中,用户信息传输装置与监控中心的通信传输链路一般设置主、备两路,先选择主要传输链路进行信息传送,一旦主要传输链路发生故障或信息传输失败,用户信息传输装置能够自动切换至备用传输链路向监控中心进行信息传送。

(二) 信息的接收和显示

设在监控中心的报警受理系统能够对用户信息传输装置发来的火灾自动报警信息和建筑消防设施运行状态信息进行接收和显示。报警受理系统在接收到报警监控信息后,按照不同信息类型,将数据存入数据库,同时数据也被传送到监控中心的监控受理座席,由监控受理座席进行相应警情的显示,并提示中心值班人员进行警情受理。监控受理座席的显示信息主要包括:

(1) 报警联网用户的详细文字信息,包括:报警时间、报警联网用户名称、用户地址、报警点的建筑消防设施编码和实际安装位置、相关负责人、联系电话等。

(2) 报警联网用户的地理信息,包括:报警联网用户在城市或企业平面图上的位置、联网用户建筑外景图、建筑楼层平面图、消火栓位置、逃生通道位置等,并可以在楼层平面图上定位具体报警消防设施的位置,显示报警消防设施类型等。

(三) 信息的处理

监控中心对接收到的信息,按照不同信息类型进行分别处理。

1. 火灾报警信息处理

监控中心接收到联网用户的火灾报警信息后,由中心值班人员根据警情信息,同联网用户消防控制室值班人员联系,进行警情确认,一旦火灾警情被确认后,监控中心立即向设置在城市消防通信指挥中心的火警信息终端传送火灾报警信息。同时,监控中心通过移动电话、SMS 短信息或电子邮件方式发送,向联网用户的消防责任人或相关负责人发送火灾报警信息。城市消防通信指挥中心通过火警信息终端,实时接收监控中心发送的联网单位火灾报警信息,并根据火警信息快速进行灭火救援力量的部署和调度。

2. 其他建筑消防设施运行信息的处理

监控中心将接收到建筑消防设施的故障及运行状态等信息通过 SMS 短信或电子邮件等方式发送给消防设施维护人员处理,同时也发送给联网用户的相关管理人员进行信息提示。

(四) 信息查询和信息服务

监控中心在对联网用户的火灾自动报警信息、建筑消防设施运行状态信息和消防安全管理信息进行接收和存储处理后,一般通过 Web 服务方式,向公安机关消防机构和联网用户提供相应的信息查询和信息服务。公安机关消防机构和联网用户通过登录监控中心提供的网站入口,根据不同人员系统权限,进行相应的信息浏览、检索、查询、统计等操作。

(五) 远程查岗

监控中心能够根据不同权限,为公安机关消防机构的监管人员或联网用户安全负责人提供远程查岗功能。监控中心通过信息服务接口收到远程查岗请求后,自动向相应被查询联网用户的用户信息传输装置发出查岗指令,用户信息传输装置立即发出查岗声、光指示,提示联网用户的值班人员进行查岗应答操作,并将应答信息传送至监控中心。监控中心再通过信息接口,向查岗请求人员进行应答信息的反馈。一旦在规定时间内,值班人员无应答,监控中心将向查岗请求人员反馈脱岗信息。

二、系统的组成

(一) 用户信息传输装置

用户信息传输装置设置在联网用户端,是通过报警传输网络与监控中心进行信息传输的装置,408 应满足国家标准《城市消防远程监控系统第 1 部分:用户信息传输装置》(GB 26875.1 - 2011)的要求。用户信息传输装置主要具备以下功能:

1. 火灾报警信息的接收和传输功能

用户信息传输装置应能接收来自联网用户火灾探测报警系统的火灾报警信息,并在 10 s 内将信息传输至监控中心。用户信息传输装置在传输除火灾报警和手动报警信息之外的其他信息期间,及在进行查岗应答、装置自检、信息查询等操作期间,如火灾探测报警系统发出火灾报警信息,传输装置应能优先接收和传输火灾报警信息。

2. 建筑消防设施运行状态信息的接收和传输功能

用户信息传输装置应能接收来自联网用户建筑消防设施的运行状态信息(火灾报警信息除外),并在 10 s 内将信息传输至监控中心。

3. 手动报警功能

用户信息传输装置应设置手动报警按键(钮)。当手动报警按键(钮)动作时,传输装置应能在 10 s 内将手动报警信息传送至监控中心。手动报警操作和传输应具有最高优先级。

4. 巡检和查岗功能

用户信息传输装置应能接收监控中心发出的巡检指令,并能根据指令要求将传输装置的相关运行状态信息传送至监控中心。同时用户信息传输装置应能接收监控中心发送的值班人员查岗指令,并能通过设置的查岗应答按键(钮)进行应答操作。

5. 故障报警功能

用户信息传输装置应具有本机故障告警功能,并能将相应故障信息传输至监控中心。

6. 自检功能

用户信息传输装置应有手动检查本机面板所有指示灯、显示器、音响器件和通信链路是否正常的功能。

7. 主、备电源切换功能

用户信息传输装置应具有主、备电源自动切换功能;备用电源的容量应能保证用户信息传输装置连续正常工作时间不小于 8 h。

(二) 报警受理系统

报警受理系统设置在监控中心,接收、处理联网用户按规定协议发送的火灾报警信息、建筑消防设施运行状态信息,并能向城市消防通信指挥中心或其他接处警中心发送火灾报警信息的设备。报警受理系统的软件功能应满足国家标准《城市消防远程监控系统第5部分:受理软件功能要求》(GB 26875.5-2011)。主要功能包括:

接收、处理用户信息传输装置发送的火灾报警信息。显示报警联网用户的报警时间、名称、地址、联系人电话、地理信息、内部报警点位置及周边情况等。对火灾报警信息进行核实和确认,确认后应将报警联网用户的名称、地址、联系人电话、监控中心接警人员等信息向城市消防通信指挥中心或其他接处警中心的火警信息终端传送。接收、存储用户信息传输装置发送的建筑消防设施运行状态信息,对建筑消防设施的故障信息进行跟踪、记录、查询和统计,并发送至相应的联网用户。自动或人工对用户信息传输装置进行巡检测试。显示和查询过去报警信息及相关信息。与联网用户进行语音、数据或图像通信。实时记录报警受理的语音及相应时间,且原始记录信息不能被修改。具有自检及故障报警功能。具有系统启、停时间的记录和查询功能。具有消防地理信息系统基本功能。

(三) 信息查询系统

信息查询系统是设置在监控中心为公安机关消防机构提供信息查询服务的设备。其软件功能应满足国家标准《城市消防远程监控系统第6部分:信息管理软件功能要求》(GB 26875.6-2011)。主要功能包括:

查询联网用户的火灾报警信息。查询联网用户的建筑消防设施运行状态信息,其内容符合表8-3-2《火灾报警信息和建筑消防设施运行状态信息表》的要求。存储、显示联网用户的建筑平面图、立面图,消防设施分布图、系统图,安全出口分布图,人员密集、火灾危险性较大场所等重点部位所在位置、人员数量等基本情况。查询联网用户的消防安全管理信息。查询联网用户的日常值班、在岗等信息。对上述查询信息,能按日期、单位名称、单位类型、建筑物类型、建筑消防设施类型、信息类型等检索项进行检索和统计。

(四) 用户服务系统

用户服务系统是设置在监控中心为联网用户提供信息服务的设备。其软件功能应满足《城市消防远程监控系统第6部分:信息管理软件功能要求》(GB 26875.6-2011)。主要功能包括:

为联网用户提供查询其自身的火灾报警、建筑消防设施运行状态信息、消防安全管理信息的服务平台。对联网用户的建筑消防设施日常维护保养情况进行管理。为联网用户提供符合消防安全重点单位信息系统数据结构标准的数据录入、编辑服务。通过随机查岗,实现联网用户的消防负责人对值班人员日常值班工作的远程监督。为联网用户提供使用权限管理服务等。

(五) 火警信息终端

火警信息终端设置在城市消防通信指挥中心或其他接处警中心,是接收并显示监控中心发送的火灾报警信息的设备。它具有以下功能:

接收监控中心发送的联网用户火灾报警信息,向其反馈接收确认信号,并发出明显的声、光提示信号。显示报警联网用户的名称、地址、联系人电话、监控中心值班人员、火警信息终端警情接收时间等信息。具有自检及故障报警功能。

（六）通信服务器

通信服务器能够进行用户信息传输装置传送数据的接收转换和信息转发,其软件功能应满足国家标准《城市消防远程监控系统第 2 部分:通信服务器软件功能要求》(GB 26875.2 - 2011)。它具有以下功能:

能够按照国家标准《城市消防远程监控系统第 3 部分:报警传输网络通信协议》(GB 26875.3 - 2011)规定的通信协议与用户信息传输装置进行数据通信。能够监视用户信息传输装置、受理座席和其他连接终端设备的通信连接状态,并进行故障告警。具有自检功能。具有系统启、停时间的记录和查询功能。

（七）数据库服务器

数据库服务器用于存储和管理监控中心的各类信息数据,主要包括联网单位信息数据、消防设施数据、地理信息数据和历史记录数据等,为监控中心内各系统的运行提供数据支持。

第三节　城市消防远程监控系统巡查

城市消防远程监控系统为公安机关消防机构提供一个动态掌控社会各单位消防安全状况的平台;强化了对社会各单位消防安全的宏观监管、重点监管和精确监管能力;并通过对火灾警情的快速确认,为消防员的灭火救援行动提供信息支持,进一步提高了消防员的快速反应能力。

一、巡查内容

城市消防远程监控系统巡查内容主要包括系统的用户信息传输装置、通信服务器软件、报警受理软件、信息查询系统软件、用户服务系统、火警信息中端软件的运行。

二、巡查方法及相应技术要求

（一）用户信息传输装置

（1）对用户信息传输装置的主电源和备用电源进行切换试验,每半年的试验次数不少于 1 次;

（2）每年检测用户信息传输装置的金属外壳与电气保护接地干线(PE)的电气连续性,若发现连接处松动或断路,及时修复。

（二）通信服务器软件

通信服务器软件投入使用后,要确保软件处于正常工作状态,并保持连续运行,不得擅自关闭软件。通信服务器软件必须由监控中心管理员进行维护管理,如因故障维修等原因需要暂时停用的,监控中心管理员应提前通知各联网用户单位消防安全负责人;恢复启用后,应及时通知各联网用户单位消防安全负责人。

（1）与监控中心报警受理系统的通信测试 1 次/日;

（2）与设置在城市消防通信指挥中心或其他接处警中心的火警信息终端之间的通信测试1次/日；

（3）实时监测与联网单位用户信息传输装置的通信链路状态，如检测到链路故障，应及时告知报警受理系统，报警受理系统值班人员应及时与联网用户单位值班人员联系，尽快解除链路故障；

（4）与报警受理系统、火警信息终端、用户信息传输装置等其他终端之间时钟检查1次/日；

（5）每月检查系统数据库使用情况，必要时对硬盘进行扩充；

（6）每月进行通信服务器软件运行日志整理。

（三）报警受理软件

报警受理软件投入使用后，要确保软件处于正常工作状态，并保持连续运行，不得擅自关闭软件。报警受理软件必须由监控中心管理员进行维护管理，如因故障维修等原因需要暂时停用的，监控中心报警受理值班员应提前通知系统管理员；恢复启用后，要及时通知系统管理员。

（1）用户信息传输装置模拟报警，检查报警受理系统能否接收、显示、记录及查询用户信息传输装置发送的火灾报警信息、建筑消防设施运行状态信息；

（2）模拟系统故障信息，检查报警受理系统能否接收、显示、记录及查询通信服务器发送的系统告警信息；

（3）用户信息传输装置模拟报警，检查报警受理系统能否收到该报警信息，收到该信息后能否驱动声器件和显示界面发出声信号和显示提示。火灾报警信息声提示信号和显示提示是否明显区别于其他信息，是否显示及处理优先。声信号可以手动消除，当收到新的信息时，声信号是否能再启动。信息受理后，相应声信号、显示提示是否自动消除；

（4）用户信息传输装置模拟报警，检查报警受理系统能否收到该报警信息，受理用户信息传输装置发送的火灾报警、故障状态信息时，是否能显示下列内容：

① 信息接收时间、用户名称、地址、联系人姓名、电话、单位信息、相关系统或部件的类型、状态等信息；

② 该用户的地理信息、建筑消防设施的位置信息以及部件在建筑物中的位置信息；

③ 该用户信息传输装置发送的不少于5条的同类型历史信息记录。

（5）用户信息传输装置模拟报警，检查报警受理系统能否对火灾报警信息进行确认和记录归档；

（6）用户信息传输装置模拟手动报警信息，检查报警受理系统能否将信息上报至火警信息终端，信息内容是否包括报警联网用户名称、地址、联系人姓名、电话，建筑物名称，报警点所在建筑物详细位置，监控中心受理员编号或姓名等；能否接收、显示和记录火警信息终端返回的确认时间、指挥中心受理员编号或姓名等信息；通信失败时是否能够告警；

（7）模拟至少10起用户信息传输装置故障信息，检查报警受理系统能否对用户信息传输装置发送的故障状态信息进行核实、记录、查询和统计；能否向联网用户相关人员或相关部门发送经核实的故障信息；能否对故障处理结果进行查询。

（四）信息查询系统软件

信息查询系统投入使用后，要确保软件处于正常工作状态，并保持连续运行，不得擅自关闭软件。信息查询系统必须由监控中心管理员进行维护管理，如因故障维修等原因需要暂时停用的，监控中心管理员应提前通知公安消防部门相关使用人员；恢复启用后，及时通知公安消防部门相关使用人员。

（1）以公安消防部门人员身份登录信息查询系统，检查信息查询系统能否查询所属辖区联网用户的火灾报警信息；

（2）以公安消防部门人员身份登录信息查询系统，检查信息查询系统能否按表 8-3-2 所列内容查询联网用户的火灾报警信息和建筑消防设施运行状态信息；

（3）以公安消防部门人员身份登录信息查询系统，检查信息查询系统能否按表 8-3-1 所列内容查询联网用户的消防安全管理信息；

（4）以公安消防部门人员身份登录信息查询系统，检查信息查询系统能否查询所属辖区联网用户的日常值班、在岗等信息；

（5）以公安消防部门人员身份登录信息查询系统，检查信息查询系统能否对火灾报警信息、建筑消防设施运行状态信息、联网用户的消防安全管理信息、联网用户的日常值班和在岗等信息，按日期、单位名称、单位类型、建筑物类型、建筑消防设施类型、信息类型等检索项进行检索和统计。

（五）用户服务系统

用户服务系统投入使用后，要确保软件处于正常工作状态，并保持连续运行，不得擅自关闭软件。用户服务系统必须由监控中心管理员进行维护管理，如因故障维修等原因需要暂时停用的，监控中心管理员应提前通知联网用户单位消防安全负责人；恢复启用后，要及时通知联网用户单位消防安全负责人。

（1）以联网单位用户身份登录用户服务系统，检查用户服务系统能否查询其自身的火灾报警、建筑消防设施运行状态信息及消防安全管理信息，建筑消防设施运行状态信息和消防安全管理信息是否能够包含《消防安全技术实务》第三篇第十三章规定的信息内容；

（2）以联网单位用户身份登录用户服务系统，检查用户服务系统能否对建筑消防设施日常维护保养情况进行管理；

（3）以联网单位用户身份登录用户服务系统，检查用户服务系统能否提供消防安全管理信息的数据录入、编辑服务；

（4）以联网单位消防安全负责人身份登录用户服务系统，检查用户服务系统能否通过随机查岗，实现对值班人员日常值班工作的远程监督；

（5）以不同权限的联网单位用户身份登录用户服务系统，检查用户服务系统能否提供不同用户不同权限的管理；

（6）以联网单位用户身份登录用户服务系统，检查用户服务系统能否提供消防法律法规、消防常识和火灾情况等信息。

（六）火警信息终端软件

火警信息终端投入使用后，要确保软件处于正常工作状态，并保持连续运行，不得擅自关闭软件。火警信息终端必须由监控中心管理员进行维护管理,如因故障维修等原因需要暂时停用的,火警信息终端值班员应提前通知系统管理员;恢复启用后,及时通知系统管理员。

（1）用户信息传输装置模拟手动报警信息,经报警受理系统受理确认以后,检查火警信息终端能否接收、显示、记录及查询监控中心报警受理系统发送的火灾报警信息;

（2）用户信息传输装置模拟手动报警信息,经报警受理系统受理确认以后,检查火警信息终端能否收到火灾报警及系统内部故障告警信息,是否能驱动声器件和显示界面发出声信号和显示提示。火灾报警信息声提示信号和显示提示是否明显区别于故障告警信息,且显示及处理优先。声信号是否能手动消除,当收到新的信息时,声信号是否能再启动。信息受理后,相应声信号、显示提示是否能自动消除;

（3）用户信息传输装置模拟手动报警信息,经报警受理系统受理确认以后,检查火警信息终端是否能显示报警联网用户的名称、地址、联系人姓名、电话、建筑物名称、报警点所在建筑物位置、联网用户的地理信息、监控中心受理员编号或姓名、接收时间等信息;经人工确认后,是否能向监控中心反馈确认时间、指挥中心受理员编号或姓名等信息;通信失败时能否告警。

三、系统运行中的常见问题

（1）针对持证的值班人员,如果系统认定在其他单位已经存在,则无法在实际联网单位的消控室值班人员中录入该人员。

处理方法:系统中持证人员所在单位信息应及时更新,或者系统开放对持证人员信息更新的功能,解决消防控制室值班人员流动性大而系统更新不及时的问题。

（2）收集的资料中按照持证编号在系统中查询,可以查询出信息,但是系统中登记的人员名称等与收集的资料表中不符。

处理方法:督促联网单位提供值班人员真实信息。

（3）资料表中消防主机必须提供正确的主机型号和正确的主机厂商,并且均是已经通过3C认证,并且是登记在系统中的,否则无法录入。

处理方法:建议总队系统中3C认证主机厂商和主机型号信息及时更新。

（4）如遇到特殊主机型号时,当前系统可能会存在识别问题,例如:海湾的主机部件号为6位编码,西门子的部件号是含有字符信息的。

处理方法:建议由总队系统研发单位解决相关问题。

（5）部件信息表中登记的部件信息有些与实际图纸不符,导致录入系统后无法进行标准。并且有些不存在的部件标注后无法移除。

处理方法:督促联网单位提供部件准确信息。

（6）录入联网设备与视频设备时必须提供固定的IP,否则只能以动态IP形式录入,如后面单位使用消防专网时,又需要更新系统中的信息,才可以开通,所以新单位的网络尽量提前到位。联网单位中一些新建工程由于土建或网络设施施工未完成,常常导致单位验收时网络无法开通,不能正常联网。

处理方法:督促联网单位网络提前到位,或者录入联网设备与视频设备时不必须提供固定的IP。

第十七章
其他建筑消防设施

为了提高建筑自防自救的能力,同时为消防人员在建筑内实施灭火救援行动提供便利,建筑物中还应设置其他消防设施,如消防应急照明系统、消防电梯、防火门、防火卷帘等。

第一节 消防应急照明和疏散指示系统

当建筑物发生火灾,正常照明电源被切断时,消防应急照明系统可为受困人员提供必要的疏散照明和疏散方向指示,以免因看不清路面、辨别不出方向而发生拥挤、碰撞、摔倒等,进而引发人员伤亡事故;同时,也有助于消防员进行灭火、抢救伤员和疏散物资等行动,因此,设置符合规定的消防应急照明和疏散指示系统十分重要。

一、消防应急照明和疏散指示系统概述

消防应急照明和疏散指示系统是指为人员疏散、消防作业提供照明和疏散指示的系统,由各类消防应急灯具及相关装置组成。消防应急照明和疏散指示系统有别于消防人员使用的便携式强光电筒,它是综合建筑内部布局、使用性质、建筑高度、内部工作人员体能等因素,结合国家相关技术规范设计出来的。在主电工作状态下消防应急照明和疏散指示系统的蓄电池处于充电状态,在主电断开时,则依靠蓄电池进行供电。

(一)相关概念

1. 消防应急灯具

消防应急灯具是消防应急照明系统的重要组成部分,它是为人员疏散、消防作业提供照明和标志的各类灯具,包括消防应急照明灯具和消防应急标志灯具。

2. 消防应急照明灯具

消防应急照明灯(图 17-1-1)是消防应急灯具的一个主要类别,它是为人员疏散、消防作业提供照明的消防应急灯具。

图 17-1-1　消防应急照明灯

3. 消防应急标志灯具

消防应急标志灯是消防应急灯具的另一个主要类别,它是用图形和文字完成下述功能的消防应急灯具:指示安全出口(图17-1-2)、楼层和避难层(间);指示疏散方向(图17-1-3);指示灭火器材、消火栓箱、消防电梯、残疾人楼梯位置及其方向;指示禁止入内的通道、场所及危险品存放处。

图17-1-2 安全出口标志

图17-1-3 疏散指示标志

4. 消防应急照明标志复合灯具

消防应急照明标志灯(图17-1-4)也是消防应急灯具的一个类别,它是同时具备消防应急照明灯和消防应急标志灯功能的消防应急灯具。

5. 自带电源型消防应急灯具

自带电源型消防应急灯具是指电池、光源及相关电路装在灯具内部的消防应急灯具。通常安装在小型场所。

图17-1-4 消防应急照明标志灯

6. 子母型消防应急灯具

子母型消防应急灯具是指子消防应急灯具内无独立的电池而由与之相关的母消防应急灯具供电,其工作状态受母灯具控制的一组消防应急灯具。

7. 集中控制型消防应急灯具

集中控制型消防应急灯具是指工作状态由应急照明控制器控制的消防应急灯具。

8. 集中电源型消防应急灯具

与自带电源型消防应急灯具不同,集中电源型消防应急灯具是指灯具内无独立的电池而由集中供电装置供电的消防应急灯具。

9. 应急照明集中电源

应急照明集中电源与集中电源型消防应急灯具配套使用,它是指在火灾发生时,为集中电源型消防应急灯具供电的非主电电源。

(二)消防应急照明系统分类

消防应急照明系统按系统形式可分为自带电源集中控制型、自带电源非集中控制型、集中电源集中控制型和集中电源非集中控制型。其主要设备包括消防应急灯具、集中电源等。

其中消防应急灯具的分类情况如下:按用途分为标志灯具、照明灯具、照明标志复合灯具;按工作方式分为持续型、非持续型;按应急供电形式分为自带电源型、集中电源型、子母型;按应急实现方式分为集中控制型、非集中控制型。

二、消防应急照明和疏散指示系统应用

消防人员进入室内搜救被困人员时,可沿应急标志灯的反方向进行。因为,被困人员通常位于疏散通道沿线或附近房间内。考虑到消防应急照明灯及应急标志灯设置位置及间距等因素,消防人员利用消防应急照明系统进行抢险救援时,应注意以下事项:

(1) 由于大多数应急照明灯设置在顶部或靠近顶部的墙壁上,因此,其光照强度极易受到烟气的干扰,为此,消防人员应随身携带强光电筒以备应急之需。

(2) 依靠蓄电池供电的应急照明灯及应急标志灯,其供电时间是有限的,有些由于损坏、缺乏维护保养,甚至不能正常工作,因此,消防人员也应随身携带强光电筒。

(3) 在疏散走道内寻找应急标志灯时,应尽量使身体保持低姿态,目视走廊两侧 1 m 以下的墙面,在寻找到第一个应急标志灯后,顺着其指示方向,应该在 10~20 m 范围内发现下一个标志灯,遇有交叉、拐弯等情况时,应分别查看所设标志灯的指示方向,综合判定后,再决定下一步的疏散方向,避免在环形通道内迷失方向。

(4) 在没有走道的大空间建筑内,其应急标志灯一般设置在吊顶下或地面上,因此,消防人员应注意观察吊顶或地面上设置的应急标志灯所显示的方向。

(5) 在隧道、车库内进行抢险救援时,消防人员可借助地面或墙面、结构柱下部涂刷的交通标志进行抢险救援。

(6) 当消防人员在抢险救援现场设置应急照明和应急标志灯时,应将光源设置在安全出口附近,光束射向疏散通道。

(7) 搜救过程中,消防人员应佩戴空气呼吸器、通信工具及破拆器具,以免迷失方向、与指挥中心失去联系或被困人员被锁、被卡等问题。

三、消防应急照明和疏散指示系统巡查

消防员开展"六熟悉"时应对辖区单位的消防应急照明和疏散指示系统进行巡查,掌握其工作状态是否符合相关技术要求并采用相应检查方法进行必要测试。

(一) 巡查内容

消防应急照明系统巡查内容主要包括:消防应急照明灯的外观、安装位置、工作状态及运行情况;消防应急疏散标志灯的外观、位置、指示方向、工作状态及运行情况;应急电源的转换功能、自动启动功能、报警功能等。

(二) 巡查方法

1. 消防应急照明灯具

(1) 查看消防应急照明灯外观。消防应急照明灯应牢固、无遮挡,状态指示灯正常。

(2) 切断正常供电电源,模拟交流电源故障,查看消防应急照明灯是否立即转入应急状态,转换时间不应大于 5 s。其中,自带电源型和子母电源型切断其主供电电源;集中电

源型切断其控制器主电源；接在消防配电线路上的应急照明灯具，切断非消防电源。切断电源后应测试消防应急照明灯的启动功能。

① 自动启动功能

使一集中控制型消防应急照明灯具所在防火分区的火灾探测器发出报警信号，观察该防火分区内消防应急照明灯的动作情况及消防控制设备信号显示情况。当集中电源型消防应急照明灯具的主电源断电后，应急电源应立即投入工作，消防应急照明灯应及时启动，并向消防控制设备反馈其动作信号。

② 现场启动功能

操作消防应急照明灯具上的试验按钮(图 17-1-5)，观察消防应急照明灯的动作情况。消防应急照明灯具断电后应及时投入工作。

图 17-1-5　消防应急照明灯电源状态指示灯和试验按钮

③ 远程启动功能

在消防控制设备上手动启动一防火分区消防应急照明灯的控制按钮，观察受其控制的消防应急照明灯的动作情况及消防控制设备信号显示情况。受其控制的消防应急照明灯应转入应急工作状态，消防控制设备应有该防火分区火灾应急灯具动作的反馈信号显示。

(3) 检查照明情况及照度。使用照度计，测量两个疏散照明灯之间地面中心的照度；达到规定的应急工作状态持续时间时，重复测量上述测点的照度。

疏散走道的地面最低水平照度不应低于 1.0 lx；人员密集场所、避难层(间)内的地面最低水平照度不应低于 3.0 lx，病房楼或手术部的避难间不应低于 10.0 lx；楼梯间、前室或合用前室、避难走道内的地面最低水平照度不应低于 5.0 lx；消防控制室、消防水泵房、自备发电机房、配电室、防烟排烟机房以及发生火灾时仍需正常工作的消防设备房，使用照度计测量正常照明时的工作面照度；切断正常照明后，测量应急照明时工作面的最低照度。

(4) 检查照明时间。切断正常供电电源后，持续应急工作时间不应低于 30 min。

2. 消防应急标志灯具

(1) 查看消防应急标志灯外观和位置，核对指示方向。消防应急标志灯应牢固、无遮挡，疏散方向的指示应正确清晰，状态指示灯应正常状态指示灯正常。

(2) 切断正常供电电源，模拟交流电源故障，查看消防应急标志灯是否立即转入应急状态，转换时间不应大于 5 s。

(3) 检查照明情况及照度。在消防应急标志灯前通道中心处，用照度计测量地面照度；达到规定的应急工作状态持续时间时，重复测量上述测点的照度，不应低于 1.0 lx。

(4) 检查照明时间。切断正常供电电源后，持续应急工作时间不应低于 30 min。

第二节　　　　防火门（窗）

防火门（窗）是指在一定时间内，连同框架能满足耐火完整性、隔热性等要求的门（窗）。防火门（窗）是建筑物防火分隔的措施之一，通常用在防火墙上、楼梯间出入口、疏散走道、或管井开口部位，能够阻隔烟、火，对防止烟、火的扩散和蔓延、减少火灾损失起重要作用。如果防火门（窗）在火场中不能关闭严密，火灾烟气就有可能通过失去阻烟挡火作用的防火门（窗）蔓延开来，阻碍人员逃生疏散，加剧火灾危害。

一、防火门（窗）概述

（一）防火门（窗）分类

防火门可以按使用材质、门扇数量和耐火性能等分类。

1. 按使用材质分类

防火门按使用材质的不同分为四类，如图 17-2-1 所示。

（1）木质防火门

用难燃木材或难燃木材制品制作门框、门扇骨架和门扇面板，门扇内填充对人体无毒无害的防火隔热材料，并配以防火五金配件所组成的具有一定耐火性能的门。

（2）钢质防火门

用钢质材料制作门框、门扇骨架和门扇面板，门扇内填充对人体无毒无害的防火隔热材料，并配以防火五金配件所组成的具有一定耐火性能的门。

（3）钢木质防火门

用钢质和难燃木质材料或难燃木材制品制作门框、门扇骨架和门扇面板，门扇内填充对人体无毒无害的防火隔热材料，并配以防火五金配件所组成的具有一定耐火性能的门。

（4）其他材质防火门

采用除钢质、难燃木材或难燃木材制品之外的无机不燃材料或部分采用钢质、难燃木材、难燃木材制品制作门框、门扇骨架和门扇面板，门扇内填充对人体无毒无害的防火隔热材料，并配以防火五金配件所组成的具有一定耐火性能的门。

（a）木质　　　　　　（b）钢质　　　　　　（c）钢木质

图 17-2-1　防火门材质

2. 按开闭状态分类

防火门还可按开闭状态分为：常闭防火门和常开防火门，如图 17-2-2 所示。

（1）常闭防火门平常在闭门器的作用下处于关闭状态。

（2）常开防火门平常在防火门释放器作用下处于开启状态。火灾时释放器自动释放，防火门在闭门器和顺序器的作用下关闭。

（a）常闭式防火门　　　　　　　　（b）常开式防火门

图 17-2-2　防火门基本型式

3. 按耐火性能分类

防火门按耐火性能分为 A、B、C 三类。

（1）A 类防火门又称为隔热防火门，在规定时间内，能同时满足耐火完整性和隔热性要求的防火门，耐火等级分别为 0.50 h（丙级）、1.00 h（乙级）、1.50 h（甲级）和 2.00 h、3.00 h。

（2）B 类防火门又称为部分隔热防火门，其耐火隔热性要求为 0.50 h，耐火完整性等级分别为 1.00 h、1.50 h、2.00 h、3.00 h。

（3）C 类防火门又称为非隔热防火门，对其耐火隔热性没有要求，在规定的耐火时间内仅满足耐火完整性的要求，耐火完整性等级分别为 1.00 h、1.50 h、2.00 h、3.00 h。

除上述分类方法外，按门扇数量还可分为单扇、双扇、多扇防火门；按结构形式分为带亮窗、带防火玻璃、带玻璃带亮窗、无玻璃防火门等。

防火窗按窗扇开启状态分为固定式和活动式，活动式防火窗有可开启窗扇，且装配有窗扇启闭控制装置；按耐火极限分为甲、乙、丙三级，耐火等级分别为 1.50 h、1.00 h、0.50 h。

（二）防火门结构

防火门主要由门扇、门框、亮窗、门扇玻璃、闭门器、顺序器、防火门释放器、耐火五金配件、密封条以及中缝盖缝板等部件的全部或部分组成。以双扇带玻璃带亮窗防火门为例，其组成如图 17-2-3 所示。

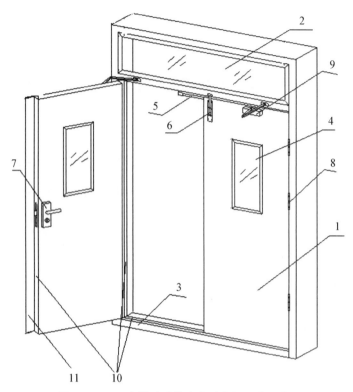

图 17-2-3　双扇带玻璃带亮窗防火门组成示意图

1—门扇；2—亮窗；3—门框；4—门扇玻璃；5—防火顺序器；6—防火插销；7—防
火锁；8—防火合页；9—防火闭门器；10—密封条；11—中缝盖缝板

1. 闭门器

闭门器(图 17-2-4)安装于防火门门扇上，在张紧作用下保证门扇在开启角度不大于
70°时能够自行关闭。

图 17-2-4　闭门器

图 17-2-5　顺序器

2. 顺序器

顺序器(图 17-2-5)安装在双、多扇防火门上，保证双扇或多扇防火门门扇按顺序关
闭，确保其防火、防烟功能。

3. 释放器

释放器(图 17-2-6)安装在常开防火门上,使防火门平时保持常开,火灾时能自动释放,并保证防火门门扇在闭门器作用下能自行关闭。既方便日常使用,又能在火场中保证防火门的封闭状态,防止建筑内防火门在火灾中处于开启状态。

图 17-2-6 释放器

二、防火门操作

(一) 防火门开启

1. 常闭防火门开启

图 17-2-7 防火门执手

如图 17-2-7 所示,转动防火门执手,向外推开(或向内拉开)防火门门扇至不大于 70°,人员通过后松开执手即可。

2. 常开防火门开启

如常开防火门处于关闭状态,转动防火门执手,向外推开(或向内拉开)防火门门扇,接近释放器时放慢开启速度,观察释放器吸合门扇后,松开执手即可。常开防火门可保持常开状态。

(二) 防火门关闭(释放)

1. 常闭防火门关闭

当防火门门扇开启角度不大于 70°时,防火门可在闭门器的作用下自行关闭。出现以下情形时,应当予以手动辅助:防火门开启角度过大超出闭门器有效工作范围;闭门器张力调节不当,防火门无法自行关闭或关闭不严;顺序器失效,无法保证双扇(多扇)防火门的顺序关闭。

2. 常开防火门关闭(释放)

自动或手动释放防火门,防火门即可在闭门器的作用下自行关闭,必要时予以手动辅助。

防火门的释放方法如下:

(1) 现场释放

如图 17-2-8 所示,释放器上一般设置有现场释放按钮,按下(拨动)按钮,常开防火门即可释放。

图 17-2-8 释放器现场释放按钮

（2）消防控制室远控释放

如图 17-2-9 所示，按下消防控制室联动控制盘上的对应按钮，可完成常开防火门的释放过程。

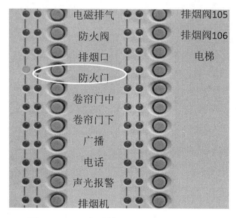

图 17-2-9 消防控制室远控释放按钮

（3）自动释放

如图 17-2-10 所示，触发常开防火门所在防火分区内的两只独立的火灾探测器或一只火灾探测器与一只手动火灾报警按钮，常开防火门自动释放。

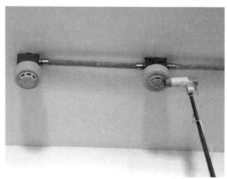

图 17-2-10 防火门配用火灾探测器

（4）楼层断电释放

切断楼层配电箱电源，也可完成常开防火门释放。

（三）应急操作

防火门在实际使用过程中常存在以下主要问题：常闭式防火门保持常开，火灾情况下没有应急措施将其关闭；认为防火门不美观、厚重或者阻碍了通行，随意将防火门变更换为普通门或者拆除；双扇防火门缺少闭门器和顺序闭门器，或者闭门器损坏。由于存在以上问题，火灾烟气就有可能通过失去阻烟挡火作用的防火门安装处蔓延开来，加剧火灾危害。因此，火灾时，为防止烟、火从敞开着的防火门处蔓延，火场指挥员应组织消防人员佩戴空气呼吸器等个人防护装备、通信、照明、破拆工具、器械等进入建筑内部，对处于敞开状态的防火门实施关闭操作。

对于依靠闭门装置实现自行关闭的防火门，其手动关闭方法是人工关门；对于常开型防火门，由于其门扇平时被电磁装置锁定，因此，在远距离释放失败后，消防人员应使用破拆工具将电磁装置（图17-2-11）破坏后，予以手动关闭。

图 17-2-11　常开防火门电磁装置破拆位置

当防火门上锁时，如人员处于防火门内侧，可通过转动锁销打开防火门。如人员处于防火门外侧，应当使用钥匙开启。紧急情况下，可使用破拆工具破拆，但应注意尽量破拆锁具，避免伤及门扇，以免损坏防火门的完整性。待被困人员疏散完毕，被打开的防火门应及时关闭，双扇、多扇门的关闭，还应注意关门顺序。

三、防火门（窗）巡查

消防员开展"六熟悉"时应对辖区单位的防火门（窗）进行巡查，掌握其工作状态是否符合相关技术要求并采用相应检查方法进行必要测试。

（一）巡查内容

防火门（窗）的巡查内容主要包括：防火门的外观、开启方向、关闭效果；双扇、多扇防火门的关闭顺序；常闭、常开防火门的自行关闭和信号反馈功能；防火窗的自行关闭和信号反馈功能；防火窗的自动关闭时间。

（二）巡查方法

1. 防火门

检查防火门的外观。防火门门框、门扇应无明显凹凸、擦痕等缺陷，在其明显部位应设有耐久性铭牌,内容清晰,设置牢固,组件齐全完好。查看防火门是否为向疏散方向开启的平开门,并在关闭后应从任何一侧手动开启。双扇防火门是否按顺序关闭,且启闭灵活、关闭严密。

（1）常闭防火门

开启常闭防火门,查看防火门是否能自动闭合;当装有信号反馈装置时,开、关状态信号应反馈到消防控制室。

（2）常开防火门

按下列方式操作,查看常开防火门运行情况和信号反馈功能后复位:

① 用专用测试工具,使常开防火门一侧的火灾探测器发出模拟火灾报警信号。常开防火门,其任意一侧的火灾探测器报警后应自动关闭,并应将关闭信号反馈至消防控制室。

② 在消防控制室启动防火门关闭功能,查看常开防火门在接到消防控制室手动发出的关闭指令后是否自动关闭,关闭信号是否反馈至消防控制室。

③ 现场手动启动防火门关闭装置,查看常开防火门在接到现场手动发出的关闭指令后是否自动关闭,关闭信号是否反馈至消防控制室。

2. 防火窗

查看防火窗的外观。防火窗表面应平整、光洁,无明显凹痕、机械损伤等缺陷,在其明显部位应设有耐久性铭牌。现场手动启动防火窗窗扇启闭控制装置时,查看活动窗扇是否灵活开启、关闭严密,同时无启闭卡阻现象。

按下列方式操作,查看防火窗运行情况和信号反馈功能后复位:

① 用专用测试工具,使活动式防火窗任一侧的火灾探测器发出模拟火灾报警信号。活动式防火窗,其任意一侧的火灾探测器报警后应自动关闭,并应将关闭信号反馈至消防控制室。

② 在消防控制室启动防火窗关闭功能,查看防火窗在接到消防控制室发出的关闭指令后是否自动关闭,关闭信号是否反馈至消防控制室。

③ 切断电源,加热温控释放装置至动作,观察防火窗动作情况,用秒表测试关闭时间。活动式防火窗应在 60s 内自动关闭。

第三节　　防火卷帘

防火卷帘是指在一定时间内,连同框架能满足耐火完整性、隔热性要求的卷帘。防火卷帘也是建筑物防火分隔的措施之一,通常设置在需要较大通行宽度的防火墙、自动扶梯、中庭等水平、垂直开口部位。由于这些开口部位连通了建筑的多个防火分区、多个楼层,火灾时,如果防火卷帘不能释放下来,则无法防止烟、火通过上述开口部位在建筑内四处蔓延,加剧火灾危害。

一、防火卷帘概述

(一) 防火卷帘分类

1. 按使用材料分类

防火卷帘可分为钢质防火卷帘、无机纤维复合防火卷帘及特级防火卷帘三类。

(1) 钢质防火卷帘

钢质防火卷帘指用钢质材料做帘板、导轨、座板、门楣、箱体等,并配以卷门机和控制箱所组成的能符合耐火完整性要求的卷帘,如图 17-3-1(a)所示。

(2) 无机纤维复合防火卷帘

无机纤维复合防火卷帘指用无机纤维材料做帘面(内配不锈钢丝或不锈钢丝绳),用钢质材料做夹板、导轨、座板、门楣、箱体等,并配以卷门机和控制箱所组成的能符合耐火完整性要求的卷帘,如图 17-3-1(b)所示。

(3) 特级防火卷帘

特级防火卷帘指用钢质材料或无机纤维材料做帘面,用钢质材料做导轨、座板、夹板、门楣、箱体等,并配以卷门机和控制箱所组成的能符合耐火完整性、隔热性和防烟性能要求的卷帘。

(a) 钢质防火卷帘

(b) 无机纤维复合防火卷帘

图 17-3-1 防火卷帘材质

2. 按耐火极限分类

钢质、无机纤维复合防火卷帘的耐火极限分别是 2.00 h,3.00 h;特级防火卷帘的耐火极限为 3.00 h。

3. 按启闭方式分类

防火卷帘按启闭方式可分为垂直卷、侧向卷和水平卷三类。

(二) 防火卷帘结构

防火卷帘主要由帘面、座板、导轨、支座、卷轴、卷门机(图 17-3-2)、防火卷帘控制器(如图 17-3-3)、电控操作盒(图 17-3-4)等部件组成,其结构示意图如 17-3-5 所示。

防火卷帘控制器由控制器主机(包括外设的手动控制装置)和速放控制装置构成,是防火卷帘完成其防火、防烟功能所必需的重要电控设备。

图 17-3-2　卷门机

图 17-3-3　防火卷帘控制器

图 17-3-4　防火卷帘电控操作盒

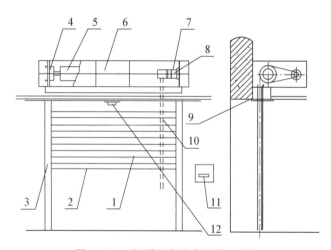

图 17-3-5　钢质防火卷帘结构示意图

1—帘面;2—座板;3—导规;4—支座;5—卷轴;6—箱体;7—限位器;8—卷门机;9—
门楣;10—手动拉链;11—电控操作盒;12—感温、感烟火灾探测器

二、防火卷帘操作

设置在建筑物中的防火卷帘主要有自动控制、现场电气手动控制以及机械应急操作三种控制方式。消防员应在"六熟悉"的过程中,掌握辖区防火卷帘的设置情况,针对防火卷帘可能存在自动及远程控制失败的情况制定应急预案,组织演练。

(一) 自动控制操作

1. 联动控制释放

如图 17-3-6 所示,设置在疏散通道上的防火卷帘具有两步关闭性能。触发防火分区内任两只独立的感烟火灾探测器或任一只专门用于联动防火卷帘的感烟火灾探测器,防火卷帘下降至距楼板面 1.8 m 处;当触发任一只专门用于联动防火卷帘的感温火灾探测器,防火卷帘下降至楼板面。

设置在非疏散通道上的防火卷帘,触发防火分区内任两只独立的火灾探测器,防火卷帘直接下降到楼板面。

在自动释放过程中,防火卷帘现场电控操作盒下降按钮处于失效状态。

 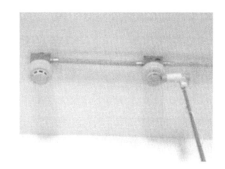

图 17-3-6 配用火灾探测器组

2. 现场温控自动释放

如图 17-3-7 所示,当温控释放装置的感温元件周围温度达到 73 ℃±0.5 ℃时,释放装置动作,卷帘依自重自动完成下降关闭。

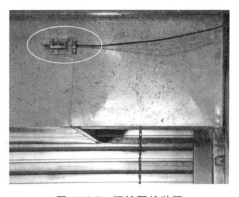

图 17-3-7 温控释放装置

（二）现场电气手动操作

1. 现场电控操作

如图 17-3-8 所示，为防止误操作，防火卷帘的现场电气控制按钮一般采取以下三种方式予以保护。对于设有按键锁的电控盒，消防人员应使用相应的钥匙或破拆工具，将盒盖打开，按下标识向上（向下）的按键，观察帘面启动后可松开按钮，控制箱发出卷帘动作声、光指示信号，卷帘上升（下降）至顶（底）后，在上（下）限位机构的作用下，卷帘自动停止运行，如需控制帘面的高度，可以在卷帘升降过程中，按下停止按钮，卷帘即可停止运行；对于设有面板电源锁的电控盒，消防人员应在使用专用工具解锁面板按键后进行操作；对于面板透明、可击碎的金属盒，消防人员应使用专用钥匙或破拆工具将盒盖打开后进行操作。

图 17-3-8　电控操作盒操作

2. 消防控制室远程控制操作

如图 17-3-9 所示，按下消防控制室联动控制盘上防火卷帘中位或下位按键，防火卷帘自动下降至中限位或下限位，卷帘控制箱同时发出动作声、光指示信号，观察控制室内防火卷帘启动指示及信号反馈情况。

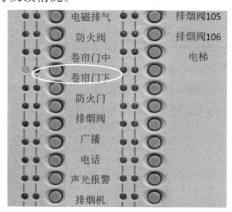

图 17-3-9　消防控制室远控操作

（三）机械应急操作

1. 手动机械操作

消防人员在现场通过操作电气控制按钮无法释放防火卷帘时，可采用手动机械方式释放卷帘。

防火卷帘的机械升降装置设置在卷帘电机座箱内,由一根控制释放用的钢丝绳和一根用于升起卷帘的链条组成。如果卷帘附近有吊顶,为便于检修,往往在对应卷帘电机座箱的吊顶上开一个检修孔,孔口用与吊顶颜色一致的盖板封堵。

消防人员在使用机械升降装置释放卷帘时,应使用人字型梯具。梯具摆放在有检修孔口下方,沿着与卷帘平行的方向展开,否则会影响卷帘的释放;梯具展开后,调整好高度,并用固定装置将梯具展开后的两侧梯段固定好,在有人保护的情况下,消防人员攀登至吊顶检修孔处,打开检修孔盖板,在强光电筒的照射下,找到速放装置上的钢丝绳拉环,用力拉动拉环即可释放卷帘,如图 17-3-10 所示。

图 17-3-10　现场速放装置操作

图 17-3-11　手动拉链操作

当发现防火卷帘的释放影响到人员疏散和火灾扑救时,消防人员可拉动卷帘附带的链条,将防火卷帘升起,如图 17-3-11 所示。

2. 现场破拆操作

(1) 现场电控操作盒的破拆

在无法获得现场电控操作盒钥匙或防火卷帘现场操作按钮无法发挥作用的情况下,可使用切割机破坏金属盒的锁具。切割机的切割面应与盒盖面保持垂直,沿锁眼所在位置切入,切入的深度能保证金属盒盖板打开即可。

(2) 防火卷帘帘面的破拆

使用切割机切割帘面时,应使切割面与帘板保持垂直,切口宜靠近卷帘的一侧,切口形状宜为门形,宽×高宜为 1.10 m×1.80 m。

三、防火卷帘巡查

消防员开展"六熟悉"时应对辖区单位设置的防火卷帘进行巡查,掌握其工作状态是否符合相关技术要求并采用相应检查方法进行必要测试。

(一) 巡查内容

防火卷帘的巡查内容主要包括:防火卷帘的外观、密闭性;防火卷帘控制器的动作和指示情况;防火卷帘的运行情况和信号反馈功能。

(二) 巡查方法

1. 防火卷帘帘面

查看卷帘帘面。外观表面不应有缝隙、裂纹、穿透性孔洞及明显压坑,无机纤维复合帘面不应有撕裂、缺角、挖补、破洞等缺陷。卷帘各接缝处、导轨、卷筒等缝隙,应有防火防烟密封措施,防止烟火窜入。

2. 防火卷帘控制器

确认防火卷帘控制器与卷门机或模拟卷门机负载连接并接通电源,处于正常监视状态。操作手动控制装置的上升、停止、下降按钮,或输入各种控制信号,观察动作和指示情况。切断防火卷帘控制器的主电源,使其由备用电源供电,再恢复主电源,检查主、备电源的转换、状态的指示情况。切断防火卷帘控制器的主电源和卷门机的电源,使控制器在备用电源供电的情况下,检查并记录速放控制装置动作情况。

3. 防火卷帘的控制功能测试

按下列方式操作,查看卷帘运行情况和信号反馈功能后复位:

(1) 现场启动测试

在现场手动启动防火卷帘内、外侧手动控制按钮,观察防火卷帘动作情况及消防控制设备信号显示情况。现场手动启动内、外侧手动控制按钮,防火卷帘上升、停止、下降等动作应正常,并向控制室消防控制设备反馈其动作信号。

(2) 远程启动测试

在控制室手动启动消防控制设备上的防火卷帘控制装置,观察防火卷帘动作情况及消防控制设备信号显示情况。在控制室消防控制设备上手动启动防火卷帘控制装置,防火卷帘停止、下降等动作正常,并向控制室消防控制设备反馈其动作信号。

(3) 自动启动测试

用专用测试工具或采用加烟、加温的方法使火灾探测器组的感烟、感温探测器分别发出烟、温模拟火灾信号,观察防火卷帘动作情况及消防控制设备信号显示情况。

用于分隔防火分区的防火卷帘,当防火分区内任两只独立的火灾探测器发出火灾报警信号后,防火卷帘直接下降到楼板面,并向控制室消防控制设备反馈其动作信号。

用于疏散通道上的防火卷帘,当防火分区内任两只独立的感烟火灾探测器或任一只专门用于联动防火卷帘的感烟火灾探测器发出火灾报警信号后,防火卷帘下降至距楼板面 1.8 m 处定位,并向控制室消防控制设备反馈中位信号;当触发任一只专门用于联动防火卷帘的感温火灾探测器发出报警信号后,防火卷帘下降至楼板面,并向消防控制设备反馈全闭信号。

第四节　　灭火器

灭火器是一种轻便的灭火工具,结构简单、操作方便、使用广泛,是扑救各类初起火灾的重要消防器材。

一、灭火器概述

(一) 灭火器分类

1. 按移动方式分类

灭火器可分为手提式和推车式两类。

2. 按驱动灭火剂的动力来源分类

灭火器结构根据驱动气体的驱动方式可分为：贮压式、外置储气瓶式、内置储气瓶式三种形式。

3. 按充装的灭火剂分类

灭火器按灭火剂的不同可分为水基型、干粉、二氧化碳灭火器、洁净气体灭火器等。

4. 按灭火类型分类

灭火器按灭火类型可分为 A 类灭火器、B 类灭火器、C 类灭火器、D 类灭火器、E 类灭火器等。

(二) 灭火器结构

灭火器配件主要由灭火器筒体、阀门(俗称器头)、灭火剂、保险销、虹吸管、密封圈和压力指示器(二氧化碳灭火器除外)等组成。

1. 手提式灭火器

手提式灭火器结构根据驱动气体的驱动方式可分为：贮压式、外置储气瓶式、内置储气瓶式三种形式。目前外置储气瓶式、内置储气瓶式灭火器已经停止生产，市场上主要是贮压式结构的灭火器，像 1211 灭火器、干粉灭火器、水基型灭火器等都是贮压式结构。

手提贮压式灭火器主要由筒体、器头阀门、喷(头)管、保险销、灭火剂、驱动气体(一般为氮气，与灭火剂一起充装在灭火器筒体内)、压力表以及铭牌等组成，如图 17-4-1 所示。手提式二氧化碳灭火器的结构与其他手提式灭火器的结构基本相似，只是二氧化碳灭火器的充装压力较大，取消了压力表，增加了安全阀，如图 17-4-2 所示。

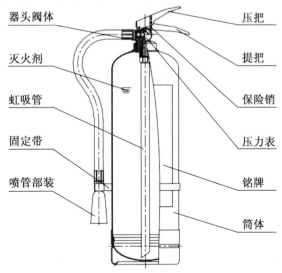

图 17-4-1　手提贮压式灭火器结构图

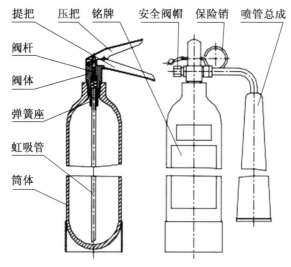

图 17-4-2　手提式二氧化碳灭火器结构图

2. 推车式灭火器

推车式灭火器主要由灭火器筒体、阀门机构、喷管喷枪、车架、灭火剂、驱动气体(一般为氮气,与灭火剂一起密封在灭火器筒体内)、压力表及铭牌组成,其结构如图 17-4-3 所示。

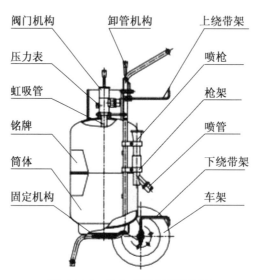

图 17-4-3　推车式灭火器结构图

二、灭火器操作

(一) 手提式灭火器

使用手提式干粉灭火器时,在距燃烧处 5 m 左右,放下灭火器,先拔出保险销,一手握住开启把,另一手握在喷射软管前端的喷嘴处。如灭火器无喷射软管,可一手握住开启压把,另一手扶住灭火器底部的底圈部分。先将喷嘴对准燃烧处,用力握紧开启压把,对准火焰根部扫射。在使用干粉灭火器灭火的过程中要注意,如果在室外,应尽量选择在上风方向。

使用手提式二氧化碳灭火器时,在室外使用的,应选择在上风方向喷射,使用时宜佩戴手套,不能直接用手抓住喇叭筒外壁或金属连接管,防止手被冻伤。在室内狭小空间使用的,灭火后操作者应迅速离开,以防窒息。

(二) 推车式灭火器

推车式灭火器一般由两人配合操作,使用时两人一起将灭火器推或拉到燃烧处,在离燃烧物 10 m 左右停下,一人快速取下喷枪(二氧化碳灭火器为喇叭筒)并展开喷射软管后,握住喷枪(二氧化碳灭火器为喇叭筒根部的手柄),另一人快速按逆时针方向旋动手轮,并开到最大位置。灭火方法和注意事项参照手提式灭火器。

三、灭火器适用范围

灭火器依据灭火剂的性质不同适用不同类型的火灾场所。

(一) A 类火灾(固体物质火灾)

水基型(水雾、泡沫)灭火器、磷酸铵盐干粉灭火器,均能有效扑救 A 类火灾。

(二) B 类火灾(液体或可融化的固体物质火灾)

泡沫灭火器、碳酸氢钠干粉灭火器、磷酸铵盐干粉灭火器、二氧化碳灭火器、洁净气体灭火器等可用于 B 类火灾的扑救。

(三) C 类火灾(气体火灾)

C 类火灾可用碳酸氢钠干粉灭火器、磷酸铵盐干粉灭火器、水基型(水雾)灭火器、洁净气体灭火器、二氧化碳灭火器进行扑救。

(四) D 类火灾(金属火灾)

这类火灾发生时可用扑灭金属火灾专用灭火器,例如 7150 灭火剂(俗称液态三甲基硼氧六环),这类灭火器我国目前没有现成的产品,它是特种灭火剂,适用于扑救 D 类火灾。也可用干沙、土或铸铁屑粉末代替进行灭火。

(五) E 类火灾(带电火灾)

物体带电燃烧时,可使用碳酸氢钠干粉灭火器、磷酸铵盐干粉灭火器、二氧化碳灭火器或洁净气体灭火器进行扑救。使用二氧化碳灭火器扑救电气火灾时,为了防止短路或触电不得选用装有金属喇叭喷筒的二氧化碳型灭火器;如果电压超过 600 V,应先断电后灭火,否则,600 V 以上电压很可能会击穿二氧化碳,使其导电,危害人身安全。

(六) F 类火灾(烹饪器具内的烹饪物火灾)

当烹饪器具内的烹饪物如动植物油脂发生火灾时,由于二氧化碳灭火器对 F 类火灾只能暂时扑灭,容易复燃,一般可选用碳酸氢钠类干粉灭火器、水基型(水雾、泡沫)灭火器进行扑救。

四、灭火器的维修及报废

（一）灭火器的维修

当灭火器出现明显的锈蚀、机械性的损伤、灭火剂泄露或者已经被开启使用等情况时，应及时进行维修。灭火器具体的维修时限详见表格17-4-1。

表 17-4-1　灭火器的维修时限

灭火器类型		维修期限
水基型灭火器	手提式水基型灭火器	出厂期满 3 年 首次维修以后每满 1 年
	推车式水基型灭火器	
干粉灭火器	手提式（贮压式）干粉灭火器	出厂期满 5 年 首次维修以后每满 2 年
	手提式（储气瓶式）干粉灭火器	
	推车式（贮压式）干粉灭火器	
	推车式（储气瓶式）干粉灭火器	
洁净气体灭火器	手提式洁净气体灭火器	
	推车式洁净气体灭火器	
二氧化碳灭火器	手提式二氧化碳灭火器	
	推车式二氧化碳灭火器	

（二）灭火器的报废

当灭火器出现下列几种情况时，应及时报废：

（1）筒体严重锈蚀，锈蚀的面积已经达到筒体总面积的 1/3 及以上，表面出现凹坑。

（2）筒体出现明显的变形，机械损伤严重。

（3）筒体为平底等结构不合理。

（4）器头存在裂纹，没有泄压机构。

（5）没有间歇喷射机构的手提式。

（6）没有生产厂名称和出厂年月，包括铭牌脱落，或者虽然有铭牌，但是已经看不清楚生产厂名称或者出厂的年月钢印无法识别。

（7）筒体有锡焊、铜焊或者补缀等修补痕迹。

（8）被火烧过。

当灭火器的出厂时间超过报废年限时应予以报废，报废年限如表 17-4-2 所示。

表 17-4-2　灭火器的报废时限

灭火器类型		维修期限
水基型灭火器	手提式水基型灭火器	6
	推车式水基型灭火器	
干粉灭火器	手提式(贮压式)干粉灭火器	10
	手提式(储气瓶式)干粉灭火器	
	推车式(贮压式)干粉灭火器	
	推车式(储气瓶式)干粉灭火器	
洁净气体灭火器	手提式洁净气体灭火器	
	推车式洁净气体灭火器	
二氧化碳灭火器	手提式二氧化碳灭火器	12
	推车式二氧化碳灭火器	

五、灭火器巡查

（1）灭火器的铭牌、生产日期和维修日期等标志应齐全；类型、规格、灭火级别和数量应符合配置要求。

（2）灭火器的筒体应无明显缺陷和机械损伤，保险装置完好无损，贮压式灭火器的压力指示器的指针应在绿区范围内。

（3）灭火器设置在明显和便于取用的地点，每点配置灭火器一般不应少于 2 只，保护距离宜为 15～20 m，不影响安全疏散。

（4）对有视线障碍的灭火器设置点，应设置指示其位置的发光标志。

（5）灭火器的摆放应稳固，其铭牌应朝外。手提式灭火器宜设置在灭火器箱内或挂钩、托架上，其顶部离地面高度不应大于 1.50 m；底部离地面高度不宜小于 0.08 m。灭火器箱不应上锁。

（6）灭火器不应设置在潮湿或强腐蚀性的地点，当必须设置时，应有相应的保护措施。灭火器设置在室外时，亦应有相应的保护措施。

（7）灭火器不得设置在超出其使用温度范围的地点。

（8）灭火器要有定期维护检查的记录。

第五节　干粉灭火系统

干粉灭火系统是由干粉供应源通过输送管道连接到固定的喷嘴上，通过喷嘴喷放干粉的灭火系统。干粉灭火系统是传统的四大固定式灭火系统（水、气体、泡沫、干粉）之一，应用广泛。《中国消耗臭氧层物质逐步淘汰国家方案》已将干粉灭火系统的应用技术列为卤代烷系统替代技术的重要组成部分。

一、干粉灭火系统概述

(一) 干粉灭火系统的分类

干粉灭火系统可以按灭火方式、设计情况和系统保护情况等分类。

1. 按灭火方式分类

(1) 全淹没干粉灭火系统

全淹没干粉灭后系统是指将干粉灭火剂释放到整个防护区,通过在防护区空间建立起灭火浓度来实施灭火的系统形式。该系统的特点是对防护区提供整体保护,适用于较小的封闭空间、火灾燃烧表面不宜确定且不会复燃的场合,如油泵房等类场合。

(2) 局部应用干粉灭火系统

局部应用干粉灭火系统是指通过喷嘴直接向火焰或燃烧表面喷射灭火剂实施灭火的系统。当不宜在整个房间建立灭火浓度或仅保护某一局部范围、某一设备、室外火灾危险场所等时,可选择局部应用干粉灭火系统,例如用于保护甲、乙、丙类液体的敞顶罐或槽,不怕粉末污染的电气设备以及其他场所等。

2. 按设计情况分类

(1) 设计型干粉灭火系统

设计型干粉灭火系统是指根据保护对象的具体情况,通过设计计算确定的系统形式。该系统中的所有参数都需经设计确定,并按要求选择各部件设备型号。一般较大的保护场所或有特殊要求的场所宜采用设计系统。

(2) 预制型干粉灭火系统

预制型干粉灭火系统是指由工厂生产的系列成套干粉灭火设备,系统的规格是通过地保护对象做灭火试验后预先设计好的,即所有设计参数都已确定,使用时只需选型,不必进行复杂的设计计算。当保护对象不很大且无特殊要求的场合,一般选择预制系统。

3. 按系统保护情况分类

(1) 组合分配系统

当一个区域有几个保护对象且每个保护对象发生火灾后又不会蔓延时,可选用组合分配系统,即用一套系统同时保护多个保护对象。

(2) 单元独立系统

若火灾的蔓延情况不能预测,则每个保护对象应单独设置一套系统保护,即单元独立系统。

4. 按驱动气体储存方式分类

(1) 储气式干粉灭火系统

储气式干粉灭火系统是指将驱动气体(氮气或二氧化碳)单独储存在储气瓶中,灭火使用时,再将驱动气体充入干粉储罐,进而携带驱动干粉喷射实施灭火。干粉灭火系统大多数采用的是该种系统形式。

(2) 储压式干粉灭火系统

储压式干粉灭火系统是指将驱动气体与干粉灭火剂同储于一个容器,灭火时直接启动干粉储罐。这种系统结构比储气系统简单,但要求驱动气体不能泄漏。

(3)燃气式干粉灭火系统

燃气式干粉灭火系统是指驱动气体不采用压缩气体,而是在火灾时点燃燃气发生器内的固体燃料,通过燃烧生成的燃气压力来驱动干粉喷射实施灭火。

(二)干粉的灭火机理

干粉在动力气体(氮气、二氧化碳)的推动下射向火焰进行灭火。干粉在灭火过程中,粉雾与火焰接触、混合,发生一系列物理和化学作用,既具有化学灭火剂的作用,同时又具有物理抑制剂的特点,其灭火机理介绍如下:

1. 化学抑制作用

燃烧过程是一种连锁反应过程,OH·和 H·上的·是维持燃烧连锁反应的关键自由基,它们具有很高的能量,非常活泼,而寿命却很短,一经生成,立即引发下一步反应,生成更多的自由基,使燃烧过程得以延续且不断扩大。干粉灭火剂的灭火组分是燃烧的非活性物质,当把干粉灭火剂加入燃烧区与火焰混合后,干粉粉末 M 与火焰中的自由基接触时,扑获 OH·和 H·,自由基被瞬时吸附在粉末表面。当大量的粉末以雾状形式喷向火焰时,火焰中的自由基被大量吸附和转化,使自由基数量急剧减少,致使燃烧反应链中断,最终使火焰熄灭。

2. 隔离作用

干粉灭火系统喷出的固体粉末覆盖在燃烧物表面,构成阻碍燃烧的隔离层。特别当粉末覆盖达到一定厚度时,还可以起到防止复燃的作用。

3. 冷却与窒息作用

干粉灭火剂在动力气体推动下喷向燃烧区进行灭火时,干粉灭火剂的基料在火焰高温作用下,将会发生一系列分解反应,钠盐和钾盐干粉在燃烧区吸收部分热量,并放出水蒸气和二氧化碳气体,起到冷却和稀释可燃气体的作用。磷酸盐等化合物还具有导致碳化的作用,它附着于着火固体表面可炭化,碳化物是热的不良导体,可使燃烧过程变得缓慢,使火焰的温度降低。

(三)干粉灭火系统的适用范围

干粉灭火系统迅速可靠,适用于火焰蔓延迅速的易燃液体;它造价低,占地小,不冻结,对于无水及寒冷的我国北方尤为适宜。

干粉灭火系统适用于灭火前可切断气源的气体火灾;易燃、可燃液体和可熔化固体火灾;可燃固体表面火灾;带电设备火灾。

干粉灭火系统不适用于火灾中产生含有氧的化学物质,例如硝酸纤维;可燃金属及其氢化物,例如钠、钾、镁等;可燃固体深位火灾。

二、干粉灭火系统的组成与工作原理

(一)干粉灭火系统的组成

干粉灭火系统在组成上与气体灭火系统类似。干粉灭火系统由干粉储存装置、输送管道和喷头等组成,如图 17-5-1 所示。其中干粉储存装置内设有启动气体储瓶、驱动气体储瓶、减压阀、干粉储存容器、阀驱动装置、信号反馈装置、安全防护装置、压力报警及控制器等。为确保系统工作的可靠性,必要时系统还需设置选择阀、检漏装置和称重装置等。

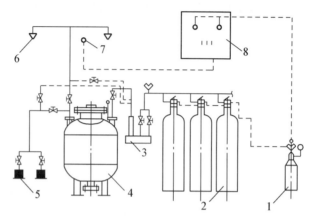

图 17-5-1 干粉灭火系统组成示意图

1—启动气体瓶组;2—驱动气体瓶组;3—减压器;4—干粉储存容器;
5—干粉枪及卷盘;6—喷嘴;7—火灾探测器;8—控制装置

1. 储气瓶型干粉灭火系统

储气瓶型干粉灭火系统由干粉灭火设备部分和自动报警、控制部分组成。前者由干粉储存容器及其配件、驱动气体储瓶、集流管、连接管、安全泄放装置、减压阀、过滤器、输粉管路、干粉喷头或干粉炮、干粉喷枪等构成;后者由火灾探测器、火灾报警控制器等组成。储气瓶型干粉灭火系统如图 17-5-2 所示。

图 17-5-2 储气瓶型干粉灭火系统示意图

2. 储压型干粉灭火系统

储压型干粉灭火系也称蓄压式系统,该系统没有驱动装置和单独驱动气体储存装置,干粉灭火剂与驱动气体预先混装在同一容器中,量一般较少且输送距离较短。系统构成如图 17-5-3 所示。

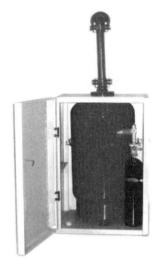

图 17-5-3　储压型干粉灭火系统示意图　　　图 17-5-4　预制干粉灭火系统示意图

3. 预制干粉灭火系统

预制干粉灭火系统是按一定的应用条件,将干粉储存装置和喷头等部件预先组装起来的成套灭火装置。预制干粉灭火装置主要由柜体、干粉储存容器、驱动气体储瓶、输粉管路和干粉喷头以及与之配套的火灾探测器、火灾报警控制器等组成,主要用来保护特定的小型设备或者小空间,既可用于局部保护方式,也可用于全淹没保护方式。系统构成如图 17-5-4 所示。

4. 干粉炮灭火系统

干粉炮灭火系统属于管网灭火系统,如图 17-5-5 所示,干粉炮是系统的喷放组件,其选用参数主要是射程和流量。按控制方式分,可分为手动干粉炮、电控干粉炮、电-液控干粉炮和电-气控干粉炮等。

图 17-5-5　干粉炮灭火系统示意图

（二）干粉灭火系统工作原理

干粉灭火系统启动方式可分为自动控制和手动控制，主要介绍其各类控制方式的工作原理。

1. 自动控制方式

保护对象着火后，温度上升达到规定值，探测器发出火灾信号到控制器，然后由控制器打开相应报警设备（如声光及警铃），当启动机构接收到控制器的启动信号后将启动瓶打开，启动瓶内的氮气通过管道将高压驱动气体瓶组的瓶头阀打开，瓶中的高压驱动气体进入集气管，经过高压阀进入减压阀，减压至规定压力后，通过进气阀进入干粉储罐内，搅动罐中干粉灭火剂，使罐中干粉灭火剂疏松形成便于流动的气粉混合物，当干粉罐内的压力升到规定压力数值时，定压动作机构开始动作，打开干粉罐出口球阀，干粉灭火剂则经过总阀门、选择阀、输粉管和喷嘴向着火对象，或者经喷枪射到着火对象的表面，进行灭火。

2. 手动控制方式

手动启动是防护区内或保护对象附近的人员在发现火险时启动灭火系统的手段之一，它们安装在靠近防护区或保护对象同时又是能够确保操作人员安全的位置。为了避免操作人员在紧急情况下错按其他按钮，要求所有手动启动装置都应明显的标示出其对应的防护区或保护对象的名称。

手动紧急停止按钮是在系统启动后的延迟时段内发现不需要或不能够实施喷放灭火剂的情况时可采用的一种使系统中止的手段。如有人错按了启动按钮；火情未到非启动灭火系统不可的地步，可改用其他简易灭火手段；区域内还有人员尚未安全撤离等。一旦系统开始喷放灭火剂，手动紧急停止装置便失去了作用。启用紧急停止装置后，虽然系统控制装置停止了后继动作，但干粉罐增压仍然继续，系统处于蓄势待发的状态，这时仍有可能需要重新启动系统，释放灭火剂。如有人错按了紧急停止按钮，防护区内的人员已经撤离等，所以要求做到在使用手动紧急停止装置后，手动启动装置可以再次启动。

根据使用对象和场合的不同，灭火系统亦可于感温、感烟探测器联动。在经常有人的地方也可采用半自动操作，即人工确认火灾，启动手动按钮就完成了全部喷粉灭火动作。

三、干粉灭火系统巡查

消防员开展"六熟悉"时应对辖区单位的干粉灭火系统进行巡查，掌握其工作状态是否符合相关技术要求并采用相应检查方法进行必要测试。

（一）巡查内容

干粉灭火系统的巡查主要是针对系统组件外观、现场运行状态、系统检测装置工作状态、安装部位环境条件等的日常检查。内容主要包括：喷头外观及其周边障碍物等；驱动气体储瓶、灭火剂储存装置、干粉输送管道、选择阀、阀驱动装置外观；灭火控制器工作状态；紧急启停按钮、释放指示灯外观等。

（二）巡查方法

采用目测观察的方法，检查系统及其组件外观、阀门启闭状态、用电设备及其控制装置工作状态和压力监测装置(压力表)的工作情况。

喷头外观应无机械损伤,内外表面无污物,喷头的安装位置和喷孔方向与设计要求一致;干粉储存容器无碰撞变形及其他机械性损伤,表面保护涂层完好;管道及管道附件的外观平整光滑,无碰撞、腐蚀;电磁驱动装置的电气连接线沿干粉储存容器的支架、框架或墙面固定,电磁铁心动作灵活,无卡阻现象;选择阀操作手柄安装在操作面一侧且便于操作,高度不超过 1.7 m,选择阀上设置标明防护区名称或编号的永久性标志牌,并固定在操作手柄附近;集流管是否固定在支架、框架上,且确定牢靠,装有泄压装置的集流管,泄压装置的泄压方向是否朝向操作面。

第六节　固定消防炮灭火系统

固定消防炮灭火系统是指由固定消防炮和相应配置的系统组件组成的固定灭火系统。固定消防炮灭火系统主要针对大空间及群组设备等保护对象的区域性火灾进行防护。

一、固定消防炮灭火系统概述

(一) 系统分类

1. 按喷射介质分类

(1) 水炮系统

水炮系统是指喷射水灭火剂的固定消防炮系统。

(2) 泡沫炮系统

泡沫炮系统是指喷射泡沫灭火剂的固定消防炮系统。

(3) 干粉炮系统

干粉炮系统是指喷射干粉灭火剂的固定消防炮系统。

2. 按安装形式分类

(1) 固定式消防炮系统

固定式消防炮系统由永久固定消防炮(图 17-6-1)和相应配置的系统组件组成,当防护区发生火灾时,开启消防水泵及管路阀门,灭火介质通过固定消防炮喷嘴射向火源,起到迅速扑灭或抑制火灾的作用。

(2) 移动炮系统

移动炮系统以移动式消防炮(图 17-6-2)为核心,是一种能够迅速接近火源、实施就近灭火的系统。

3. 按控制方式分类

(1) 远控消防炮系统

远控消防炮系统是指可以远距离控制消防炮向保护对象喷射灭火剂灭火的固定消防炮灭火系统。远控消防炮灭火系统能够实现远距离有线或无线控制,具有安全性高、操作简便和投资相对省等优点,适用于有爆炸危险性、产生强辐射热、灭火人员难以及时接近的场所。

图 17-6-1　固定式消防炮

图 17-6-2　移动式消防炮

（2）手动消防炮系统

手动消防炮灭火系统是指只能在现场手动操作消防炮的固定消防炮灭火系统。该系统具有结构简单、操作简便、投资省等优点，适用于热辐射不大、人员便于靠近的场所。

（3）智能型消防炮系统

智能型消防炮是利用红外火灾探测技术或人工智能图像识别技术自动识别火情，判断火源点的位置，自动调整消防炮的回转和俯仰角度，使其喷射口对准起火点，实现精准定点灭火的设备，该系统主要用于大空间场所室内火灾的扑救。

（二）系统结构

1. 水炮系统

水炮系统由水源、消防泵组、消防水炮、管路、阀门、动力源和控制装置等组成，如图 17-6-3 所示。

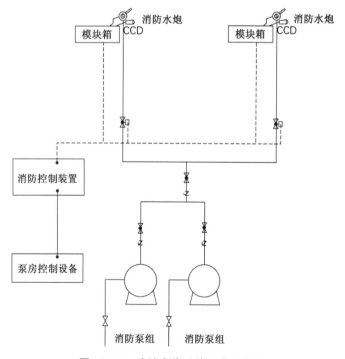
图 17-6-3　消防水炮系统组成示意图

2. 泡沫炮系统

泡沫炮系统由水源、泡沫液储罐、消防泵组、泡沫比例混合装置、管道、阀门、泡沫炮、动力源和控制装置等组成,如图 17-6-4 所示。

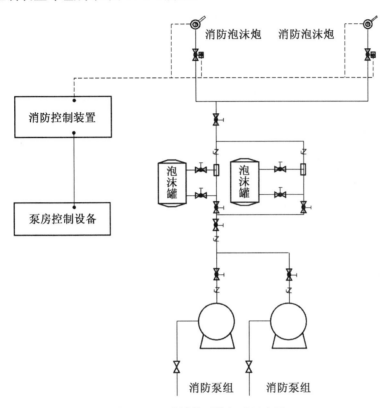

图 17-6-4 泡沫炮系统组成示意图

3. 干粉炮系统

干粉炮系统由干粉罐、氮气瓶组、管道、阀门、干粉炮、动力源和控制装置等组成,如图 17-6-5 所示。

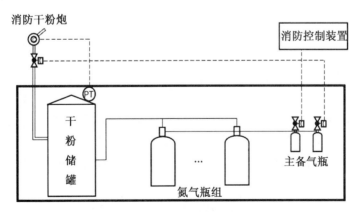

图 17-6-5 干粉炮系统组成示意图

二、固定消防炮灭火系统操作

(一) 远控消防炮系统操作

远控消防水炮系统可自动和手动控制。

1. 自动控制

当火灾发生时,火灾探测设备探测到火警信号,并将信号传送到消防控制中心,控制主机接收火灾报警信号后,发出控制指令,调整消防炮俯仰角对准着火点,开启电磁阀,启动水泵向系统供水,水炮喷水灭火。

2. 手动控制

若值班人员先发现火灾,也可快速手动开启系统灭火。使用消防炮前,首先疏散炮口前所有人员,以免发生危险。根据火场情况,不断调节炮身的水平和俯仰角度,以调节喷射距离和高度,让水或空气泡沫混合液能够充分覆盖在燃烧物上松开锁紧把手,调整到使用角度即可喷射。

(二) 智能型消防炮系统操作

智能消防炮灭火系统主要有四种控制方式,自动控制、远程控制、现场应急电控和完全现场手动操作。

1. 消防控制中心自动控制

当红外线探测到火灾时,向系统信息处理主机发出报警信号,信息处理主机向火灾自动报警系统发出报警信号,并显示准确的火灾报警地址信息,同时消防炮集中控制盘自动启动相应位置的消防炮,消防炮上的水平、垂直扫描探测机构进行搜索定位并锁定着火源后,启动水泵,打开电动阀,消防炮喷射灭火。

2. 消防控制中心远程控制

当火灾发生时,红外线探测器将火灾信号传至消防控制中心,控制中心值班人员手动选择并启动相应的消防炮,将炮位摄像机的视频图像显示在主操作台的显示屏上,操纵炮的控制摇柄进行搜索定位并锁定着火源,按下启动按钮启动水泵、电动阀,消防炮喷射灭火。

3. 现场应急电控

当现场值班人员发现火情,并确定不宜用常规方式灭火时,按下"手动报警"按钮或者按任何一个控制按钮,即可产生报警信号。消防炮信息处理主机自动启动相对应地理位置的消防炮电源,同时通过通信接口向火灾自动报警系统主机发出火灾报警信号和着火源的地址,由火灾自动报警系统主机发出火灾报警并进行联动操作。现场人员操纵手控盒中的按钮,将炮口对准火源,按下启动按钮,启动水泵、电动阀,消防炮喷射灭火。

4. 完全手动控制

火灾发生时,在消防泵能启动而其他设备全部断电的情况下,可以用手直接摇动消防炮上的垂直、水平转动手轮及电动阀上的手轮,对准火源,喷射灭火。

三、固定消防炮灭火系统巡查

消防员开展"六熟悉"时应对辖区单位设置的固定消防炮进行巡查,掌握其工作状态是否符合相关技术要求并采用相应检查方法进行必要测试。

(一) 巡查内容

固定消防炮灭火系统的巡查内容主要包括:系统组件、电气检查和系统功能检查。

(二) 巡查方法

将系统置于自动状态,在末端试水装置火灾探测器的探测范围内设置试验火源,火灾探测器能迅速准确地探测到试验火源,发出声光报警信号并及时自动启动消防泵,开启电动阀。在消防泵正常供水前后模拟喷射装置都能一直保持正常喷射,水流指示器和电动阀发出相应信号到火灾报警控制器,说明系统探测报警和联动供水正常。但末端试水装置不能测试喷射装置的扫描定位功能和多个探测器同时探测定位的功能。该功能在电动阀置于手动状态时,采用保护区现场设置试验火源的方法对探测器进行单点和多点测试,即测试相应功能。

第七节　消防供配电系统

当建筑物内发生火灾时,如果没有可靠的电源,消防设施将无法正常工作,直接导致不能及时报警与灭火,不能有效疏散人员、物资和控制火势蔓延,势必造成重大损失。因此,保障建筑消防用电设备的供电可靠性十分重要。

一、消防供配电系统概述

(一) 消防用电的负荷等级

消防用电包括消防控制室照明、消防水泵、自动灭火系统或装置、火灾探测与报警系统、防烟排烟设施、疏散照明、疏散指示标志、消防电梯和电动的防火门窗、卷帘、阀门等。消防用电的负荷根据供电可靠性和中断供电所造成的损失或影响的程度,分为一级负荷、二级负荷和三级负荷。

1. 一级负荷

(1)一级负荷适用的场所。下列场所的消防用电应按一级负荷供电:

建筑高度大于 50 m 的乙、丙类生产厂房和丙类物品库房、一类高层民用建筑、一级大型石油化工厂、大型钢铁联合企业、大型物资仓库等。

(2)一级负荷的供电要求。一级负荷供电必须由两个电源供电,且应符合以下条件:

① 当一个电源发生故障时,另一个电源不应同时受到破坏。

② 对于特别重要的负荷,除由两个电源供电外,还应增设应急电源,同时严禁将其他负荷接入应急供电系统,应急电源可以是独立于正常电源的发电机组、供电网中独立于正常电源的专用馈电线路、蓄电池或干电池。

（3）可视为一级负荷的情况。

① 电源来自两个不同的发电厂。

② 电源来自两个区域变电站（电压一般在 35 kV 及以上）。

③ 电源来自一个区域变电站，另一个电源设置自备发电设备。

2. 二级负荷

（1）二级负荷适用的场所。下列场所的消防用电应按二级负荷供电：

室外消防用水量大于 30 L/s 的厂房（仓库），室外消防用水量大于 35 L/s 的可燃材料堆场、可燃气体储罐（区）和甲、乙类液体储罐（区），粮食仓库及粮食筒仓，二类高层民用建筑，座位数超过 1 500 个的电影院、剧场，座位数超过 3 000 个的体育馆，任一层建筑面积大于 3 000 m² 的商店和展览建筑，省（市）级及以上的广播电视、电信和财贸金融建筑，室外消防用水量大于 25 L/s 的其他公共建筑。

（2）二级负荷的供电要求。二级负荷的电源供电方式可以根据负荷容量及重要性进行选择：

① 二级负荷包括范围比较广，停电造成的损失较大的场所，采用两回线路供电，且变压器为两台（两台变压器可不在同一变电所）。

② 负荷较小或地区供电条件较困难的条件下，允许有一回 6 kV 以上专线架空线或电缆供电。当采用架空线时，可为一回路架空线供电；当用电缆线路供电时，由于电缆发生故障恢复时间和故障点排查时间长，故应采用两个电缆组成的线路供电，并且每个电缆均应能承受 100% 的二级负荷。

3. 三级负荷

三级消防用电设备采用专用的单回路电源供电，并在其配电设备设有明显标志。其配电线路和控制回路应按照防火分区进行划分。

消防水泵、消防电梯、防排烟风机等消防设备，应急电源可采用第二路电源、带自起动的应急发电机组或由二者组成的系统供电方式。

消防控制室、消防水泵、消防电梯、防烟排烟风机等的供电，要在最末一级配电箱处设置自动切换装置。切换部位是指各自的最末一级配电箱，如消防水泵应在消防水泵房的配电箱处切换；消防电梯应在电梯机房配电箱处切换。

（二）消防备用电源

消防备用电源有应急发电机组、消防应急电源等。在特定防火对象的建筑物内，消防备用电源种类不是单一的，多采用几个电源的组合方案。一般根据建筑负荷等级、供电质量、应急负荷的数量与分布以及负荷特性等因素来决定方案的选择。消防用电设备正常条件下由主电源供电，火灾时由消防备用电源供电，当主电源不论任何原因切断时，消防备用电源应能自动投入以保证消防用电的可靠性。

1. 应急发电机组

应急发电机组有柴油发电机组和燃气轮机发电机组两种。

（1）柴油发电机组是将柴油机与发电机组合在一起的发电设备。其优点是：机组运行不受城市电网运行状态的影响，是较理想的独立可靠电源；机组功率范围广，可从几千瓦到数十千瓦不等;机组操作简单,容易实现自动控制;机组工作效率高,对油质要求不高。缺点是:工作噪音大,过载能力小,适应启动冲击负荷能力较差。

(2)燃气轮机发电机组包括燃气轮机、发电机、控制屏、启动蓄电池、油箱等设备。燃气轮机的冷却不需要水冷,需要空气自行冷却,加之燃烧需要大量空气。所以,燃气轮机组的空气使用量比柴油机组大 2.5 倍~4 倍。因此宜安装在进气和排气方便的地上层或屋顶,不宜设在地下等进气和排气有难度的场所。

2. 消防应急电源

消防应急电源是指平时以市政电源给蓄电池充电,市电失电后利用蓄电池放电而继续供电的备用电源装置。

3. 电源的切换

允许中断供电时间为 15 s 以上的供电,可选用快速自启动的发电机组。特别重要负荷中有需要驱动的电动机负荷,启动电流冲击负荷较大,但允许停电时间为 15 s 以上的,可采用快速自启动的发电机组,这是考虑一般快速自启动的发电机组的自启动时间为 10 s 左右。

允许中断供电时间为毫秒级的供电,可选用蓄电池静止型不间断供电装置、蓄电池机械贮能电机型不间断供电装置或柴油发电机不间断供电装置。由于蓄电池装置供电稳定、可靠、无切换时间、投资较少,故允许停电时间为毫秒级,且容量不大的特别重要负荷,可采用直流电源时,应由蓄电池装置作为应急电源。特别重要负荷要求交流电源供电,允许停电时间为毫秒级,且容量不大的,可采用静止型不间断供电装置。若特别重要负荷中有驱动电动机需要的负荷,启动电流冲击负荷较大的,又允许停电时间为毫秒级,可采用机械贮能电机型不间断供电装置或柴油机不间断供电装置。

应急电源与正常电源之间必须采取防止并列运行的措施。禁止应急电源与工作电源并列运行,目的在于防止电源故障时,工作电源使应急电源严重过负荷。柴油发电机或蓄电池采用热备用时,发电机或蓄电池挂在工作电源上,平时原动机不工作,不能认为是并网,为了防止误并网,原动机的启动指令,必须由工作电源主开关的辅助接点发出,而不是由继电器的接点发出,因为继电器有可能误动作而造成与正常电源误并网。具有频率跟踪环节的静止型不间断电源,可与工作电源并列运行。

二、消防供配电系统设置

为确保消防作业人员和其他人员的人身安全以及消防用电设备运行的可靠性,消防用电设备的供配电系统应作为独立系统进行设置。

(一) 配电装置

消防用电设备的配电装置,应设置在建筑物的电源进线处或配变电所处,应急电源配电装置要与主电源配电装置分开设置;如果由于地域所限,无法分开设置而需要并列布置时,其分界处要设置防火隔断。

(二) 启动装置

在普通民用建筑中,采用自备发电机组作为应急电源的现象十分普遍。当消防用电负荷为一级时,应设置自动启动装置,并在主电源断电后 30 s 内供电;当消防负荷为二级且采用自动启动方式有困难时,可采用手动启动装置。

(三) 自动切换装置

消防水泵、消防电梯、防烟及排烟风机等消防用电设备的两个供电回路,应在最末一级配电箱处进行自动切换。消防设备的控制回路不得采用变频调速器作为控制装置。除消防水泵、消防电梯、防烟及排烟风机等消防用电设备,各防火分区的其他消防用电设备应由消防电源中的双电源或双回线路电源供电,末端配电箱要设置双电源自动切换装置,并将配电箱

安装在所在防火分区内,再由末端配电箱配出引至相应的消防设备。对于作用相同、性质相同且容量较小的消防设备,可视为一组设备,并采用一个分支回路进行供电。每个分支回路所供的设备不要超过 5 台,总设计容量不要超过 10 kW。

三、消防供配电系统巡查

消防员开展"六熟悉"时应对辖区单位的消防供配电系统进行巡查,查看其工作状态是否符合相关技术要求并采用相应检查方法进行必要测试。

消防供配电系统的巡查内容主要包括配电装置、启动装置和自动切换功能检查。巡查时,切换报警主机主、备电源,检查其供电功能,查看消防用电设备是否能在规定时间内恢复工作状态。

第十八章
消防常用巡查仪器

消防员在开展"六熟悉"工作时,需要使用仪器来检查、测试辖区单位消防水源供水能力、消防供水设施的工作压力及流量、各类灭火系统工作压力、送风及排烟风速、消防车道宽度、防火间距等涉及灭火救援行动的各类参数,为制定灭火救援预案提供参考。

第一节　消防常用巡查仪器的作用及使用要求

消防常用巡查仪器主要由各类检查、测试仪器及配套使用的工具等组成。为确保消防巡查结果的科学性和准确性,消防人员应了解使用仪器检查的意义和使用要求。

一、使用消防巡查仪器的意义

使用消防巡查仪器测试、测量建筑消防设施的意义在于:有助于比较客观、准确地判断火灾危险程度;有助于解决生产与安全的矛盾;有助于确保人身安全和安全生产。

二、使用消防巡查仪器的要求

为保证测量结果真实有效,使用消防巡查仪器应满足以下要求:

(1)仪器必须准确和安全。在使用时应注意仪表的精度,了解误差范围,正确处理测量数据;为确保仪表测量结果的准确,使用前应进行校准,如出现电源欠压或显示"LOBAT"时,应及时更换新电池,长期不用时应将电池取出;测量还应注意环境和安全方面的因素。

(2)正确处理测量结果。检查测量时仪器的使用方法要正确;必要时可做反复测量,对测量结果加以必要的修订;认真做好测量结果纪录,以备分析判断。

(3)消防巡查人员应具备较全面、系统的消防基础知识、建筑消防设施理论知识、消防检查仪器的主要性能参数、使用方法及注意事项等知识,这样,才能了解所测得数据的含义,才能对所检查对象是否存在隐患做出正确判断。

(4)消防员应熟悉装备的性能、技术指标及有关标准,并接受相应的培训,遵守操作规程。必须掌握所用仪表、仪器的工作原理、构造、性能、用途、维护知识和使用方法。

(5)应建立消防巡查仪器的使用管理制度,明确仪器的登记、移交程序和要求,并明确专人管理、维护和保养。

（6）所有装备的技术资料、图纸、说明书、技术改造设计图、维修和计量检定记录应存档备查。

（7）凡依法需要计量检定的装备，应进行定期计量检定，以保证装备的可靠性。

第二节　常用巡查仪器

用于消防巡查的技术装备，大部分是用于检测、测试有关参数的仪器。这些仪器中有一部分是通用型，如秒表、卷尺等；有一部分则是专用型，如火灾报警探测器功能试验工具等。仪器、仪表的种类及产地很多，为方便了解仪器的使用，选择了一些常见的仪器、仪表为例，作一般性介绍。

一、秒表

秒表（图 18-2-1）主要有机械和电子两大类，电子表又可分为三按键和四按键两大类。现在绝大部分使用的多是电子秒表，机械秒表在很多地方已经成为历史。目前国产的电子秒表一般都是利用石英振荡器的振荡频率作为时间基准，采用 6 位液晶数字显示时间，具有显示直观、读取方便、功能丰富等优点。

图 18-2-1　秒表

（一）用途

用于测量消防设施的响应时间、延迟时间、运行时间、工作时间等。具体有以下几种情形：

1. 火灾自动报警系统的响应时间

消防联动控制设备与各模块之间的连线断路或短路时，消防联动控制设备能在 100 s 内发出故障信号；使任一探测器发出火灾报警信号，控制器应在 10 s 内发出火灾报警信号。

2. 电梯的迫降时间

消防电梯从首层到顶层的运行时间不应超过 60 s。

3. 喷淋泵启泵时间

(1) 用秒表测量自开启末端试水装置至消防水泵投入运行的时间,应在 5 min 内。

(2) 用秒表测量自开启末端试水装置到出水压力达到 0.05 MPa 的时间,不应超过 1 min(干式)。

4. 灯具的应急工作时间

灯具的应急工作时间不应小于 20 min,对于建筑高度超过 100 m 的高层民用建筑不应小于 30 min。

(二) 使用方法

1. 记录一个时间

在计时器显示的情况下,按 MODE 键选择,即可出现秒表功能。按一下 START/STOP 按钮开始自动计秒,再按一下停止计秒,显示出所计数据。按 LAP/RESET 键,则自动复零。

2. 记录多个时间

若要纪录多个物体同时出发,但不同时到达终点的运动,可采用多计时功能方式(具体可记录数量以秒表的说明书介绍为准)。即首先在秒表状态下按 START/STOP 开始,秒表开始自动计秒,待物体到达终点时按一下 LAP/RESET,则显示不同物体的计秒数停止,并显示在屏幕上方。此时秒表仍在记录,内部电路仍在继续为后面的物体累积计秒。全部物体记录完成后正常停表,按 RECALL 可进入查看前面的记录情况,上下翻动可用 START/STOP 和 LAP/RESET 两键。

3. 时间、日期的调整

若需要进行时刻和日期的校正与调整,可按 MODE 键,待显示时、分、秒的计秒数字时,按住 RECALL 键 2 秒后见数字闪烁即可选择调整,直到显示出所需要调整的正确秒数时为止,再按下 RECALL 键。

(三) 注意事项

(1) 保持电池的定期更换,一般在显示变暗时即可更换,不要等电子秒表的电池耗尽再更换。

(2) 电子秒表平时放置的环境要干燥、安全,做到防潮、防震、防腐蚀、防火等工作。

(3) 避免在电子秒表上放置物品。

(4) 没有把握的情况下,不要随意打开私自进行维修,应送专业人士进行维修。

二、照度计

照度计(图 18-2-2)是一种专门测量光度、亮度的仪器仪表。光照度是物体被照明的程度,也即物体表面所得到的光通量与被照面积之比,单位为勒克司(lux,法定符号 lx)。

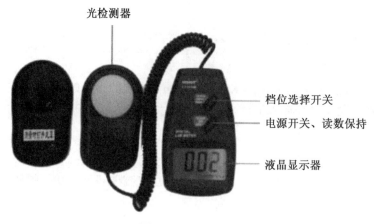

图 18-2-2　照度计

（一）用途

照度计在消防监督检查工作中一般用于测量消防应急照明设施的照度值是否符合规范的要求。如疏散走道内的地面最低水平照度不应低于 1.0 lx；人员密集场所内的地面最低水平照度不应低于 3.0 lx；病房或手术部的避难间，不应低于 10 lx；楼梯间、前室或合用前室内避难走道的地面最低水平照度不应低于 5.0 lx；光报警在 1.2 lx 环境光线下，10 m 处应清晰可见。

（二）使用方法

（1）打开光检测器盖子，并将光检测器水平放在测量目标照射范围内最不利点的位置。

（2）选择适合测量档位。如果显示屏左端只显示"1"，表示照度过量，需要重新选择大的量程。

（3）当显示数据比较稳定时，读取并记录读数器中显示的观测值。观测值等于读数器中显示数字与量程值的乘积。比如：屏幕上显示 500，选择量程为"×2 000"，照度测量值为 1 000 000 lx，即（500×2 000）lx。

（三）注意事项

使用照度计测量消防控制室、消防水泵房、防烟排烟机房、消防用电的蓄电池室、自备发电机房、电话总机房等火灾发生时仍需坚持工作的房间内的消防应急照度，其作业面仍应保证正常照明的照度。

三、数字声级计

数字声级计（图 18-2-3），是一种按照一定的频率计权和时间计权测量声音的仪器，测量单位一般为分贝（dB）。

电容传声器

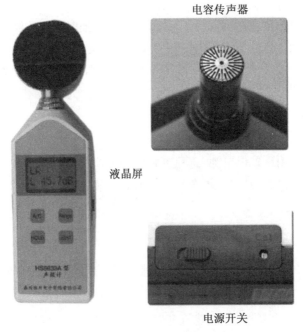

液晶屏

电源开关

图 18-2-3 数字声级计

（一）用途

在消防监督检查工作中主要用来测量报警广播、水利警铃、电警铃、蜂鸣器等报警器件的声响效果。如消防广播在其播放范围内最远点的声压级应高于背景噪声 15 dB；报警阀动作后，距水力警铃 3 m 处声压级不低于 70 dB，如图 18-2-4 所示；火灾报警系统的声报警器在 3 m 远处的声强在 75～115 dB 范围内。

图 18-2-4 测水力警铃声压级

（二）使用方法

（1）按下电源开关，按下 LEVEL 选择合适的档位测量现在的噪音，以不出现"UNDER"或"OVER"符号为主。

（2）要测量以人耳为感受的噪音请选用 dB(A)。

（3）要读取及时的噪音量请选择 FAST，如果获得当时的平均噪音量请选 SLOW。

（4）如要取得噪音量的最大值，可按"MAX"功能键，即可读到噪音的最大值。

（5）我们要求声级计的测量范围在 30～130 dB 之间，准确度为±1.5 dB，取样率：2 次/秒。

（三）注意事项

（1）请勿置于高温、潮湿的地方使用。

（2）长时间不使用请取出电池，避免电解液漏出损伤本仪表。

（3）在室外测量声级的场合，请在麦克风头装上防风球，可避免麦克风直接被风吹到而产生气流杂音。

四、测距仪

测距仪（图 18-2-5）也称电子尺，用于测量防火距离、消防设施的安装高度、间距等。

（一）用途

可用于测防火间距、疏散长度、建筑高度、防火防烟分区面积、前室面积、自然排烟口面积等、消防水箱储水容积、气体防护区容积等。

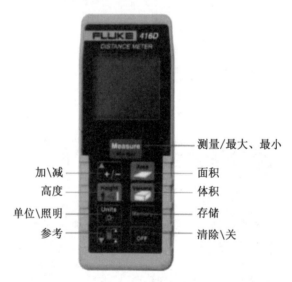

图 18-2-5　测距仪

（二）使用方法

1. 测量单个距离

将激活的激光瞄准目标区域；轻按"测量"键，设置测量距离。设备立即显示结果。

2. 测量面积

按"面积"键，显示面积显示符号；按"测量"键，测量第一个距离；按"测量"键，测量第二个距离；该设备在总计行显示结果，并在第二行显示下一个测量值分别测量的距离。

3. 测量空间体积

按"体积"键，显示体积符号；按"测量"键，测量第一个距离；按"测量"键，测量第二个距离；按"测量"键，测量第三个距离；该设备在总计行显示结果，并在第二行显示下一个测量值分别测量的距离。

激光束打开 20 s 没有进行任何操作，激光束会自动关闭。如测量操作时间超过 20 s，请再次按"测量键"将激光束打开。

(三) 注意事项

(1) 测量时不要将仪器的激光直接对准太阳、眼睛或通过反射性的表面（如镜面反射）照射眼睛。

(2) 阳光过于强烈，环境温度波动过大，反射面反射效果较弱，电池电量不足的情况下测量结果会有较大的误差，此情况下配合目标反射板使用效果更佳。

(3) 使用过程中必须小心轻放，避免放在过分潮湿、高温或阳光直射的地方。

五、风速计

风速计（图 18-2-6）灵敏准确，方便简单，使用分离式风扇，可边测边读数据。

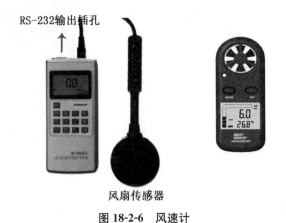

RS-232输出插孔

风扇传感器

图 18-2-6　风速计

(一) 用途

用于测量送风口和排烟口及风道风速。机械加压送风防烟系统的送风口风速不宜大于 7 m/s；机械排烟系统的排烟口风速不宜大于 10 m/s；金属材料制作的风道内风速不宜大于 20 m/s；非金属材料制作的风道内风速不宜大于 15 m/s。

(二) 使用方法

(1) 打开电源开关。

(2) 将风轮依顺风方向与风向垂直放置，使风轮依风速大小自由转动。

(3) 读取液晶显示器上之风速及风温值。

(4) 欲改变风速单位，按 UNIT3 键，选取适当单位 m/s、ft/min、knots、km/h、MPH。

(5) 欲改变温度单位，按 ℉/℃ 键即可选择。

（6）欲做最大值、最小值测量时，按 MAX/MIN 键选择即可。

（7）按下 HOLD 键即可做资料保留。

（三）注意事项

（1）保护对象周围的空气流动速度不宜大于 3.0 m/s，必要时，应采取挡风措施。

（2）采用局部应用灭火系统的保护对象，其周围的空气流动速度不应大于 2 m/s，必要时，也应采取挡风措施。

（3）测量送风口或排烟阀处风速时，应选取每个独立的系统取最有利点检查。

六、数字微压计

数字微压计（图 18-2-7）是用于测量高层建筑机械加压送风部位的余压值的一种理想仪器。

（一）用途

—接低压力线 ＋接高压力线

调零按钮

图 18-2-7   数字微压计

用于测量保护区域的顶层、中间层及最下层防烟楼梯间、前室、合用前室的余压值，以校核其是否符合现行消防规范条例的相关要求。防烟楼梯间的余压值应为 40～50 Pa，前室、合用前室的余压值应为 25～30 Pa。

（二）使用方法

（1）打开电源开关，预热 15 分钟，按动调零按钮，使显示屏显示"0000"（传感器两端等压）。

（2）用胶管连接嘴与被测压力源，测高于大气压接正压接嘴；测低于大气压接负压接嘴。另一接嘴通大气，仪器示值即为表压。用于消防监督时，正压接嘴胶管置于机械加压送风部位，负压接嘴胶管置于常压部位，观察微压计显示屏显示值，稳定后记录测量结果。

（三）注意事项

（1）不能过载。

（2）环境温度需稳定。

（3）远离震动及强电磁场。

（4）开机后出现数字不稳定或乱跳，则需更换新电池。

（5）测量时应避免胶管被挤压，而使胶管内气压变化传至微压计中传感器，影响测量结果。

七、消火栓系统试水装置

消火栓系统试水装置（图 18-2-8）由水带接口、短管、压力表和闷盖组成，可在消火栓出口形成一个测压环节。

图 18-2-8 消火栓系统试水装置

（一）用途

消火栓系统试水检测装置,是用于检测室内消火栓的静水压、出水压力,并校核水枪充实水柱的专用装置。现行国家规范中室内消火栓口的静水压力不应大于 1.0 MPa;消火栓栓口的出水压力不应大于 0.5 MPa;建筑高度超过 100 m 的高层建筑最不利点消火栓静水压力不低于 0.15 MPa,建筑高度小于 100 m 的高层建筑最不利点消火栓静水压力不低于 0.07 MPa。

（二）使用方法

1. 消火栓栓口静水压测量方法

将试水检测装置连接到消火栓栓口;安装好压力表,并调整好压力表检测位置使之竖直向上;在装置出口处盖上端盖;缓慢打开消火栓阀门,压力表显示的值为消火栓栓口的静水压;测量完成后,关闭消火栓阀门,旋松压力表,试水检测装置内的水压泄掉,再取出端盖。

2. 消火栓栓口出水压力的测量方法

将水带连接到消火栓栓口;将水带接到试水检测装置的进口;打开消火栓阀门放水,此时不应压拆水带,压力表显示的水压即为消火栓栓口的出水压力。

3. 通过试水检测装置校核水枪充实水柱的连接方法

打开消火栓阀门放水,此时水枪充实水柱与试水检测装置上的压力表显示的栓口出水压力之对应关系见表 18-2-1。国家有关标准要求:对于低层建筑物内的消火栓水枪的充实水柱,一般不应小于 7 m,但甲、乙类厂房,超过六层的民用建筑,超过四层的厂房及库房内水枪充实水柱不应小于 10 m;高层工业建筑、高架库房内,水枪充实水柱不应小于 13 m;对于高层民用建筑,建筑高度不超过 100 m 的高层建筑,水枪充实水柱不应小于 10 m,建筑高层超过 100 m 的高层建筑,水柱充实水柱不应小于 13 m。

表 18-2-1 水枪充实水柱与消火栓口出水压力和流量的关系

序号	充实水柱/m	流量/L·s⁻¹	栓口出水压力/MPa
1	7	3.8	0.09
2	10	4.6	0.135
3	13	5.4	0.186

（三）注意事项

（1）测量时,特别是测量栓口静压时,开启阀门应缓慢,避免压力冲击造成检测装置损坏；

（2）静压测量完成后，缓慢旋下端盖泄压；

（3）测量出口压力和充实水柱时，应注意水袋不应有弯折；

（4）消火栓试水检测装置使用后，应将水擦净。

八、水喷淋试水检测装置

水喷淋试水检测装置（图 18-2-9）可模拟一只喷头开放时管道内的水流状态，以检验喷淋系统及其组件是否启动和动作。

图 18-2-9　水喷淋试水检测装置

（一）用途

喷水末端试水接头装置可用于模拟一只喷头开放，进行灭火功能试验，并进行动静压力的测量。水喷淋末端试水装置开启后出水压力不应低于 0.05 Mpa。

（二）使用方法

试验时，将试验接头与系统管道末端试验阀连接，开启末端试验阀门可测试系统高位水箱供水最不利点喷头的工作压力、水流指示器动作报警时间、湿式报警阀压力开关动作报警时间、距水力警铃 3 m 远处声强、喷淋泵完成启动的时间、喷淋泵供水时最不利点喷头工作压力等。

（三）注意事项

（1）此装置应轻拿轻放，不能乱摔，防止损坏压力表。

（2）试验时试验接头排水口不得安装软管，应使出水口直接排入洗手池或容器中。

（3）试验结束后水流指示器、压力开关、水力警铃应能复位。

九、火灾报警探测器功能试验工具

点型感烟（图 18-2-10）、感温探测器功能试验器（图 18-2-11）可以产生模拟感烟、感温探测器报警所需的烟雾和热气流，用以检验探测器的报警功能。

（一）用途

可用于感烟火灾探测器、感温火灾探测器的功能性测试。

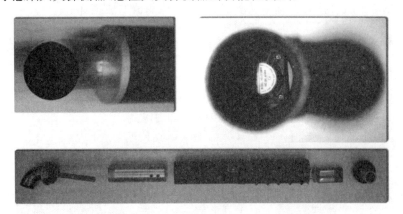

图 18-2-10　点型感烟探测器功能试验器

（二）使用方法

1. 点型感烟探测器功能试验器的使用方法

检查前应先将发烟装置的电池充满电，然后将点燃专制棒香固定在发烟装置内，根据感烟探测器的高度，调节伸缩杆的高度使其靠近探测器，打开开关即产生烟雾，点型感烟火灾探测器的报警确认灯应长时间亮起，并保持至复位，同时火灾报警控制器应有对应的报警点显示，显示的位置应与点型感烟火灾探测器所在的位置一致。在火灾报警控制器处复位，刚才报警的点型感烟火灾探测器的报警确认灯就结束长时间亮起状态，恢复到正常监视状态。如果 30 秒内探测器灯亮，属于正常，否则不合格。

2. 点型感温探测器功能试验器的使用方法

用热风机向点型感温火灾探测器的感温元件加热，点型感温火灾探测器的报警确认灯应长时间亮起，并保持至复位，同时火灾报警控制器应有对应的报警点显示，显示的位置应与点型感温火灾探测器所在的位置一致。在火灾报警控制器处复位，刚才报警的点型感温火灾探测器的报警确认灯就结束长时间亮起状态，恢复到正常监视状态。

（三）注意事项

（1）烟枪工作结束后，熄灭棒香，取下电池以防漏液。

（2）电池安装时按筒内电池极性方向标识安装，当红色指示灯亮时，应对电池充电。

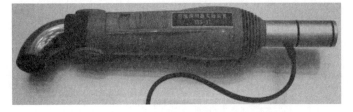

图 18-2-11　点型感温探测器功能试验器

（3）伸缩杆由玻璃钢材料构成，伸时从小到大的方向伸长，收缩时从大到小方向收缩，顺序不要错。

（4）加热器不应直接对着感温探测器，以免对探测器造成损坏。

十、便携式可燃气体检测仪

可燃气体检测仪（图 18-2-12）是一种可连续检测可燃气体浓度或者有毒气体浓度的本质安全型设备。它适用于可燃性气体、有毒气体场所，地下管道或矿井等场所危害气体的现场检测。在消防安全检测和防火检查中有广泛用途。

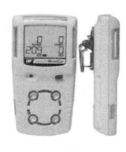

图 18-2-12　可燃气体检测仪

（一）用途

可燃气体检测仪可检测连续检测工业现场、巷道等环境中一氧化碳、氢气、氨气、液化石油气、甲烷等可燃气体浓度，液晶显示，并发出声光报警，同时具备防爆功能。

（二）使用方法

向可燃气体探测器施加与其探测气体种类一致的可燃气体，探测器应发出声、光报警。

（三）注意事项

（1）探头应选择阀门、管道接口、出气口或易泄漏处附近方圆 1 米的范围内，尽可能靠近，但不要影响其他设备操作，同时尽量避免高温、高湿环境。

（2）探头检测高度：检测氢气、天然气、城市煤气等比重小于空气的气体时，距屋顶 1 m 左右；检测液化石油气等比重大于空气的气体时，距地面 1.5～2 m 左右。

（3）探头检测时应将传感器朝下放置。

参考书目

1. 中华人民共和国公安部消防局编. 中国消防手册:第六卷[M]. 上海:上海科技出版社,2006.

2. 丁余平,张永根. 建筑防火基础[M]. 南京:江苏教育出版社,2009.

3. 周广连,梁云红. 建筑消防设施[M]. 南京:江苏教育出版社,2009.

4. 朱磊,周广连. 建筑消防设施实操教程[M]. 南京:江苏教育出版社,2012.

5. 公安部消防局编. 注册消防工程师资格考试辅导教材:消防安全技术实务[M]. 北京:机械工业出版社,2016.

6. 公安部消防局编. 注册消防工程师资格考试辅导教材:消防安全技术综合能力[M]. 北京:机械工业出版社,2016.

7. 李冬梅. 建筑消防设施运行与维护管理[M]. 北京:气象出版社,2012.

8. 陈育坤. 建筑消防设施操作与检查[M]. 云南:云南美术出版社,2011.

9. 公安部消防局编. 公安消防部队士兵职业技能鉴定培训教材灭火救援专业:消防技师与高级消防技师技能[M]. 南京:南京大学出版社,2015.

10. 中华人民共和国公安部. 建筑设计防火规范:GB 50016 - 2014[S]. 2018 年版. 北京:中国计划出版社,2018.

11. 中华人民共和国公安部. 火灾自动报警系统设计规范:GB 50116 - 2013[S]. 北京:中国计划出版社,2013.

12. 中华人民共和国国家质量监督检验检疫总局,中国国家标准化管理委员会. 消防控制室通用技术要求:GB 25506 - 2010[S]. 北京:中国标准出版社,2010.

13. 中华人民共和国公安部. 消防给水及消火栓系统技术规范:GB 50974 - 2014[S]. 北京:中国计划出版社,2014.

14. 中华人民共和国公安部. 气体灭火系统设计规范:GB 50370 - 2005[S]. 北京:人民出版社,2005.

15. 中华人民共和国公安部. 自动喷水灭火系统设计规范:GB 50084 - 2001[S]. 北京:中国计划出版社,2015.

16. 中华人民共和国公安部. 高层建筑火灾扑救行动指南:GA/T 1191 - 2014[S]. 北京:中国标准出版社,2014.

17. 中华人民共和国住房和城乡建设部. 城市消防远程监控系统技术规范:GB 50440 - 2007[S]. 北京:中国计划出版社,2017.

18. 中华人民共和国国家质量监督检验检疫总局,中国国家标准化管理委员会. 消防联动控制系统:GB 16806 - 2006[S]. 北京:中国标准出版社,2006.